Auto-Reparaturanleitung Band 1295

Citroën
Berlingo
Peugeot
Partner
1996_2006

1.8- 1.9- und 2.0-Liter-Dieselmodelle

bucheli verlag

Impressum

IMPRESSUM

ISBN 978-3-7168-2104-6

Auto-Reparaturanleitung
Band 1295

Redaktion, Texte und Abbildungen: Peter Russek Publications Ltd.,
High Wycombe,
Bucks, England

Lektorat:
Myrta Baumberger
Herstellung:
IPa, D-71665 Vaihingen/Enz
Druck:
Maisch & Queck
D-70839 Gerlingen

Bindung:
K. Dieringer
D-70839 Gerlingen

Gewerbestrasse 10
CH-6330 Cham
Postadresse:
Postfach 4161
CH-6304 Zug
Telefon: ++41 (0)41 741 77 55
Telefax: ++41 (0)41 741 71 15
www.bucheli-verlag.ch

1. Auflage 2008

»Common Rail« Dieselmotor (66 kW/90 PS)

Maße in mm

Inhalt

Inhalt

Folgende Symbole verdienen im Laufe der Arbeit besondere Beachtung:

Sichtprüfung
Teil genau ansehen; besonders beachten.

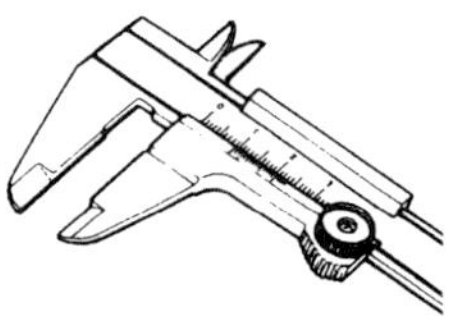

Messen
Schieblehre oder anderes Messwerkzeug nötig.

Achtung
Besondere Vorsicht geboten; Sicherheitshinweise beachten!

Tipp
Wertvoller Hinweis für einfacheres Schrauben; Erläuterung von Bauteilen und Begriffen.

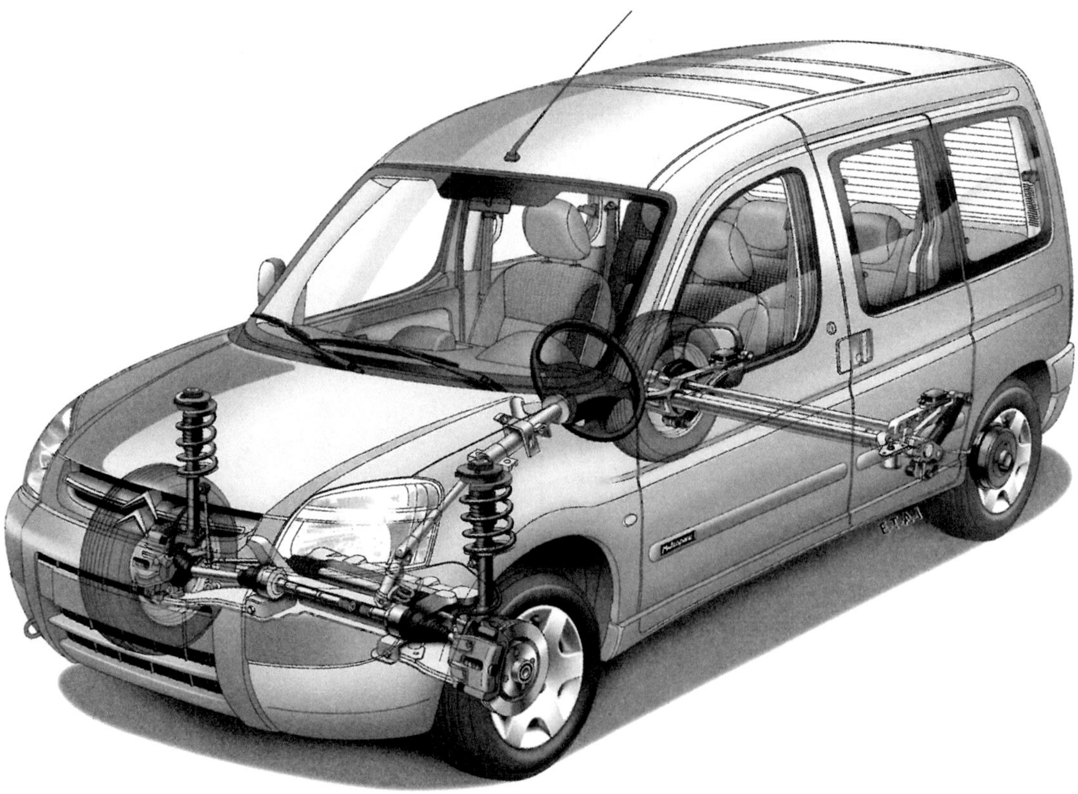

1 Allgemeines

Allgemeine Informationen

In Gemeinschaftsarbeit zwischen Peugeot und Citroën wurde im Jahre 1996 ein neues Fahrzeugmodell lanciert, im Fall von Citroën der Berlingo, im Fall von Peugeot der Partner. Wie üblich gibt es bei Peugeot und auch Citroën eine große Auswahl an Motoren, auf welche wir kurz eingehen werden. Die meisten der Motoren sind in beide Varianten eingebaut.
Die Fahrzeuge werden in zwei Karosserievarianten unterteilt, d. h. eine prinzipiell als Lieferwagen (Van) gedachte Ausführung mit drei verschiedenen Nutzlasten, ohne Seitenfenster sowie ein als »Familien-Kombiwagen« (Multispace) gebautes Fahrzeug.
Die ursprünglich eingebauten 1.8- und 1.9-Liter-Motoren gehören der »XUD«-Familie an. Später hinzugekommen ist ein 1.9-Liter-Motor mit der Bezeichnung »DW8«, welcher ab Baujahr 2000 durch den »DW8B«-Motor ersetzt wurde. Schließlich wird ab Baujahr 2001 ein 2.0-Liter-Motor mit »Common Rail«-Einspritzung eingebaut, welcher als »DW10«-Motor (HDi) bekannt ist.
Besonders möchten wir auf die Unterschiede des neuen Berlingo 2 und die entsprechende neue Version des Partners ab ca. September 2002 hinweisen.
In der folgenden Aufstellung gehen wir kurz auf die eingebauten Motoren ein.

Fahrzeuge mit 1.8-Liter-Dieselmotor: Ursprünglich waren die Fahrzeuge mit einem 1.8-Liter-Motor mit einem Hubraum von 1769 ccm und einer Leistung von 44 kW (60 PS) gebaut, welcher die Bezeichnung »XUD7« trägt. Der Motor wird als Typ »A9A« geführt. Eine von Lucas (Condiesel) gebaute Dieseleinspritzanlage ist eingebaut. Citroën-Modellbezeichnung MBA9AE, Peugeot-Bezeichnung 5BA9AD.

Fahrzeuge mit 1.9-Liter-Dieselmotor: Der Motor hat einen Hubraum von 1905 ccm mit einer Leistung von 50/51/ kW (68/69 PS) und trägt die Bezeichnung »XUD9A«. Der Motor wird als Typ »D9B« (ohne Katalysator und Abgasrückführungssystem) oder »DJY« (mit Katalysator und Abgasrückführung) geführt. Der Motor ist mit dem 1.8-Liter-Dieselmotor verwandt. Eine von Bosch gebaute Dieseleinspritzanlage ist eingebaut. Citroën-Modellbezeichnung MBD9BE oder MCD9BE, Peugeot-Bezeichnung 5BD9BD oder 5CD9BD.

Fahrzeuge mit 1.9-Liter-Dieselmotor, DW8: Der Motor hat einen Hubraum von 1868 ccm mit einer Leistung von 51 kW (69 PS) und trägt die Bezeichnung »DW8«. Der Motor wird als Typ »WJZ« geführt. Obwohl der Motor die gleiche Leistung wie die Vorgänger hat, handelt es sich hier um einen neuen Motor in der Peugeot/Citroën-Baureihe. Eine von Bosch oder Lucas gebaute Dieseleinspritzanlage ist eingebaut. Je nach Ausstattung werden unterschiedliche Typenbezeichnungen benutzt. Der Motor wurde innerhalb der Jahre 2000 und 2004 eingebaut. Ab Baujahr 2000 wurde die Bezeichnung des Motors auf »DW8B« abgeändert.

Fahrzeuge mit 2.0-Liter HDi-Motor: Ab Beginn des Baujahres 2001 wurde der neue HDi-Motor mit »Common Rail«-Einspritzanlage eingebaut. Der Motor hat einen Hubraum von 1997 ccm, Motorbezeichnung »RHY«. Die Typenbezeichnungen hängen von der Nutzlast und Ausführung der Karosserie ab.
Der Motor ist in ähnlicher Weise wie der 1.9-Liter-Motor aufgebaut, mit dem Unterschied, dass eine neue Kraftstoffeinspritzpumpe eingebaut ist. Neu an dem Motor mit »Common Rail«-Einspritzung ist der Einbau einer Hochdruck-Einspritzpumpe anstelle der früher verwendeten Verteilereinspritzpumpe. Die Anlage wird entweder von Bosch (EDCV 15C2) oder Siemens (801) hergestellt (ab September 2002). Die neue Anlage hat die folgenden Vorteile:
- Sie kann den Einspritzdruck zwischen 150 und 2130 bar modulieren.
- Hat die Fähigkeit, bis zu einer Drehzahl von 6000 U/min zu arbeiten.
- Genauere Steuerung der Dieseleinspritzung.
- Verringerung des Kraftstoffverbrauchs.
- Verringerung des Ausstoßes von schädlichen Gasen aus dem Motor.

Kurze Beschreibung
Eine im Kraftstoffbehälter untergebrachte, unter niedrigem Druck arbeitende Kraftstoff-

Bild 1
Ansicht des Typenschilds. Auf die Zahlen wird im Text eingegangen.

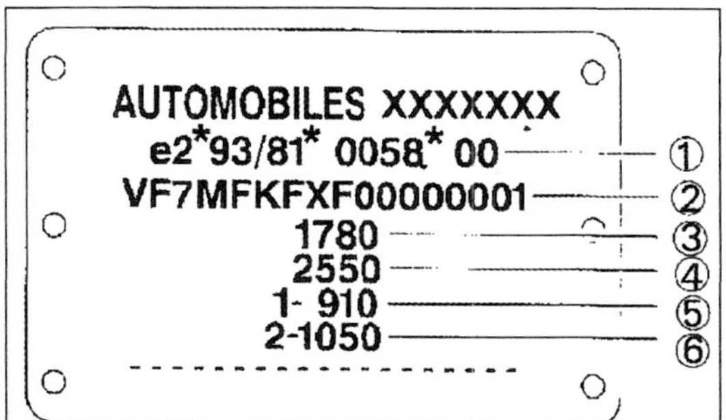

Bild 1

Bild 2
Ansicht der verschiedenen Typenschilder am Fahrzeug. An den gezeigten Stellen können Sie finden:

1. *Lage der Fahrgestellnummer (eingeschlagen)*
2. *Lage des Typenschildes in Bild 1*
3. *Zusätzliches Typenschild (gilt nur außerhalb der EU)*
4. *Kalibrierungsaufkleber*
5. *Ungefähre Lage der Motornummer (siehe Bilder 3 und 4)*
6. *Lage der Getriebenummer*
7. *Baudatum*
8. *Angabe der Lacknummer*

pumpe fördert den Kraftstoff zum Kraftstofffilter, von welchem es der Hochdruck-Einspritzpumpe zugeführt wird. Unter Druck stehender Kraftstoff wird dann dem Kraftstoffverteilerrohr zugeführt (dies ist die »Common Rail«). Das Kraftstoffverteilerrohr enthält einen zum Betrieb des Motors erforderlichen Kraftstoffvorrat, ganz gleich, unter welchen Betriebsbedingungen der Motor steht. Das Kraftstoffverteilerrohr ist zwischen der Hochdruck-Einspritzpumpe und den Einspritzdüsen eingesetzt und am Zylinderkopf verschraubt. Ein Hochdruck-Kraftstoffdruckregler an der Hochdruck-Einspritzpumpe reguliert den Kraftstoffdruck am Ausgang der Einspritzpumpe.
Die Einspritzdüsen werden durch das elektronische Steuergerät (auch als ECU bezeichnet) betätigt. Die Menge des eingespritzten Kraftstoffs hängt von den folgenden Bedingungen ab.

- Dauer der elektrischen Regulierung durch das Steuergerät
- Öffnungsgeschwindigkeit der Kraftstoffeinspritzdüsen
- Hydraulikfluss der Einspritzdüsen (Anzahl und Durchmesser der Bohrungen)
- Kraftstoffdruck im Kraftstoffverteilerrohr (d. h. in der »Common Rail«)

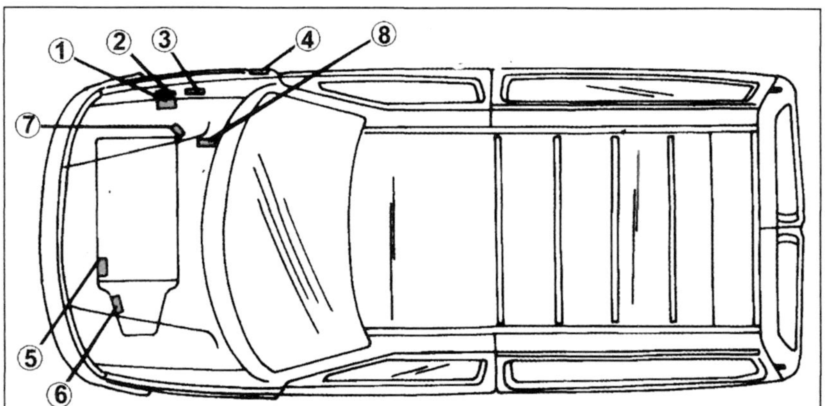

Bild 2

Die Kraftstoffeinspritzdüsen werden durch einen Kraftstoffrücklaufkreis miteinander verbunden.
Bei allen Fahrzeugen ist ein Fünfganggetriebe eingebaut, jedoch hat dieses je nach eingebautem Motor eine von zwei Bezeichnungen. Der Antrieb geschieht auf die Vorderräder.
Seit der Einführung der genannten Modelle wurden verschiedene Änderungen vorgenommen, auf welche wir, falls zutreffend, im jeweiligen Kapitel eingehen werden.

Fahrzeugerkennung

Das Typenschild ist am rechten vorderen Radkasten angebracht und gibt die Bild 1 gezeigten Einzelheiten an. Wo das Typenschild sitzt, zeigt Ihnen Bild 2. Es enthält die folgenden Angaben: Den Namen des Herstellers, die europäische Zulassungsnummer (1), die Seriennummer (2), mit Angabe, ob das Fahrzeug in Frankreich (F) oder Spanien (S) gebaut wurde, das Gesamtgewicht des Fahrzeuges (3), das zulässige Gesamtgewicht mit Anhänger (4), die höchstzulässige Last auf die Vorderachse (5) und die höchstzulässige Last auf die Hinterachse (6). »7« in Zeile 2 bedeutet, dass das Fahrzeug von Citroën stammt; stammt es von Peugeot, steht hier eine »3«.
Weitere wichtige Angaben über das Fahrzeug können Bild 2 entnommen werden.
Die Motornummer beginnt mit den Kennbuchstaben des eingebauten Motors. Aufgrund der verschiedenen Motoren liegen die Motornummern auch an verschiedenen Stellen. Bilder 3 und 4 zeigen die verschiedenen Motoren. Anhand der Bildlegende werden Sie in der Lage sein, die für Ihren Motor zutreffende Nummer abzulesen.
Beim Bestellen von Ersatzteilen ist die Angabe des Baujahres des Fahrzeuges wichtig.
Um sich über die Fahrgestellnummer und die Motornummer zu unterrichten, überprüft man diese am besten anhand des Kraftfahrzeugscheins oder Zulassungsscheins. Diese sind die offiziellen Angaben, welche Sie auch bei einem Fahrzeug aus zweiter Hand unbedingt nachprüfen sollten.
Beim Bestellen von Ersatzteilen ist es ebenfalls äußerst wichtig, dass man die Typenbezeichnung des Fahrzeuges angibt. Die ver-

schiedenen Buchstaben weisen in der Hauptsache auf die Nutzlast des Fahrzeuges, das Herstellerwerk und die Fahrzeugausführung hin.

Nochmals: Wichtig sind das Modelljahr, die Typencodes des Fahrzeuges und die Nutzlast, da bei diesen Unterschiede vorliegen können. Beim Bestellen von Teilen unbedingt angeben.

Allgemeine Reparaturanweisungen

Die Beschreibungen in dieser Reparaturanleitung sind in einfacher Weise und allgemein verständlich gehalten. Wenn dem Text und den Abbildungen bei der Arbeit Schritt für Schritt gefolgt wird, dürften keine Schwierigkeiten auftreten. Die Maß- und Einstelltabelle ist hierbei ein wichtiger Teil und muss bei allen Reparaturarbeiten am Fahrzeug hinzugezogen werden. Innerhalb der einzelnen Anleitungen werden die notwendigen Maßangaben oder Einstellwerte nicht immer angeführt, weshalb in der Tabelle am Ende des Buches nachzuschlagen ist.

Unbedingt unter dem in Frage kommenden Modell bzw. Motor nachlesen, um jegliche Fehler zu vermeiden. Einfach Handgriffe, wie z. B. »Motorhaube öffnen« vor Arbeiten im Motorraum oder »Radmuttern lösen« vor Arbeiten an den Radbremsen, werden nicht immer erwähnt, da diese als selbstverständlich vorausgesetzt werden.
Dagegen befasst sich der Text ausführlich mit schwierigen Arbeiten, die in allen Einzelheiten so gut wie möglich beschrieben sind.

Eine Reihe wichtiger Hinweise, die bei jeder Reparaturarbeit beachtet werden sollten:

- Schrauben und Muttern sind in sauberem Zustand und leicht eingeölt zu verwenden. Mutternflächen und Gewindegänge immer auf Beschädigung untersuchen und vorhandene Grate entfernen. Im Zweifelsfall neue Schrauben oder Muttern verwenden. Einmal gelöste, selbstsichernde Muttern sollten immer erneuert werden. Auf keinen Fall dürfen Muttern und Schrauben entfettet werden.
- Stets die in der Anziehdrehmoment-Tabelle oder direkt im Text angeführten Drehmomente beachten. Diese Werte sind jeweils in den gleichen Gruppen am Ende des Buches zusammengefasst und lassen sich somit leicht auffinden. In den meisten Fällen versuchen wir die Anziehdrehmomente im Laufe der Beschreibung anzugeben, um es Ihnen leichter zu machen dem Arbeitsablauf zu folgen.
- Alle Dichtscheiben, Dichtungen, Sicherungsbleche, Sicherungsscheiben, Splinte und O-Dichtringe (Rundschnurringe) sind beim Zusammenbau zu erneuern. Öldichtringe (Radialdichtringe, Simmerringe) sollten ebenfalls erneuert werden, sofern die Welle aus dem Dichtring genommen wurde. Die Lippe eines Dichtringes ist vor dem Zusammenbau mit Fett einzuschmieren. Man muss darauf achten, dass sie beim Einbau in die Richtung weist, aus welcher Öl oder Fett austreten kann.
- Bei Hinweisen auf die linke oder rechte Seite des Fahrzeuges wird angenommen, dass man aus der Fahrtrichtung bei Vorwärtsfahrt die Seitenbezeichnung ableiten

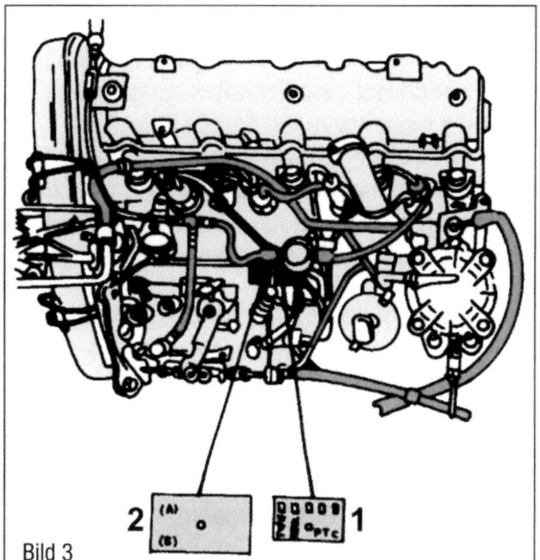

Bild 3

Bild 3
Die Lage der Motornummer bei den beiden »XUD«-Dieselmotoren (1.8 und 1.9 Liter). Außer anderen Angaben wird hier die eigentliche Motornummer an Stelle (2) angegeben. An Stelle (1) wird man die Kennbuchstaben sehen (z. B. DB9).

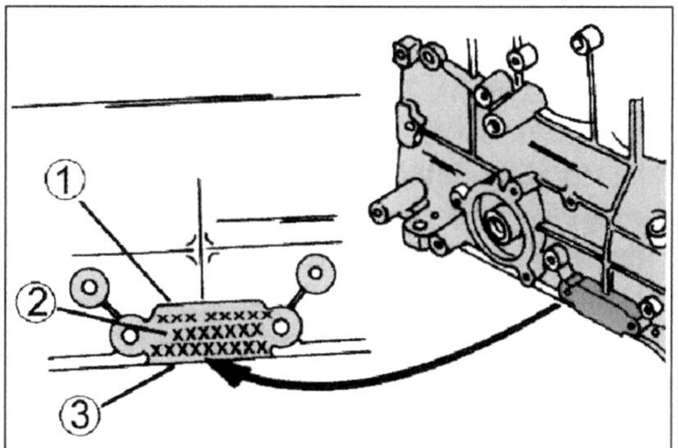

Bild 4

Bild 4
Die Lage der Motornummer bei einem »DW8«-Dieselmotor (1.9 Liter) und 10DW-Motor (HDi). Folgende Angaben sind vorzufinden:

1. *Motorkennzeichnung*
2. *Teilnummer*
3. *Motorseriennummer*

kann, analog der Begriffe »vorn« und »hinten«. Um Irrtümer zu vermeiden, wird im Text manchmal eine Erläuterung gegeben.

- Ganz besonders ist darauf zu achten, dass zu Arbeiten an den Bremsen, an der Radaufhängung oder allgemein an der Unterseite des Fahrzeuges für eine sichere Abstützung des hochgebockten Wagens gesorgt ist.
- Der dem Fahrzeug beiliegende Wagenheber ist nur für den Radwechsel unterwegs vorgesehen. Falls er dennoch bei Reparaturen zu Hilfe genommen wird, ist lediglich der Wagen damit anzuheben und dann auf geeignete Montageböcke abzulassen (siehe »Aufbocken des Fahrzeuges«).
- Die dreibeinigen Unterstellböcke, wie sie später in Bild 8 gezeigt sind, sollen zur Sicherheit auch unter dem Fahrzeug platziert werden, wenn ein Garagenwagenheber zur Verfügung steht. Ziegelsteine sollten zum Unterbauen nicht verwendet werden, allenfalls Hohlblocksteine wegen ihren größeren Auflageflächen, doch sind dann zwischen Fahrzeug und Steine noch genügend starke Holzbretter zu legen.
- Fette, Öle, Unterbodenschutz und alle mineralischen Substanzen wirken auf die Gummiteile des Fahrwerks und der Bremsanlage aggressiv. Besonders von Teilen der hydraulischen Anlage sind solche Mittel, zu denen auch Kraftstoff gehört, fern zu halten. Für Reinigungsarbeiten an der Bremsanlage soll nur Bremsflüssigkeit oder Spiritus verwendet werden.

⚠ Bremsflüssigkeit ist giftig und wirkt z. B. auf lackierte Flächen ätzend – Lackschäden könnten die Folge sein.

- Zur Erzielung der besten Reparaturergebnisse ist die Verwendung von Original-Ersatzteilen Voraussetzung. Um späteren Schwierigkeiten aus dem Wege zu gehen, muss der Einbau irgendwelcher Fremdprodukte unterbleiben. Ausnahmen sind nur bei Teilen der elektrischen Anlage gegeben oder falls das Herstellerwerk entsprechende Freigaben macht.
- Alle Arbeiten am Fahrzeug, besonders solche an der Bremsanlage und an der Lenkung sowie Radaufhängung, sind mit Sorgfalt und Umsicht durchzuführen. Die Verkehrssicherheit des Fahrzeuges muss nach jeder Reparatur gewährleistet sein. Keine Arbeiten durchführen, wenn man mit der Baugruppe nicht vollkommen vertraut ist.

Vorsichtsmaßnahmen bei Arbeiten am Fahrzeug

⚠ Ehe Sie irgendwelche Arbeiten an einem Fahrzeug durchführen, raten wir Ihnen, die folgenden Hinweise gut durchzulesen und einzuprägen, damit Sie vor allen Verletzungen, gleich welcher Art, bewahrt werden:

- Auf einen einzelnen Wagenheber kann man sich nie hundertprozentig verlassen. Immer zusätzliche Böcke unterstellen. Zwei übereinandergelegte, abgeschraubte Räder kann man z. B. auf der Seite der Reparatur vorn oder hinten unterlegen, falls keine Böcke zur Verfügung stehen. Ein abrutschender Wagen wird dann wenigstens auf den Rädern landen.
- Niemals die Räder oder Achsmuttern anziehen, wenn das Fahrzeug aufgebockt ist.
- Niemals den Verschluss der Kühlanlage bei heißem Motor öffnen. Falls es unumgänglich ist, einen dicken Lappen um den Deckel legen und diesen bis zur ersten Raste lösen, damit der Dampf entweichen kann.
- Niemals das Motoröl ablassen, wenn das Fahrzeug bis zum letzten Moment gefahren wurde. Motoröl nur entsprechend den geltenden Vorschriften entsorgen.
- Keine Bremsflüssigkeit oder Frostschutzmittel auf Lackstellen tropfen lassen. Die hinterlassenen Flecke lassen sich nur schwer oder nicht entfernen.
- Keinen Bremsstaub einatmen. Obwohl Beläge und Bremsklotzmaterial jetzt asbestfrei hergestellt sind, schadet dies trotzdem Ihrer Gesundheit. Falls Sie Pressluft zum Ausblasen von Bremsen benutzen, den Kopf von der Staubstelle wegdrehen. Erkundigen Sie sich über die Erhältlichkeit von Sprays, mit denen man die Bremsteile absprüht, um die Staubentwicklung zu vermeiden (Autozubehörgeschäft oder Werkstatt).
- Öl- oder Fettreste sofort vom Boden abwischen, ehe Sie selbst oder andere Leute darauf ausrutschen.
- Keine Schlüssel falscher Schlüsselweite oder ausgeweitete Schlüssel zum Lösen von festsitzenden Muttern oder Schrauben benutzen. Ein Abrutschen bedeutet in den meisten Fällen eine Verletzung. Offene Wunden auf jeden Fall »verpflastern« lassen, ehe Schmutz oder Öl usw. eindringen kann.
- Krawatten haben bei Arbeiten am Auto keinen Platz. Ebenfalls lange Hemdsärmel oder andere lose Kleidungsstücke fern von

sich bewegenden Teilen halten. Lange Haare während der Arbeit festbinden. Fingerringe und Armbanduhren am besten abziehen. Abgesehen davon, dass man daran hängenbleiben kann, bieten sie auch einen Leiter für die elektrische Anlage.

- Den Arbeitsplatz von unnötigen Teilen befreien. Ein Stolpern wird dadurch offensichtlich weitgehend verringert.
- Arbeiten Sie möglichst nicht allein an einem Fahrzeug. Familie oder Freunde können öfters mal kurz nachschauen, ob alles in Ordnung ist.
- Niemals eine Arbeit überhastet zu Ende zu führen. Viele Radmuttern wurden lose gelassen, um das Fahrzeug wieder schnell zum Fahren zu bringen.
- Niemals in der Nähe des Fahrzeuges rauchen oder andere rauchende Personen in die Nähe lassen. Mit Metallgegenständen hergestellte Kurzschlüsse könnten zu Funkenbildung führen. Sicherheitshalber sollten Sie einen Handfeuerlöscher bereit haben. Ebenfalls aus diesem Grund sollte man die Batterie abklemmen, wenn Kraftstoffleitungen abgeschlossen werden.
- Eine Handlampe niemals auf den Motor auflegen, um besser zu sehen. Bestimmte Handlampen entwickeln große Wärme und könnten Teile am Motor verbrennen, obwohl man annimmt, dass sie durch den Drahtkäfig geschützt werden. Am besten ist es, wenn man eine Handlampe bei Arbeiten im Motorraum an der geöffneten Motorhaube »anhängt«.

Wenn Sie die angeführten Hinweise sorgfältig beachten, sollten bei den im Buch beschriebenen Arbeiten keine Verletzung Ihrer Person oder Beschädigung des Fahrzeuges auftreten.

Schlechtes Werkzeug führt in den meisten Fällen zu Verletzungen oder Beschädigung von Muttern, Schrauben usw. Die Anschaffung einer hochwertigen Werkzeugausrüstung ist ein guter Anfang zur Selbstpflege des Autos.

Aufbocken des Fahrzeuges

Der zum Anheben benutzte Wagenheber muss dem Gewicht des Fahrzeuges genügen. Überzeugen Sie sich deshalb vorher von der Tauglichkeit eines solchen Wagenhebers. Vor dem Aufbocken des Fahrzeuges sollte man sich immer davon überzeugen, dass keine zusätzlichen Lasten im Laderaum des Fahrzeuges liegen.

Beim vollständigen Aufbocken des Fahrzeuges den Vorderwagen zuerst aufbocken. Die Hinterräder sollten entweder verkeilt werden (Ziegelsteine unterlegen), damit das Fahrzeug nicht abrollen kann, oder man zieht die Handbremse an.

Bei der folgenden Beschreibung gehen wir von der Benutzung eines Scherenwagenhebers und eines Rollwagenhebers sowie Unterstellböcken aus.

- Um eine Seite mit einem Scherenwagenheber anzuheben, setzt man diesen an der in Bild 5 gezeigten Stelle unter das Fahrzeug.
- Um eine Seite mit einem Rollwagenheber anzuheben, wird die gleiche Ansatzstelle wie beim Scherenwagenheber benutzt.
- Zum Anheben der gesamten Vorderseite des Fahrzeuges braucht man einen Quer-

Bild 5

Bild 5
Anheben des Fahrzeuges mit einem Scherenwagenheber.

Bild 6

Bild 6
Anheben der Vorderseite des Fahrzeuges. Den im Text genannten Querbalken wie gezeigt zwischen den beiden Radaufhängungen einsetzen.

Bild 7

Bild 7
Anheben der Rückseite des Fahrzeuges. Der Wagenheberkopf kommt unter den Querträger der Hinterachse.

Bild 8
Dreibeinige Unterstellböcke sind bei Arbeiten unter dem Fahrzeug eine Notwendigkeit.

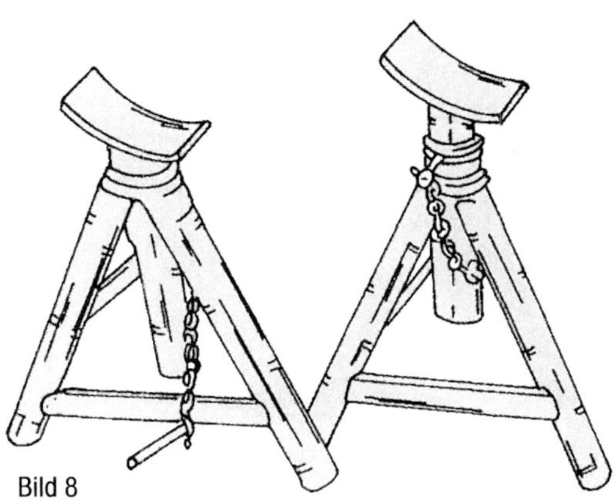

Bild 8

balken, welchen man in der in Bild 6 gezeigten Weise (mit 1 bezeichnet) unter die Querlenker der Vorderradaufhängung ansetzt und den Wagenheber unter den Balken setzt. In der Werkstatt wird natürlich ein Spezialbalken benutzt – der Balken muss kräftig genug sein, um das Fahrzeug zu tragen.

- Zum Anheben der Rückseite des Fahrzeuges den Wagenheber unter den Querträger der Hinterachse untersetzen, wie man es in Bild 7 sehen kann. Dadurch wird die gesamte Rückseite des Fahrzeuges angehoben, sodass man leicht die Unterstellböcke unter die Seiten der Karosserie setzen kann.
- Unterstellböcke werden an der Vorderseite an den gleichen Stellen wie der Wagenheber untergesetzt. Um dies erfolgreich zu bewerkstelligen, muss man den Wagenheber entweder vorn oder hinten ansetzen, um das Fahrzeug zentral anzuheben. Die zum Absichern benutzten Böcke sollten eine »V«-Form haben, damit das Fahrzeug zusätzlich gesichert wird.
- Die Höhe der Böcke wird durch Versetzen der Bolzen in den verschiedenen Löchern eingestellt. Bei der Herstellung wird die Festigkeit der Bolzen der Tragkraft der Böcke angepasst. Erfahrungen haben jedoch gezeigt, dass die mit den Bolzen verbundenen Ketten manchmal reißen und die Bolzen verloren gehen. Auf keinen Fall irgendwelche Schrauben geeigneten Durchmessers anstelle der Bolzen verwenden, es sei denn, dass diese aus Stahl hergestellt sind und die notwendige Tragkraft haben. Derartige Unterstellböcke sind in Bild 8 gezeigt.

Aufgrund des Schwerpunktes des Fahrzeuges sollte man niemals zuerst eine Seite anheben und danach die andere, sondern zuerst vorn (oder hinten) und danach am anderen Ende. Dabei aufpassen, dass die gegenüberliegende Seite nicht abrutschen kann.

Vor dem Aufbocken des Fahrzeuges immer die Beschaffenheit des Bodens kontrollieren, da ein weicher Boden nachgibt und der Wagenheber einsinken kann.
Falls man annimmt, dass die verwendeten Unterstellböcke nicht hundertprozentig sicher sind, kann man z. B. eine Seite des Fahrzeuges aufbocken und das abgenommene Rad unter der freien Aufhängung unterlegen. Sollte das Fahrzeug abrutschen, verbleibt immer noch ein Raum der Stärke des Reifens zwischen Wagen und Boden und gibt Ihnen zusätzliche Sicherheit.

2 Motoren

1.8-und 1.9-Liter-XUD-Dieselmotoren
Bei allen Motoren handelt es sich um einen Vierzylindermotor mit indirekter Einspritzung, welcher quer zur Fahrtrichtung in den Motorraum eingesetzt ist. Entweder ein XUD7-Motor (1.8 Liter) oder XUD9-Motor (1.9 Liter) ist eingebaut. Der Zylinderblock besteht aus Grauguss, der Zylinderkopf aus einer Leichtmetalllegierung. Der Motor hat eine einzelne Nockenwelle, welche durch einen Zahnriemen von der Kurbelwelle aus angetrieben wird. Die Lager der Nockenwelle sind direkt in den Zylinderkopf eingearbeitet. Ebenfalls in den Kopf sind die Ventilsitzringe, die Ventilführungen und die Vorkammern der Dieseleinspritzung eingearbeitet.
Je nach eingebautem Motor hat das Fahrzeug einen Katalysator (Motorkennzeichnung XUD9Y/DJY) und eine Abgasrückführungsanlage oder arbeitet ohne diese Systeme (die beiden anderen Motoren).

1.9-Liter DW8- und DW8B-Dieselmotor
Obwohl mit 1.9 Liter angegeben, hat dieser Motor nur einen Zylinderinhalt von 1868 ccm. Dies ist der in den letzten Baujahren eingebaute Motor, d. h. ab Baujahr 2000 wird der DW8B-Motor eingebaut. Viele Bauteile des Motors wurden von den XUD9A-Motoren übernommen (z. B. Kurbeltrieb, Pleuelstangen), jedoch weist der Motor viele Neuerungen auf:

- Der Zylinderkopf ist mit so genannten Comet Ricardo-Vorkammern versehen.
- Eine mechanische Einspritzpumpe ist eingebaut, die jedoch von Bosch oder Lucas stammen kann. Sie wird vom Zahnriemen der Steuerung angetrieben. Ebenfalls vom Steuerriemen angetrieben wird die Wasserpumpe.
- Die Zylinderkopfhaube ist zweiteilig, d. h. über der eigentlichen Haube sitzt ein Deckel mit Ölfänger und der Einfüllöffnung für das Motoröl, darunter befindet sich die eigentliche Zylinderkopfhaube.
- Der Motor ist in einer deutlich mehr aufgerichteten Stellung eingebaut, als die Vorgänger.

2.0-Liter DW10-Dieselmotor (HDi)
Auf diesen Motor wurde bereits in Kapitel 1 eingegangen.

Aus- und Einbau des Motors

Der Aus- und Einbau des Motors und Getriebes ist nicht bei allen Fahrzeugen gleich. Motoren mit der Kennzeichnung »XUD« werden nach oben aus dem Fahrzeug gehoben, der neue »DW8«-Motor sowie der 2.0-Liter HDi-Motor werden dagegen nach unten abgesenkt. Zum Ausbau des letzteren Motors wird in der Werkstatt ein fahrbarer Träger benutzt. Falls man die Arbeit selbst versuchen will, muss man das gesamte Triebwerk an Seile oder Ketten hängen und dann absenken. In diesem Fall muss das Fahrzeug vorn entsprechend hoch aufgebockt werden, wobei natürlich die entsprechende Sicherheit zu beachten ist.
Der Motor kann entsprechend der nachfolgenden Anweisungen ausgebaut werden.

XUD-Motoren – Ausbau des Triebwerks
Die Motorhaube muss geöffnet und in senkrechte Stellung gebracht werden. Falls man Schwierigkeiten beim Senkrechtstellen der Haube hat, kann man sie nach genauer Kennzeichnung der Scharniere am Blech ausbauen.

Eine Vorrichtung wird zum Anheben des Motors gebraucht, um die Aufhängungslager spannungsfrei zu lösen und das gesamte Triebwerk aus dem Fahrzeug zu heben (Bild 1). Schläuche werden mit Klemmschellen gehalten. Zum Öffnen der Schellen braucht man entweder eine Zange oder man zerschneidet die alte Schelle und verwendet beim Anschließen eine Schraubschelle.
Beim Ausbau folgendermaßen vorgehen:

- Beide Kabel der Batterie abklemmen. Falls ein Radio mit Diebstahlschutz eingebaut ist, muss man den Code zur Hand haben. Ebenfalls verliert man vorprogrammierte Sender nach Abschließen der Batterie. Wahlweise kann die Batterie auch ausgebaut werden.

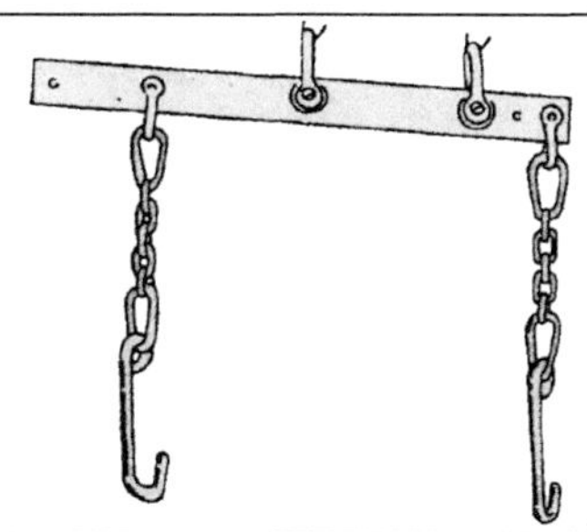
Bild 1

Bild 1
Ein Hebebalken und geeignete Ketten können zum Anheben von Motor und Getriebe benutzt werden.

Bild 2
Befestigung der Spritzschutzbleche in der Innenseite der Radkästen. An Stellen 1 bis 4 sind Kunststoffstifte eingesetzt (mit Zange herausziehen), an Stelle (5) sitzt eine Schraube.

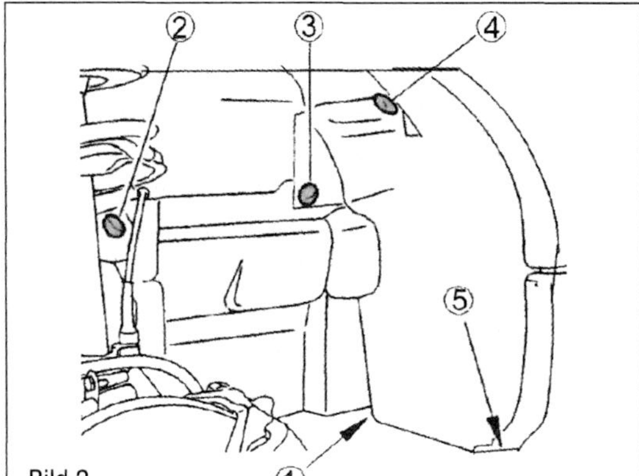

Bild 2

Bild 3
Die Schrauben (Pfeilstellen) halten das Vorderteil an der Karosserie.

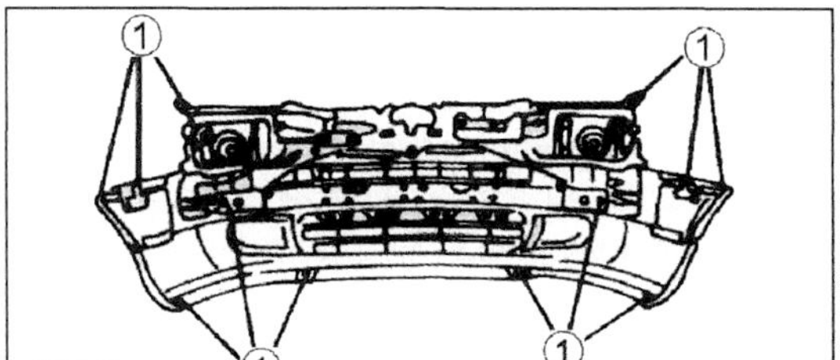

Bild 3

Bild 4
Abschließen der Schläuche von der Servolenkung.

1 Zwinge zum Abdrücken des Schlauchs
2 Saugleitung
3 Verbindungsleitung

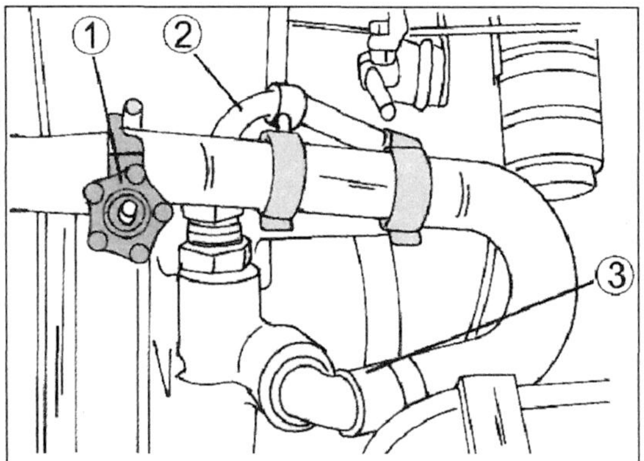

Bild 4

Bild 5
Die Befestigung der Drehmomentstütze (1) mit den Schrauben und Muttern (2).

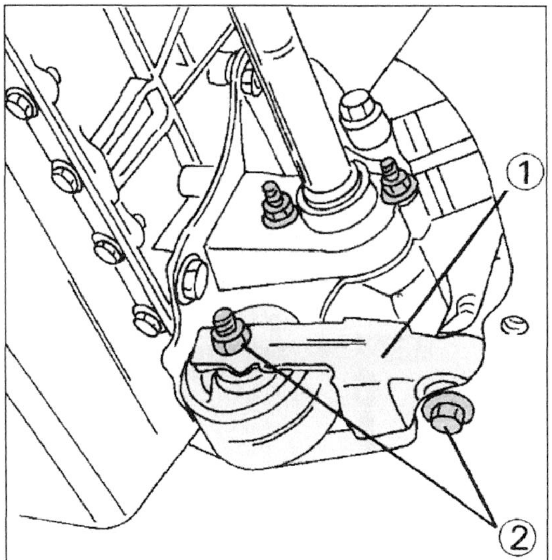

Bild 5

- Fahrzeug vorn auf Böcke setzen, beide Vorderräder abschrauben. Die beiden Abdeckbleche links und rechts aus dem Radkasten ausbauen. Diese sind an den in Bild 2 gezeigten Stellen 1, 2, 3 und 4 mit Kunststoffstiften befestigt. Zum Ausbau der Stifte wird eine Zange benutzt. Nach Lösen der Schrauben (5) die Abdeckungen herausnehmen.
- Das rechte und linke untere Spritzblech auf eine Seite schieben.
- Die Motorhaube öffnen und in senkrechter Stellung sperren (siehe oben) oder die Haube ausbauen.
- Die Kühlanlage ablassen (Motor darf nicht heiß sein). Dazu den Ablassstopfen an der Unterseite des Kühlers öffnen. Den Deckel des Ausgleichsbehälters der Kühlanlage öffnen, damit das Kühlmittel besser ablaufen kann. Das Frostschutzmittel kann aufgefangen werden, wenn es noch gut aussieht.
- Das Getriebeöl ablassen (siehe entsprechendes Kapitel).
- Den Behälter der Scheibenwaschanlage ausbauen und auf einer Seite ablegen.
- Linke und rechte Blinkleuchte ausbauen.
- Das Dehngefäß von seiner Befestigung lösen und auf einer Seite ablegen.
- Das Kühlergitter lösen, das Zugseil der Motorhaube aus dem Eingriff mit dem Schloss bringen und auf einer Seite ablegen. Die Stecker des linken und rechten Scheinwerfers an der Rückseite der Leuchteinheiten abziehen.
- Die vier in Bild 3 mit den Pfeilen (1) bezeichneten Schrauben entfernen und das gesamte Frontteil in der gezeigten Weise vorsichtig herausziehen.
- Die Antriebswellen entsprechend Kapitel 10 ausbauen.
- Die Kühlmittelschläuche vom Kühler an der Unterseite (Schnellverschluss) und an der Oberseite lösen.
- Alle elektrischen Anschlüsse vom Kühler abschließen und den Kühler zusammen mit dem Kühlungslüfter(n) ausbauen.
- Den Einlassschlauch für die Lenkhilfspumpe mit einer geeigneten Zwinge abklemmen (damit keine Flüssigkeit auslaufen kann) und die Schläuche und Leitungen von der Pumpe abschließen (siehe auch Bild 4).
- Bei eingebauter Klimaanlage den Antriebsriemen des Kompressors ausbauen (siehe getrennte Beschreibung), den Stecker

des Kabelstrangs in der Nähe des Kompressors trennen, vier Schrauben des Kompressors lösen und den Kompressor vorsichtig herausheben.

Unter keinen Umständen die Leitungen abschließen.

- Den Kompressor mit einem Stück Draht an der Vorderseite des Fahrzeuges festbinden, ohne die angeschlossenen Leitungen unter Spannung zu bringen. Zum Lösen und Anziehen der Befestigungen wird ein abgekröpfter Ringschlüssel gebraucht.
- Die Drehmomentstütze an der Rückseite abschrauben. Dazu die beiden Schrauben (1) in Bild 5 lösen und entfernen und die Stütze (2) herausnehmen.
- In folgender Reihenfolge die Klemmschelle des Auspuffrohres lösen, die drei Schaltgestänge vom Getriebe abschließen, den Luftansaugschlauch vom Luftfilter lösen und herausnehmen, den Verbindungsschlauch zwischen dem Luftfilter und dem Luftverteilerkasten ausbauen, den gesamten Luftfilter ausbauen, die Batterie, den Batteriekasten und den Batterieträger ausbauen und das Kupplungsseil vom Hebel am Getriebe abschließen. Das Seil vom Clip lösen und das Seil auf eine Seite schieben, wo es nicht im Weg ist.
- Die folgenden Anschlüsse unter Bezug auf Bild 6 abschließen: Die zwei zur Sicherungsdose unmittelbar unter der Motorhaube führenden Stromkabel (2). Dazu drei Muttern lösen, das Massekabel von der Batterie, den Stecker vom Notabstellschalter (1), die beiden Stecker (5) trennen, und den Stecker von der Vorglühaufheizung (3) abziehen. Den Kabelstrang der Vorglühaufheizung von der Befestigung lösen und aus dem Falz (4) herausnehmen.
- Die beiden Heizungsschläuche an der Stirnwand des Motorraums abschließen. Diese sind in besonderer Weise befestigt, da sie Schnellverschlüsse haben. Unter Bezug auf Bild 7 den Clip (1) wie im Bild gezeigt an Stelle (a) ausclipsen und die Schläuche danach in Richtung (b) abziehen. Die Schläuche müssen ebenfalls von drei Befestigungsstellen an der Stirnwand befreit werden.
- Kühlmittelschlauch an der Rückseite des Motors und den linken Schlauch vom Dehngefäß der Kühlanlage abschließen. Zur Befestigung werden Federschellen benutzt, entweder eine geeignete Zange benutzen

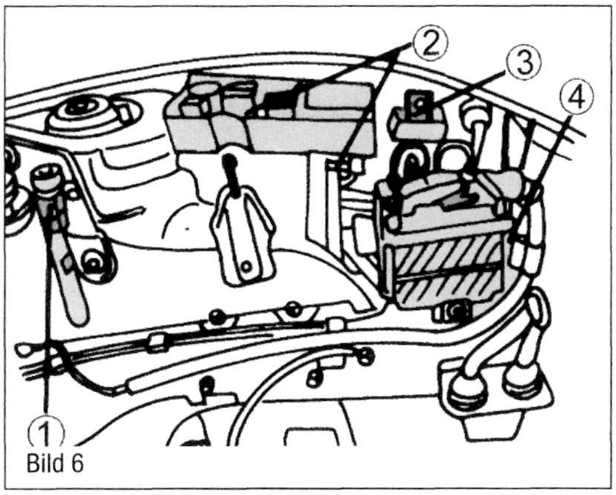

Bild 6

Bild 6
Die im Text genannten Teile sitzen an den gezeigten Stellen.

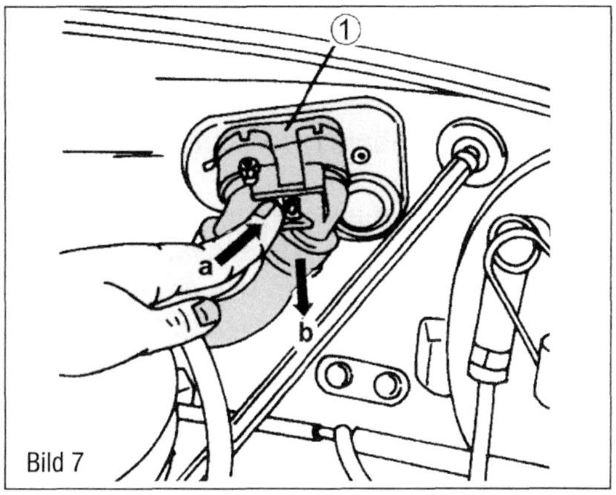

Bild 7

Bild 7
Zum Abschließen der Heizungsschläuche (1). Den Pfeilrichtungen (a) und (b) folgen.

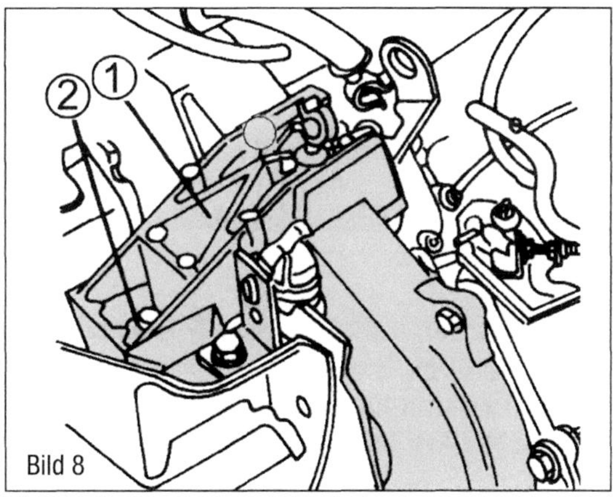

Bild 8

Bild 8
Die Befestigung des Triebwerklagers. Den Tragbügel (1) nach Lösen der Mutter (2) trennen.

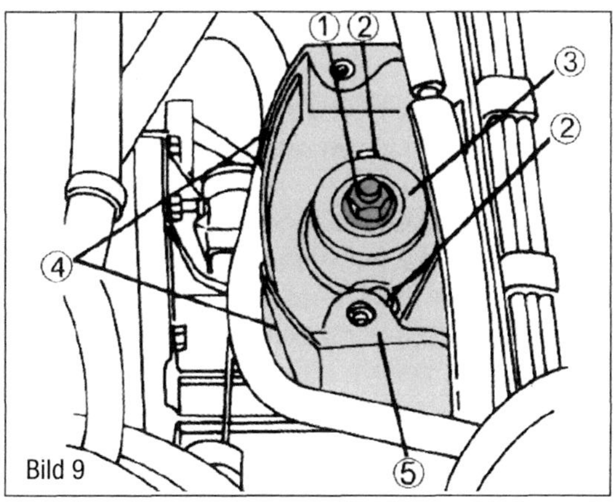

Bild 9

Bild 9
Die Befestigung des Triebwerklagers auf der Getriebeseite.

1. *Mittlere Mutter*
2. *Muttern des Motorlagers*
3. *Silentblocklager*
4. *Lage von Befestigungsschrauben*
5. *Getriebeträger*

oder die Schellen zerschneiden (durch Schraubschellen ersetzen). Falls eingebaut, den Stecker vom Geber für den Kühlmittelstand abziehen.

- Die Kraftstoffhandpumpe lösen und den Rücklaufschlauch zur Einspritzpumpe abschließen.
- In der Werkstatt wird das Triebwerk jetzt durch den in Bild 1 gezeigte Hebebügel angehoben. In Heimarbeit das Triebwerk an Seile und Ketten hängen und das Hebezeug anheben, bis die Triebwerkaufhängungen nicht länger unter Spannung stehen. Kontrollieren, dass das Aggregat gut abgesichert ist. Ein Rollwagenheber muss unter das Getriebe untergesetzt werden. Die Motoraufhängung unter Bezug auf Bild 8 lösen. Dazu nur die Mutter (1) vom Tragbügel (2) entfernen.
- Die zweite Aufhängung unter Bezug auf Bild 9 ausbauen. Dazu die mittlere Mutter (1) und die Muttern (2) lösen, das Gummilager (3) herausnehmen, die Schrauben (4) entfernen und den Getriebeträger (5) herausnehmen.
- Den unter dem Getriebe untergesetzten Wagenheber langsam absenken und das Triebwerk langsam aus dem Motorraum nach vorn herausheben.

Nochmals kontrollieren, dass alle Anschlüsse getrennt wurden. Immer darauf achten, dass sich keine Anschlüsse, Leitungen, Kabel, usw. am Triebwerk verfangen können und dass keine Anschlüsse vergessen wurden.

XUD-Motoren – Einbau des Triebwerks

Der Einbau des Triebwerks erfolgt in umgekehrter Reihenfolge wie der Ausbau. Die folgenden Punkte sind besonders zu beachten:

- Alle selbstsichernden Mutter, Sicherungsscheiben, usw. und andere Verschleißteile erneuern.
- Der Motorraum ist vorzubereiten, um das Triebwerk leicht in die richtige Lage zu bringen.
- Alle losen Teile, Leitungen, Schläuche, usw. sind an die äußeren Wände zu binden oder mit Tesaband festzukleben.
- Anschlussbereiche gründlich reinigen und auf Roststellen, usw. kontrollieren.
- Nachdem das Triebwerk wieder in seinen Aufhängungen sitzt die Motoraufhängungen anziehen. Diese sind in Bildern 8 und 9 gezeigt. Die folgenden Angaben beziehen sich auf Bild 9: Die Muttern (2) mit 25 Nm, die Mutter (1) mit 80 Nm. Die Mutter (2) der rechten Motoraufhängung mit 40 Nm anziehen. Die Schrauben des Getriebeträgers werden mit 25 Nm angezogen, die Muttern und Schrauben der Drehmomentstütze in Bild 5 mit 50 Nm anziehen, nachdem sie in die richtige Lage gebracht wurde.
- Antriebswellen einbauen (Kapitel 10).
- Getriebe, Vorratsbehälter der Servolenkung und die Kühlanlage entsprechend den Anweisungen füllen. Die Kühlanlage muss entlüftet werden.
- Nach fertigem Einbau den Motor anlassen und die Lenkung langsam aus einem Anschlag in den anderen einschlagen, um die Anlage zu entlüften. Flüssigkeitsstand im Vorratsbehälter kontrollieren und ggf. entlüften. Das Fahrzeug kann danach wieder auf die Räder abgelassen werden. Räder festziehen.

Nachdem der Motor oder Motor/Getriebe eingebaut sind, weisen wir nochmals auf die folgenden Punkte hin:

- Kontrollieren, dass keine Unterdruckschläuche oder Kabel lose herum hängen.
- Kontrollieren, dass der Ablasshahn des Kühlmittels vollkommen geschlossen ist, die Kühlanlage gut gefüllt und entlüftet ist.
- Radio-Code eingeben (falls erforderlich), die Zeituhr stellen und vorprogrammierte Sender wieder einstellen.
- Das Fahrzeug Probe fahren und den Lauf des Motors in allen Belastungsbereichen überprüfen.
- Abschließend alle Verbindungen auf Öl- oder Wasserleckstellen kontrollieren.

DW8-/DW8B-Motor – Ausbau des Triebwerks

Alles was in der Einleitung beim Ausbau des obigen 1.9-Liter-Motors gesagt wurde, gilt ebenfalls für den DW8-Motor und den später eingebauten DW8B-Motor, wie er z. B. in den Berlingo 2 und die neue Version des Partners eingebaut ist, und soll nicht noch einmal wiederholt werden. Wie bereits erwähnt, wird dieser Motor mit dem Getriebe nach unten ausgebaut. Wir möchten darauf hinweisen, dass man den Nebenrahmen ausbauen muss, um den Motor abzusenken.

Beim Ausbau folgendermaßen vorgehen (siehe Hinweise für DW8B-Motor, Einbau):

■ Beide Kabel der Batterie abklemmen. Falls ein Radio mit Diebstahlschutz eingebaut ist, muss man den Code zur Hand haben. Ebenfalls verliert man vorprogrammierte Sender nach Abschließen der Batterie.
■ Die Muttern der beiden Antriebswellen lockern, das Fahrzeug vorn auf Böcke setzen und beide Vorderräder abschrauben.
■ Falls eine Klimaanlage eingebaut ist, die Abdeckung aus dem rechten Radkasten ausbauen. Dieses ist an den in Bild 2 gezeigten Stellen 1, 2, 3 und 4 mit Kunststoffstiften befestigt. Zum Ausbau der Stifte wird eine Zange benutzt. Nach Lösen der Schrauben (5) die Abdeckung herausnehmen.
■ Den Antriebsriemen des Kompressors ausbauen (getrennte Beschreibung).
■ Die Motorhaube öffnen und in senkrechter Stellung sperren (siehe oben) oder die Haube ausbauen.
■ Die Kühlanlage ablassen (Motor darf nicht heiß sein). Dazu den Ablassstopfen an der Unterseite des Kühlers öffnen. Den Deckel des Ausgleichsbehälters der Kühlanlage öffnen, damit das Kühlmittel besser ablaufen kann. Das Frostschutzmittel kann aufgefangen werden, wenn es noch gut aussieht.
■ Das Getriebeöl ablassen (siehe entsprechendes Kapitel).
■ Die Drehmomentstütze an der Rückseite abschrauben. Dazu die beiden Schrauben (1) in Bild 5 lösen (gleiche Anordnung) und entfernen. Die Stütze (2) herausnehmen.
■ Die Muttern der Auspuffrohrverbindung am Krümmer abschrauben und das Rohr absenken. Rechts daneben die drei Schaltgestänge vom Getriebe abschließen.
Die nächsten Arbeiten werden unter Bezug auf Bild 10 durchgeführt. Das Bild zeigt das Fahrzeug von unten. Der Nebenrahmen muss in geeigneter Weise abgestützt werden (z. B. mit einem hydraulischen Wagenheber), damit er während der Ausbauarbeiten nicht herunterfallen kann.
■ Schrauben (2) und (4) sowie Schrauben (7) und (11) ausschrauben. Die Schrauben (12) entfernen und die Unterlegscheiben und Abstandsstücke abnehmen.
■ Das Auspuffrohr (9) ausbauen.
■ Den Nebenrahmen jetzt in geeigneter Weise von unten mit einem Wagenheber abstützen.
■ Vom Nebenrahmen die Rücklaufleitung der Servolenkung und die Ablaufleitung der Klimaanlage (falls eingebaut) von den Clips befreien.
■ Die Schrauben (8) und (10) sowie die Schrauben (1) und (5) herausdrehen.
■ Die Befestigungsschelle der Leitung für die Servolenkung (3) entfernen und den Nebenrahmen vorsichtig absenken.
■ Die Antriebswellen ausbauen (Kapitel 10).
■ Die Kühlmittelschläuche vom Kühler an der Unterseite und an der Oberseite lösen.
■ Den Kurvenstabilisator und die Lenkung mit Draht an der Karosserie befestigen.
■ Bei eingebauter Klimaanlage den Steckverbinder (1) vom Kompressor (3) trennen

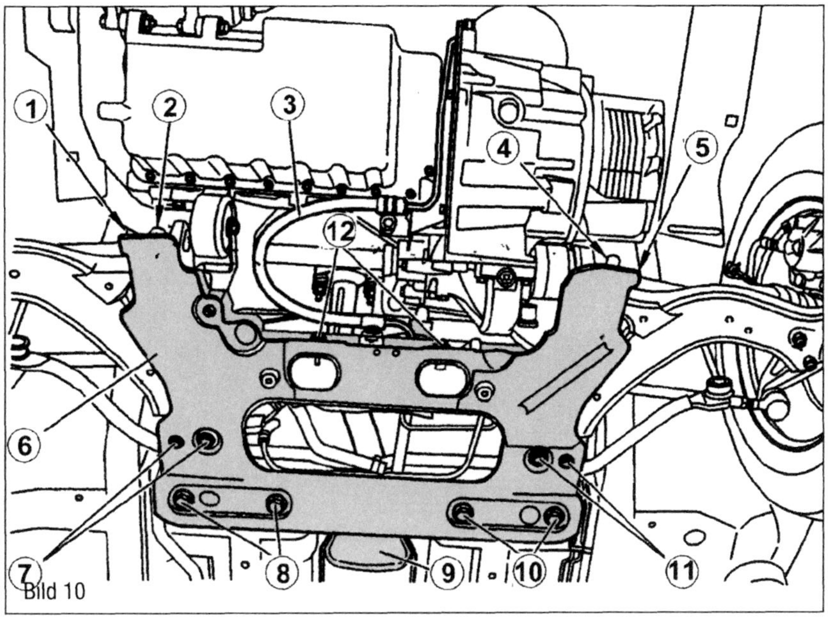

Bild 10

Bild 10
Ansicht des Fahrzeuges von der Unterseite. Die auszubauenden Teile sind im Text angegeben.

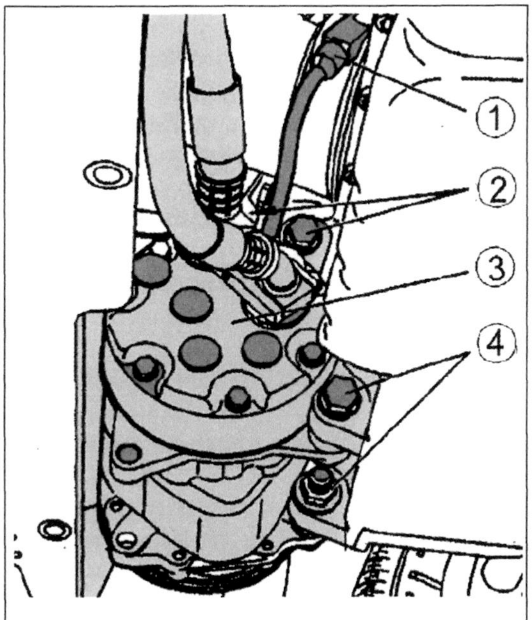

Bild 11

Bild 11
Die Befestigung des Kompressors einer Klimaanlage.

1 Kabelstecker des Kompressors
2 Befestigungsschrauben
3 Kompressor
4 Befestigungsschrauben/muttern

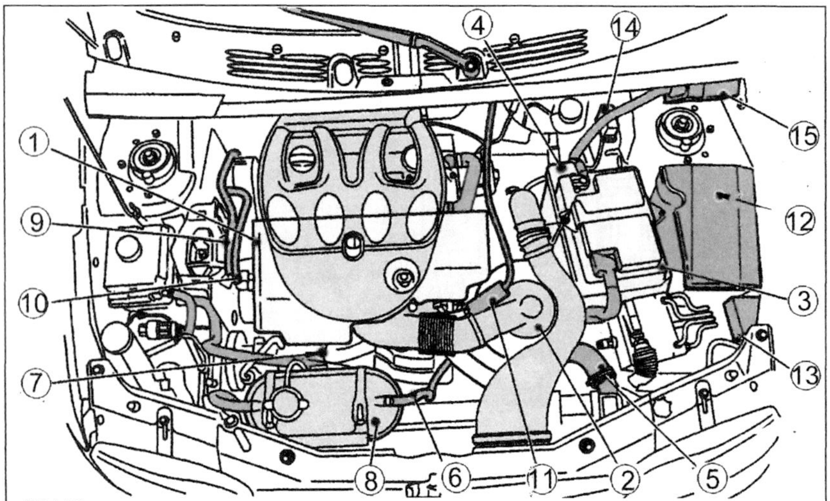

Bild 12
Ansicht des Motorraums. Die auszubauenden Teile sind mit der Nummerierung im Text angegeben.

und die Befestigungsschrauben/muttern (2 und (4) des Kompressors oben und unten lösen. Dazu braucht man einen abgekröpften Ringschlüssel. Den Kompressor etwas zur Außenseite des Motors zu kippen, um an die oberen Befestigungen zu kommen. Bild 11 zeigt die Befestigung. Den Kompressor herausheben und mit einem Stück Draht festbinden.

⚠ **Keine der Leitungen abschließen.**

Die nächsten Arbeiten werden vom Motorraum aus durchgeführt. Bild 12 ist hinzuzuziehen:

- Die Abdeckung des Motors (1) ausbauen.
- Den Luftfilter (2) zusammen mit den daran angeschlossenen Einlass- und Auslasskanälen ausbauen.
- Die Batterie (3) ausbauen und den darunter sitzenden Batterietrog (4) abmontieren.
- Die folgenden Anschlüsse abschließen und offene Anschlüsse in geeigneter Weise verschließen: den Kühlerschlauch (5), den Schlauch (6) vom Dehngefäß der Kühlanlage und den Schlauch (7). Das Dehngefäß (8) muss ausgebaut werden, um an den Schlauch (7) heranzukommen.
- Kraftstoffzufuhrleitung (9) und Rücklaufleitung (10) an den gezeigten Stellen abschließen.
- Den Gasseilzug (11) abschließen.
- Die folgenden Teile abschließen: Die drei Stromleitungen, die beiden Relais und das Massekabel vom elektronischen Steuergerät (12), Stecker vom Vorglührelais (13) und vom Relais (14) sowie den Stecker vom Temperaturregelgerät (bei Klimaanlage) trennen.
- Den Batterieträger ausbauen und das Kupplungsseil vom Hebel am Getriebe abschließen. Kupplungsseil von der Befestigung lösen und auf eine Seite drücken. Ebenfalls den elektrischen Kabelstrang lösen und am Motor befestigen.
- Die beiden Heizungsschläuche an der Stirnwand des Motorraums abschließen. Diese sind in besonderer Weise befestigt, da sie Schnellverschlüsse haben. Unter Bezug auf Bild 7 den Clip (1) wie im Bild gezeigt an Stelle (a) ausclipsen und die Schläuche danach in Richtung (b) abziehen. Die Schläuche müssen ebenfalls von drei Befestigungsstellen an der Stirnwand befreit werden. Unmittelbar rechts daneben die Unterdruckleitung vom Bremskraftverstärker abschließen. Das Massekabel von der Karosserie trennen.
- Den Einlassschlauch für die Lenkhilfspumpe mit einer geeigneten Zwinge abklemmen (damit keine Flüssigkeit auslaufen kann) und die Schläuche und Leitungen (2) und (3) in Bild 4 von der Pumpe abschließen.
- In der Werkstatt wird das Triebwerk jetzt mit einem Tragschemel abgesenkt. In Heimarbeit das Triebwerk an Seile und Ketten hängen und das Hebezeug anheben, bis die Triebwerkaufhängungen nicht länger unter Spannung stehen. Kontrollieren, dass das Aggregat gut abgesichert ist. Ein Rollwagenheber muss unter das Getriebe untergesetzt werden. Die Motoraufhängung unter Bezug auf Bild 13 lösen. Dazu die drei Schrauben (1) und die Mutter (2) lösen und den Aufhängungstragbügel (3) herausnehmen. Die freiwerdende Bundscheibe abnehmen.
- Die zweite Aufhängung unter Bezug auf Bild 9 ausbauen (sie ist identisch). Dazu die mittlere Mutter (1) und die Muttern (2) lösen, das Gummilager (3) herausnehmen, die Schrauben (4) entfernen und den Getriebeträger (5) herausnehmen.
- Das Triebwerk jetzt langsam senken, bis es von der Unterseite herausgezogen werden kann. Der Raum zwischen dem Boden und der Karosserie muss natürlich ausreichen, um das Antriebsaggregat herauszuziehen.

☞ Nochmals kontrollieren, dass alle Anschlüsse getrennt wurden. Immer darauf achten, dass sich keine Anschlüsse, Leitungen, Kabel, usw. am Triebwerk verfangen können und dass keine Anschlüsse vergessen wurden.

DW8/DW8B-Motor – Einbau des Triebwerks

Der Einbau des Triebwerks erfolgt in umgekehrter Reihenfolge wie der Ausbau.

Die folgenden Punkte sind besonders zu beachten:

- Den allgemeinen Anweisungen beim Einbau der bereits beschriebenen Motoren folgen.
- Triebwerk in die richtige Lage heben und mit den Motor/Getriebeaufhängungen ausfluchten. Dies sind die in Bildern 13 und 9 gezeigten Aufhängungen. Die folgenden Anweisungen sind in Verbindung mit Bild 9 zu befolgen, jedoch sind die unterschiedlichen Anziehdrehmomente für diese Motoren zu beachten. Nach Einschrauben der Schraube in das Aufhängungslager (3) die Mutter (1) aufschrauben und mit 65 Nm anziehen. Die Muttern (2) mit 25 Nm anziehen. Jetzt unter Bezug auf Bild 13 den Aufhängungsträger (3) anbringen, die Bundscheibe auflegen und die Schrauben (1) eindrehen und anziehen (45 Nm). Abschließend die Mutter (2) mit 45 Nm anziehen. Die Muttern und Schrauben der Drehmomentstütze in Bild 5 mit 50 Nm anziehen, nachdem sie in die richtige Lage gebracht wurde.

Beim Einbau des Nebenrahmens folgendermaßen unter Bezug auf Bild 10 vorgehen:

- Den Nebenrahmen (6) mit einem Wagenheber anheben und in die richtige Lage bringen. Die Schrauben (1), (5), (10) und (8) einschrauben und einige Umdrehungen anziehen (nur handfest).
- Antriebswellen einbauen, wie es in Kapitel 10 beschrieben wird.
- Die Schrauben (7), (11), (12), (2) und (4) einschrauben, ohne sie festzuziehen. *Die Schrauben (2) und (4) erst anziehen, nachdem das Fahrzeug wieder auf dem Boden aufsitzt.*
- Kugelgelenk des Schaltgestänges am Hebel anschließen.
- Jetzt in der folgenden Reihenfolge die Schrauben (1), (5), (10) und (8) sowie (7) und (11) und (12) fest anziehen.
- Nachdem das Fahrzeug wieder auf den Rädern aufsitzt, die verbleibenden Schrauben (2) und (4) anziehen.
- Getriebe, Vorratsbehälter der Servolenkung und die Kühlanlage entsprechend den Anweisungen füllen. Die Kühlanlage muss entlüftet werden.

Bild 13
Zum Ausbau der Triebwerkaufhängung auf der Motorseite.
1 Befestigungsschrauben
2 Mittlere Mutter
3 Aufhängungsträger

- Nach fertigem Einbau den Motor anlassen und die Lenkung langsam aus einem Anschlag in den anderen einschlagen, um die Anlage zu entlüften. Flüssigkeitsstand im Vorratsbehälter kontrollieren und ggf. entlüften. Das Fahrzeug kann danach wieder auf die Räder abgelassen werden. Räder festziehen.

Nachdem der Motor oder Motor/Getriebe eingebaut sind, weisen wir nochmals auf die folgenden Punkte hin:

- Kontrollieren, dass keine Unterdruckschläuche oder Kabel lose herumhängen.
- Kontrollieren, dass der Ablasshahn des Kühlmittels vollkommen geschlossen ist, die Kühlanlage gut gefüllt und entlüftet ist.
- Radio-Code eingeben (falls erforderlich), die Zeituhr stellen und vorprogrammierte Sender wieder einstellen.
- Das Fahrzeug Probe fahren und den Lauf des Motors in allen Belastungsbereichen überprüfen.
- Abschließend alle Verbindungen auf Öl- oder Wasserleckstellen kontrollieren.

Hinweise bei eingebautem DWB8-Motor

Der Anblick von der Unterseite des Fahrzeuges entspricht dem in Bild 10 gezeigten, je-

Bild 14
Ansicht des Motorraums bei eingebautem DW8B-Motor.

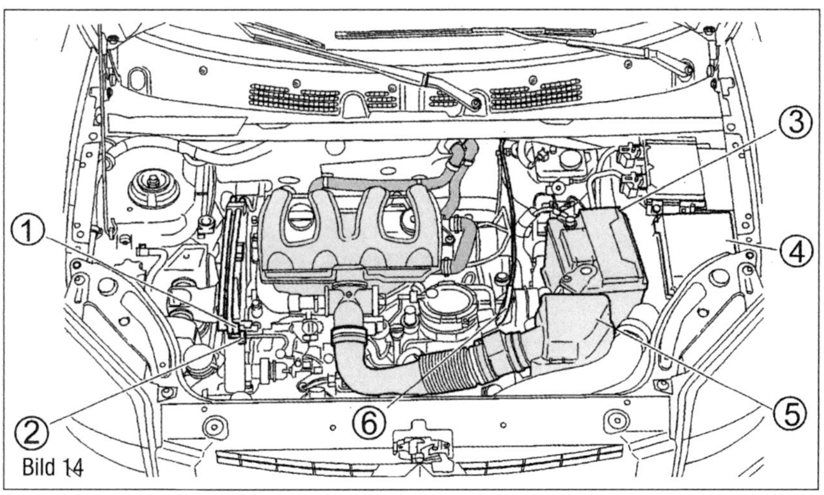

Sichtprüfung Messen

doch sieht es im Motorraum etwas anders aus, wie man Bild 14 entnehmen kann. Beim Einbau in der oben beschriebenen Weise vorgehen und danach die folgenden Teile im Motorraum ausbauen oder abschließen.

- Den Luftfilter zusammen mit dem Luftansaugrohr und dem Luftströmungsmesser (5) ausbauen.
- Die Batterie (3) und den Batterieträger (4) ausbauen. Der Träger wird abgeschraubt.
- Den Einlass- und Auslassschlauch vom Kühler und den Belüftungsschlauch vom Kühlmittelauslassschlauch abschließen.
- Kraftstoffvorlaufleitung (1) und Rücklaufleitung (2) abschließen.
- Gaszugseil (6) abschließen.

Die verbleibenden Arbeiten entsprechen jetzt wieder den beim Ausbau des DW8-Motors gegebenen Anweisungen.

DW10 (HDi)-Motor – Aus- und Einbau

Aus- und Einbau dieses Motors entsprechen in etwa den Beschreibungen für den DW8-Motor. Bild 10 kann verfolgt werden, um unter dem Fahrzeug durchzuführende Arbeiten zu erledigen.

Die Enden des Kurvenstabilisators müssen jedoch bei diesen Fahrzeugen auf beiden Seiten von den Verbindungsstangen (Koppelstangen) getrennt werden.

Zerlegung des Motors

Vor Beginn der Arbeiten alle Außenflächen des Motors gründlich reinigen. Alle Öffnungen des Motors vorher mit einem sauberen Putzlappen abdecken, damit keine Fremdkörper in die Innenseite des Motors gelangen können.

Das Zerlegen des Motors wird in Einzelheiten im nachfolgenden Text beschrieben. Außerdem werden Arbeiten beschrieben, die entweder bei eingebautem Motor oder ausgebautem Motor durchgeführt werden können. Falls eine komplette Zerlegung durchgeführt werden soll, braucht man nur die einzelnen Arbeitsgänge miteinander zu kombinieren, und zwar in der angeführten Reihenfolge.

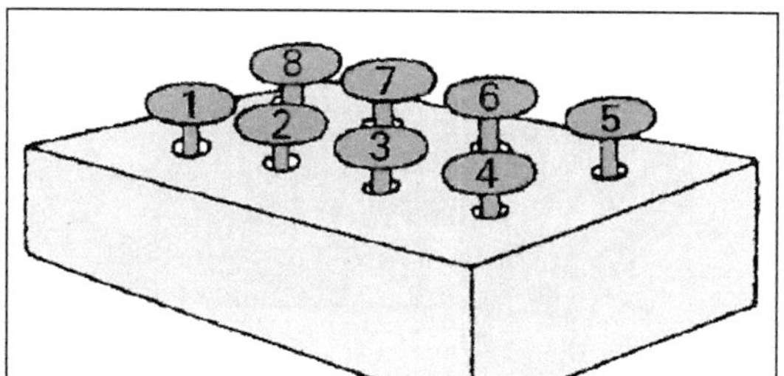

Bild 15

Bild 15
Ventile können entsprechend der Ausbaureihenfolge durch den Boden einer umgekehrten Pappschachtel gestoßen werden.

Im Allgemeinen sollte man beim Zerlegen daran denken, dass alle sich bewegenden oder gleitenden Teile vor dem Ausbau zu zeichnen sind, um sie wieder in der ursprünglichen Lage einzubauen, falls sie wieder verwendet werden. Dies ist besonders bei Kolben, Ventilen, Lagerdeckeln und Lagerschalen wichtig. Die Teile so ablegen, dass man sie nicht durcheinander bringen kann. Lager- und Dichtflächen auf keinen Fall mit einer Reißnadel oder gar Schlagzahlen zeichnen. Viele Teile sind aus Aluminium hergestellt und sind entsprechend zu behandeln. Falls Hammerschläge zum Trennen bestimmter Teile erforderlich sind, nur einen Gummi-, Plastik- oder Hauthammer verwenden. Ventile lassen sich am besten durch den Boden einer umgekehrten Pappschachtel stoßen, sodass man die Ventilnummer daneben schreiben kann. Bild 15 zeigt die Anordnung bei ausgebauten Ventilen.

Die Zerlegung kann wesentlich erleichtert werden, wenn man einen geeigneten Montagestand hat, welcher an der Oberseite einen Schwenkkopf besitzt. Andernfalls den Motor auf eine Werkbank aufsetzen und ihn seitlich abstützen, damit er nicht umfallen kann.

Der folgende Text beschreibt zuerst einige Arbeiten, die bei eingebautem Motor durchgeführt werden können.

Ehe man irgendwelche Teile erneuert, muss man die Angaben über die verschiedenen Motoren durchlesen, um festzustellen, welche Teile von größeren Änderungen betroffen sind.

Zerlegung 1.8- und 1.9-Liter-Motor

Die folgende Beschreibung gibt eine komplette Zerlegung des Motors, welche jedoch nicht immer notwendig ist. Der Zusammenbau dieser Motoren wird anschließend. Die Zerlegungsarbeiten beziehen sich im Allgemeinen auf die XUD-Motoren. Irgendwelche Abweichungen beim DW8-Motor werden getrennt erwähnt.

- Motoröl ablassen und die Schrauben zwischen Motor und Getriebe entfernen. Getriebe vom Motor abziehen, ohne dabei das Gewicht des Getriebes auf der Kupplungswelle ruhen zu lassen. Das Stützlager der Antriebswelle vom Motor abschrauben (4 Schrauben).

- Den Ölfilter von der Seite des Motors abschrauben. Der Ölfilter sitzt hinter der Lichtmaschine.
- Den Ölmessstab aus dem Führungsrohr herausziehen.
- Die Kupplungsdruckplatte und die Mitnehmerscheibe ausbauen. Dazu das Schwungrad in geeigneter Weise gegenhalten. Zum Lösen der Schrauben das in Bild 16 gezeigte Sperrstück in den Zahnkranz des Schwungrades einsetzen oder mit einem Schraubendreher, in den Zahnkranz eingesetzt, gegenhalten. Die sechs Schrauben der Kupplung gleichmäßig über Kreuz lösen und den Kupplungskörper abnehmen. Die Mitnehmerscheibe aus dem Schwungrad herausnehmen (nicht mit öligen Fingern anfassen).
- Den Zylinderkopf ausbauen, wie es später beschrieben wird.
- Auf der Seite des Auspuffkrümmers die in Bild 17 gezeigten Nebenteile abmontieren. Das Bild zeigt einen DW8-Motor gezeigt, beim XUD-Motor sieht es ähnlich aus, es fehlen jedoch der OT-Geber und das Rohr für die Abgasrückführung (AGR). Eine Ansicht dieses Motors ist in Bild 18 gezeigt.
- Kupplungsschrauben lösen (Schwungrad gegenhalten) und die Kupplung abnehmen. Die Mitnehmerscheibe aus dem Schwungrad nehmen.
- Die nächsten Arbeiten werden auf der Seite der Einspritzpumpe durchgeführt. Kraftstofffilter mit dem Filtersockel ausbauen, den Ölabscheider mit den daran angeschlossenen Schläuchen ausbauen, einen Deckel abschrauben, den Thermostaten herausnehmen und das Auslassgehäuse für das Kühlmittel abschrauben. Die Überwurfmuttern der Einspritzleitungen lösen und die Leitungen aus den Anschlussstücken herausziehen. Die Leitungsenden gegen Eindringen von Schmutz schützen. Ebenfalls auf der gleichen Seite des Motors die Drehstromlichtmaschine, die Lenkhilfspumpe (falls eingebaut) und die Anbauplatte für die Aggregate abschrauben. Außerdem muss das Zugseil für den Kaltstart abgeschlossen werden.
- Von vorn auf den Motor gesehen, die in Bild 19 gezeigten Teile abmontieren, hier bei den XUD-Motoren gezeigt. Beim DW8-Motor sieht es ähnlich aus. Dies sind: Schraube (3), untergelegte Scheibe (2), Riemenscheibe (4), seitlicher Deckel (5), oberer Deckel (1) und unterer Deckel (6). Die Kurbelwellenriemenscheibe mit zwei Reifenhebeln von der Kurbelwelle abdrücken. Andernfalls kann man einen Abzieher benutzen, dessen zwei Abziehschrauben man in die Gewinde in der Riemenscheibe eindrehen kann.

Bild 16

Bild 16
Ein Schwungrad kann mit einem Zahnsegment in der gezeigten Weise gegen Mitdrehen blockiert werden.

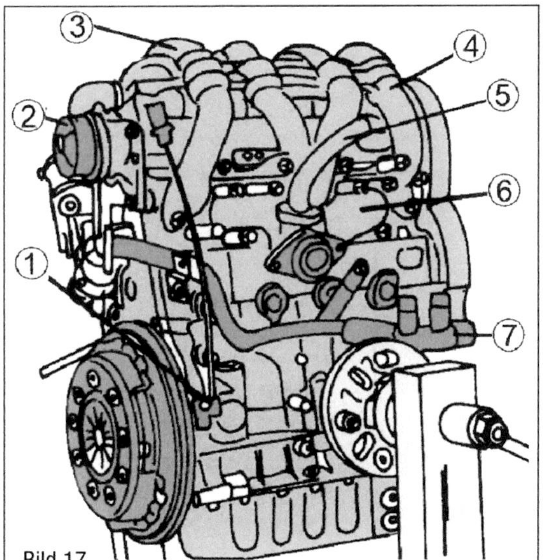

Bild 17

Bild 17
Ansicht des DW8-Motors von der Seite des Auspuffkrümmers. Bei den XUD-Motoren fehlt der OT-Geber.

1 OT-Geber
2 Unterdruckpumpe
3 Luftverteiler
4 Ansaugsammelrohr
5 Rohr für Abgasrückführungsventil (nicht beim XUD)
6 Auspuffkrümmer
7 Kühlmitteleinlassstutzen

Bild 18
Ansicht des Motors von der Seite des Auspuffkrümmers.

1 *Auspuffkrümmer*
2 *Unterdruckpumpe*
3 *Ansaugkrümmer*
4 *Luftansaugrohr*
5 *Kühlmitteleinlassstutzen*

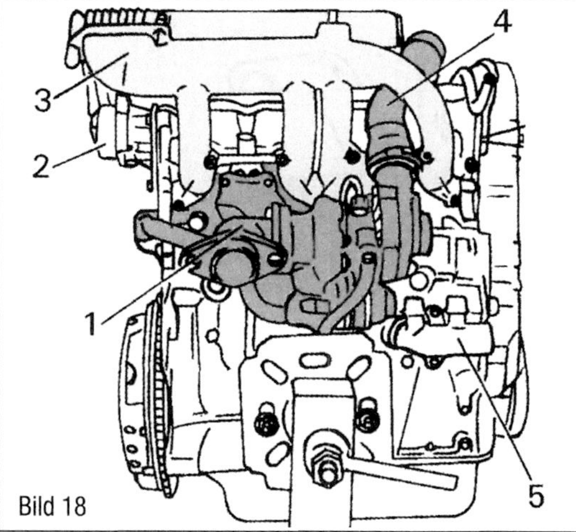

Bild 18

Bild 19
Ansicht des Motors von vorn.

1 *Oberer Schutzdeckel*
2 *Scheibe*
3 *Schraube*
4 *Kurbelwellenriemenscheibe*
5 *Seitlicher Schutzdeckel*
6 *Unterer Schutzdeckel*

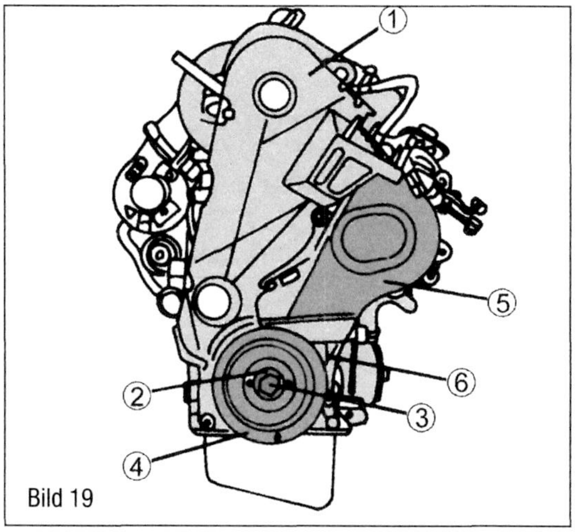

Bild 19

Bild 20a
Ausbau der Ölwanne aus Stahlblech.

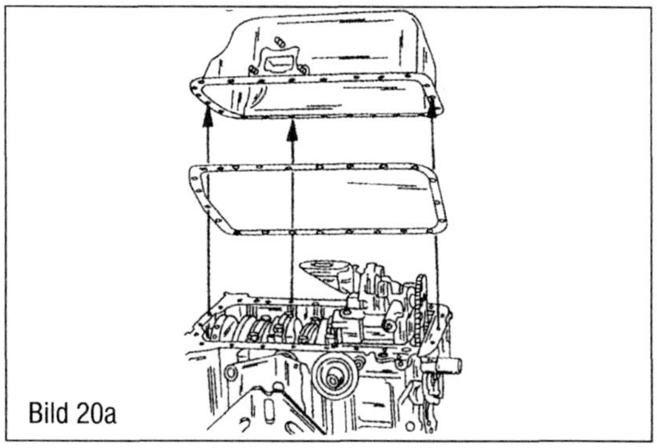
Bild 20a

Bild 20b
Befestigung der Aluminiumölwanne (mit Klimaanlage).

1 *Schrauben (20), 22 mm lang*
2 *Ölwanne*
3 *Schrauben (2), 40 mm lang*
4 *Schraube (1), 20 mm lang*

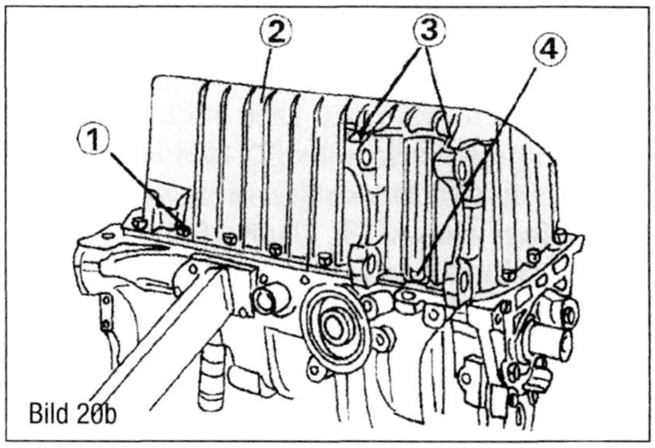

Bild 20b

▪ Die Ölwanne ausbauen. Dazu den Motor so ausrichten, dass sich die Ölwanne an der Oberseite befindet, und die Schrauben gleichmäßig lösen. Die Ölwanne herunterheben (Bild 20a). Die Schrauben sollten hinsichtlich der Gewindebohrung gezeichnet werden oder müssen separat aufbewahrt werden. Die Ölwannendichtung abnehmen.

☞ Beim Ausbau der Ölwanne erwähnte Einzelheiten beziehen sich auf eine Blechölwanne. Erwähnen sollten wir jedoch auch die Aluminiumölwanne bei Fahrzeugen mit Klimaanlage bei eingebautem XUD-Motor. Diese ist etwas unterschiedlich befestigt. Es werden 23 Schrauben benutzt, welche von unterschiedlicher Länge sind. Auseinandergehalten werden können die Schrauben unter Bezug auf Bild 20b.

▪ Das Schwungrad gegenhalten (Bild 16) und abschrauben. Falls erforderlich mit einem Kunststoffhammer abschlagen. Das Schwungrad kann man ohne Kennzeichnung abnehmen, da es nur in einer Stellung montiert werden kann.

▪ Bei einem XUD-Motor drei Schrauben M8 x 1,25 mit einer Länge von 40 mm besorgen. Eine der Schrauben an Stelle (1) in Bild 21 in das Nockenwellenrad einsetzen und zwei Schrauben an Stellen (2) und (3) in das Antriebsrad der Einspritzpumpe. Dadurch wird der Steuermechanismus gesperrt. Falls der Motor vollkommen zerlegt werden soll, sind diese Arbeiten überflüssig. Nur wenn man ein Verstellen der Steuerung vermeiden will, müssen die Schrauben eingeschoben werden. Beim DW8-Motor sieht dies etwas anders aus. In diesem Fall die in Bild 22 gezeigten Teile ausbauen. Die genannten Schrauben in diesem Fall an Stellen (a) und (b) einschieben.

▪ Beim XUD-Motor die Mutter (4) und die Schraube (5) der Spannrolle für den Zahnriemen lockern. Eine mit einem Vierkant von 9,52 mm versehene Verlängerung in das Vierkantloch (6) in Bild 23 einsetzen, um die Feder des automatischen Riemenspanners zusammenzudrücken. Dies ist der Vierkantmitnehmer eines Stecknusssatzes mit 3/8-Zoll-Antrieb. Die Schraube (5) in Bild 21 wieder festziehen, um den Riemenspanner in der neuen Lage zu halten. Beim DW8-Motor einfach die Mutter in der Mitte der Spannrolle lockern und die Rolle nach außen drücken.

▪ Den Zahnriemen in seiner Laufrichtung

an der Außenseite mit einem Farbstrich zeichnen und vorsichtig nach vorn von den Steuerrädern herunterheben. Der Ausbau des Zahnriemens wird ebenfalls unter getrennter Überschrift später beschrieben.

- Die fünf Schrauben der Wasserpumpe lösen und die Pumpe abnehmen. Dichtung entfernen.
- Die beiden Schrauben des Thermostatgehäuses entfernen und das Gehäuse abnehmen. Dichtung entfernen.
- Den Ölkühler vom Motor abschrauben. Unmittelbar daneben den Öldruckschalter ausschrauben.
- Den Zylinderkopfdeckel und den Zylinderkopf ausbauen, wie es unter der betreffenden Überschrift beschrieben wird.
- Das Steuerrad von der Kurbelwelle herunterziehen. Zwei untergesetzte Reifenhebel sollten zum Abdrücken ausreichen.
- Bei einem XUD-Motor die Spannrolle (4) in Bild 24 nach Lösen der Schrauben (2) und (3) abnehmen. Die Feder sitzt in der Innenseite des Motortragbügels. In der Werkstatt wird ein Spezialwerkzeug benutzt, um die Feder und den Druckstößel in ihrer Lage zu halten. Beim Abheben des Bügels deshalb vorsichtig vorgehen. Beim DW8-Motor ist diese Vorsichtsmaßnahme nicht gültig. Die Rolle einfach abschrauben.
- Die beiden Schrauben (1) in Bild 25 lösen und die in der Mitte liegende Spannrolle (2) abnehmen. Die Wasserpumpe (3) ist ebenfalls im Bild zu sehen. Beim DW8-Motor entsprechend Bild 22 vorgehen.
- Den vor der Ölpumpe sitzenden Deckel abschrauben. Dies ist der Deckel mit dem Öldichtring. Die sechs in Bild 26 gezeigten Schrauben lösen und den Deckel abnehmen (bei allen Motoren gleich). Die darunterliegende Dichtung entfernen. Der Deckel sitzt auf Passstiften und muss vorsichtig abgedrückt werden.
- Die drei Befestigungsschrauben der Ölpumpe von der Unterseite des Kurbelgehäuses her entfernen. Die Antriebskette aus dem Ölpumpenzahnrad aushängen und die Ölpumpe ausbauen. Bild 27 zeigt die Ölpumpe in eingebautem Zustand (ähnlich bei allen Motoren, gezeigt beim XUD-Motor).
- Das Kettenrad für den Antrieb der Ölpumpe (1) in Bild 27 und den Keil von der Kurbelwelle abnehmen und die Kette ausbauen.
- Das Steuerrad der Nockenwelle ausbauen. Ebenfalls das Antriebsrad der Einspritzpumpe.

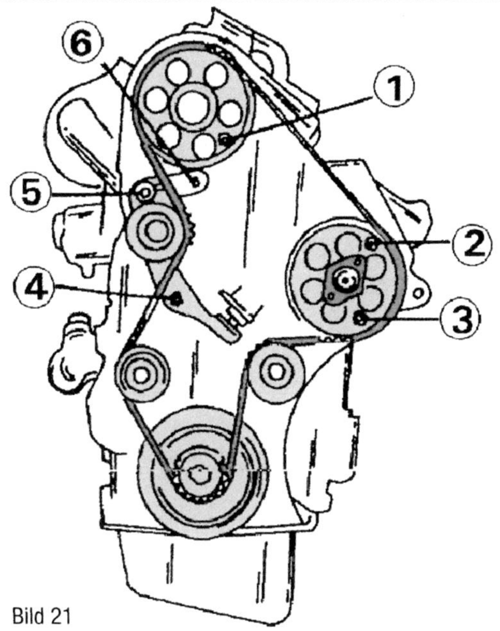

Bild 21

Bild 21
Einzelheiten zum Aus- und Einbau des Zahnriemens bei einem XUD-Motor.

1 Eingesetzte Schraube
2 Eingesetzte Schraube
3 Eingesetzte Schraube
4 Schraube des Riemenspanners
5 Mutter des Riemenspanners
6 Vierkantloch

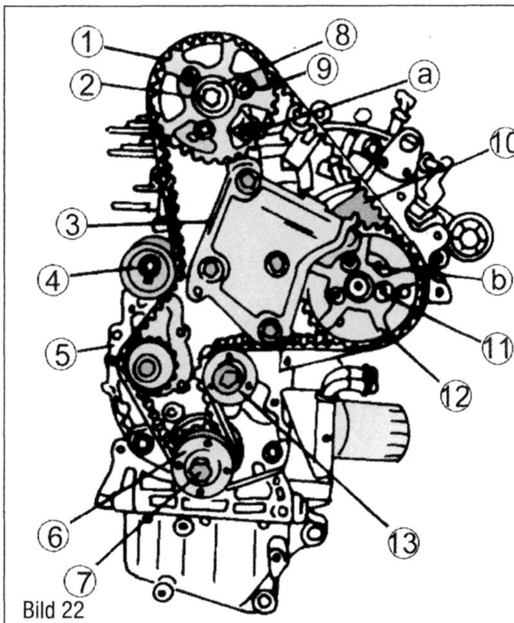

Bild 22

Bild 22
Einzelheiten zum Aus- und Einbau des Zahnriemens bei einem DW8-Motor. Arretierbolzen an Stellen (a) und (b) einsetzen.

1 Nockenwellensteuerrad
2 Schraube des Nockenwellenrades
3 Motoraufhängungsträger
4 Spannrolle des Zahnriemens
5 Wasserpumpe
6 Kurbelwellensteuerrad
7 Schraube für Kurbelwellensteuerrad
8 Nockenwellennabe
9 Steuerradschrauben
10 Zahnriemen
11 Schrauben des Pumpenrades
12 Pumpenantriebsrad
13 Riemenführungsrolle

- Einspritzpumpe und Einspritzleitungen ausbauen. Die drei Muttern mit Scheiben lösen und die Einspritzpumpe abnehmen. Bei allen Pumpenausführungen den Stützbügel an der Rückseite abschrauben, d. h. die Schrauben lösen (bei allen Motoren vier Stück). Beim Lösen der Einspritzleitungen das Sechskant an der Pumpe und an den Düsen gegenhalten.
- Die Muttern der Pleuellagerdeckel abschrauben (Bild 28), die Lagerdeckel abnehmen und die Kolben zusammen mit den Pleuelstangen ausbauen und geordnet ablegen.

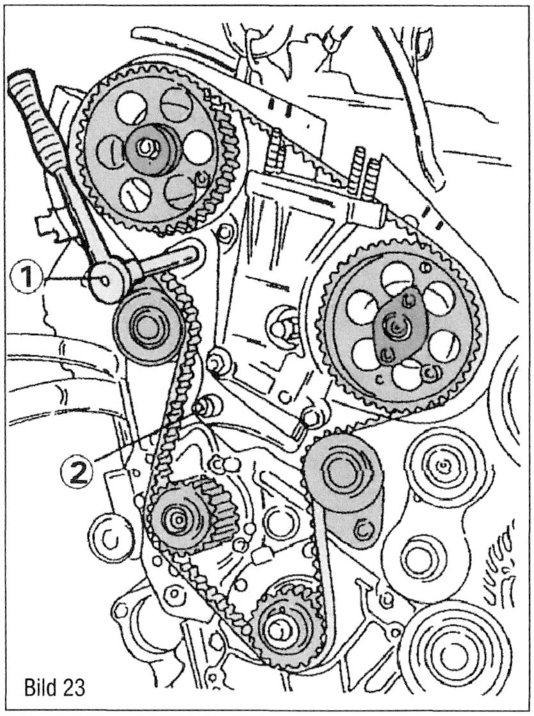

Bild 23

Bild 23
Zum Ausbau des Zahnriemens. Die Mutter (2) und die durch die Rätsche verdeckte Mutter lösen und danach den Riemenspanner mit einer Stecknussverlängerung (1) verdrehen, um die Feder zusammenzudrücken.

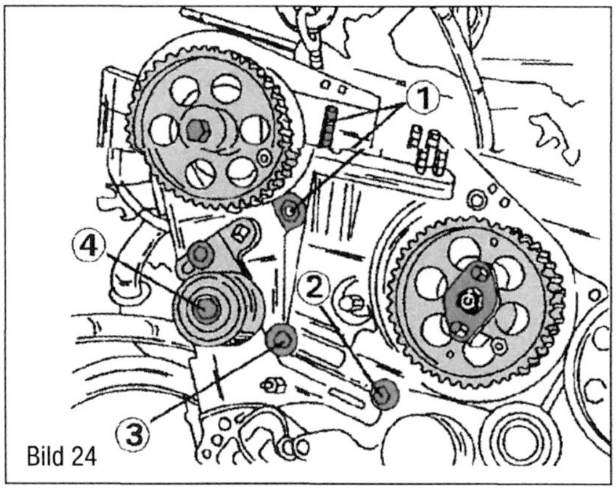

Bild 24

Bild 24
Die obere Spannrolle (4) nach Lösen der Schrauben 1, 2 und 3 ausbauen.

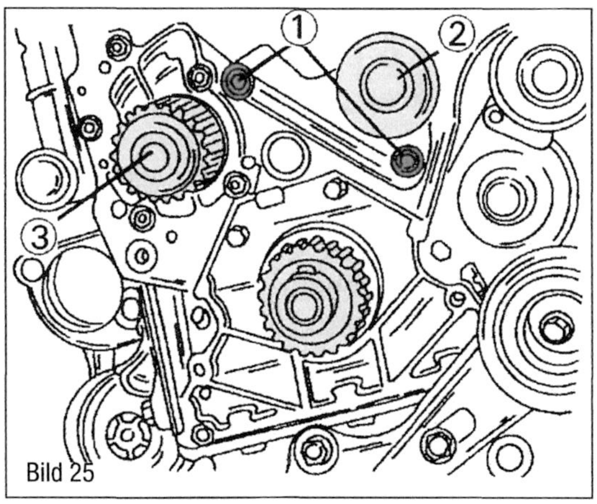

Bild 25

Bild 25
Die Riemenspannrolle in der Mitte nach Lösen der Schrauben ausbauen.

1 Schrauben
2 Spannrolle
3 Wasserpumpe

Kontrollieren, ob die Deckel und Pleuelstangen gut sichtbar gezeichnet sind, andernfalls mit Farbe zeichnen.

- Die Hauptlagerdeckel mit den Zahlen 1 bis 5 versehen (Nr. 1 auf der Schwungradseite) und die Deckel abschrauben. Die Lagerschalen und die Deckel jeweils zusammenhalten.
- Den Radialdichtring auf der Schwungradseite der Kurbelwelle ausbauen. Den Dichtring erneuern.
- Die Kurbelwelle herausheben und die oberen Lagerschalenhälften aus den Bohrungen nehmen. Ebenfalls die Halbscheiben für das Axialspiel der Kurbelwelle kennzeichnen und herausnehmen.
- Die Kolben und Pleuelstangen können zerlegt werden, wie es im betreffenden Kapitel beschrieben ist.

Zerlegung des 2.0-Liter-HDi-Motors

Da der Motor in seinem Aufbau sich von den beiden anderen Motoren unterscheidet, verweisen wir bei der Zerlegung auf die getrennten Kapitel, die die folgenden Arbeiten beschreiben:

- Aus- und Einbau des Antriebsriemens.
- Aus- und Einbau des Zylinderkopfes.
- Aus- und Einbau der Nockenwelle und des Dichtringes der Nockenwelle.
- Aus- und Einbau des Zahnriemens.
- Aus- und Einbau der Ölpumpe.

Falls eine komplette Zerlegung durchgeführt werden soll, kann man nach Ausbau der genannten Teile folgendermaßen vorgehen:

- Außenseite des Motors einwandfrei reinigen.

Die in Bild 29 gezeigten Teile von der Auspuffkrümmerseite des Motors abmontieren:

- Das Rohrstück (4) für die Zurückführung der Abgase vom Abgaskrümmer (auch Auspuffkrümmer) und dem Luftansaugkasten lösen. Den Geber für den oberen Totpunkt (7), die Unterdruckpumpe (1) und den Luftansaugkasten (2) ausbauen. Den Abgaskrümmer (5) und Ansaugkrümmer (3) abschrauben. Ebenfalls die Verbindungsschläuche abschließen.
- Auf der anderen Seite des Motors die in Bild 30 gezeigten Teile abmontieren. Dies sind das Zugseil für den Kaltstart (1), der Kraftstofffilter und dessen Gehäuse (2), der Deckel (3) und der Thermostat, das Auslassgehäuse für das Kühlmittel (4), die Zufuhrleitungen für die Hochdruckeinspritzpumpe (5) und die Belüftungsleitung (6).
- Die Schraube aus der Mitte der Riemenscheibe der Kurbelwelle ausschrauben und

die Riemenscheibe von der Welle abdrücken. Ebenfalls von der Stirnseite des Motors das Gehäuse der Hochdruckpumpe, den oberen Zahnriemenschutzdeckel, den unteren Zahnriemenschutzdeckel, die obere Zylinderkopfhaube und die untere Zylinderkopfhaube abmontieren.

■ Einbaustellung der Kupplungsdruckplatte am Schwungrad in geeigneter Weise kennzeichnen, indem man an gegenüberliegenden Stellen mit einem Körner in die Platte und das Schwungrad schlägt. Die Druckplatte abschrauben und die Mitnehmerscheibe herausnehmen. Das Schwungrad sollte dabei gegengehalten werden, indem man ein Zahnsegment in der in Bild 16 gezeigten Weise in die Zähne des Schwungradzahnkranzes einsetzt. Falls die Mitnehmerscheibe noch gut aussieht, darf man sie nicht mit schmutzigen Händen anfassen.

■ Das Schwungrad abschrauben (weiterhin gegen Mitdrehen halten).

■ Den Zahnriemen ausbauen, wie weiter hinten beschrieben ist.

■ Ölfilter abschrauben, die Schraube in der Mitte des Ölkühlers herausdrehen und den Ölkühler abnehmen. Ebenfalls den Öldruckschalter ausschraube. Bild 31 zeigt die eingebauten Teile.

■ Zylinderkopf ausbauen wie es später beschrieben wird.

■ Die nächste Arbeit ist der Ausbau der Hochdruckpumpe. Diese Arbeit ist ebenfalls in einem getrennten Kapitel beschrieben.

■ Den Motor auf die Zylinderblockfläche aufsetzen und die Ölwanne abschrauben. Eine Stahlblechölwanne hat eine Dichtung, eine Aluminiumölwanne hat keine Dichtung.

■ Den Deckel von der Vorderseite des Kurbelgehäuses abschrauben, wie es bei der Erneuerung des Öldichtringes der Kurbelwelle beschrieben wird.

■ Ölpumpe ausbauen (Kapitel 3, »Motorschmierung«).

■ Den Motor so verdrehen, dass die Kurbelwelle an die Oberseite kommt und die Zusammengehörigkeit der Pleuel und Pleuellagerdeckel kennzeichnen. Dazu mit einem Körner ein, zwei, drei und vier Schläge in beide Teile einschlagen. Die Kurbelwelle durchdrehen, bis zwei der Pleuellagerdeckel sich auf dem unteren Totpunkt befinden.

■ Die Schrauben der Pleuel der Reihe nach lösen. Die Lagerdeckel abnehmen und die Lagerschale vom Kurbelzapfen abnehmen,

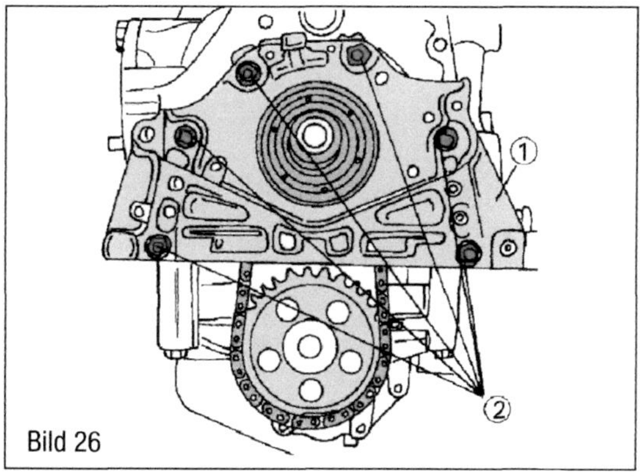

Bild 26

Bild 26
Befestigung des Deckels (1) an der Vorderseite des Motors. Die Schrauben (2) nach Herausdrehen kennzeichnen, da sie nicht alle gleich lang sind.

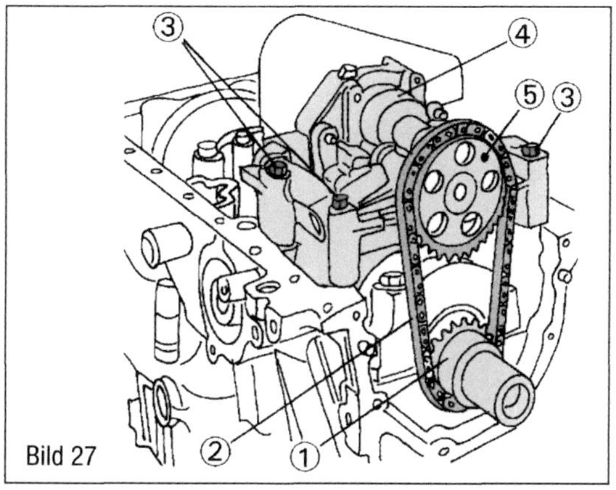

Bild 27

Bild 27
Eingebaute Ölpumpe.

1. *Antriebskettenrad auf der Kurbelwelle*
2. *Antriebskette*
3. *Pumpenschrauben*
4. *Ölpumpe*
5. *Ölpumpenkettenrad*

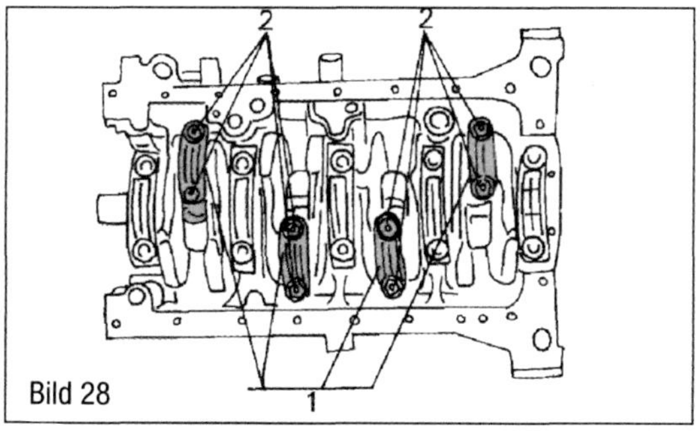

Bild 28

Bild 28
Die Pleuellagerdeckel (1) nach Lösen der 8 Muttern (2) und Kennzeichnung von den Pleuelstangen abschlagen.

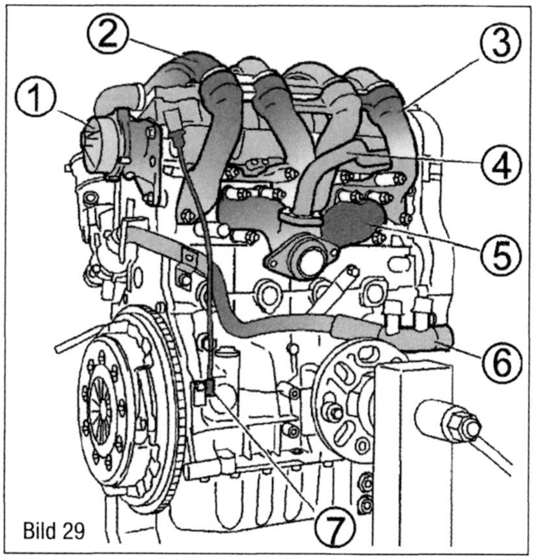

Bild 29

Bild 29
Ausbau der Teile auf der Auspuffkrümmerseite des Motors. Die Zahlen werden im Text erwähnt.

Bild 30
Ausbau der Teile auf der Seite der Hochdruckeinspritzpumpe.

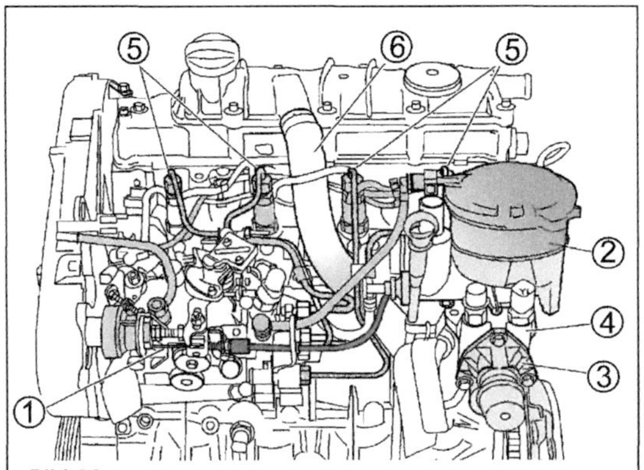

Bild 30

Bild 31
Der Ölfilter (3) und der Ölkühler (1). Zum Ausbau des Ölkühlers wird die Schraube (2) herausgedreht.

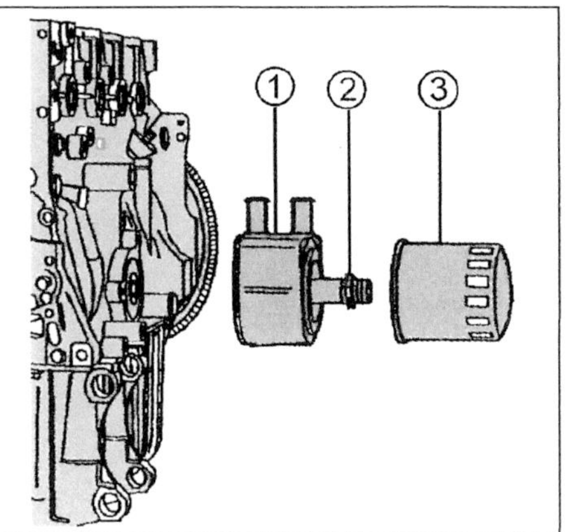

Bild 31

Bild 32
Die Lagerung der Kurbelwelle beim 2.0-Liter-Motor.

1 *Hauptlagerschalen*
2 *Halbanlaufscheibe*
3 *Halbanlaufscheibe*
4 *Ölspritzdüsen*

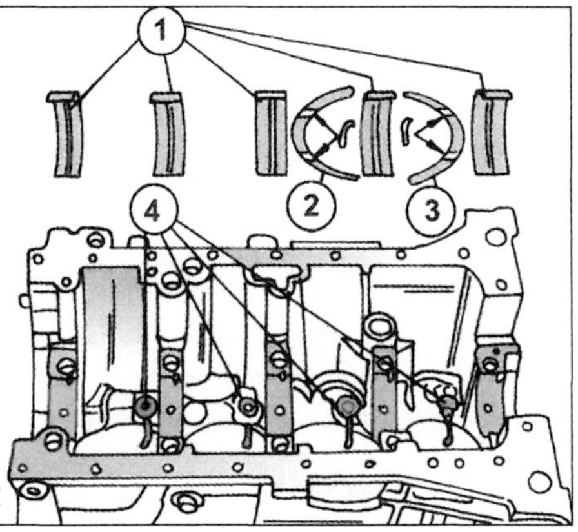

Bild 32

falls sie noch da anklebt. Die Schale mit der jeweiligen Lagerschale zusammenhalten.

- Kurbelwelle weiterhin durchdrehen, bis die beiden verbleibenden Pleuellagerdeckel sich an der Unterseite befinden.
- Mit einem Hammerstiel der Reihe nach die Kolben und Pleuelstangen von der Innenseite aus nach oben aus dem Zylinderblock drücken Falls sich an der Oberkante der Zylinderbohrungen ein Ölkohlering gebildet hat, kann man diesen vorsichtig mit einem Schaber entfernen. Die Kolben und die Pleuelstangen entsprechend ihrer Zylindernummer auf einer sauberen Werkbank auslegen.

Die Markierungen der Hauptlagerdeckel entsprechend der Lage am Zylinderblock kontrollieren und falls erforderlich mit einem Körner oder mit Farbe kennzeichnen. Lagerdeckel Nr. 1 befindet sich auf der Schwungradseite.

- Die Hauptlagerdeckel der Reihe nach abschrauben.
- Die oberen Lagerschalen herausnehmen und mit dem Deckel zusammenlegen.
- Die Kurbelwelle vorsichtig herausheben und die verbleibenden Lagerschalen aus dem Kurbelgehäuse herausnehmen. Die einzelnen Schalen mit den anderen Schalen und den dazugehörigen Lagerdeckeln zusammenbinden, damit sie nicht verwechselt werden (für den Fall, dass man sie wieder einbauen will).
- Die Anlaufhalbscheiben (2) und (3) in Bild 32 für den Axialdruck der Kurbelwelle herausnehmen. Bei diesem Motor werden Spritzdüsen für die Kühlung der Kolben eingebaut. Diese sind in Bild 32 zu sehen.
- Kolben zerlegen und falls erforderlich den Zylinderkopf zerlegen, wie es später beschrieben wird.

Zusammenbau des Motors

Die folgenden Allgemeinhinweise beim Zusammenbau beachten:

- Kontrollieren, ob **alle** Teile sauber und frei von Fremdkörpern sind, ehe sie zusammengebaut werden.
- Einen Ölschmierfilm an alle Teile, die sich drehen oder die gleiten, auftragen. Dies ist vor dem Zusammenbau durchzuführen und nicht, nachdem die Teile bereits zusammengebaut sind, da sonst das Öl nicht an die eigentlichen Lagerstellen heran kann. Es ist besonders wichtig, dass Kolben, Kolbenringe und Zylinderwandungen vor dem Zusammenbau reichlich mit Motoröl geschmiert werden.
- Alle Teile des Zylinderblocks gründlich reinigen, wenn der Motor vollkommen zerlegt wurde. Bei teilweiser Zerlegung darauf achten, dass keine Fremdkörper in die nicht zerlegten Teile des Motors oder in Hohlräume fallen können. Alle Öffnungen entweder abkleben oder mit Lappen abdecken, um dies zu vermeiden.
- Ölkanäle und -bohrungen am besten mit Pressluft ausblasen. Falls keine Luft zur Ver-

fügung steht, die Kanäle oder Bohrungen mit einem Stück Holz durchstoßen, niemals mit Metallgegenständen. Dichtringe, Dichtungen, usw. sollten immer erneuert werden. Auf keinen Fall an diesen Teilen sparen und ursprünglich beschädigte Teile wieder verwenden.

- In den technischen Daten sind die Verschleißgrenzen der meisten sich bewegenden Teile angegeben. Falls Zweifel über ein Teil bestehen, oder die Verschleißgrenze bald erreicht ist, erneuert man das Teil, um sich eine baldige Wiederzerlegung zu ersparen.
- Alle Ersatzteile nur von einer Peugeot- oder Citroën-Vertretung beziehen, wobei die Motornummer anzugeben ist. Da Teile ständig verbessert und dadurch geändert werden, ist Ihr Lieferant in der Lage, Ihnen das richtige Teil zu verkaufen.

Die den 2.0-Liter-Motor betreffenden Anweisungen werden am Ende des nachfolgenden Abschnitts angeführt.

Zusammenbau des XUD- und DW8-Motors

- Kolben und Pleuelstangen zusammenbauen (falls die Teile getrennt wurden).
- Pleuellagerschalen entsprechend den Kennzeichnungen in Bild 33 in die Pleuelstangen einlegen (falls die ursprünglichen wieder verwendet werden). Die Führungsnasen der Schalen müssen in die Aussparungen der Pleuelbohrungen eingreifen.
- Die Hauptlagerzapfen mit den Schmierölnuten in die Bohrungen einlegen. Darauf achten, dass die Führungsnasen in die Aussparungen der Lagerbohrungen eingreifen. Falls Ölspritzdüsen für die Kolben eingebaut sind, sitzen diese an den in Bild 32 gezeigten Stellen.
- Am Lager Nr. 2 (Nr. 1 ist neben der Kupplung) die beiden Halbscheiben für die Regulierung des Kurbelwellenaxialspiels (2 und 3 in Bild 32) an jeder Seite anlegen. Die Ölschmiernuten beider Scheibenhälften (»a« im Bild) müssen jeweils zur Lauffläche an der Kurbelwelle weisen. Die Scheiben gut einölen.
- Die Kurbelwelle vorsichtig in die Lagerschalen hineinheben. Die Laufflächen müssen gut eingeölt sein. Dazu eine Ölkanne verwenden und das Öl mit dem Finger verreiben. Keinen Pinsel zur Ölauftragung benutzen.

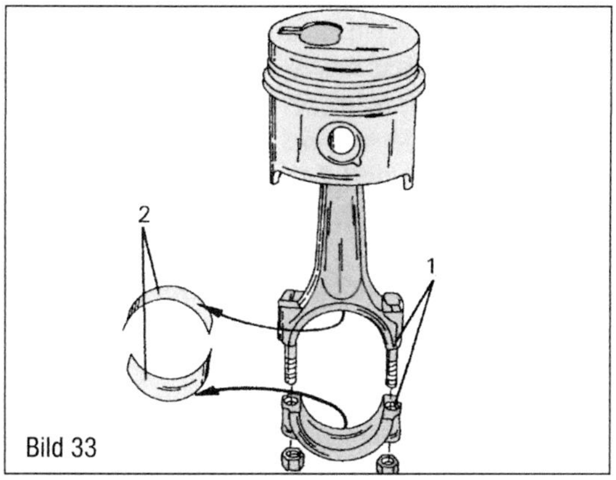

Bild 33

Bild 33
Ansicht eines Kolbens. Pleuelstange und Lagerdeckel sind an gegenüberliegenden Stellen (1) gekennzeichnet. Die Lagerschalen (2) entsprechend einlegen. Ebenfalls den eingezeichneten Pfeil im Kolbenboden beachten.

- Die Lagerdeckel Nr. 2, 3, 4 und 5 mit eingesetzten Lagerschalen (Anlaufscheiben im Deckel des Lagers Nr. 2) in der ursprünglichen Anordnung montieren. Die Lagerdeckel sind nummeriert und die Nummerierungen müssen zur Seite des Ölfilters weisen. Andernfalls die Deckel entsprechend der eingezeichneten Kennzeichnung aufsetzen. Den Lagerdeckel auf der Schwungradseite noch nicht montieren.

Das Axialspiel der Kurbelwelle jetzt folgendermaßen kontrollieren und ggf. berichtigen:

- Eine Messuhr mit einem geeigneten Halter an der Stirnseite des Motors anbringen und den Messstift auf den Bund der Kurbelwelle ansetzen, wie es aus Bild 34 ersichtlich ist. Falls man eine Messuhr mit Magnetstand hat, kann man den Stand auf die Welle setzen und den Messstift auf der geschliffenen Fläche des Blocks ansetzen.
- Die Kurbelwelle mit einem Schraubendreher auf eine Seite drücken und die Messuhr auf »Null« stellen.
- Die Kurbelwelle auf die andere Seite drücken und die Anzeige der Messuhr ablesen. Der Wert sollte zwischen 0,07 und 0,32 mm liegen.

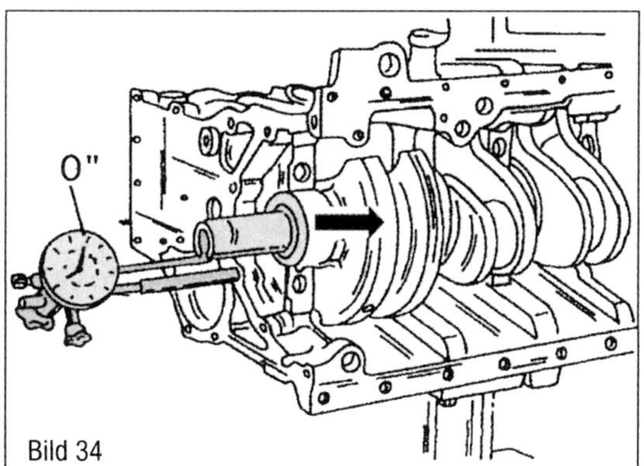

Bild 34

Bild 34
Kontrolle des Axialspiels der Kurbelwelle.

■ Ist das Axialspiel größer, müssen zwei Übergröße-Halbscheiben eingebaut werden. Beide Scheiben müssen die gleiche Stärke haben. Scheiben stehen in Stärken von 2.35, 2.40, 2.45 und 2.50 mm, außer der Nennstärken-Scheibe von 2.30 mm, zur Verfügung.

Wichtig ist, dass immer zwei Scheiben der gleichen Stärke eingebaut werden müssen, um die Welle nicht nach einer Seite zu drücken.

Ein Spezialwerkzeug ist jetzt zur Montage des hinteren Lagerdeckels erforderlich, um die seitlichen Deckeldichtungen zu montieren. Als Erstes die Auflageflächen für den Deckel auf dem Kurbelgehäuse mit Dichtungsmasse einschmieren.

■ Die beiden Führungsbleche am Werkzeug anschrauben, wie es in Bild 35 gezeigt ist. Die Schrauben nur handfest anziehen. Die Enden der Dichtungen müssen mindestens 1 mm an der Unterseite herausstehen (Maß zwischen den Pfeilen, Ausschnitt unten links).

■ Zwei neue Gummidichtungen an den Seiten des hinteren Lagerdeckels mit dem Halter festhalten. Die neuen Seitendichtungen sind auf die richtige Länge geschnitten und dürfen nicht verkürzt werden. Den Halter mit einer Schraube am Lagerdeckel befestigen und die Führungsbleche einölen.

■ Die Führungsbleche von Hand zusammendrücken und das Ganze etwas geneigt in den Zylinderblock einführen, bis der Deckel sitzt. Dazu das Werkzeug nach unten drücken.

■ Die beiden Deckelschrauben einsetzen und fingerfest anziehen.

■ Das Werkzeug vom Deckel abschrauben und das Werkzeug zusammen mit den Halteblechen aus dem Zylinderblock herausziehen.

■ Der Reihe nach alle Lagerdeckel von der Mitte nach außen vorgehend mit einem Anziehdrehmoment von 70 Nm anziehen. Zuerst die beiden Schrauben des mittleren Lagerdeckels, danach die Schrauben des Deckels Nr. 4, gefolgt von den Schrauben des Deckels Nr. 2, die Schrauben des vorderen Deckels und schließlich die Schrauben des Deckels auf der Schwungradseite.

■ Zwei Schrauben in den Flansch der Kurbelwelle eindrehen (Schwungradschrauben) und einen Schraubendreher zwischen die Schrauben einsetzen. Die Kurbelwelle mithilfe des Schraubendrehers durchdrehen, um sie auf Klemmstellen zu kontrollieren. Eine klemmende Welle bereits jetzt überprüfen, ehe der Motor weiter zusammengebaut wird.

■ Einen neuen Dichtring an der Außenseite mit Öl einschmieren und in die Rückseite des Zylinderblocks einschlagen. Zum Einschlagen eignet sich eine Metallplatte, welche auf der Außenseite des Dichtringes aufsitzen kann. Dabei den Dichtring nicht beschädigen.

■ Die zusammengebauten Kolben und Pleuelstangen vornehmen und der Reihe nach auslegen. Die Kolbenringstöße in gleichmäßigen Abständen am Kolbenumfang verteilen. Ein Kolbenringspannband um den ersten Kolben legen und die Kolben entsprechend der Kennzeichnung in die gut eingeölte Zylinderbohrung einschieben (Bild 36). Das untere Ende des Kolbens sollte etwas aus dem Spannband herausstehen, um den Kolben beim Einschieben besser zu führen. Ebenfalls den Pleuel gut führen, damit er über den Pleuelzapfen kommt.

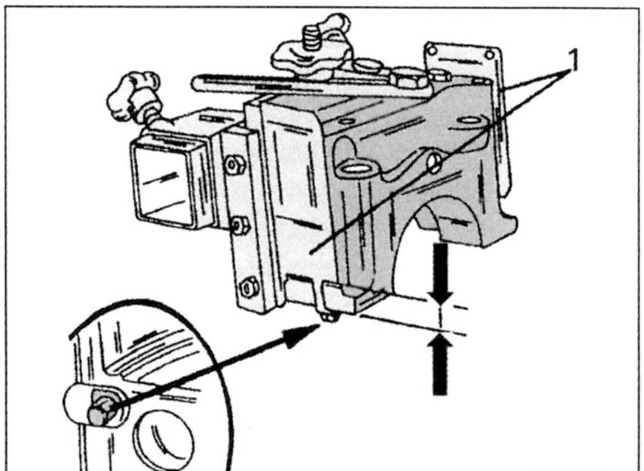

Bild 35

Bild 35
Werkzeug zur Montage des hinteren Kurbelwellenlagerdeckels am Deckel angebracht. Die beiden Führungsbleche (1) drücken die Seitendichtungen in die Nuten. Die Dichtungen müssen unten wie gezeigt herausstehen.

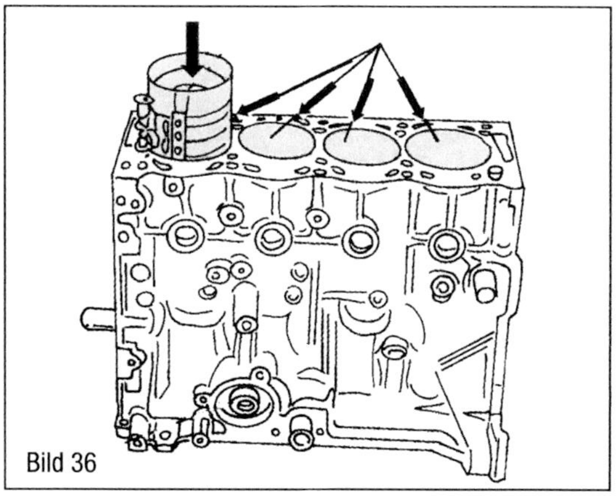
Bild 36

Bild 36
Einbau eines Kolbens.

Falls die ursprünglichen Schalen eingebaut werden, darf man sie nicht verwechseln. Nach dem Einschieben kontrollieren, dass die Mulde im Kolben in der richtigen Lage steht, d. h. der Pfeil im Kolbenbolzen muss zur Steuerseite weisen. Den Kolben des vierten Zylinders in der gleichen Weise montieren.

- Die Lagerschalen entsprechend den Kennzeichnungen in die Lagerdeckel der beiden montierten Pleuelstangen einlegen. Die Lagerflächen gut einölen. Ursprüngliche Schalen immer mit den jeweiligen Pleuellagern zusammenhalten. Die Pleuellagermuttern immer erneuern. Die Deckel mit einem Voranzug von 20 Nm anziehen und dann im Winkelanzug um weitere 70° anziehen. Hier eignet sich eine Gradscheibe am besten.
- Die Kurbelwelle durchdrehen, bis die beiden anderen Kurbelzapfen sich an der Unterseite befinden und die beiden anderen Kolben- und Pleuelstangeneinheiten in der beschriebenen Weise montieren. Nach fertigem Einbau die Kurbelwelle nochmals auf Klemmstellen kontrollieren.
- Das Antriebskettenrad der Ölpumpe mit der Scheibenfeder auf der Kurbelwelle aufbringen und die Antriebskette auflegen. Die Zylinderkopffläche sollte sich oben befinden und die Kette, in Eingriff mit dem Kettenrad, muss nach unten hängen.
- Das Lagerschild mit einer neuen Dichtung an der Stirnseite montieren. Die sechs Schrauben entsprechend ihrer Länge einsetzen. Die in Bild 37 oben links gezeigten Schrauben sind 35 mm lang, die anderen 18 mm. Alle Schrauben mit 12 Nm anziehen.

- Zum Einbau der Ölpumpe die Antriebskette über das Ölpumpenzahnrad legen und die Ölpumpe montieren. Die Schrauben a, b und c haben nicht die gleiche Länge und sind entsprechend Bild 38 einzudrehen. Die Befestigungsschrauben mit einem Anziehdrehmoment von 18 Nm anziehen.
- Den Radialdichtring vorsichtig mit einem passenden Dorn in das Lagerschild und über das Ende der Kurbelwelle schlagen, bis die Außenseite bündig abschneidet. Dazu einen guten Schlagdorn benutzen, welcher auf der gesamten Dichtungsfläche aufliegt, wie es in Bild 39 zu sehen ist.
- Die Dichtfläche für die Ölwanne mit einer neuen Dichtung auf das Kurbelgehäuse aufsetzen. Bei einer Blechölwanne die 23

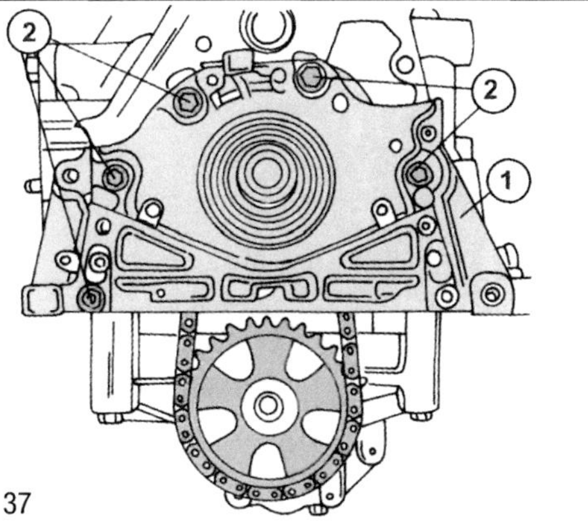

Bild 37

Bild 37
Das Lagerschild (1) an der Stirnseite des Motors wird durch die sechs Schrauben (2) gehalten. Schrauben mit 12 Nm anziehen. Nicht alle Schrauben haben die gleiche Länge.

Schrauben einschrauben und ringsherum gleichmäßig auf ein Anziehdrehmoment von 16 Nm anziehen. Die Schrauben entsprechend der beim Ausbau der Ölwanne vorgenommenen Kennzeichnung eindrehen.

- Eine Aluminiumölwanne wird durch einen Passstift am Kurbelgehäuse geführt. Keine Dichtung wird benutzt, jedoch muss man die Dichtflächen mit Dichtungsmasse einschmieren. Die Schrauben entsprechend der beim Ausbau der Ölwanne vorgenommenen Kennzeichnung eindrehen und mit 16 Nm anziehen.

- Das Schwungrad an der Kurbelwelle montieren. Dabei das Schwungrad auf dem Kurbelwellenflansch verdrehen, bis alle Löcher in einer Linie liegen. Die Schrauben müssen immer erneuert werden. Gewinde der Schrauben mit einem Gewindesicherungsmittel einschmieren. Beim Anziehen der Schrauben muss das Schwungrad in geeigneter Weise gegengehalten werden (siehe Bild 16). Die Schrauben gleichmäßig

Bild 38
Die Lage der Befestigungsschrauben für die Ölpumpe. Die Schrauben sind von unterschiedlicher Länge.

1 Kettenrad auf der Kurbelwelle
2 Antriebskette
3 Ölpumpe
4 Befestigungsschrauben
a Schraube, 80 mm lang
b Schraube, 70 mm lang
c Schraube, 65 mm lang

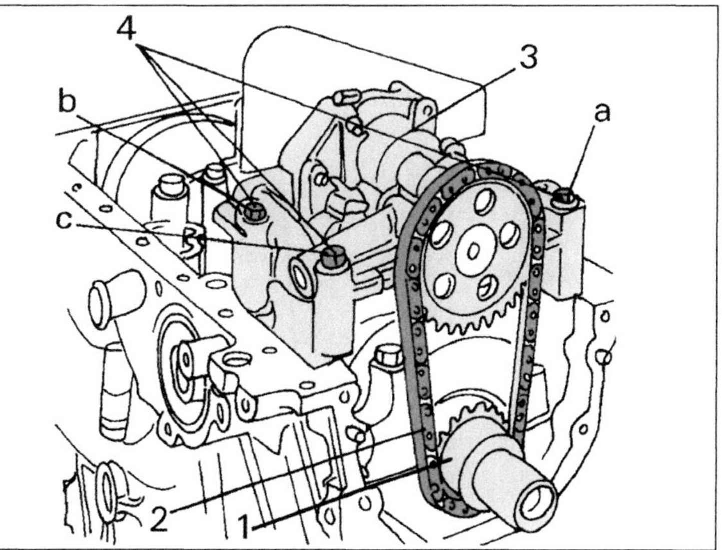

Bild 38

Sichtprüfung Messen

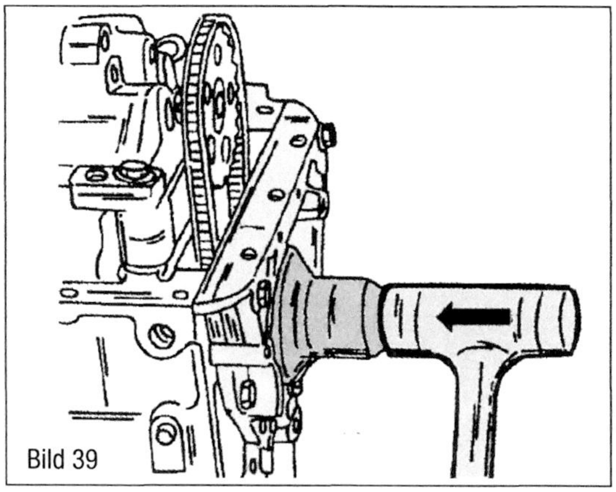

Bild 39
Einschlagen des Kurbelwellendichtringes auf der Steuerseite des Motors.

mit einem Drehmoment von 50 Nm anziehen.

- Die Mitnehmerscheibe der Kupplung in das Schwungrad einlegen und den Kupplungskörper aufsetzen. Die längere Seite der Mitnehmerscheibennabe muss nach außen weisen. Die Kupplungsdruckplatte verdrehen, bis die beiden Körnerzeichen gegenüberliegen (falls die gleichen Teile wieder montiert werden) und die Schrauben eindrehen. Ein Zentrierdorn ist zum Einbau der Kupplung erforderlich. Im Kapitel »Kupplung« wird auf diese Arbeit eingegangen. Das Schwungrad gegenhalten, wie es oben beschrieben wurde, und die Schrauben über Kreuz mit einem Drehmoment von 20 Nm anziehen. Kontrollieren, dass sich der Zentrierdorn leicht herausziehen und hineinschieben lässt.
- Ölkühler montieren.
- Die Einspritzpumpe montieren. Den Stützbügel an der Rückseite mit 20 Nm anziehen.

Zylinderkopfdichtungen stehen in verschiedenen Stärken zur Verfügung und die einzubauende Stärke hängt davon ab, wie weit die Kolben über der Fläche des Zylinderblocks herausstehen. Um die Stärke der Zylinderkopfdichtung zu bestimmen, sind die Kolben der Reihe nach auf den oberen Totpunkt zu bringen, um das Überstehmaß der Kolbenböden über der Zylinderblockfläche auszumessen. Zylinderkopfdichtungen sind an einer Außenseite mit Kerben gezeichnet. Seit Baubeginn wurden jedoch mehrere Ausführungen von Zylinderkopfdichtungen für Motoren mit den gleichen Kennzeichnungen verwendet, so dass Sie darauf achten müssen, die richtige Dichtung einzubauen. Die Kennzeichnung der Dichtung ist an den in Bild 40 gezeigten Stellen gezeigt. Bei einer Dichtung für den 1.8-Liter-Motor ist an Stelle »A« eine Kerbe eingearbeitet, beim 1.9-Liter-Motor fehlt diese. Beim DW8-Motor sieht es wiederum anders aus, wie es im nachfolgenden Text beschrieben wird.

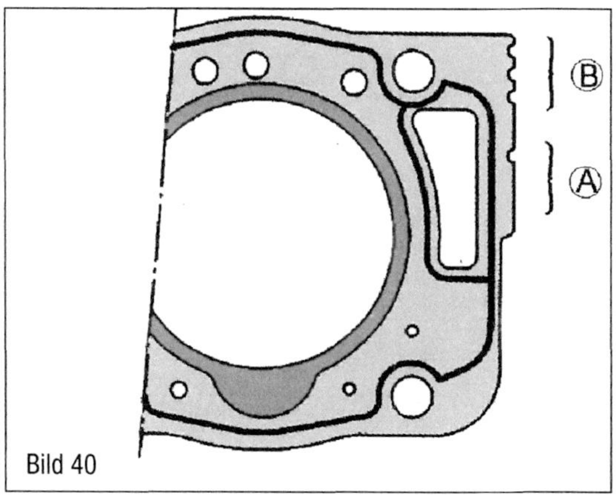

Bild 40
Die Kennzeichnung der Zylinderkopfdichtung bei einem XUD-Motor (XUD7 und XUD9).

Das Überstehmaß der Kolben ausmessen:

- Eine Messuhr mit einem Magnetfuß auf die gut gereinigte Zylinderblockfläche aufsetzen und den Taststift neben der Außenseite des Kolbens auf die Fläche drücken. Die Messuhr in dieser Stellung auf »Null« stellen. Dieser Messvorgang ist in Bild 41 auf der linken Seite gezeigt.
- Den Magnetfuß der Messuhr weiterhin auf der Zylinderblockfläche ruhen lassen, aber den Taststift so weit wie möglich auf der Mitte des Kolbens aufsetzen. Die Messung sieht jetzt wie auf der rechten Seite von Bild 41 gezeigt aus. Den angezeigten Wert ablesen und aufschreiben.
- Die anderen Kolben in gleicher Weise ausmessen und jeweils den erhaltenen Wert aufschreiben.
- Das größte Maß bestimmt die Stärke der Dichtung, jedoch darf der Unterschied zwischen zwei Kolben nicht mehr als 0,12 mm betragen. Das Überstehmaß muss jetzt folgendermaßen ausgewertet werden, wobei Bild 40 hinzuzuziehen ist. Die Angaben sind verwirrend und man sollte Sie mehr als einmal nachprüfen:

Bei einem 1.8-Liter-Motor (XUD7):

- Liegt der angezeigte Wert zwischen 0,56 und 0,67 mm, eine Dichtung benutzen, die an Stelle »A« keine Kerbe und an Stelle »B« 1 Kerbe hat.
- Liegt der angezeigte Wert zwischen 0,68 und 0,71 mm, eine Dichtung benutzen, wel-

che an Stelle »A« eine Kerbe und an Stelle »B« 2 Kerben hat.

- Liegt der angezeigte Wert zwischen 0,72 und 0,75 mm, eine Dichtung benutzen, welche an Stelle »A« eine Kerbe und an Stelle »B« 3 Kerben hat.
- Liegt der angezeigte Wert zwischen 0,76 und 0,79 mm, eine Dichtung benutzen, welche an Stelle »A« eine Kerbe und an Stelle »B« 4 Kerben hat.
- Liegt der angezeigte Wert zwischen 0,80 und 0,83 mm, eine Dichtung benutzen, welche an Stelle »A« eine Kerbe und an Stelle »B« 5 Kerben hat.

Bei einem 1.9-Liter-Motor (XUD9):

- Liegt der angezeigte Wert zwischen 0,56 und 0,67 mm, eine Dichtung verwenden, welche an Stelle »A« keine Kerbe und an Stelle »B« 1 Kerbe hat.
- Liegt der angezeigte Wert zwischen 0,68 und 0,71 mm, eine Dichtung verwenden, welche an Stelle »A« keine Kerbe und an Stelle »B« 2 Kerben hat.
- Liegt der angezeigte Wert zwischen 0,72 und 0,75 mm, eine Dichtung verwenden, welche an Stelle »A« keine Kerbe und an Stelle »B« 3 Kerben hat.
- Liegt der angezeigte Wert zwischen 0,76 und 0,79 mm, eine Dichtung verwenden, welche an Stelle »A« keine Kerbe und an Stelle »B« 4 Kerben hat.
- Liegt der angezeigte Wert zwischen 0,80 und 0,83 mm, eine Dichtung verwenden, welche an Stelle »A« keine Kerbe und an Stelle »B« 5 Kerben hat.

Bei einem 1.9-Liter-Motor (DW8):

Bei diesem Motor ist die Dichtung an der in Bild 42 gezeigten Stelle gezeichnet. An Stelle »A« ist die Kennzeichnung des Motors eingestanzt, an Stelle »B« die Kennzeichnung der Dichtungsstärke, welche durch Kerben angegeben ist. Alle Dichtungen haben an Stelle »A« zwei Kerben. *Die Dichtung für den DW8B-Motor ist unterschiedlich (siehe unten).*

- Liegt der angezeigte Wert zwischen 0,51 und 0,55 mm, eine Dichtung verwenden, welche an Stelle »B« eine Kerbe und an Stelle »A« 2 Kerben hat – Dichtungsstärke 1.26 mm.
- Liegt der angezeigte Wert zwischen 0,55 und 0,59 mm, eine Dichtung verwenden, welche an Stelle »B« 2 Kerben und an Stelle »A« 2 Kerben hat – Dichtungsstärke 1.30 mm.
- Liegt der angezeigte Wert zwischen 0,59 und 0,63 mm, eine Dichtung verwenden, welche an Stelle »B« 3 Kerben und an Stelle »A« 2 Kerben hat – Dichtungsstärke 1.34 mm.
- Liegt der angezeigte Wert zwischen 0,63 und 0,67 mm, eine Dichtung verwenden, welche an Stelle »B« 4 Kerben und an Stelle »A« 2 Kerben hat – Dichtungsstärke 1.38 mm.
- Liegt der angezeigte Wert zwischen 0,67 und 0,71 mm, eine Dichtung verwenden, welche an Stelle »B« 5 Kerben und an Stelle »A« 2 Kerben hat – Dichtungsstärke 1.42 mm.

Bei einem DW8B-Motor

- Liegt der angezeigte Wert zwischen 0,51 und 0,55 mm, eine Dichtung verwenden, welche an Stelle »B« (Nr. 1) eine Kerbe und an Stelle »A« 2 Kerben hat – Dichtungsstärke 1.26 mm.
- Liegt der angezeigte Wert zwischen 0,56 und 0,59 mm, eine Dichtung verwenden, welche an Stelle »B« 2 Kerben (Nr. 1 und Nr. 2) und an Stelle »A« 2 Kerben hat – Dichtungsstärke 1.30 mm.
- Liegt der angezeigte Wert zwischen 0,60 und 0,63 mm, eine Dichtung verwenden, welche an Stelle »B« 3 Kerben (Nr. 1, 2 und 3) und an Stelle »A« 2 Kerben hat – Dichtungsstärke 1.34 mm.
- Liegt der angezeigte Wert zwischen 0,64

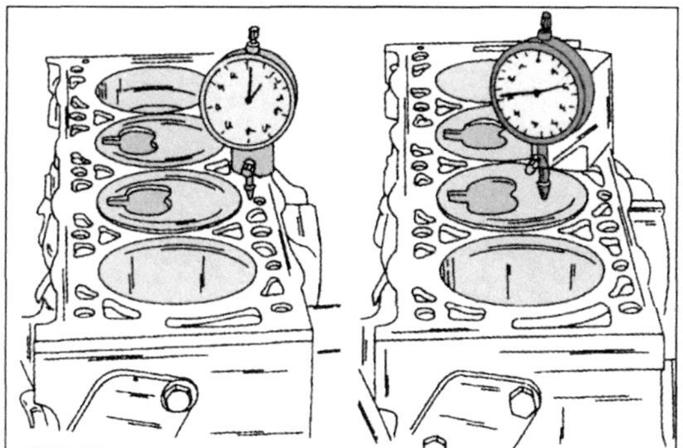

Bild 41

Bild 41
Ausmessen des Vorstehmaßes der Kolben über der Zylinderkopffläche. Der Messstift wird auf die Blockfläche aufgesetzt, wie man es links sehen kann. Danach den Stift auf die Kolbenfläche verschieben (so weit wie möglich in der Mitte), wie es auf der rechten Seite zu sehen ist.

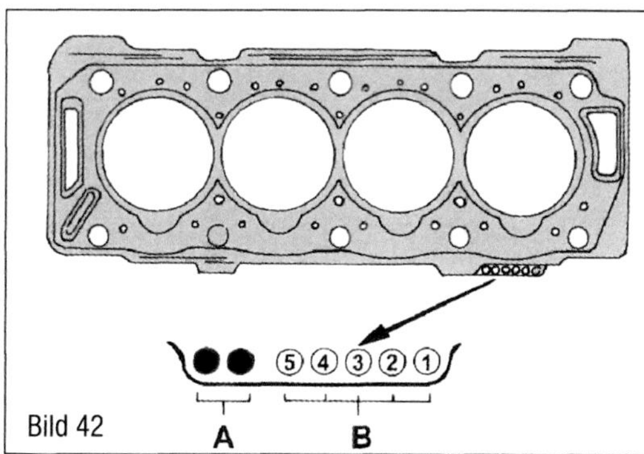

Bild 42

Bild 42
Ansicht und Kennzeichnung der Zylinderkopfdichtung, wie sie bei einem DW8-Motor eingebaut ist.

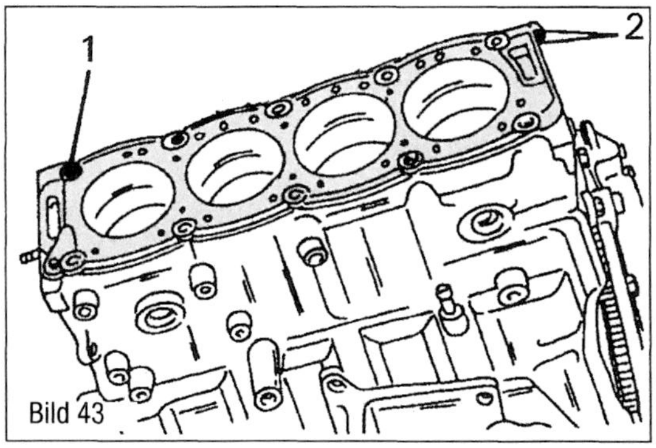

Bild 43

Bild 43
Ansicht der aufgelegten Zylinderkopfdichtung, mit Lage der Passhülse (1) und den Kennzeichnungskerben (2).

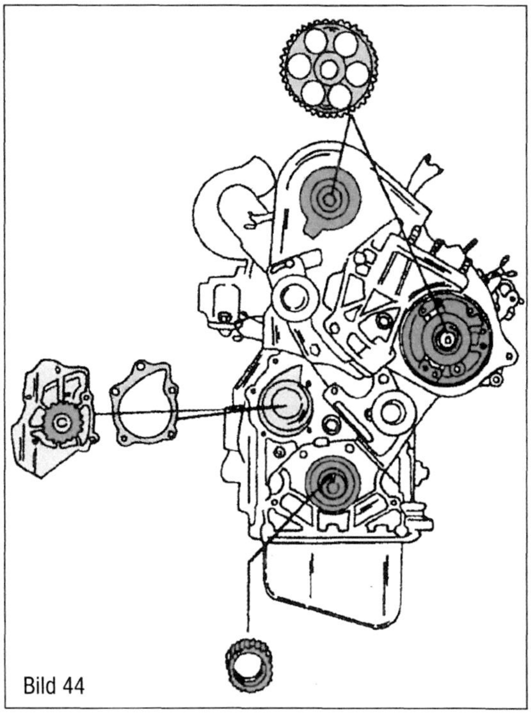
Bild 44

Bild 44
Die Pfeile weisen auf die Lage der Scheibenfedern in den verschiedenen Wellen beim Einstellen der Steuerung und Einbau des Zahnriemens.

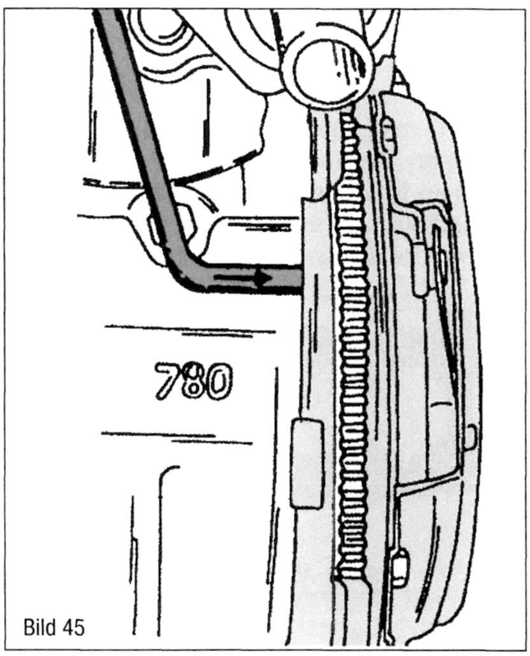

Bild 45

Bild 45
Sperren der Kurbelwelle in der Stellung zum Einstellen der Steuerung.

und 0,67 mm, eine Dichtung verwenden, welche an Stelle »B« 4 Kerben (Nr. 1, 2, 3 und 4) und an Stelle »A« 2 Kerben hat – Dichtungsstärke 1.38 mm.

- Liegt der angezeigte Wert zwischen 0,68 und 0,71 mm, eine Dichtung verwenden, welche an Stelle »B« 5 Kerben (alle fünf) und an Stelle »A« 2 Kerben hat – Dichtungsstärke 1.42 mm.
- Liegt der angezeigte Wert zwischen 0,72 und 0,75mm, eine Dichtung verwenden, welche an Stelle »B« 2 Kerben (Nr. 1 und Nr. 5) und an Stelle »A« 2 Kerben hat – Dichtungsstärke 1.46 mm.

☞ Wie aus der obigen Erklärung ersichtlich ist, muss man genau den Anweisungen folgen, um die richtige Dichtung zu beziehen. Wir empfehlen Ihnen, dass Sie das Maß ausmessen und mit den erhaltenen Werten zum Ersatzteillieferanten gehen.

Nach Ausmessen des Überstehmaßes der Kolben die Kurbelwelle durchdrehen, bis alle Kolben ungefähr in der Mitte der Bohrungen stehen, ehe mit dem weiteren Zusammenbau fortgeschritten wird.

- Kontrollieren, dass die Passhülse an der in Bild 43 gezeigten Stelle im Zylinderblock sitzt und die Dichtung auflegen. Die Kerben an der Außenkante der Dichtung müssen auf der Schwungradseite liegen. Keine Dichtungsmasse auf die Dichtung schmieren. Nur trocken auflegen.
- Den Zylinderkopf montieren. Die Ventilspiele sofort einstellen.
- Die Wasserpumpe mit einer neuen Dichtung montieren und die Schrauben mit 15 Nm anziehen.
- Die Thermoschalter in das Anschlussgehäuse für den Thermostaten einschrauben. Den Thermostat mit zwei neuen Dichtungen versehen und das Anschlussgehäuse an das Thermostatgehäuse anbauen. Das komplette Thermostatgehäuse danach mit einer neuen Dichtung am Zylinderkopf befestigen.
- Das Nockenwellensteuerrad abmontieren (dieses sollte sich noch auf der Welle befinden, da die Ventile eingestellt wurden) und die Dichtringe der Nockenwelle einschlagen, ohne sie dabei zu beschädigen. Die Dichtlippe etwas einfetten.
- Das Steuerrad der Nockenwelle montieren. Die Schraube in der Mitte mit 45 Nm

anziehen. Das Steuerrad dabei in geeigneter Weise gegenhalten. Man kann zum Beispiel einen Dorn durch eine Öffnung des Steuerrades durchschieben und gegen den Zylinderkopf anlegen.

- Einspritzpumpe montieren (siehe betreffendes Kapitel).
- Kurbelwelle, Nockenwelle und Antriebsrad der Einspritzpumpe durchdrehen, bis die Scheibenfedern in den Wellen die in Bild 44 gezeigte Lage eingenommen haben.
- Das Antriebsrad der Einspritzpumpe aufstecken und die Schraube in der Mitte festziehen. Dabei das Rad gegenhalten (Dorn einsetzen). Die Schraube mit 50 Nm anziehen.
- Kurbelwellensteuerrad auf das Ende der Kurbelwelle aufstecken (nicht die Scheibenfeder verschieben) und mit einem Stück Rohr vollkommen aufschlagen.
- Eine der beim Zerlegen benutzten M8 x 40 mm-Schrauben an Stelle (1) in Bild 21 oder Stelle (a) in Bild 22 in das Nockenwellenrad einstecken. Die Schraube greift an der Rückseite in eine Fixierbohrung ein und sperrt das Steuerrad der Nockenwelle, während der Zahnriemen aufgelegt wird.
- Das Antriebsrad der Einspritzpumpe in ähnlicher Weise sperren. Dieses Mal kommen die Schrauben in die Bohrungen (2) und (3) in Bild 21 beim XUD-Motor oder (b) in Bild 22 beim DW8/DW8B-Motor. Kontrollieren, dass das Rad gesperrt ist. Es steht in der richtigen Stellung für die Einspritzsteuerung für den ersten Zylinder.
- Die Kurbelwelle muss als Nächstes festgestellt werden. Dazu wird ein Metallstab mit einem Durchmesser von 8 mm benutzen, welcher von der Rückseite des Zylinderblocks eingeschoben wird, wie man es in Bild 45 sehen kann. Der Stab greift dabei in eine Bohrung des Schwungrades ein und sperrt dieses in der richtigen Stellung.
- Den Zahnriemen auflegen. Den Riemen zuerst über das Kurbelwellensteuerrad auflegen, dann über die feststehende Laufrolle in der Mitte, das Antriebsrad der Einspritzpumpe, das Steuerrad der Nockenwelle, die Spannrolle und schließlich über das Rad der Wasserpumpe. Kontrollieren, dass der Zahnriemen mit seinen Zähnen an allen verzahnten Rädern einwandfrei in Eingriff gekommen ist. Den Zahnriemen jetzt spannen, wie es in weiter hinten im betreffenden Kapitel beschrieben wird.
- Die Riemenscheibe der Kurbelwelle montieren. Das Gewinde der Schraube mit »Loctite« einschmieren. Die Schraube mit 40 Nm anziehen und aus dieser Stellung im Winkelanzug um weitere 60° anziehen. Die Kurbelwelle muss dabei durch Sperren des Schwungrades gegengehalten werden (Bild 16).
- Die Glühkerzen einschrauben und mit 22 Nm anziehen. Die Stromverbindungsschiene auf die vier Anschlussstifte der Glühkerzen aufstecken und die Muttern mit 4 Nm anziehen.
- Die Einspritzdüsen einschrauben (90 Nm) und die Überwurfmuttern der Einspritzleitungen anschließen (20 Nm).
- Die Zahnriemenschutzbleche anbringen.
- Den Ölfilter montieren und mit einem Drehmoment von 14 Nm anziehen. Den Gummiring des Filters vorher gut mit Öl einreiben.
- Alle anderen Arbeiten in umgekehrter Reihenfolge durchführen: Auspuffkrümmer 20 Nm, Ansaugkrümmer 23 Nm, Unterdruckpumpe, usw.

Zusammenbau des DW10-Motors

Der Zusammenbau geschieht in der bereits beschriebenen Weise. Alle beim DW8/DW8B-Motor gegebenen Hinweise sind ebenfalls für den DW10-Motor gültig.

(Tipp) Der Unterschied liegt in der Auswahl der Zylinderkopfdichtung, d. h. die beim Ausmessen des Überstehmaßes der Kolben erhaltenen Maße und die Stärke der entsprechenden Dichtung sind unterschiedlich. Bild 46 zeigt die Dichtung.

- Liegt der angezeigte Wert zwischen 0,47 und 0,604 mm, eine Dichtung verwenden, welche eine Kerbe hat – Dichtungsstärke 1.30 mm.
- Liegt der angezeigte Wert zwischen 0,605 und 0,654 mm, eine Dichtung verwenden, welche 2 Kerben hat – Dichtungsstärke 1.35 mm.

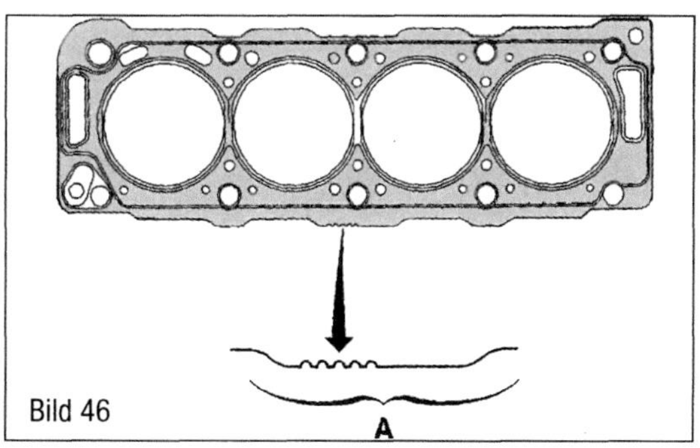

Bild 46

Bild 46 Zylinderkopfdichtung für einen DW10-Motor. »A« zeigt, wo die im Text genannten Kerben liegen.

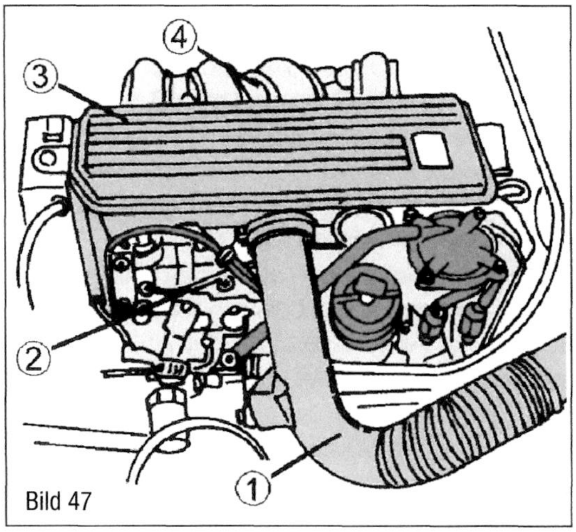

Bild 47

Bild 47
Zum Ausbau des Zylinderkopfes. Die Zahlen sind im Text erwähnt.

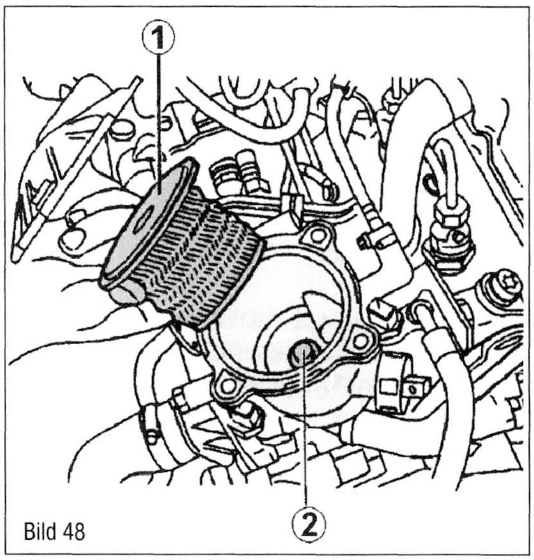

Bild 48

Bild 48
Ausbau des Filterelements (1). Die Schraube (2) lösen, um das Filtergehäuse auszubauen.

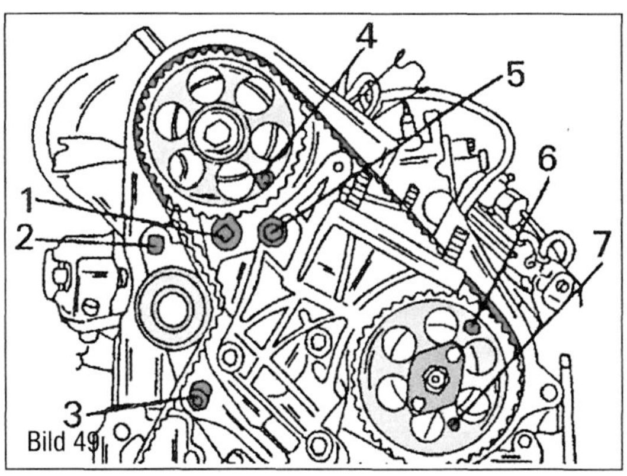

Bild 49

Bild 49
Ansicht des Motors mit Einzelheiten zum Ausbau des Zahnriemens.

1. *Vierkantloch*
2. *Schraube des Riemenspanners*
3. *Schraube des Riemenspanners*
4. *Eingesetzter Arretierbolzen*
5. *Schraube der Motoraufhängung*
6. *Eingesetzter Arretierbolzen*
7. *Eingesetzter Arretierbolzen*

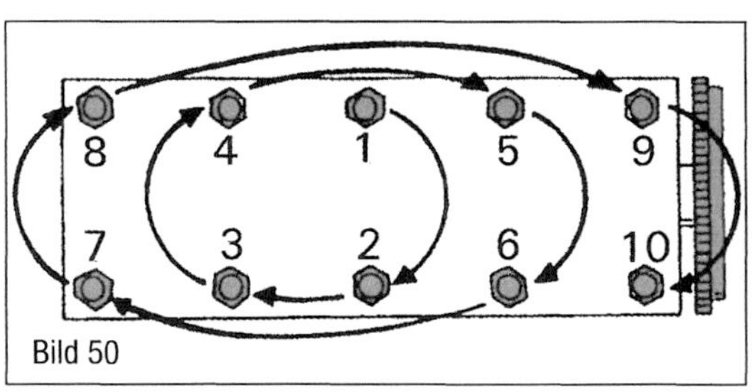

Bild 50

Bild 50
Die Zylinderkopfschrauben eines XUD-Motors werden in der gezeigten Zahlenreihenfolge angezogen. Beim Lösen in umgekehrter Reihenfolge vorgehen.

- Liegt der angezeigte Wert zwischen 0,665 und 0,704 mm, eine Dichtung verwenden, welche 3 Kerben hat – Dichtungsstärke 1.40 mm.
- Liegt der angezeigte Wert zwischen 0,705 und 0,754 mm, eine Dichtung verwenden, welche 4 Kerben hat – Dichtungsstärke 1.45 mm.
- Liegt der angezeigte Wert zwischen 0,755 und 0,83 mm, eine Dichtung verwenden, welche 5 Kerben hat – Dichtungsstärke 1.50 mm.

Zylinderkopf

Zylinderkopf – Ausbau

Der Zylinderkopf kann bei eingebautem Motor ausgebaut werden, jedoch soll darauf hingewiesen werden, dass man den Steuerriemen teilweise ausbauen muss. Wichtig ist, dass man eine Zylinderkopfdichtung bezieht, die der Stärke und Kennzeichnung der eingebauten Dichtung entspricht. Falls der Motor zerlegt wurde, braucht man eine Messuhr mit magnetischem Fuß, um die Stärke der Zylinderkopfdichtung zu bestimmen, ehe diese aufgelegt werden kann. Diese Arbeit wurde bereits beim Zusammenbau des Motors für die verschiedenen Motoren beschrieben. Beschreibungen über bestimmte Arbeitsgänge kann man unter den zuständigen Überschriften finden. Zum Lösen und Anziehen der Zylinderkopfschrauben braucht man einen entsprechenden Schlüssel (unterschiedlich beim XUD- und DW8-Motor), zum Anziehen vielleicht eine Gradscheibe.

XUD-Motoren – Ausbau des Zylinderkopfs

- Massekabel der Batterie abklemmen.
- Fahrzeug vorn auf der rechten Seite aufbocken.
- Die Kühlanlage ablassen, wie es später beschrieben wird.
- Die in Bild 47 gezeigten Teile ausbauen. Dies sind das Rohr (1) zwischen dem Luftfilter und dem Luftverteilerkasten, der Luftverteilerkasten (3), die Klemmschelle des Auspuffkrümmers (4) und das Stromkabel zu den Vorglühkerzen (2). Ebenfalls die Einspritzleitungen abschließen (nicht im Bild gezeigt).
- Die folgenden Teile abschließen: Die Heizungsschläuche an der Rückseite des Zylin-

derkopfes, die Dieselleckölrücklaufleitung von den Einspritzdüsen, die Schläuche von der Unterdruckpumpe und den Belüftungsschlauch von der Zylinderkopfhaube.

- Den Kraftstofffiltereinsatz unter Bezug auf Bild 48 ausbauen. Nach Herausheben des Filtereinsatzes (1) wird man eine Schraube (2) in der Innenseite des Filtergehäuses sehen. Diese Schraube lösen und das Filtergehäuse mit den angeschlossenen Kraftstoffleitungen auf einer Seite ablegen. Rechts neben dem Filtergehäuse die Heböse vom Kopf abschrauben.
- Die Schrauben des Thermostatgehäuses entfernen und das Gehäuse etwas auf eine Seite drücken, sodass es vom Zylinderkopf frei wird.

Beim weiteren Ausbau des Zylinderkopfes jetzt in der beschriebenen Reihenfolge vorgehen:

- Die Zahnriemenschutzdeckel von der Stirnseite des Motors abschrauben. Den Clip in der Mitte des Deckels mit einem Schraubendreher lösen. Ebenfalls den unteren Deckel lösen.
- Den Arretierstab in Bild 45 in das Kurbelgehäuse einschieben. Die Kurbelwelle dabei langsam durchdrehen, um den oberen Totpunkt zu erhalten.
- Drei M8 x 1,5-Schrauben (40 mm lang) besorgen. Eine der Schrauben an Stelle (4) in Bild 49 in das Nockenwellenrad einsetzen und zwei der Schrauben an Stellen (6) und (7) in das Antriebsrad der Einspritzpumpe. Wenn die Kurbelwelle einwandfrei steht, werden sich die Schrauben ohne Schwierigkeiten einsetzen lassen. Dadurch wird der Steuermechanismus gesperrt.
- Die beiden Befestigungsschrauben (2) und (3) der Spannrolle für den Zahnriemen lockern, ein 3/8-Zoll-Vierkant in die Vierkantöffnung (1) der Halterung einsetzen und die Spannrolle nach außen drücken, bis der Zahnriemen locker ist. Die Schraube (2) in Bild 49 wieder anziehen, um den Spanner in seiner neuen Lage zu halten.
- Den Zahnriemen vorsichtig nach vorn von den Steuerrädern herunterheben.
- Die Befestigungsschraube des Nockenwellenrades lösen. Das Riemenrad dabei in geeigneter Weise gegenhalten. Entweder einen Metallstab in eine der Öffnungen im Steuerrad einsetzen und ihn gegen den Zylinderkopf anlegen oder einen passenden Gegenhalter benutzen. Das Steuerrad zusammen mit der eingesetzten Schraube von der Welle ziehen. Das Steuerrad dabei in geeigneter Weise gegenhalten.
- Den Zylinderkopfdeckel abschrauben.
- Die Zylinderkopfschrauben in der umgekehrten Reihenfolge von Bild 50 in mehreren Durchgängen lockern und die Schrauben herausziehen.

Tipp: Die Länge der Schrauben muss vor dem Wiedereinbau ausgemessen werden, d. h. keine Schrauben verwenden, die nicht die vorschriftsmäßige Länge haben.

Da der Zylinderkopf durch eine Passhülse geführt wird, könnte es schwierig werden den Kopf zu trennen. Werkstätten verwenden dazu zwei abgewinkelte Eisenstangen, welche ähnlich wie in Bild 51 gezeigt in den Kopf eingesetzt werden. Die beiden Stangen zusammen anheben, wodurch der Kopf gelöst wird. Den Kopf danach seitwärts bewegen, um die Nockenwelle durch die Rückenplatte für das Steuerrad zu führen. Sofort kontrollieren, wo die Zentrierbüchse sitzt. Falls sie im Zylinderkopf sitzen sollte, ist sie da herauszuziehen und vor dem Einbau in den Zylinderblock einzuschlagen.

- Die Dichtflächen des Zylinderblocks und Zylinderkopfes mit einer geeigneten Reinigungsflüssigkeit reinigen. Die Flächen dürfen auf keinen Fall mit einem harten Schaber oder mit Schleifpapier gereinigt werden.

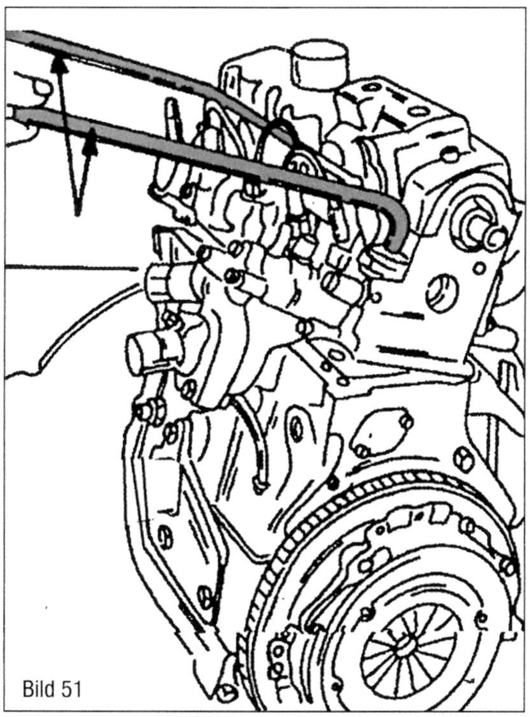
Bild 51

Bild 51
Abheben des Zylinderkopfes mit den genannten Eisenstangen. Die Enden müssen entsprechend abgebogen werden.

Ein Nachschleifen der Zylinderkopffläche ist nicht zulässig. Falls sich die Nockenwelle noch einwandfrei durchdrehen lässt, braucht man an dieser keine Arbeiten durchführen. Nach dem Ausbau des Zylinderkopfes alle Nebenteile abmontieren und die Ventile in der üblichen Weise ausbauen, wie es im betreffenden Kapitel beschrieben ist.

DW8-Motor – Ausbau des Zylinderkopfs

- Massekabel der Batterie abklemmen und den Deckel abmontieren.
- Fahrzeug vorn auf der rechten Seite aufbocken.
- Kühlanlage ablassen.
- Von vorn gesehen den Luftansaugschlauch auf der linken Seite und die beiden Verbindungsleitungen abschließen und lösen. Auf der rechten Seite einen Schlauch vom Motor und den großen Schlauch zwischen dem Luftfilter und dem Ansaugsammelrohr ausbauen.
- Das Ansaugsammelrohr ausbauen. Darauf achten, dass keine Fremdkörper in die Ansaugöffnungen gelangen können.
- Den Motor mit einem geeigneten Hebezeug und Seilen oder Ketten aus den Aufhängungen heben und die Motoraufhängung von vorn gesehen auf der linken Seite ausbauen.
- Den Antriebsriemen an der Stirnseite des Motors und den Zahnriemen ausbauen, wie es an anderer Stelle beschrieben wird.
- Den an der Zylinderkopfhaube angeschlossenen Schlauch (1) abschließen, die Zylinderkopfhaube (3) abschrauben und den darunter liegenden Zylinderkopfdeckel (2) ausbauen. Die genannten Teile sind in Bild 52 gezeigt.
- Die Einspritzleitungen am Zylinderkopf lösen und vorsichtig zur Seite biegen.
- Den Kraftstofffiltereinsatz (1) unter Bezug auf Bild 48 ausbauen. In der Innenseite des Filtergehäuses eine Schraube (2) lösen und das Filtergehäuse mit den angeschlossenen Kraftstoffleitungen auf einer Seite ablegen. Rechts neben dem Filtergehäuse die Hebeöse vom Kopf abschrauben.
- Die Leckölleitungen von den Einspritzdüsen abschließen.
- Die Schrauben des Thermostatgehäuses entfernen und das Gehäuse etwas auf eine Seite drücken.
- Einen Schlauch vom Zylinderkopf und einen weiteren, kleineren Schlauch abschließen. Um an den kleinen Schlauch zu gelangen, muss man die Schraube der Hebeöse lösen und die Hebeöse abnehmen. Danach die Teile wieder anschrauben.
- Die Motoraufhängung, von vorn gesehen links, wieder anschrauben.
- Die in Bild 53 gezeigte Schraube lösen und herausdrehen, bis sie gegen den Radkasten anliegt.
- Die Zylinderkopfschrauben in der umgekehrten Reihenfolge von Bild 50 in mehreren Durchgängen lockern und die Schrauben herausziehen. Die Länge der Schrauben muss vor dem Wiedereinbau ausgemessen werden, d. h. keine Schrauben verwenden, die nicht die vorschriftsmäßige Länge haben.
- Da der Zylinderkopf durch eine Passhülse geführt wird, könnte es schwierig werden den Kopf zu trennen. Werkstätten verwenden dazu zwei abgewinkelte Eisenstangen, welche ähnlich wie bereits in Bild 51 gezeigt in den Kopf eingesetzt werden. Die beiden Stangen zusammen anheben, wodurch der Kopf gelöst wird. Den Kopf danach seitwärts bewegen, um die Nockenwelle durch die Rückenplatte für das Steuerrad zu füh-

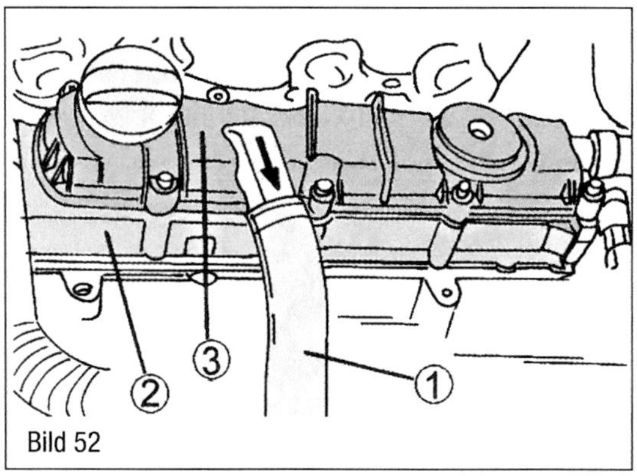

Bild 52
Ausbau der Zylinderkopfhaube bei eingebautem DW8-Motor.

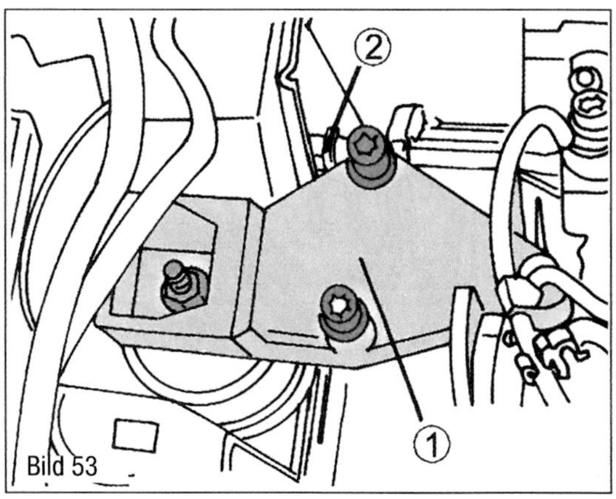

Bild 53
Die Lage der Motoraufhängung (1). Die Schraube (2) lockern und herausdrehen, bis sie gegen den Radkasten anschlägt.

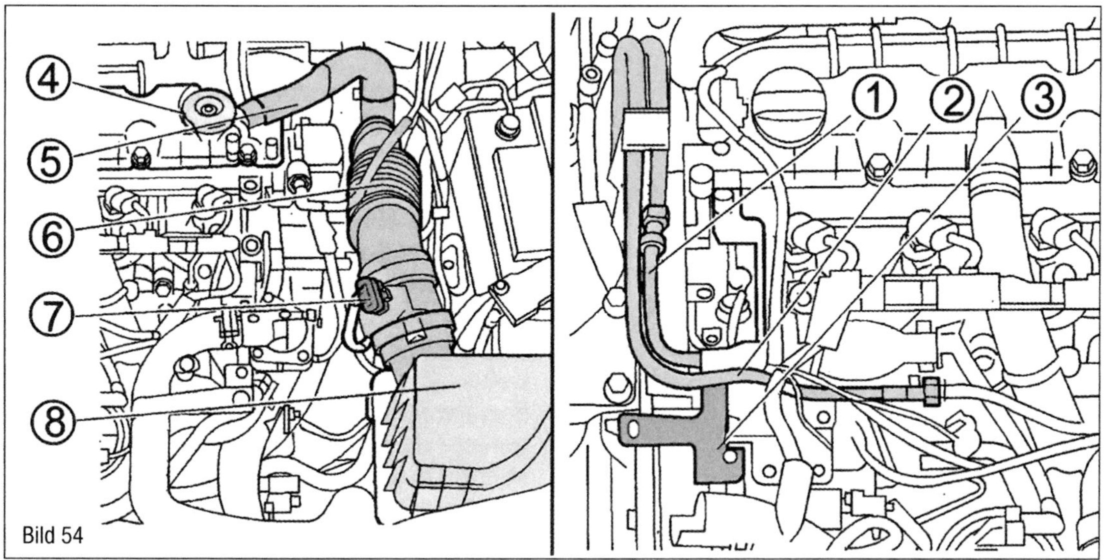

Bild 54

Bild 54
Einzelheiten zum Ausbau des Zylinderkopfes (DW10-Motor).

ren. Sofort kontrollieren wo die Zentrierbüchse sitzt. Falls sie im Zylinderkopf sitzen sollte, ist sie da herauszuziehen und vor dem Einbau in den Zylinderblock einzuschlagen. Hat man einen kleinen Handkran zur Verfügung, kann man Ketten an den Hebeösen anbringen und den Kopf auf dieser Weise herunterheben.

- Die Dichtflächen des Zylinderblocks und Zylinderkopfes mit einer geeigneten Reinigungsflüssigkeit reinigen. Die Flächen dürfen auf keinen Fall mit einem harten Schaber oder mit Schleifpapier gereinigt werden. Ein Nachschleifen der Zylinderkopffläche ist nicht zulässig. Falls sich die Nockenwelle noch einwandfrei durchdrehen lässt, braucht man an dieser keine Arbeiten durchführen.

Nach dem Ausbau des Zylinderkopfes alle Nebenteile abmontieren und die Ventile in der üblichen Weise ausbauen, wie es im betreffenden Kapitel beschrieben ist.

DW10-Motor – Ausbau des Zylinderkopfs

Bild 55 zeigt die Hauptteile des Zylinderkopfes beim DW10-Motor.

- Massekabel der Batterie abklemmen und die Kühlanlage ablassen (siehe spätere Beschreibung).
- Motordeckel abmontieren.
- Turbolader ausbauen (siehe getrennte Beschreibung).
- Antriebsriemen an der Stirnseite des Motors ausbauen.
- Zahnriemen ausbauen, wie es für den DW10-Motor beschrieben wird. Darin inbegriffen ist der Ausbau der rechten Motoraufhängung. Nach Ausbau des Zahnriemens

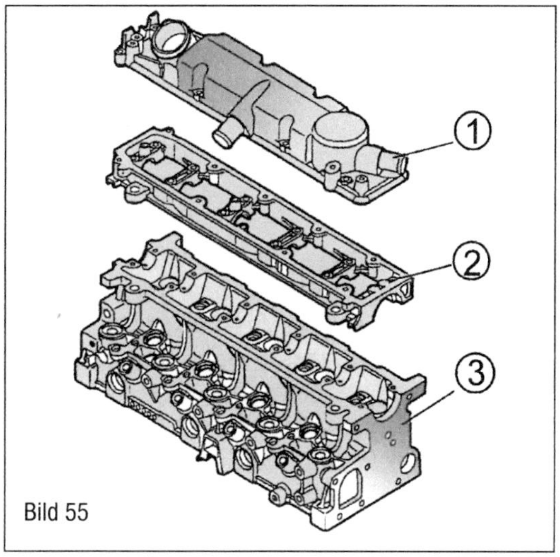

Bild 55

Bild 55
Die drei Hauptteile des Zylinderkopfes eines DW10-Motors.
1 Zylinderkopfhaube
2 Nockenwellengehäuse
3 Zylinderkopf

wird die Motoraufhängung für die verbleibenden Arbeiten wieder eingebaut.

- Unter Bezug auf die rechte Ansicht von Bild 54 die folgenden Teile abschließen: Kraftstoffvorlaufleitung (1), Kraftstoffrücklaufleitung (2) und rechten Halter des Deckels.
- Alle zum Zylinderkopf führenden elektrischen Leitungen sowie den Kühlmittelschlauch vom Kopf abschließen.
- Unter Bezug auf die linke Ansicht von Bild 54 den Kabelstecker an Stelle (7) abziehen und den Schlauch (5) abschließen. In folgender Reihenfolge den Luftfilter (8), den Verbindungsschlauch (6), das Abgasrückführungsventil, das Einlassrohr für den Turbolader und den oberen Zylinderkopfdeckel (4) ausbauen.
- Den Kabelstrang für die Hochdruckpumpe abschließen.

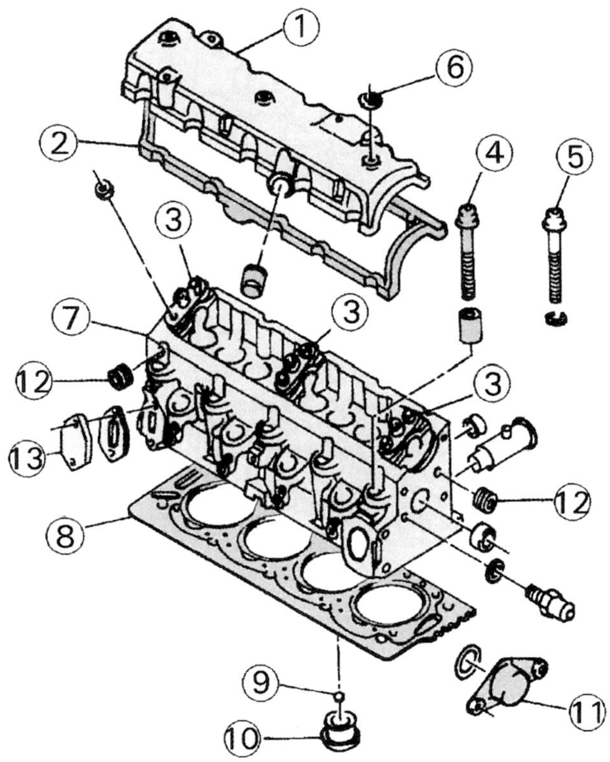

Bild 56

Bild 56
Die Teile eines Zylinderkopfes (gezeigt ist der XUD-Motor).

1 Zylinderkopfhaube
2 Haubendichtung
3 Nockenwellenlagerdeckel
4 Zylinderkopfschraube (Turbo)
5 Zylinderkopfschraube
6 Haubenbefestigung
7 Zylinderkopf
8 Zylinderkopfdichtung
9 Zentrierkugel
10 Vorkammereinsatz
11 Verschlussdeckel
12 Schraubstopfen
13 Verschlussdeckel

Die Überwurfmuttern der Hochdruckkraftstoffleitungen gut reinigen und die Überwurfmuttern lösen. Die Anschlussstücke unter den Überwurfmuttern dabei mit einem Gabelschlüssel gegenhalten, damit sie sich nicht lösen können. Ebenfalls die Hochdruckleitung zwischen der Hochdruckpumpe und dem »Common Rail«-Verteilerrohr abschließen. Alle offenen Anschlussstellen in geeigneter Weise gegen Eindringen von Schmutz oder anderen Fremdkörpern schützen.

■ Auf das Kühlmittelauslassgehäuse gesehen einen Montagebügel, das Führungsrohr für den Ölmessstab, drei Schrauben und zwei Muttern entfernen, um den elektrischen Kabelstrang abzunehmen. Die beiden verbleibenden Stiftschrauben müssen ebenfalls ausgeschraubt werden. So wird's gemacht: Zwei Muttern auf die Stiftschrauben drehen, gegeneinander kontern und einen Gabelschlüssel an der unteren Mutter ansetzen, um die Stiftschrauben herauszudrehen. Abschließend das Kühlmittelgehäuse abschrauben und vom Zylinderkopf abdrücken.

■ Den Motor mit einem Seil oder einer Kette an ein Hebezeug hängen und das Triebwerk aus den Aufhängungen heben, bis die rechte Motoraufhängung ausgebaut werden kann (auf der linken Seite, auf den Motorraum gesehen). Siehe ebenfalls Bild 53.

■ Auf das große Steuerrad gesehen auf der linken Seite die beiden sichtbaren Schrauben herausdrehen. Die rechte Motoraufhängung wird jetzt wieder für die verbleibenden Arbeiten montiert.

■ Die Zylinderkopfschrauben in umgekehrter Reihenfolge zu Bild 50 in mehreren Durchgängen lockern (10 = 1, 9 = 2, usw.) und die Schrauben der Reihe nach herausziehen. *Die Länge der Schrauben vor Wiederverwendung ausmessen.* Da der Zylinderkopf durch eine Passhülse geführt wird, könnte es schwierig werden den Kopf zu trennen. Werkstätten verwenden dazu zwei abgewinkelte Eisenstangen, welche ähnlich wie bereits in Bild 51 gezeigt in den Kopf eingesetzt werden. Die beiden Stangen zusammen anheben, wodurch der Kopf gelöst wird. Den Kopf danach seitwärts bewegen, um die Nockenwelle durch die Rückenplatte für das Steuerrad zu führen. Sofort kontrollieren, wo die Zentrierbüchse sitzt. Falls sie im Zylinderkopf sitzen sollte, ist sie da herauszuziehen und vor dem Einbau in den Zylinderblock einzuschlagen. Falls man einen kleinen Handkran zur Verfügung hat, kann man Ketten an den Hebeösen anbringen und den Kopf auf dieser Weise herunterheben.

Zerlegung des Zylinderkopfes

Bild 56 zeigt ein Montagebild des XUD-Motors, beim DW8-Motor und beim DW8B-Motor sieht es ähnlich aus. Der Zylinderkopf des DW10-Motors ist in Bild 55 gezeigt. Soll der Kopf vollkommen zerlegt werden, kann man alle Teile entsprechend den Abbildungen abmontieren.

☞ Wir empfehlen, den Zylinderkopf nur zum Zweck der Überprüfung zu zerlegen. Alle Reparatur- und Überholungsarbeiten sollten einer Werkstatt überlassen werden, obwohl die Arbeiten in kurzen Umrissen beschrieben sind.

■ **Bei einem XUD- oder DW8/DW8B-Motor** alle Nockenwellenlagerdeckel abschrauben und die Nockenwelle herausheben. Die beiden Dichtringe vorn und hinten herausnehmen. Sie müssen immer erneuert werden. Die Ventilstößel der Reihe nach aus den Bohrungen ziehen und entsprechend kennzeichnen, um sie wieder in die ursprüngliche Bohrung einzusetzen, falls sie nicht erneuert werden. Die Ventileinstellscheiben jeweils mit dem dazugehörigen Stößel zusammen lassen. Nach dem Zerlegen hat man die in Bild 57 gezeigten Teile vor sich.

- **Bei einem DW10-Motor** das Nockenwellengehäuse ausbauen, wie es später beschrieben wird, und zusammen mit der Nockenwelle herunterheben. Dies geschieht in der in Bild 58 gezeigten Weise. Dichtring der Nockenwelle ausbauen. Der Dichtring muss immer erneuert werden, auch wenn er noch gut aussieht. Ventilstößel herausziehen und entsprechend der Einbaulage kennzeichnen, damit sie wieder in die ursprünglichen Aufnahmebohrungen kommen.

Ein Ventilheber ist erforderlich, um die Ventile auszubauen. Bild 59 zeigt einen solchen Heber. Falls man keinen Heber zur Verfügung hat, kann man die Ventile auch folgendermaßen ausbauen:

- Ein Stück Holz in die Verbrennungskammer einlegen, sodass es gegen das auszubauende Ventil anliegt.
- Ein Stück Rohr des gleichen Durchmessers wie der Ventilfederteller über die Oberseite der Ventilfeder setzen und mit einem Hammer einen kurzen Schlag auf das Rohrstück geben. Die Ventilfeder wird dabei zusammengedrückt und die beiden Ventilkegelhälften springen heraus. Die Arbeit wird durch die Schrägstellung der Ventile allerdings etwas erschwert.
- Die Teile vom Ventil abnehmen und das Ventil von der anderen Seite des Zylinderkopfes herausziehen. Die Einbaulage des Ventils sofort in geeigneter Weise kennzeichnen und entsprechend aufbewahren. Ventil Nr. 1 befindet sich auf der Steuerseite des Motors. Alle zu einem Ventil gehörenden Teile sind jeweils zusammenzuhalten.

Zylinderkopf – Überholung
Alle erforderlich Maße der Maß- und Einstelltabelle zu entnehmen. Dabei auf Unterschiede innerhalb der Motoren achten.

Ventile
Kleinere Beschädigungen der Ventiltellerflächen können durch Einschleifen der Ventile in die Sitze des Zylinderkopfes berichtigt werden, wie es anschließend unter »Ventilsitze« beschrieben wird. Ventile ent-

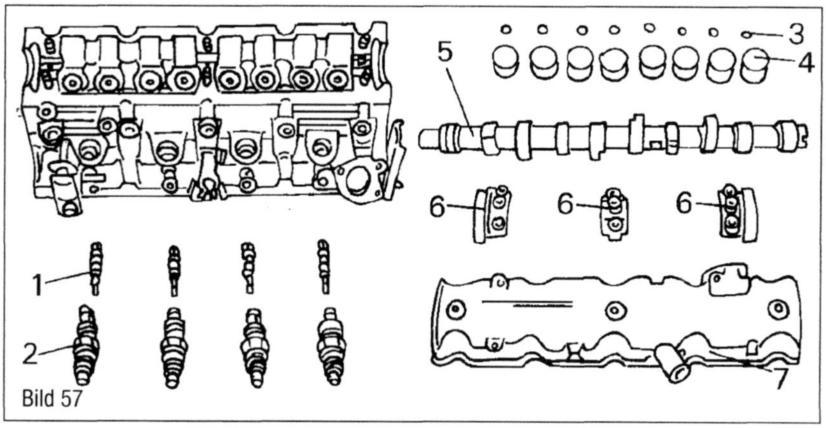

Bild 57
Der Zylinderkopf eines XUD/DW8-Motors nach der Zerlegung.

1. *Glühkerzen*
2. *Einspritzdüsen*
3. *Ventileinstellscheiben*
4. *Ventilstößel*
5. *Nockenwelle*
6. *Nockenwellenlagerdeckel*
7. *Zylinderkopfhaube*

Bild 58
Das Nockenwellengehäuse (1) und die Nockenwelle (2) werden beim DW10-Motor zusammen abgehoben.

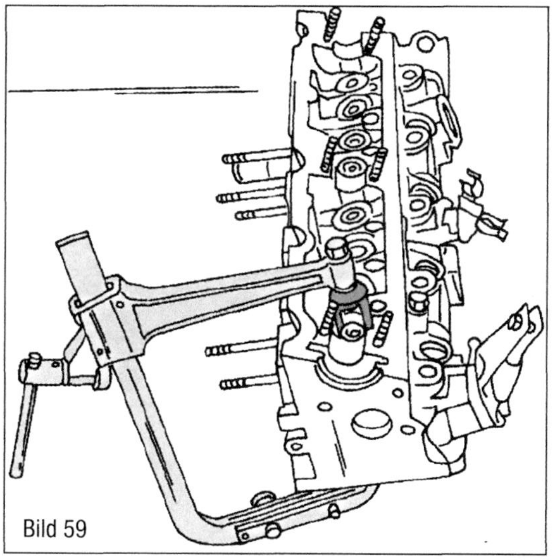

Bild 59
Benutzung eines Ventilhebers.

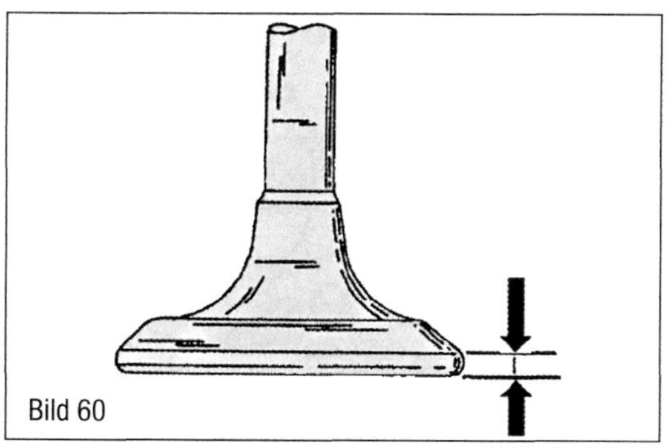

Bild 60
Das zwischen den Pfeilen gezeigte Maß muss noch 0,5 mm betragen, um die Ventile wieder einzubauen.

sprechend den Angaben ausmessen und alle nicht diesen Maßen entsprechenden Ventile erneuern. Besonders darauf achten, dass die Ventiltellerkanten nicht abgebrannt sind, d. h. die Stärke der Teller muss noch mindestens 0,50 mm sein. Auch wenn sich das Maß dem Mindestwert genähert hat, sollte man das Ventil erneuern. Gemessen wird die Stärke der Ventiltellerkante, wie es in Bild 60 gezeigt ist.

- Falls die Enden der Ventilschäfte Verschleiß aufweisen, können sie an einer Schleifmaschine glatt geschliffen werden lassen, vorausgesetzt, dass man nicht mehr als 0,50 mm des Materials zur Korrektur entfernen muss.
- Die Teller der Ventile können in einer Ventilschleifmaschine nachgeschliffen werden lassen, vorausgesetzt, dass die bereits erwähnte Ventiltellerstärke nach dem Schleifen noch 0,5 mm beträgt.
- Die Ventilschäfte, und in diesem Zusammenhang die Innendurchmesser der Ventilführungen kontrollieren, wozu jedoch ein Innen- und ein Außenmikrometer erforderlich sind. Wiederum ist dies eine Werkstattarbeit.

Bild 61
Ausmessen der Höhe der Ventiltellerflächen unterhalb der Zylinderkopffläche.

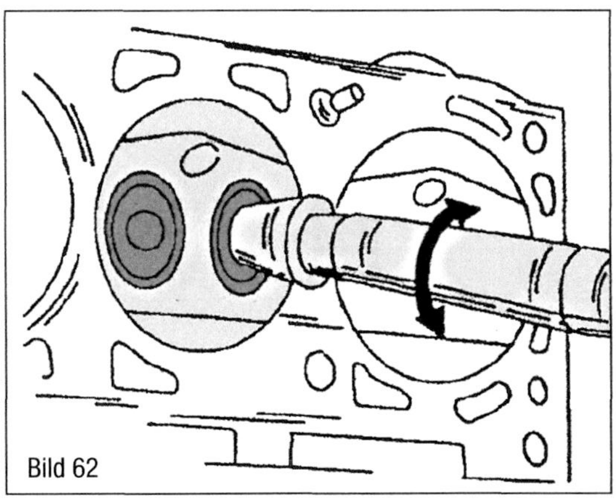

Bild 62
Einschleifen von Ventilen.

Alle Ventilsitze auf Zeichen von Verschleiß oder Narbenbildung kontrollieren. Leichte Verschleißerscheinungen können mit einem 45°-Fräser entfernt werden. Falls der Sitz jedoch bereits zu weit eingelaufen ist, müssen die Ventilsitze neu gefräst werden oder man muss die Ventilsitzringe erneuern. Die letztere Arbeit erfordert das Aufbohren der Ventilsitzaufnahmen und sollte einer Motorenwerkstatt überlassen werden.

Ventilsitze

DW8- und DW10-Motoren: Falls man die Ventilsitze nachgefräst hat, muss man das Maß zwischen den Ventiltellern und der Zylinderkopffläche ausmessen. Dazu eine Messuhr mit einem geeigneten Ständer und die Zylinderkopffläche aufsetzen, mit dem Messstift auf der Zylinderkopffläche, und die Messuhr auf »Null« stellen.

Den Messuhrständer verschieben, sodass der Messstift auf die Fläche des Ventiltellers kommt, wie man es in Bild 61 sehen kann. Das Ergebnis ist die Höhe von der Zylinderkopffläche zur Ventiltellerfläche. Falls das Maß bei den Einlassventilen nicht innerhalb 0,5 bis 1,00 mm und bei den Auslassventilen nicht innerhalb 0,90 bis 1,40 mm liegt, muss der Zylinderkopf erneuert werden.

Ventile müssen in nachgeschnittene Ventilsitze eingeschliffen werden. Dazu den Ventilsitz mit Schleifpaste einschmieren und einen Sauger benutzen, wie er in Bild 62 gezeigt ist.

Das Ventil nach links und rechts verdrehen und den Sauger öfter mal anheben, um eine Viertelumdrehung verdrehen und danach mit einem Einschleifen fortfahren. Den Sitz nachbearbeiten, bis ein ununterbrochener Ring um die Fläche des Ventils herum sichtbar ist. Nach dem Einschleifen den Zylinderkopf einwandfrei reinigen, wobei vor allem die Innenseite der Ventilführung gut zu reinigen ist. Schleifpaste in der Innenseite von Führungen führt schnell zu Verschleiß.

Mit einem Bleistift einen Strich quer zum Ventilsitz ziehen und das Ventil in den entsprechenden Sitz fallen lassen. Mit dem Sauger unter gutem Druck das Ventil um 90° verdrehen und das Ventil wieder herausziehen und kontrollieren, dass der Bleistiftstrich ringsherum verschwunden ist. Der dabei entstandene Spalt zeigt auch die Breite des Ventilsitzes an und kann entsprechend ausgemessen werden.

Ventilfedern
Zur einwandfreien Kontrolle der Ventilfedern sollte ein vorschriftsmäßiges Federprüfgerät verwendet werden, um die Länge der Ventilfedern unter Belastung auszumessen. Wiederum sind Sie dabei besser in der Werkstatt aufgehoben.

Ventilführungen
Falls es Anzeichen gibt, dass die Ventilführungen in der Innenseite verschlissen sind, ist es auch in diesem Fall besser, wenn man die Ausmessung und eventuelle Erneuerung der Führungen einer Motorenwerkstatt überlässt.
Die Ventilsitze müssen nachgefräst werden, wenn eine Ventilführung erneuert wurde, d. h. der Zylinderkopf muss praktisch überholt werden.

Zylinderkopf
Die Dichtflächen von Zylinderkopf und Zylinderblock einwandfrei reinigen und die Zylinderkopffläche auf Verzug kontrollieren. Dazu ein Messlineal auf den Kopf auflegen und mit einer Fühlerlehre den Lichtspalt längs, quer und diagonal zur Zylinderkopffläche ermitteln. Falls sich eine Blattlehre von mehr als 0,05 mm Stärke einschieben lässt, wie es in Bild 63 gezeigt ist, muss man den Zylinderkopf erneuern lassen, da er sich nicht nachschleifen lässt.

Nockenwelle
Die Nockenwelle ist nicht bei allen Motoren gleich und nur eine zum Motor passende Nockenwelle darf bei Erneuerung eingebaut werden.
Die Durchmesser der Lagerzapfen können mit einem Mikrometer ausgemessen werden. Falls der Durchmesser außerhalb der Grenzwerte liegt, muss eine neue Welle eingebaut werden. Die Lagerzapfen ebenfalls auf sichtbare Schäden hin kontrollieren. Falls diese vorgefunden werden, kann man sich alle weiteren Arbeiten ersparen. In diesem Fall die Nockenwelle und den Zylinderkopf erneuern.
Zum Ausmessen des Axialspiels der Nockenwelle diese ohne Stößel in den Zylinderkopf einsetzen, damit die Ventilfedern nicht auf die Ventile drücken können. Den Zylinderkopf auf eine glatte Fläche aufstellen. Eine Messuhr an der Stirnfläche ansetzen und die Welle hin- und herbewegen. Falls das Spiel mehr als der in den technischen Daten angegebene Wert beträgt, kann man annehmen, dass der Anlageflansch der Nockenwelle abgenutzt ist.

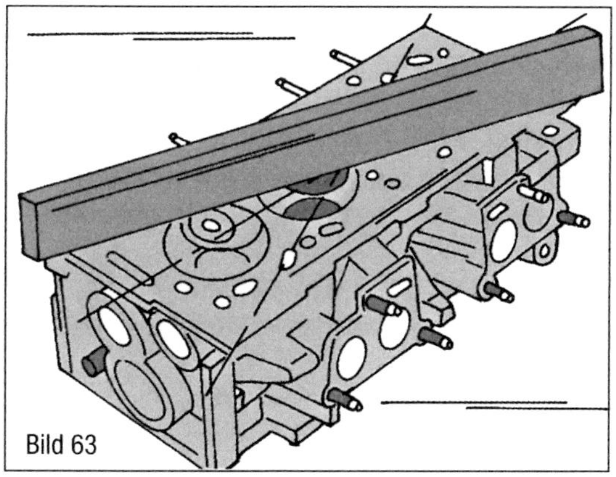
Bild 63

Bild 63
Kontrolle einer Zylinderkopffläche auf Verzug.

Zylinderkopf zusammenbauen
Wurde der Zylinderkopf erneuert, müssen wieder verwendbare Teile vom alten auf den neuen Zylinderkopf umgerüstet werden. Alle Teile gründlich reinigen und alle gleitenden und sich drehenden Teile gut mit Motoröl einschmieren.
■ Die Ventile in ihre Führungen einsetzen. Falls die Ventilsitze nachgeschnitten wurden, sollten Sie den Kopf wieder mit den Ventilen in den richtigen Führungen zurückerhalten.

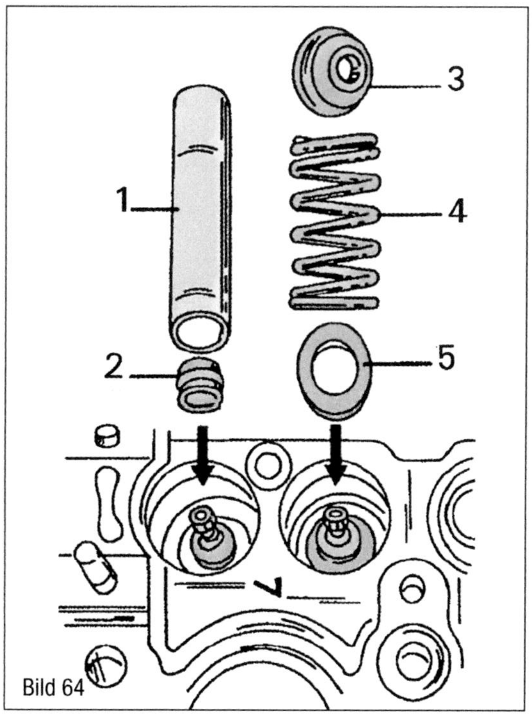

Bild 64

Bild 64
Einbau eines Ventils.

1 Rohr zum Aufschlagen des Ventilschaftdichtringes
2 Ventilschaftdichtring
3 Ventilfederteller
4 Ventilfeder
5 Unterlegscheibe

Die Gewindebohrungen für den Zylinderkopf gründlich reinigen. Die Bohrungen müssen fettfrei und trocken sein. Falls erforderlich, kann man die Gewindebohrungen mit einem Gewindeschneider nachschneiden. Die Gewinde danach gut reinigen.

Unter Bezug auf Bild 64 neue Ventilschaftdichtringe über jede Ventilführung anbringen.

Die Ventile von unten in den Zylinderkopf einschieben (gut eingeölt) und die in Bild 64 gezeigten Teile auf die Oberseite des Ventils aufsetzen. Dazu die Feder über jedes Ventil setzen und sie mit einem Ventilheber zusammendrücken. Wenn das Ventilschaftende aus der Oberseite des Ventilfedertellers heraussteht, mit einer Spitzzange die beiden Ventilkegelhälften einsetzen. Den Ventilheber langsam zurücklassen und kontrollieren, ob die Kegelhälften gut in den Ventilen gehalten werden.

Mit einem Plastikhammer auf die Oberseite der Ventilschäfte schlagen. Nicht richtig sitzende Ventilkegelhälften fliegen dabei heraus. Zur Vorsicht einen Lappen über die Federnenden legen, damit die Teile nicht davonfliegen können.

Die Ventilstößel und die Einstellscheiben gut einölen (falls der Motor damit versehen ist) und die Teile in die ursprünglichen Bohrungen einsetzen. Falls ein Stößel wieder herausgezogen wird, muss man ihn vollkommen herausziehen, um die richtige Lage der Einstellscheibe zu überprüfen, da die Scheibe durch Herausziehen des Stößels verrutschen kann.

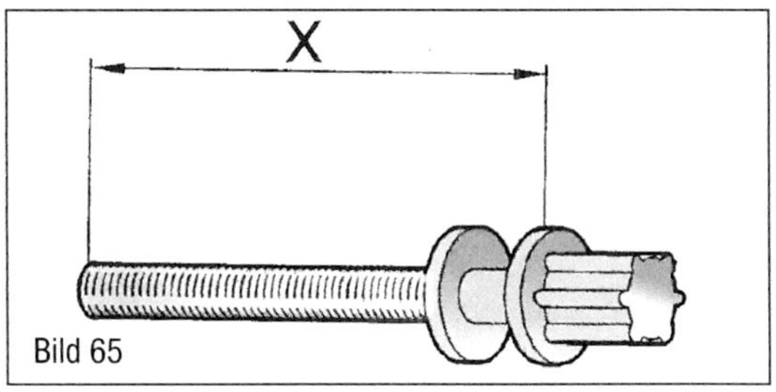

Bild 65
Die Länge der Zylinderkopfschrauben wird zwischen den Pfeilspitzen »X« gemessen.

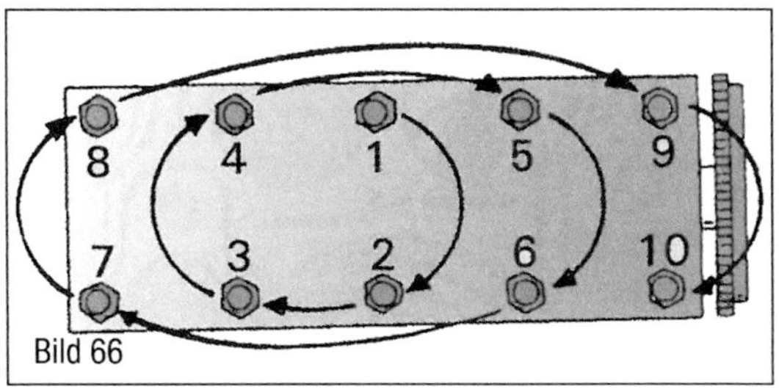

Bild 66
Anzugsreihenfolge der Zylinderkopfschrauben (alle Motoren).

Nockenwellenlagerzapfen einölen und in den Zylinderkopf einlegen. Die drei Nockenwellenlagerdeckel aufsetzen. Die Deckel sind mit Zahlen gezeichnet. Der Deckel mit der Zahl »3« kommt auf die Seite des Steuerrades. Die Auflageflächen der Deckel Nr. 1 und Nr. 3 müssen mit einem Klecks Dichtungsmasse eingeschmiert werden. Die Deckelmuttern gleichmäßig über Kreuz mit einem Anziehdrehmoment von 18 Nm anziehen.

Bei einem XUD- oder DW8-Motor die beiden Nockenwellendichtringe mit einem passenden Rohrstück in den Zylinderkopf und über die Nockenwelle schlagen, nachdem das Ventilspiel in der beschriebenen Weise eingestellt wurde. Beim DW10-Motor die Nockenwelle einbauen, wie es später beschrieben wird.

Alle anderen Teile in umgekehrter Reihenfolge montieren.

Zylinderkopf einbauen

Die Gewindebohrungen für die Zylinderkopfschrauben gründlich reinigen. Die Bohrungen müssen fettfrei und trocken sein. Das Gewinde danach gut reinigen. Eventuell kann man die Gewindebohrungen nachschneiden (Gewinde M12). Es wird vorausgesetzt, dass die Dichtflächen von Block und Kopf sauber sind.

Kurbelwelle durchdrehen, bis alle Kolben in der Mitte des Hubs stehen. Die Nockenwelle auf den oberen Totpunkt drehen, d. h. die Ventile der Zylinder 1 und 4 müssen geschlossen sein.

Die Zentrierbüchse hinten an der linken Ecke (von vorn gesehen) in den Zylinderblock einschlagen. In die gegenüberliegende Ecke sollte eine Stiftschraube eingeschraubt werden. Diese sollte nur ein wenig herausstehen und mit einem Schlitz zum Ansetzen eines Schraubendrehers versehen sein (da man sie später wieder ausschrauben muss).

Die Länge der Zylinderkopfschrauben zwischen der Unterseite des Schraubenkopfes und dem Ende des Gewindes ausmessen. Bild 65 zeigt, wo die Messung durchzuführen ist. Da verschiedene Zylinderkopfschrauben verwendet werden, muss man auf die Unterschiede achten. Schrauben sind entweder ziemlich flach am Ende (XUD-Motor) oder haben einen kleinen Führungszapfen (DW8/DW8B-Motor). Schrauben des DW10-Motors sind flach:

Schrauben ohne Führungszapfen am Gewindeende (XUD): Alle Schrauben, welche zwischen dem Ende des Gewindes und der Unterseite des Schraubenkopfes länger als 121,5 mm sind, müssen erneuert werden, da sie sich zu weit gestreckt haben.

Schrauben mit Führungszapfen am Gewindeende (DW8/DW8B): Alle Schrauben, welche zwischen dem Ende des Gewindezapfens und der Unterseite des Schraubenkopfes länger als 125,5 mm sind, müssen erneuert werden, da sie sich zu weit gestreckt haben.

Schrauben ohne Führungszapfen am Gewindeende (DW10): Alle Schrauben, welche länger als 133,3 mm sind, müssen erneuert werden.

Die Stärke der Zylinderkopfdichtung entsprechend der ursprünglichen Stärke auswählen und die Dichtung richtig herum auflegen, d. h. der Lappen mit der Kennzeichnung muss auf die richtige Seite kommen. Bei einem DW10-Motor muss die Stärkenkennzeichnung auf der gleichen Seite wie die Hochdruckpumpe liegen.

Den Zylinderkopf schräg aufsetzen, sodass man die Passhülse im Zylinderblock mit dem Loch im Kopf ausrichten kann. Danach den Kopf nach vorn herunterklappen, bis er aufsitzt. Die eingeschraubte Stiftschraube danach herausdrehen.

Gewinde der Schrauben und die Scheiben einölen und die Schrauben einsetzen. Zum Anziehen der Schrauben ist ein mit »Torx«-Kopf versehener Steckeinsatz (XUD) oder ein Spezialschlüssel verwendet, welcher der Form der Schraubenköpfe entsprechen muss (DW8/10). Außerdem braucht man eine Gradscheibe.

Das Anziehen der Schrauben erfolgt bei allen Motoren in der in Bild 66 gezeigten Reihenfolge, jedoch ist bei den verschiedenen Motoren unterschiedlich:

XUD- und DW8/DW8B-Motoren:

– Die Schrauben in der gezeigten Reihenfolge mit einem Drehmoment von 20 Nm anziehen.

– Die Schrauben in der gezeigten Reihenfolge mit einem Anziehdrehmoment von 60 Nm anziehen.

– Alle Schrauben jetzt in der gezeigten Reihenfolge im Winkelanzug anziehen (ohne Drehmomentschlüssel). Der Nachzugswinkel beträgt 180°, d. h. eine halbe Umdrehung. Bei allen Motoren kann man durch Ansetzen des Knebels genau die halbe Umdrehung herstellen.

– Ein weiteres Nachziehen der Schrauben nach Lauf des Motors ist nicht erforderlich.

DW10-Motor:

– Die Schrauben in der gezeigten Reihenfolge mit einem Drehmoment von 18 Nm anziehen.

– Die Schrauben in der gezeigten Reihenfolge mit einem Anziehdrehmoment von 60 Nm anziehen.

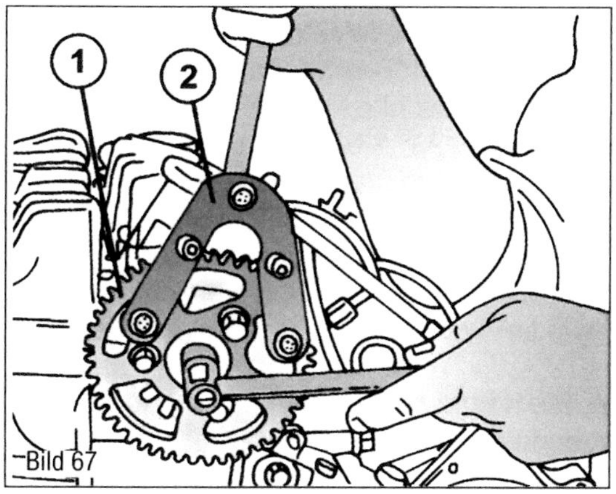

Bild 67
Das Steuerrad der Nockenwelle (1) kann wie gezeigt mit einem Hebel (2) gegen Mitdrehen gegengehalten werden, wenn die Schraube gelöst oder angezogen wird.

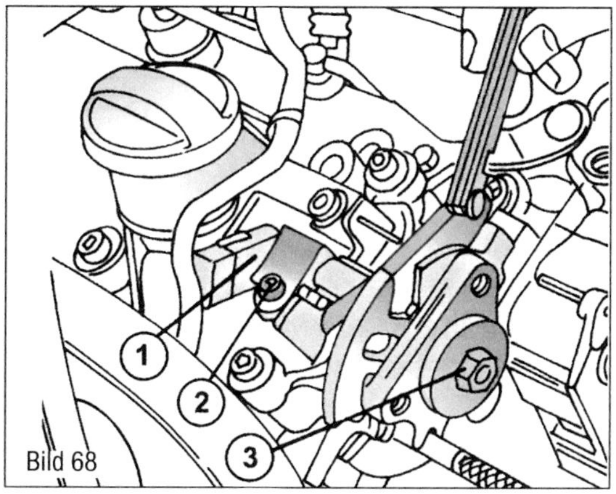

Bild 68
Einstellen des Luftspalts des Positionssensors für die Nockenwelle. Die Zahlen werden im Text erwähnt.

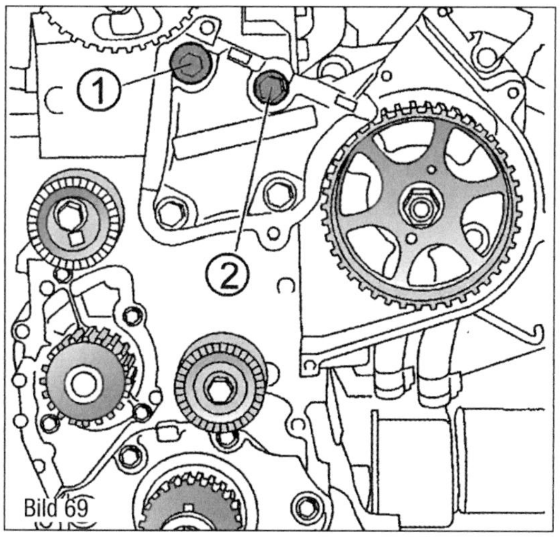

Bild 69
Die Schrauben (1) und (2) werden an den gezeigten Stellen angezogen.

– Alle Schrauben jetzt in der gezeigten Reihenfolge im Winkelanzug anziehen (ohne Drehmomentschlüssel). Der Nachzugswinkel beträgt 220° + oder –5°). Entweder eine Gradscheibe verwenden oder den Winkel schätzen, d. h. eine halbe Umdrehung beträgt 180°, 1/8-Umdrehung beträgt 45°.
– Ein weiteres Nachziehen der Schrauben nach Lauf des Motors ist nicht erforderlich.

■ Die rechte Motoraufhängung und die Zylinderkopfhaube montieren.
■ Das Steuerrad der Nockenwelle gegen Mitdrehen montieren. Ein einfacher Hebel, wie er in Bild 67 gezeigt ist, kann dazu benutzt werden. Die Schraube des Steuerrades der Nockenwelle lösen und das Rad herunterziehen. Dies ist erforderlich um den Positionssensor der Nockenwelle einzustellen.
■ Den Positionssensor unter Bezug auf Bild 68 montieren. Dazu den Sensor (1) mit der Schraube (2) befestigen. Der Sensor wird gegen den Anschlag im Schlitz gedrückt, ehe man die Schraube anzieht.
■ Steuerrad der Nockenwelle montieren und die Schraube (3) in Bild 68 eindrehen. Schraube mit 43 Nm anziehen. Das Zahnrad dabei wieder gegenhalten, wie es in Bild 67 gezeigt ist.
■ Der Luftspalt des Positionssensors wird jetzt unter Bezug auf Bild 68 eingestellt. Der Spalt wird an der gezeigten Stelle eingestellt und wird auf 1,2 mm gebracht. Der Spalt

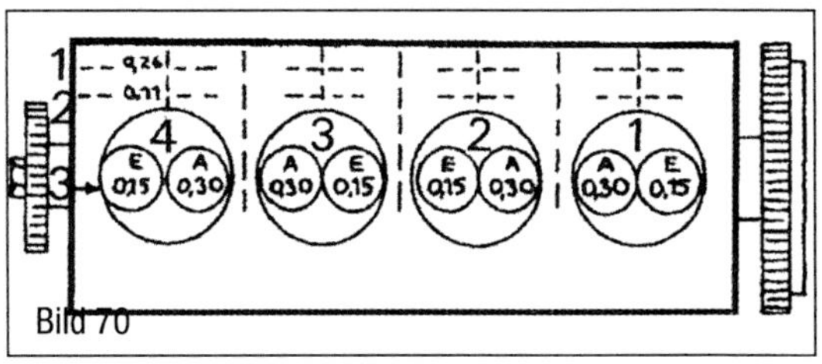

Bild 70
Diagramm zur Einstellung der Ventilspiele.
1 *Gemessenes Ventilspiel*
2 *Unterschied zwischen gemessenem Ventilspiel und eigentlichem Spiel*
3 *Vorgeschriebenes Ventilspiel*

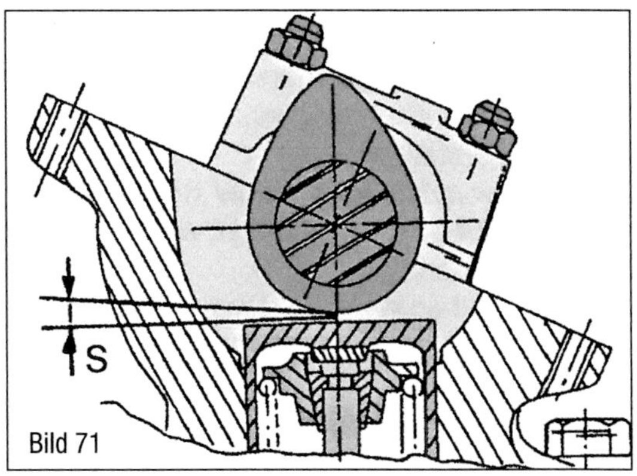

Bild 71
Das Spiel »S« wird an der gezeigten Stelle gemessen.

wird korrigiert, indem man den Sensor verschiebt und danach die Schraube (2) festzieht.
■ Schrauben (1) und (2) in Bild 69 anziehen.
■ Hochdruck-Kraftstoffverteilerrohr einbauen, wie es im betreffenden Kapitel beschrieben wird.
■ Zahnriemen und Antriebsriemen der Aggregate montieren. Beide Arbeiten sind getrennt beschrieben.
■ Die geräuschdämmende Abdeckung unter dem Fahrzeug anbringen und das rechte Vorderrad wieder anschrauben.
■ Das Auslassgehäuse für das Kühlmittel mit neuen Dichtungen montieren, die Stiftschrauben einschrauben und das Gehäuse mit den Muttern anziehen. Schläuche am Gehäuse anschließen.
■ Alle Kabelstecker aufstecken, das Abgasrückführungsventil mit dem Wärmeaustauscher montieren.
■ Die verbleibenden Arbeiten in umgekehrter Reihenfolge wie beim Ausbau durchführen. Kühlanlage auffüllen und entlüften wie es im Kapitel »Kühlanlage« beschrieben wird.
■ Abschließend die Batterie wieder anklemmen. Fahrzeug auf den Boden ablassen und das gelöste Rad wieder anziehen.

XUD und DW8/DW8B

■ Das Steuerrad der Nockenwelle montieren. Das Steuerrad dabei in geeigneter Weise gegenhalten. Die Schraube mit 45 Nm anziehen. Der in Bild 67 gezeigte Hebel kann zum Gegenhalten benutzt werden.
■ Das Ventilspiel einstellen (siehe unten).
■ Den Zahnriemen montieren, wie es an getrennter Stelle beschrieben ist.
■ Alle weiteren Arbeiten in umgekehrter Reihenfolge durchführen.

Ventilspiele einstellen (XUD und DW8/DW8B)

Ventileinstellung bedeutet den Ausbau der Nockenwelle. Bei der folgenden Beschreibung wird davon ausgegangen, dass man diese zusammen mit dem Zylinderkopf ausgebaut hat. Obwohl die Einstellung nicht ganz einfach ist, soll sie trotzdem beschrieben werden.
Falls die Einstellung bei eingebautem Motor kontrolliert wird, wie dies bei einer allgemeinen Kontrolle des Ventilspiels der Fall ist, müssen die notwendigen Vorarbeiten getrof-

fen werden, um an die Ventile zu kommen. Dies bedeutet den Ausbau der gesamten Zylinderkopfhaubeneinheit.

- Das Fahrzeug vorn auf der rechten Seite anheben und einen Unterstellbock untersetzen. Den hohen Gang einlegen. Damit kann man den Motor während der Einstellung durchdrehen. Die Glühkerzen können ausgeschraubt werden, um das Durchdrehen der Kurbelwelle zu erleichtern.
- Eine Tabelle für die gemessenen Ventilspiele anfertigen, wie es in Bild 70 gezeigt ist, um die notwendigen Notizen zur Korrektur einzutragen.
- Den Motor durch Drehen des abgehobenen Vorderrades in Vorwärtsrichtung durchdrehen.

Zum Messen des Ventilspiels muss der zum betreffenden Ventil gehörende Nocken nach oben gerichtet sein, d. h. das andere Ventil des gleichen Zylinders ist geöffnet. Der erste Zylinder liegt auf der Schwungradseite. Das Spiel durch Einführen einer Fühlerlehre zwischen Nockenrücken und Ventilstößel messen (Spiel »S« in Bild 71).

- Den Wert in die Spalte 1 der Tabelle eintragen, in diesem Beispiel 0,26 mm.
- Den Motor um jeweils eine halbe Umdrehung in Vorwärtsrichtung weiterdrehen und das Spiel an allen Ventilen ausmessen und entsprechend dem Beispiel in der Tabelle notieren. Der Sollwert beträgt an den Einlassventilen 0,15 mm, an den Auslassventilen 0,30 mm. Falls der gemessene Wert nicht innerhalb des Sollbereiches liegt, muss das Spiel durch Einbau anderer Einstellscheiben zwischen Ventilstößel und Ventilschaft berichtigt werden. Bei zu großem Spiel ist eine dickere Einstellscheibe nötig, bei zu kleinem Spiel eine dünnere. Bild 71 zeigt eine Darstellung der Einstellung.

Bei der Einstellung, z. B. beim Zusammenbau des Motors, folgendermaßen vorgehen:

- Den ersten Ventilstößel und die darunterliegende Einstellscheibe herausnehmen (Bild 72), die Einstellscheibe reinigen und ihre Stärke messen. Die neue Scheibenstärke wird wie folgt ermittelt: Korrektur = gemessenes Spiel weniger Sollwert. Bild 73 zeigt am gegebenen Beispiel wie die Kalkulation vorgenommen wird.
- Die Korrektur kann positiv oder negativ ausfallen. Bei positiver Korrektur muss eine stärkere Scheibe eingebaut werden; bei negativer Korrektur eine schwächere Scheibe. Als Sollwert nimmt man den Mittelwert des Toleranzbereiches.

Neue Scheibenstärke = gemessene Scheibenstärke + Korrektur.

- Eine Einstellscheibe auswählen, deren Stärke so nahe wie möglich am ermittelten Wert liegt. Die Stärken der erhältlichen Einstellscheiben liegen zwischen 2,425 bis 3,550 mm. Die Größensteigerung ist jeweils 0,075 mm. Die Einstellscheiben vor dem Messen und Einbauen entfetten.
- In der gleichen Weise bei allen Ventilen vorgehen, deren Spiel korrigiert werden muss.
- Die Einstellscheiben vor dem Einbau ölen und in die Aufnahme im Federteller setzen.

Falls die Nockenwelle oder die Stößel erneuert wurden, muss man immer Scheiben einer Stärke von 2,425 mm (Sollstärke) einbauen, ganz gleich, welche Scheiben vorher verwendet wurden.

- Die Ventilstößel einölen und einbauen. Nach dem Einsetzen dürfen die Stößel nicht

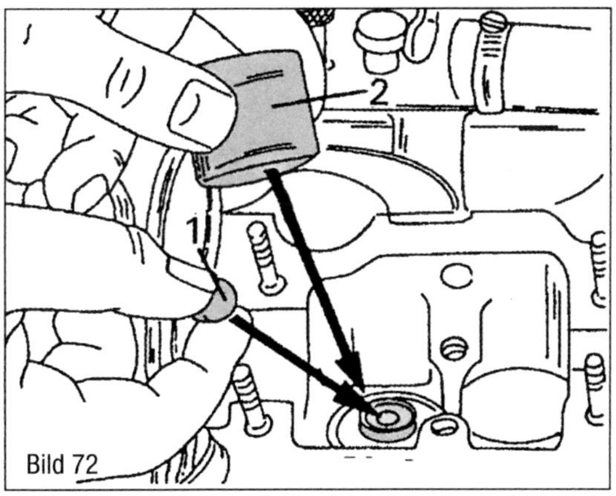

Bild 72 Herausnehmen des Stößels (2) und der Einstellscheibe (1).

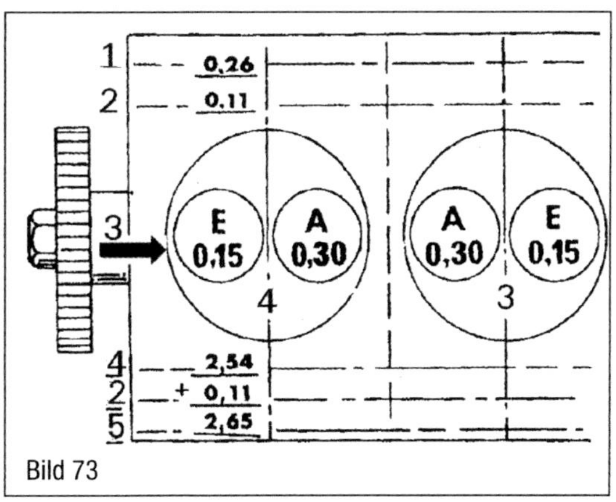

Bild 73 Diagramm zur Einstellung der Ventilspiele. Einlassventile sind mit »E«, Auslassventile mit »A« gezeichnet.

1 Gemessenes Ventilspiel
2 Unterschied
3 Vorgeschriebenes Ventilspiel
4 Stärke der alten Scheibe
5 Stärke der neuen Scheibe

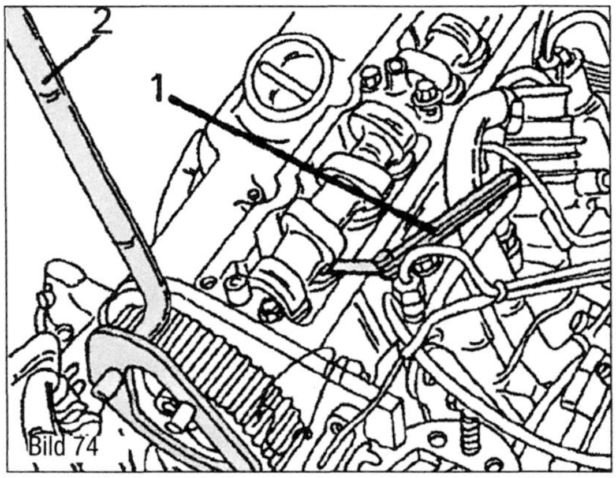

Bild 74
Kontrolle des Ventilspiels mit der eingesetzten Fühlerlehre (1). Die Nockenwelle kann mit einem Drehwerkzeug (2) durchgedreht werden.

wieder angehoben werden, da sich sonst die Einstellscheibe aus ihrem Sitz lösen kann. Falls ein Ventilstößel etwas angehoben wird, muss der Stößel ganz herausgehoben werden, um die Einstellscheibe wieder einzusetzen.

- Die Nockenwelle danach wieder montieren. Alle Arbeiten zum Einbau des Zahnriemens durchführen.
- Die Nockenwelle um mindestens 2 Umdrehungen durchdrehen (sehr langsam) und die Ventilspiele nochmals nachmessen. Dazu eine Fühlerlehre wie in Bild 74 gezeigt einschieben. Evtl. die notwendigen Korrekturen vornehmen.
- Die verbleibenden Teile in umgekehrter Reihenfolge wieder montieren. Der Einbau des Zahnriemens erfolgt entsprechend den Anweisungen beim Einbau des Zylinderkopfes.

Ventilspiel – DW10-Motor. Eine Einstellung der Ventile ist nicht erforderlich. Ein hydraulischer Ventilstößel kann nicht repariert werden und ist im Schadensfall zu erneuern. Einige Geräusche beim Anlassen des Motors weisen jedoch nicht auf defekte Stößel hin, da diese nicht mehr hörbar sind, sobald sich die Stößel mit Motoröl gefüllt haben.
Zur Erneuerung eines Stößels den Zahnriemen und das Nockenwellengehäuse ausbauen, wie es beim Ausbau des Zylinderkopfes beschrieben wurde. Nach Einbau von neuen Stößeln den Motor mindestens 30 Minuten lang stehen lassen, damit sich das Öl in der Innenseite der Stößel verteilen kann. Wird dies nicht beachtet, könnte es vorkommen, dass die Ventile gegen die Kolben anschlagen.

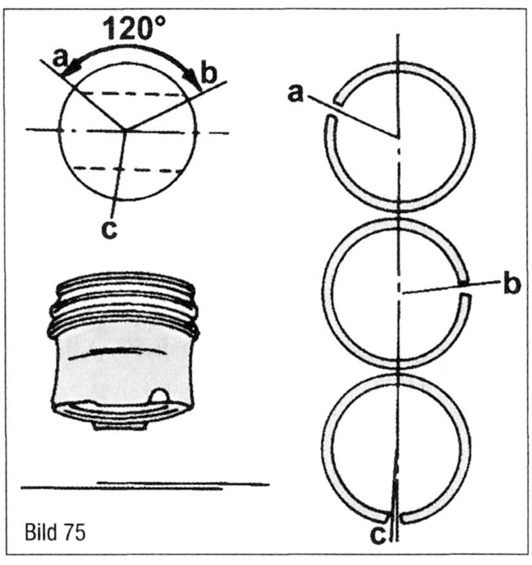

Bild 75
Kolbenringe und deren Anordnung am Kolben.
a Oberer Ring
b Mittlerer Ring
c Unterer Ring

Kolben und Pleuelstangen

Kolben und Pleuelstangen können nur bei ausgebautem Triebwerk und abgeflanschtem Getriebe erneuert werden.
Alle Kolben sind mit zwei Kompressionsringen und einem Ölabstreifring versehen. Bild 75 zeigt einen Querschnitt durch die Ringe, woraus außerdem ersichtlich ist, wie die Ringstöße angeordnet werden. Die Kennzeichnungen der Ringe müssen nach dem Einbau von oben sichtbar sein.
Bei den Dieselmotoren müssen die Kolben etwas über die Oberfläche des Zylinderblocks herausstehen. Dies wird durch Einbau von Zylinderkopfdichtungen mit unterschiedlichen Stärken bewerkstelligt. Die Auswahl der Dichtungsstärke wurde bereits beim Zusammenbau des Motors behandelt.

Kolben und Pleuelstangen trennen

Zum Trennen der Kolben und Pleuelstangen sind keine Spezialwerkzeuge erforderlich. Kolben und Pleuelstangen setzen sich bei allen Motoren aus den gleichen Teilen zusammen, nur dass die Kolben aller Motoren unterschiedlich sind. Bild 76 zeigt ein Montagebild der Teile.

- Kolbenringe der Reihe nach mit einer Kolbenringzange abnehmen, wie es in Bild 77 gezeigt ist. Falls die Ringe wieder verwendet werden sollen, sind sie entsprechend zu zeichnen. Falls keine Kolbenringzange zur Verfügung steht, können Metallstreifen an gegenüberliegenden Seiten des Kolbens unter den Ring geschoben werden, um ihn danach abzustreifen. Einen Streifen unbedingt unter das Ende des Ringes unterlegen, um Kratzer zu vermeiden.

■ Die beiden Sicherungsringe aus den Kolbenbolzenaugen ausfedern. Die Ringe haben keine »Ohren« und ein kleiner Schraubenzieher ist zum Herausheben erforderlich. Andernfalls die Drahthaken mit einer Spitzzange zusammendrücken und die Sicherungsringe herausnehmen.

■ Kolben und Pleuelstange auf eine geeignete Unterlage auflegen und mit einem geeigneten Dorn den Kolbenbolzen aus Kolben und Pleuelstange herausschlagen. Falls ein Bolzen sehr fest sitzt, kann man Kolben und Pleuelstange in kochendem Wasser anwärmen. Die Pleuelstange herausziehen.

Kolben und Pleuelstangen nur trennen, falls die Kolben erneuert werden müssen oder die Pleuelstangen beschädigt sind. Erfahrungen haben gezeigt, dass es besser ist einen kompletten Kolbensatz in einer Motorenwerkstatt erneuern zu lassen. Die Erneuerung eines einzelnen Kolbens bringt jedoch keine Probleme mit sich.

Kolben und Pleuelstangen überprüfen

Alle Teile gründlich reinigen und kontrollieren. Zeichen von Kratzern oder Fressstellen bedeutet die Erneuerung des betreffenden Teils.

Der Reihe nach jeden Kolbenring in die Oberseite der Zylinderbohrung einschieben und mit einem umgekehrten Kolben gerade nach unten stoßen, bis der Ring ca. 15 – 20 mm unter der Oberkante steht. Eine Fühlerlehre in den Spalt zwischen den beiden Kolbenringenden schieben und kontrollieren, dass der Spalt, d. h. das Kolbenringstoßspiel den in den technischen Daten angegebenen Wert nicht überschreitet. Kolbenringstoßspiele können nicht eingestellt werden und neue Ringe sind fällig, falls das Maß größer ist.

Der Kolbendurchmesser wird mit einem Mikrometer im rechten Winkel zum Kolbenbolzen ausgemessen. Im Zweifelsfall Citroën- oder Peugeot-Werkstatt.

Kolben und Pleuelstangen zusammenbauen

Es wird angenommen, dass die Teile entsprechend kontrolliert und überholt worden sind. Die Pleuelstangen in einem Pleuelprüfgerät auf Verdrehung oder Verbiegung kontrollieren. Dies sollte man am besten in einer Werkstatt durchführen lassen, da verbogene oder in sich selbst verdrehte Pleuelstangen keinen einwandfreien Lauf des Motors herstellen können.

■ Alle Teile mit Öl einschmieren.

■ Kolben und Pleuelstangen zum Zusammenbau auslegen, d. h. der Ausschnitt in

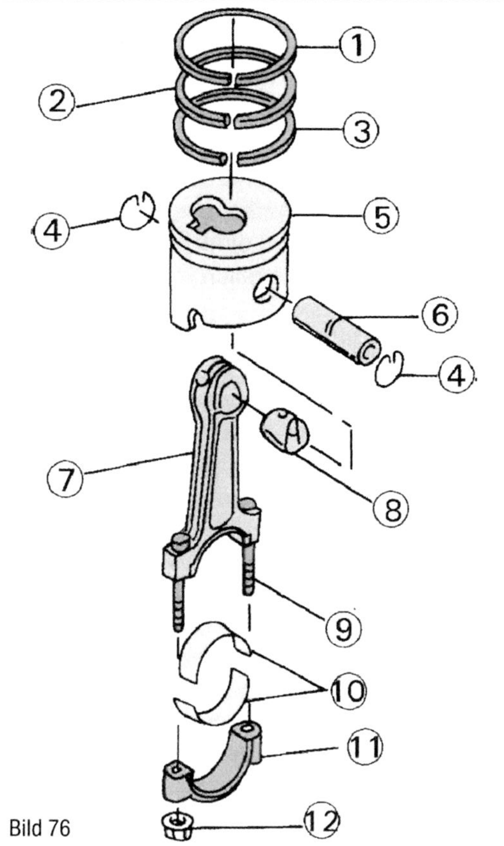

Bild 76

Bild 76
Montagebild einer Kolben/Pleuelstangeneinheit.

1 Oberer Kolbenring
2 Mittlerer Kolbenring
3 Ölabstreifring
4 Kolbenbolzensicherungsring
5 Kolben
6 Kolbenbolzen
7 Pleuelstange
8 Pleuelaugenbüchse
9 Schraube in Pleuelstange
10 Pleuellagerschalen
11 Pleuellagerdeckel
12 Pleuellagermutter

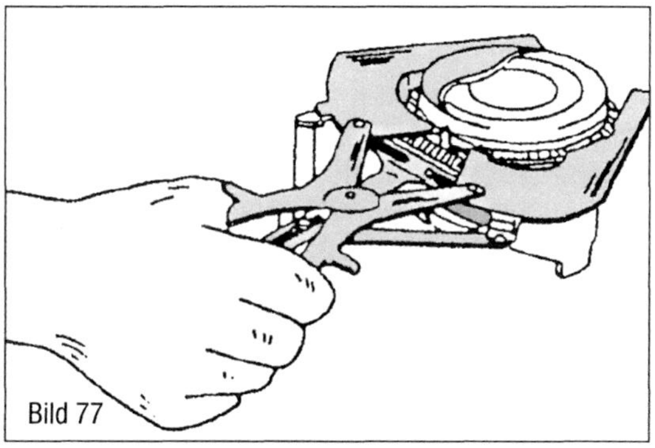

Bild 77

Bild 77
Aus- oder Einbau von Kolbenringen.

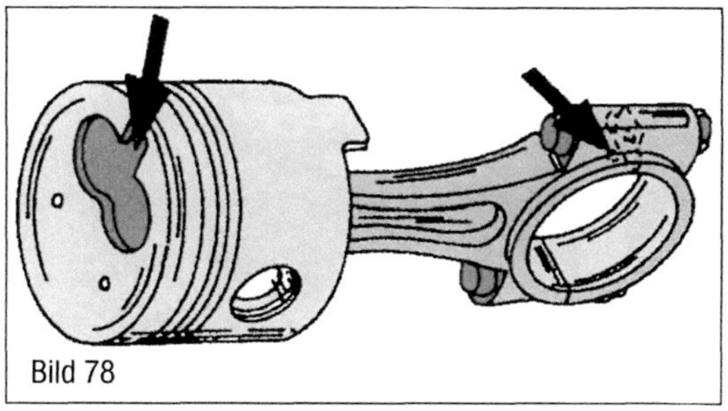

Bild 78

Bild 78
Vorschriftsmäßiger Zusammenbau von Kolben und Pleuelstangen.

der Verbrennungskammer und die Nase für die Pleuellagerschale müssen auf der gleichen Seite liegen, wie es Bild 78 zeigt.

■ Die Pleuelstange in der beschriebenen Weise in den Kolben einschieben und die Pleuelaugenbohrung und das Kolbenauge in eine Linie bringen. Sofort einen Kolbenbolzensicherungsring auf einer Seite des Kolbens einfedern. Kontrollieren, dass er ringsherum sitzt.

■ Kolbenbolzen von der anderen Seite in den Kolben eindrücken, durch das Pleuelauge führen und bis zum Anschlag durchdrücken. Falls erforderlich, kann man einen Kunststoffhammer zum Einschlagen benutzen. Abschließend den zweiten Kolbensicherungsring einfedern.

■ Kolben in einer Hand halten und die Pleuelstange hin- und herbewegen. Sie sollte sich leicht bewegen lassen.

■ Kolbenringe an den Kolben anbringen. Dabei beachten: Die Kennzeichnung des Herstellers oder die Beschriftung »Top« des mittleren Ringes muss nach dem Einbau von oben sichtbar sein.

■ Der Ölabstreifring muss mit dem Ringstoß in einer Linie mit der Kolbenbolzenbohrung liegen. Die Ringstöße der beiden anderen Kolbenringe in Abständen von je 120° von diesem Ringstoß anordnen. Bild 75 zeigt, wie die Ringstöße liegen müssen. Den zusammengebauten Kolben mit diesem Bild vergleichen, ehe man die nächste Arbeit durchführt. Die Kolbenringe gut einölen.

■ Die Kolben mit Motoröl einschmieren und in die dazugehörigen Bohrungen einsetzen.

Bild 79
Kolben und Kurbelwelle zusammen mit den Lagern.

1 *Kurbelwelle*
2 *Obere Lagerschalen*
3 *Untere Lagerschalen*
4 *Anlaufhalbscheiben*
5 *Kolben*
6 *Kolbenbolzen*
7 *Sicherungsringe*
8 *Pleuelstange*
9 *Pleuellagerschalen*

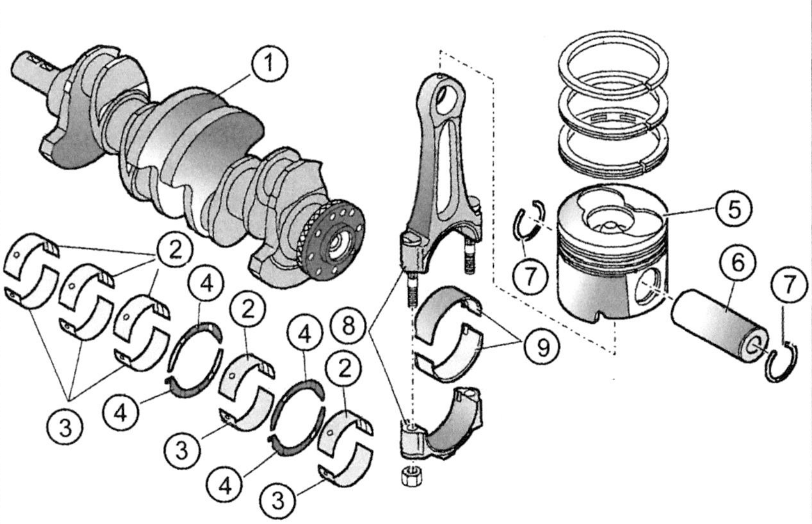

Bild 79

Geeignete Kolbenringspannbänder müssen zum Eindrücken der Kolbenringe in die Nute benutzt werden. Das Spannband so um den Kolben legen, dass die Unterkante des Kolbens noch ca. 4 - 5 mm heraussteht. Die Kolben danach einschieben. Dies ermöglicht das anfängliche Einschieben der Kolben in die Bohrungen.

■ Die Pleuellagerdeckel wie beim Zusammenbau des Motors beschrieben montieren. Anziehdrehmomente für die Lagerdeckel siehe Anziehdrehmomenttabelle.

Zylinderblock

Der Zylinderblock besteht aus dem Kurbelgehäuse und dem eigentlichen Zylinderblock. Bei einer Ganzzerlegung den Zylinderblock einwandfrei reinigen und alle Fremdkörper aus Hohlräumen und Ölkanälen entfernen. Durch Herausschrauben der Stopfen vorn und hinten kann der Hauptölkanal gut gereinigt werden. Besonders auch darauf achten, dass Reinigungsflüssigkeiten vollkommen entfernt werden. Falls möglich mit Pressluft trocken blasen. Unbedingt darauf achten, dass kein Öl in den Bohrungen für die Zylinderkopfschrauben verbleibt.

Die Zylinderblockfläche wird in ähnlicher Weise wie beim Zylinderkopf beschrieben auf Verzug kontrolliert. Den Block in Längsrichtung, Querrichtung und Diagonalrichtung vermessen. Eine Fühlerlehre von mehr als 0,05 mm Stärke darf sich nicht einschieben lassen. Wie bereits erwähnt, darf man eine Zylinderblockfläche nicht nachschleifen lassen. Wir raten Ihnen jedoch, in einer Werkstatt nachzufragen.

Das Ausmessen von Bohrungen, und in diesem Zusammenhang das Ausmessen des Kolbendurchmessers, ist im Allgemeinen keine einfache Arbeit und wir empfehlen, den Zylinderblock in einer Motorenwerkstatt ausmessen zu lassen.

Kurbelwelle und Schwungrad

Der Ausbau der Kurbelwelle wurde bereits bei der Zerlegung des Motors beschrieben. Die Kurbelwelle läuft in fünf Lagern. Hauptlagerzapfen und Pleuellagerzapfen können einmal auf eine Untergröße nachgeschliffen werden, die entsprechenden Lagerschalen

stehen dafür zur Verfügung. Das Axialspiel der Kurbelwelle wird durch die Anlaufhalbschalen am zweiten Kurbelwellenlager reguliert. Bild 79 zeigt ein Montagebild des Kurbeltriebs.
Die Abdichtung der Kurbelwelle erfolgt an der Vorderseite und Rückseite durch einen Radialdichtring. Der vordere Dichtring sitzt in einem angeschraubten Deckel, der hintere Dichtring wird in das Kurbelgehäuse und den hinteren Hauptlagerdeckel eingeschlagen.

Axialspiel der Kurbelwelle ausmessen
Vor dem Ausbau der Kurbelwelle sollte das Axialspiel kontrolliert werden, um evtl. notwendige Übergröße-Anlaufscheiben beim Einbau bereit zu haben. Folgende Arbeiten durchführen:

- Die Messuhr an der Stirnfläche des Zylinderblocks anbringen, wie es bereits beim Zusammenbau des Motors gezeigt wurde, und die Welle mit einem Schraubendreher in eine Richtung drücken. Die Messuhr auf Null stellen.
- Die Welle mit dem Schraubendreher in die andere Richtung drücken und die Anzeige der Messuhr ablesen. Diese sollte zwischen 0,07 und 0,32 mm betragen. Den Wert aufschreiben.
- Falls dieser die Verschleißgrenze überschreitet, müssen beim Zusammenbau neue oder auch Übergröße-Anlaufscheiben eingebaut werden (manchmal sind nur die Anlaufscheiben abgenutzt). Obere und unter Anlaufscheiben müssen immer die gleiche Stärke haben.
- Messuhr wieder abmontieren.

Die Kurbelwelle kann ausgebaut werden, wie es beim Zerlegen des Motors beschrieben wurde.
Müssen die Lager der Kurbelwelle erneuert werden, empfehlen wir die Neulagerung der Welle einer Motorenwerkstatt zu überlassen.

Einbau der Kurbelwelle
Der Einbau der Kurbelwelle ist im Zusammenhang mit dem Zusammenbau des Motors beschrieben. Immer nur zwei Anlaufhalbscheiben der gleichen Stärke einbauen. Alle genannten Anziehdrehmomente beim Zusammenbau befolgen. Die Kurbelwelle regelmäßig durchdrehen, um auftretende Klemmer sofort nach einem bestimmten Montagegang festzustellen.

Hinteren Kurbelwellendichtring erneuern
Der Öldichtring auf der Schwungradseite kann bei ausgebautem Schwungrad erneuert werden. Dies könnte erforderlich sein, wenn die Kupplung auf Grund von Öldurchlass aus dem Kurbelgehäuse zu rutschen beginnt.
Mit einem Schraubendreher den Öldichtring aus dem Kurbelgehäuse herausdrücken, ohne dabei das Kurbelgehäuse oder den Kurbelwellenflansch zu beschädigen. Zum leichteren Ausbau kann man zwei Blechschrauben in die Außenfläche des Dichtringes einschrauben, um den Schraubendreher abwechselnd unter den Köpfen der Schrauben anzusetzen. Stück für Stück sollte der Ring herauskommen.
Die Lauffläche auf der Kurbelwelle kontrollieren. Falls die Lauffläche durch den alten Ring angegriffen ist, kann der neue Dichtring etwas tiefer in das Kurbelgehäuse eingeschlagen werden. Neuen Dichtring vorsichtig mit einem passenden Dorn in das Kurbelgehäuse einschlagen. Den Dichtring außen mit Öl und an der Dichtlippe mit Mehrzweckfett einschmieren. Falls die Kurbelwelle in Ordnung ist, den Dichtring einschlagen, bis er bündig abschneidet; andernfalls Dichtring in das Kurbelgehäuse schlagen, bis die Außenfläche etwas unterhalb der Kurbelgehäusefläche steht. Kontrollieren, dass der Ring ringsherum gleichmäßig eingeschlagen ist.

Vorderen Kurbelwellendichtring erneuern
Der vordere Dichtring befindet sich im Flansch vor der Ölpumpe und kann bei eingebautem Motor erneuert werden, jedoch muss der Steuerriemen ausgebaut werden. Zum Ausbau schraubt man am besten zwei Blechschrauben an gegenüberliegenden Stellen ein und zieht den Ring durch Aushebeln mit einem Schraubendreher und Nachhelfen mit einer Zange heraus.
Den neuen Dichtring an der Lippe mit Mehrzweckfett einschmieren und außen einölen. Den Ring einschlagen ohne ihn zu verbeulen, bis die Außenseite bündig abschneidet.

Steuerantrieb

Die Teile des Steuerantriebs können bei eingebautem Motor erneuert werden. Der Zahnriemen braucht nur teilweise ausgebaut werden, d. h. man hebt ihn vom Steuerrad der Nockenwelle ab, wenn die folgenden Arbeiten durchgeführt werden müssen:

- Aus- und Einbau des Zylinderkopfes
- Aus- und Einbau der Nockenwelle und Einstellen des Ventilspiels (falls zutreffend)
- Aus- und Einbau der Einspritzpumpe

Der Zahnriemen muss vollkommen ausgebaut werden, wenn man die folgenden Arbeiten durchführen muss:

- Erneuerung des vorderen Kurbelwellendichtringes
- Aus- und Einbau des Ölpumpenantriebs und der Ölpumpenantriebskette
- Aus- und Einbau der Wasserpumpe

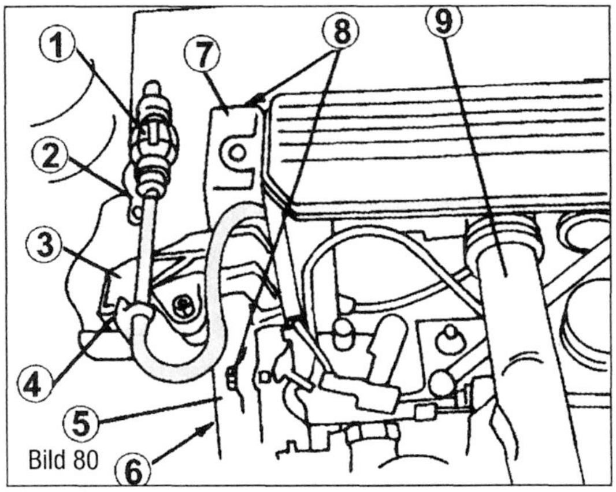

Bild 80 Einzelheiten zum Aus- und Einbau des Zahnriemens bei einem XUD-Motor. Die Zahlen werden im Text erwähnt.

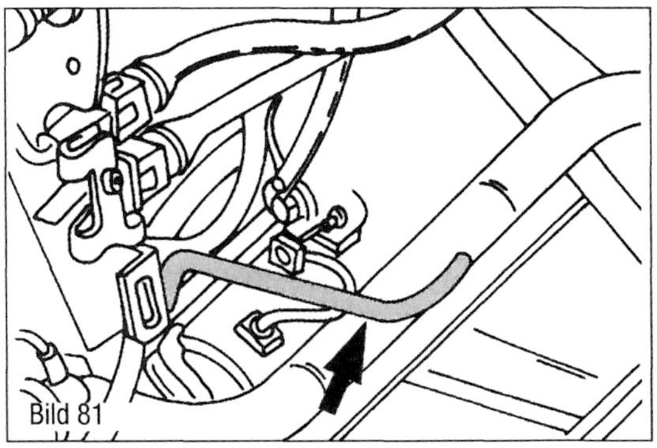

Bild 81 Arretierbolzen in den Zylinderblock und das Schwungrad eingesetzt.

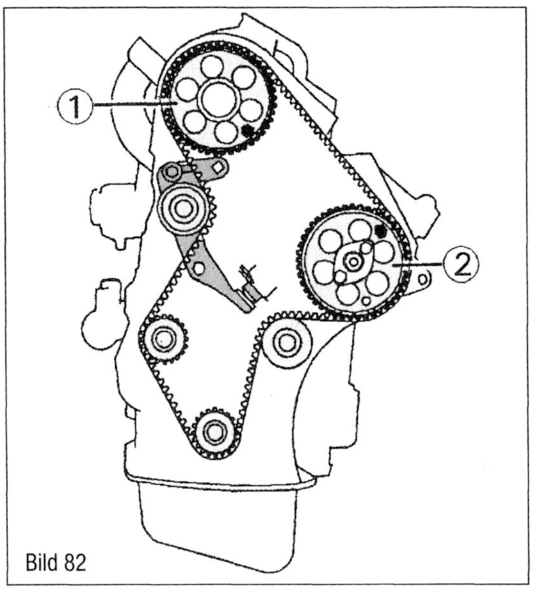

Bild 82 Einzelheiten zum Ausbau des Zahnriemens. Die schwarzen Punkte zeigen, wo die Arretierbolzen in das Nockenwellenrad (1) und das Antriebsrad der Einspritzpumpe (2) eingesetzt werden.

Aus- und Einbau des Zahnriemens

Die folgenden Arbeiten sind entsprechend durchzuführen, je nachdem, ob der Zahnriemen vollkommen oder nur teilweise ausgebaut werden muss. Zum Ausbau des Motoraufhängungslagers muss das Triebwerk an ein Hebezeug gehängt werden.

Beim Motor DW8 oder DW10 ist ein Instrument zur Einstellung der Riemenspannung erforderlich. Erfahrene Mechaniker können jedoch die Spannung des Riemens mit einer Federwaage ausmessen, ehe er ausgebaut wird. In diesem Fall den Haken der Federwaage in den Riemen einhängen und nach außen ziehen. Den erhaltenen Wert aufschreiben. Beim Einbau kann der Riemen dann gespannt werden, bis die gleiche Anzeige beim Ziehen der Federwaage wieder erhalten wird. Ist der Riemen gerissen, kann man dies natürlich nicht durchführen.

XUD-Motoren

- Radmuttern des rechten Vorderrades lockern, Vorderseite des Fahrzeuges auf der rechten Seite aufbocken und einen Bock unter die Seite der Karosserie stellen. Das Rad abnehmen.
- Batterie abklemmen.
- Das Abdeckblech aus der Innenseite des Radkastens abschrauben und die Geräuschabdämmung unter dem Triebwerk ausbauen.
- Unter Bezug auf Bild 80 die Halterung (2) der Kraftstoffhandpumpe (1) lösen und die Pumpe zur Seite legen.
- Das Motoraufhängungslager (Teile 3 und 4) ausbauen. Der Motor muss sicher am Hebezeug hängen.
- Den Antriebsriemen der Aggregate lockern und abnehmen (siehe getrennte Beschreibung).
- Schrauben (8) der Steuerriemenschutzdeckel lösen und den unteren Deckel (5) sowie den oberen Deckel (7) ausbauen. Den Schlauch (9) zwischen dem Luftfilter und dem Luftverteiler ausbauen.
- Den hohen Gang einlegen und die Nabe des aufgebockten Vorderrades durchdre-

hen, bis der Kolben des ersten Zylinders auf dem oberen Totpunkt im Verdichtungshub steht. In dieser Stellung den Arretierbolzen für das Schwungrad in der in Bild 81 gezeigten Weise einschieben. Das gezeigte Spezialwerkzeug kann durch einen Stab geeigneten Durchmessers ersetzt werden.

- Zwei M8 x 125-Schrauben (40 mm lang) besorgen. Eine der Schrauben an Stelle (1) in Bild 82 in das Nockenwellenrad einsetzen und eine der Schrauben an Stelle (2) in das Antriebsrad der Einspritzpumpe. Dadurch wird der Steuermechanismus gesperrt.
- Die Schraube (2) und Mutter (1) der Spannrolle für den Zahnriemen in Bild 83 lockern. Eine mit einem Vierkant von 9,52 mm versehene Verlängerung (und Rätsche) wie in Bild 23 gezeigt in das Vierkantloch (6) in Bild 21 einsetzen, um die Feder des automatischen Riemenspanners zusammenzudrücken. Dies ist der Vierkantmitnehmer eines Stecknusssatzes mit 3/8-Zoll-Antrieb. Die Rätsche muss mehrere Male betätigt werden. Die Schraube (2) in Bild 83 wieder anziehen, um den Spanner in seiner neuen Lage zu halten.
- Das Abdeckblech vom Schwungradgehäuse abschrauben und das Schwungrad in geeigneter Weise gegenhalten oder die Kurbelwelle durch Einlegen eines Ganges blockieren.
- Die Schraube der Kurbelwellenriemenscheibe lösen und die Riemenscheibe abziehen. Dazu entweder zwei Reifenhebel ansetzen oder einen Abzieher benutzen, wie man ihn in Bild 85 sehen kann.
- Den Motor mit Seilen oder Ketten an einen Flaschenzug oder Ähnliches anhängen. Man kann auch einen Wagenheber unter den Motor stellen und diesen vorsichtig aus den Aufhängungen heben (Holzklotz zwischen Wagenheber und Motor).
- Die Motoraufhängung auf der Seite der Steuerung ausbauen.
- Den Zahnriemen abheben. Zuerst wird der Riemen vom Steuerrad der Nockenwelle gehoben. Falls der gleiche Riemen wieder eingebaut werden soll, muss man die Laufrichtung mit einem Filzstift auf der Außenseite einzeichnen. Wird ein neuer Riemen eingebaut, sollte man ebenfalls die Spannrolle und den Riemenspanner erneuern. Die betroffenen Teile sind in Bild 84 gezeigt.
- Alle anderen Teile der Steuerung können jetzt nach Bedarf erneuert werden.

Beim Einbau der Steuerungsteile folgendermaßen vorgehen. Es wird angenommen, dass Nockenwelle, Kurbelwelle und Antriebsrad der Einspritzpumpe immer noch arretiert sind. Bei der Beschreibung wird auf bereits weiter vorn gezeigte Bilder hingewiesen. In Bild 86 sind alle beim Einbau des Zahnriemens wichtigen Teile gezeigt.

Kontrollieren, ob alle Teile, welche mit dem Zahnriemen in Verbindung kommen, frei von Öl oder Fett sind.

- Kontrollieren, dass sich die beiden Laufrollen (4) und (8) in Bild 86 leicht durchdrehen lassen. Sie dürfen kein Spiel haben oder an irgendeiner Stelle klemmen. Ebenfalls überprüfen, dass sich der Kolben (3) und die Feder (7) frei in ihrem Gehäuse bewegen können, falls sie nicht erneuert wurden.
- Die Arretierschrauben/bolzen müssen eingesetzt sein. Andernfalls das Nockenwellenrad durchdrehen, bis eine der M8-Schrauben an Stelle (1) in Bild 82 eingesetzt

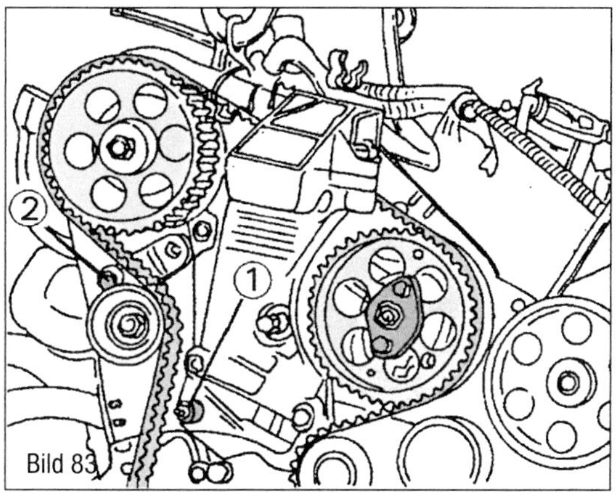

Bild 83

Bild 83
Die Mutter (1) und die Schraube (2) halten die Spannrolle der halbautomatischen Riemenspannvorrichtung.

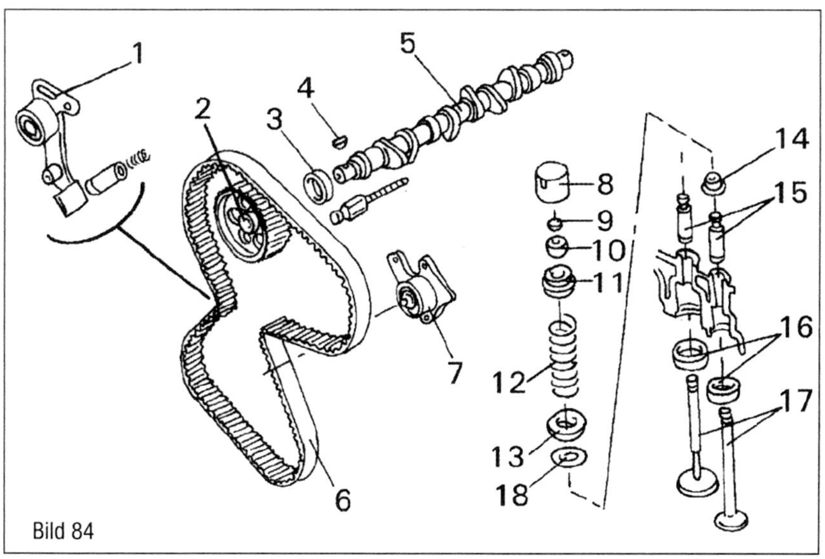

Bild 84

Bild 84
Ansicht der Steuerung eines XUD-Motors.

1 Zahnriemenspanner
2 Steuerrad der Nockenwellen
3 Öldichtring
4 Scheibenfeder
5 Nockenwelle
6 Zahnriemen
7 Zahnriemenspannrolle
8 Ventilstößel
9 Ventileinstellscheibe
10 Ventilkegelhälften
11 Ventilfederteller
12 Ventilfeder
13 Ventilfedersitz
14 Ventilschaftdichtring
15 Ventilführungen
16 Ventilsitzringe
17 Ventile
18 Scheibe

Bild 85
Eine Riemenscheibe kann in der gezeigten Weise mit einem Abzieher heruntergezogen werden.

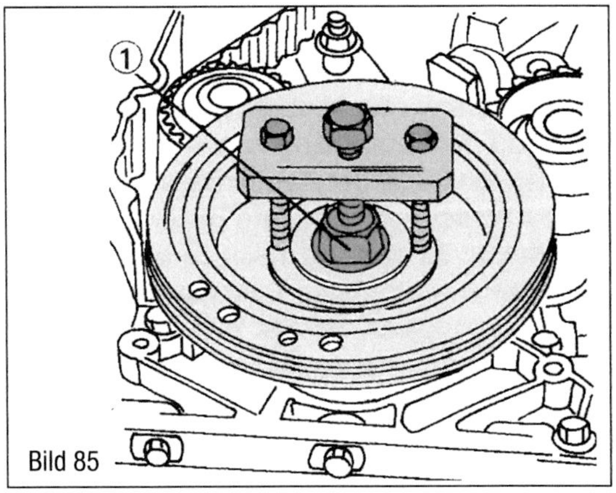

Bild 85

Bild 86
Ansicht des eingebauten Zahnriemens bei einem XUD-Motor. Die Pfeile zeigen, wo die Arretierbolzen eingesetzt sind.

1 Nockenwellensteuerrad
2 Riemenspanner
3 Kolben des Riemenspanners
4 Antriebsrad der Wasserpumpe
5 Kurbelwellensteuerrad
6 Antriebsrad der Einspritzpumpe
7 Feder des Riemenspanners
8 Laufrolle des Zahnriemens

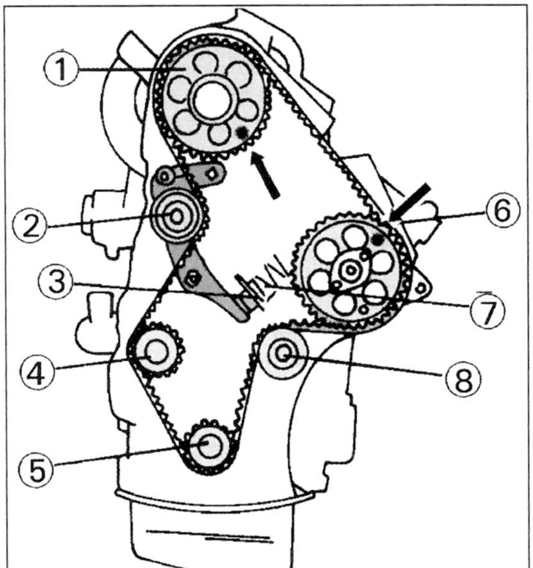

Bild 86

werden kann. Das Steuerrad sitzt jetzt in der vorschriftsmäßigen Stellung zum Einbau des Zahnriemens.

- Die Schraube (2) des Zahnriemenspanners mit 20 Nm anziehen (Bild 83).
- Kontrollieren, ob die Zahnriemenspannrolle vollkommen nach außen gedrückt ist, sie muss in dieser Stellung festgeschraubt sein.
- Das Antriebsrad der Einspritzpumpe (6) durch Einsetzen der M8-Schraube (Pfeil in Bild 86) sperren. Das Antriebsrad steht jetzt auf der Einspritzstellung für den ersten Zylinder.
- Die Kurbelwelle in der OT-Stellung sperren, indem man den Arretierstab von der Rückseite in das Schwungrad einsetzt, wie es in Bild 81 gezeigt wurde.
- Den Zahnriemen auflegen. Den Riemen zuerst über das Kurbelwellenrad (5), dann über die mittlere Laufrolle (8) in Bild 86, das Steuerrad der Einspritzpumpe (6) und dann über das Steuerrad der Nockenwelle (1) legen. Den Zahnriemen stramm halten und auf der anderes Seite über das Rad der Wasserpumpe (4) und hinter die Spannrolle (2) auflegen. Kontrollieren, dass der Zahnriemen mit seinen Zähnen an allen verzahnten Rädern einwandfrei in Eingriff gekommen ist.
- Die Scheibe und Schraube in das Ende der Kurbelwelle einschrauben und festziehen.
- Die Schraube (1) und Mutter (2) in Bild 83 lockern, damit sich die Spannrolle nach innen bewegen kann, und danach Schraube und Mutter wieder anziehen.
- Alle Bolzen zur Sperrung aus den Steuerrädern und aus der Rückseite des Kurbelgehäuses herausziehen.
- Die Kurbelwelle um mindestens zwei Umdrehungen in Vorwärtsrichtung durchdrehen, niemals entgegengesetzt der Drehrichtung, um den Zahnriemen auszurichten (Ringschlüssel an der Schraube in der Innenseite der Kurbelwellenriemenscheibe ansetzen).
- Die Schraube und Mutter in Bild 83 erneut lockern. Der Riemenspanner springt dabei in die Spannstellung. In dieser Stellung die Schraube (1) und Mutter (2) mit 18 Nm anziehen.
- Motor einige Male durchdrehen und die Steuerungs-Arretierbolzen wieder einsetzen. Falls sich die Bolzen nicht leicht einschieben lassen, stimmt die Steuerungseinstellung nicht und muss wiederholt werden.
- Die Schraube und Scheibe wieder aus der Kurbelwelle schrauben.
- Die drei Schutzbleche für den Zahnriemen anbringen.
- Die Kurbelwellenriemenscheibe aufstecken und die Schraube mit der Scheibe einschrauben. Die Gewinde der Schraube mit »Loctite« einschmieren. Die Kurbelwelle in geeigneter Weise gegenhalten und die Schraube der Riemenscheibe mit 40 Nm anziehen. Aus dieser Stellung die Schraube um weitere 60° anziehen.
- Alle weiteren Arbeiten in umgekehrter Reihenfolge durchführen. Die Schrauben (8) und die Mutter (6) in Bild 80 mit 20 Nm, anziehen. Motorlager wieder montieren. Nicht das Abdeckblech des Kupplungsgehäuses vergessen. Den Antriebsriemen wieder montieren, wie es weiter hinten beschrieben ist.

DW8- und DW8B-Motor

- Radmuttern des rechten Vorderrades lockern, Vorderseite des Fahrzeuges auf der rechten Seite aufbocken und einen Bock unter die Seite der Karosserie unterstellen. Das Rad abnehmen.
- Das Abdeckblech aus der Innenseite des Radkastens abschrauben und die Geräuschabdämmung unter dem Fahrzeug abmontieren.
- Den Motordeckel abmontieren und die Kühlmittelleitung vom Clip befreien und auf eine Seite drücken.
- Das Motoraufhängungslager zusammen mit dem Aufhängungsträger ausbauen (siehe Bild 54). Der Motor muss sicher an einem Hebezeug oder Handkran hängen.
- Die beiden Kraftstoffleitungen abschließen und deren Enden verschließen, um Eindringen von Schmutz zu vermeiden.
- Den Antriebsriemen der Aggregate lockern und abnehmen (siehe getrennte Beschreibung).
- Unter Bezug auf Bild 87 die folgenden Teile abmontieren (as Bild zeigt den ausgebauten Motor, um die Arbeiten verständlicher zu erklären): Die Schrauben (4), (3), (7) und (9) lösen und den oberen Zahnriemenschutzdeckel (2) ausbauen. Ebenfalls den seitlichen Deckel (8) abnehmen. Die vier Schrauben (12) herausdrehen und die Riemenscheibe (6) herunterziehen. Schrauben (11) und (5) lösen und den unteren Zahnriemenschutzdeckel (10) abnehmen.
- Den hohen Gang einlegen und die Nabe des aufgebockten Vorderrades durchdrehen, bis der Kolben des ersten Zylinders auf dem oberen Totpunkt im Verdichtungshub steht. In dieser Stellung den Arretierbolzen für das Schwungrad ähnlich wie in Bild 81 gezeigt einschieben.
- Zwei M8 x 125-Schrauben (40 mm lang) besorgen. Eine der Schrauben an Stelle (1) in Bild 88 in das Nockenwellenrad einsetzen und eine an Stelle (2) in das Antriebsrad der Einspritzpumpe. Dadurch wird der Steuermechanismus gesperrt.
- Die Schrauben des Nockenwellensteuerrades und des Antriebsrads der Einspritzpumpe lockern, die Schraube der Spannrolle für den Zahnriemen lockern und den Zahnriemen abheben. Zuerst wird der Riemen vom Steuerrad der Nockenwelle gehoben. Falls der gleiche Riemen wieder eingebaut werden soll, muss man die Laufrichtung mit einem Filzstift auf der Außenseite einzeichnen. Wird ein neuer Riemen eingebaut, sollte man ebenfalls die Spannrolle und den Riemenspanner erneuern. Die betroffenen Teile sind in Bild 89 gezeigt.
- Alle anderen Teile der Steuerung können jetzt nach Bedarf erneuert werden.

Beim Einbau der Steuerungsteile folgendermaßen vorgehen. Bei der Beschreibung wird auf bereits weiter vorn gezeigte Bilder hingewiesen. In Bild 89 sind alle beim Einbau des Zahnriemens wichtigen Teile gezeigt.

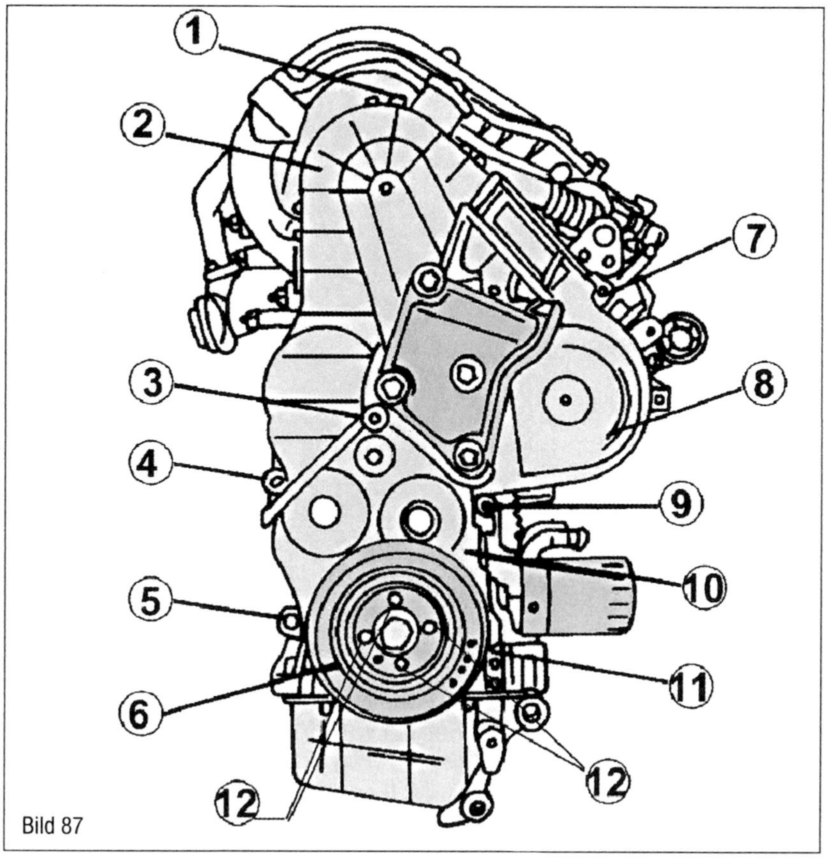

Bild 87
Einzelheiten zum Aus- und Einbau des Zahnriemens bei einem DW8- oder DW8B-Motor. Die Zahlen sind im Text erwähnt.

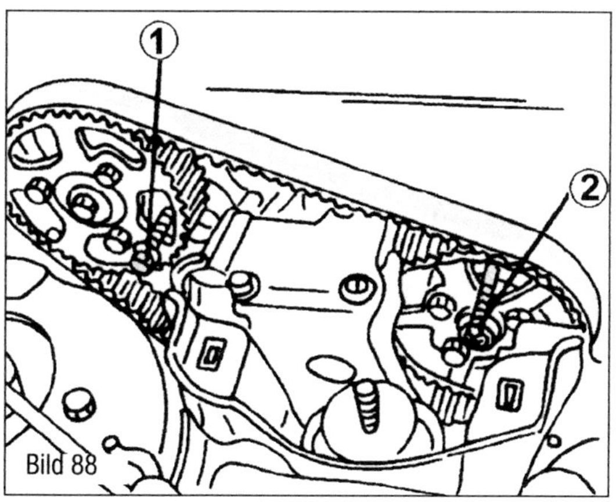

Bild 88
Zum Ausbau des Zahnriemens beim DW8/DW8B-Motor. (1) und (2) zeigen, wo die Arretierbolzen/schrauben eingeschoben sind.

Sichtprüfung Messen

Bild 89
Einzelheiten zum Aus- und Einbau des Zahnriemens bei einem DW8/DW8B-Motor. Arretierbolzen an Stellen (a) und (b) einsetzen.

1 Nockenwellensteuerrad
2 Schraube des Nockenwellenrades
3 Motoraufhängungsträger
4 Spannrolle des Zahnriemens
5 Wasserpumpe
6 Kurbelwellensteuerrad
7 Schraube für Kurbelwellensteuerrad
8 Nockenwellennabe
9 Steuerradschrauben
10 Zahnriemen
11 Schrauben des Pumpenrades
12 Pumpenantriebsrad
13 Riemenführungsrolle

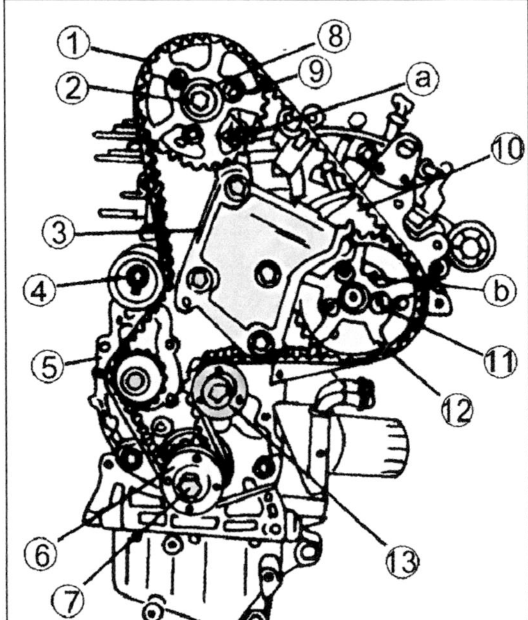

Bild 89

Kontrollieren, dass alle mit dem Zahnriemen in Berührung kommenden Teile frei von Fett oder Öl sind und dass die Spannrolle für den Zahnriemen in der Außenstellung festgezogen ist. Die beiden Rollen (4) und (13) in Bild 89 müssen sich leicht verdrehen lassen.

■ Die Schrauben (2) des Nockenwellenrades (1) und die Schrauben (11) des Antriebsrads der Einspritzpumpe (12) einschrauben und die beiden Zahnriemenräder nach links verdrehen, bis die Schrauben am Ende des Langloches anliegen.

Bild 90
Kontrolle der Spannung des Zahnriemens mit dem Spezialmessgerät.

1 Arretierbolzen des Nockenwellenrades
2 Antriebsrad der Einspritzpumpe
3 Messgerät

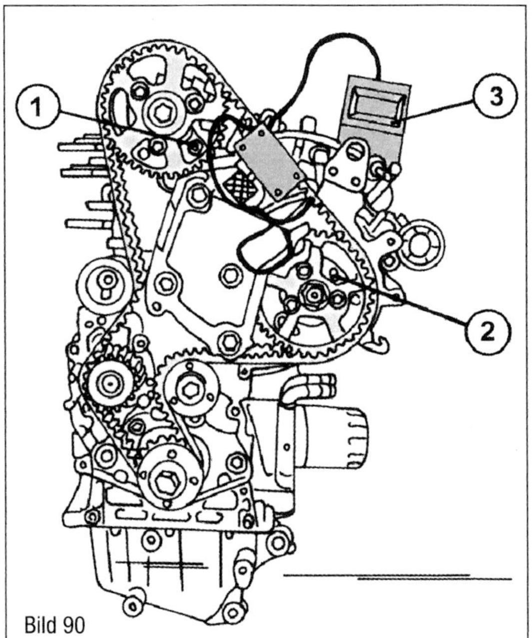

Bild 90

■ Den Zahnriemen über das Steuerrad der Kurbelwelle (6) auflegen. Er darf nicht wieder herunterrutschen.

■ Den Zahnriemen in folgender Reihenfolge auflegen: Über die Führungsrolle (13), das Antriebsrad der Einspritzpumpe (12), das Steuerrad der Nockenwelle (1), das Antriebsrad der Wasserpumpe (5) und die Riemenspannrolle (3). Falls erforderlich können die beiden Antriebsräder (Nockenwelle und Einspritzpumpe) etwas nach links verdreht werden, damit der Riemen einwandfrei eingreifen kann, jedoch nicht mehr als um einen halben Zahn des Zahnriemens.

Zu beachten ist, dass ein Spezialmessgerät zum Spannen des Zahnriemens benutzt wird. Dieses wird auf der langen Seite des Zahnriemens angesetzt, ähnlich wie es bereits in Bild 90 gezeigt ist, und gibt eine in so genannten SEEM-Einheiten ausgedrückte Anzeige an. Falls man dieses Messgerät nicht besorgen kann, muss man die Spannung entsprechend den beim Ausbau des Riemens gegebenen Anweisungen wieder herstellen. Erfahrene Kfz-Mechaniker können die Zahnriemenspannung mithilfe einer Federwaage einstellen, wenn man die Spannung vor dem Ausbau des Riemens gemessen hat.

Folgendermaßen unter Bezug auf Bild 91 vorgehen:

Das in Bild 90 gezeigte Messinstrument (3) am Zahnriemen an Stelle (C) in Bild 91 festklemmen und die Schraube (3) der Spannrolle (4) lockern. Mit einem in die Zahnriemenspannrolle eingesetzten Vierkantschlüssel (in der Werkstatt wird natürlich ein Spezialschlüssel »B« benutzt) die Spannrolle (2) nach links verdrehen (Pfeilrichtung), bis eine Anzeige von 106 SEEM-Einheiten am Lesegerät angezeigt werden. Pos. (3) in Bild 90 zeigt, wo das Instrument anzuordnen ist. In dieser Stellung die Schraube (3) in Bild 91 mit 25 Nm anziehen. Kontrollieren, dass die Steuerräder der Nockenwelle und der Einspritzpumpe nicht gegen die Enden der Langlöcher ansitzen. Andernfalls muss der Riemen nochmals neu aufgelegt werden.

■ In dieser Stellung die Mutter der Spannrolle mit 23 Nm und die Schrauben der beiden Steuerräder mit 25 Nm anziehen.

■ Den Arretierbolzen aus dem Steuerrad der Nockenwelle und aus der Rückseite des Kurbelgehäuses herausziehen, um die Blockierung des Motors zu entfernen, und das Messinstrument wieder abmontieren.

■ Die Kurbelwelle um genau acht Umdrehungen durchdrehen. Die Welle nur in Drehrichtung durchdrehen, nicht entgegengesetzt.

■ Den Arretierbolzen wieder in das Schwungrad einschieben (Bild 81). Falls er sich einschieben lässt, ebenfalls den Bolzen in das Steuerrad der Nockenwelle und das Antriebsrad der Einspritzpumpe einschieben.

■ Die Schrauben des Nockenwellenrads und Pumpenrads sowie die Spannrolle lockern und die Schrauben der beiden Antriebsräder handfest anziehen.

■ Das Messgerät wieder anbringen und die Spannrolle (2) mit dem Einstellwerkzeug (B) in Bild 90 nach links verdrehen, bis die Anzeige innerhalb 40 bis 44 SEEM liegt. In dieser Stellung der Spannrolle die Schraube (3) mit 23 Nm anziehen. Die Schrauben (4) des Steuerrades der Nockenwelle mit 25 Nm anziehen.

■ Arretierbolzen aus dem Steuerrad der Nockenwelle und aus der Rückseite des Kurbelgehäuses herausziehen. Das Messgerät vom Riemen abnehmen.

■ Kurbelwelle um genau acht Umdrehungen in Drehrichtung durchdrehen und den Arretierbolzen wieder in das Schwungrad einsetzen. In dieser Stellung muss es auch möglich sein, die beiden Bolzen in die Steuerräder einzuschieben. Alle Hilfswerkzeuge danach herausnehmen.

■ Messgerät erneut anbringen und die Spannung nachkontrollieren, welche jetzt 42 SEEM betragen muss, mit einer Toleranz von plus oder minus 2 SEEM. Falls dies der Fall ist, alle Werkzeuge entfernen.

■ Den Antriebsriemen auflegen, wie es unter getrennter Überschrift beschrieben wird.

■ Alle anderen Arbeiten in umgekehrter Reihenfolge wie beim Ausbau durchführen. Dies schließt den unteren Zahnriemenschutzdeckel, den oberen Deckel, den mittleren Deckel, die Kurbelwellenriemenscheibe (Schrauben mit 6 Nm anziehen), das Motorlager (die Mutter in der Mitte des Motorlagers mit 40 Nm anziehen, die Schrauben des Aufhängungsträgers mit 45 Nm).

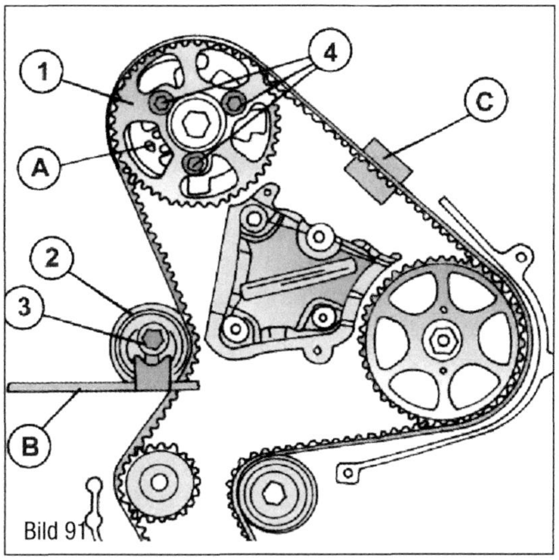

Bild 91
Einzelheiten zum Einbau des Zahnriemens. Buchstaben und Zahlen sind im Text erwähnt.

DW10 (HDi)-Motor

Da die Konstruktion des DW10-Motors praktisch dem DW8/DW8B-Motor entspricht, sind die Arbeiten zum Erneuern des Zahnriemens in vielerlei Hinsicht ähnlich. Wiederum wird ein Messinstrument zur Kontrolle der Zahnriemenspannung gebraucht. Wie bereits erwähnt, kann man die Spannung eines eingebauten Zahnriemens mit einer Federwaage kontrollieren, ehe der Riemen ausgebaut wird. Die Messwerte in SEEM-Einheiten sind jedoch bei diesem Motor unterschiedlich. Beim Ausbau folgendermaßen vorgehen:

■ Radmuttern des rechten Vorderrades lockern, Vorderseite des Fahrzeuges auf der rechten Seite aufbocken und einen Bock unter die Seite der Karosserie unterstellen. Das Rad abnehmen. Massekabel der Batterie abklemmen.

■ Das Abdeckblech aus der Innenseite des Radkastens und die Geräuschabdeckung unter dem Motor abschrauben.

■ Antriebsriemen der Aggregate ausbauen (siehe spätere Beschreibung).

■ Das Abdeckblech vom Schwungradgehäuse abschrauben und das Schwungrad in geeigneter Weise gegenhalten (Schwungradbremse, siehe Bild 16) oder die Kurbelwelle durch Einlegen eines Ganges blockieren.

■ Die Schraube der Kurbelwellenriemenscheibe lösen und die Riemenscheibe abziehen. Dazu entweder zwei Reifenhebel ansetzen oder einen Abzieher benutzen, wie man ihn in Bild 85 sehen kann.

■ Kraftstoffzufuhrleitung und Kraftstoffrücklaufleitung abschließen und die Leitungen von den Clips befreien. Bild 54 zeigt einige der abzuschließenden Teile.

- Den Motor mit Seilen oder Ketten an einen Flaschenzug oder Ähnliches anhängen. Man kann auch einen Wagenheber unter den Motor stellen und diesen vorsichtig aus den Aufhängungen heben (Holzklotz zwischen Wagenheber und Motor).
- Die Motoraufhängung auf der Seite der Steuerung ausbauen. Der Motor muss danach angehoben und wieder abgesenkt werden, um an alle Schrauben des Zahnriemenschutzdeckels zu kommen.
- Unter Bezug auf Bild 92 die folgenden Teile abmontieren (das Bild zeigt den ausgebauten Motor, um die Arbeiten verständlicher zu erklären): Die Schrauben (2), (3), (11) und (12) lösen und den oberen Zahnriemenschutzdeckel (1) ausbauen. Ebenfalls den seitlichen Deckel (5) abnehmen. Dazu die Schrauben (4), (6) und (7) herausdrehen. Die Schrauben (8) und (10) entfernen und den unteren Zahnriemenschutzdeckel (9) abnehmen. Zu beachten ist, dass die Schraube (11) ebenfalls die Wasserpumpe hält. Diese muss man nach Ausschrauben mit einem

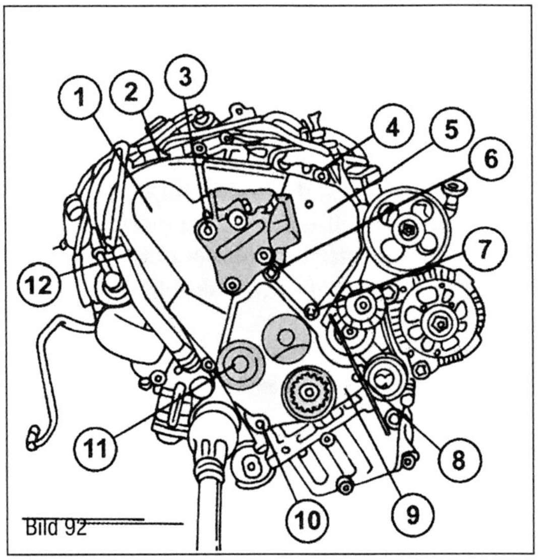

Bild 92
Einzelheiten zum Aus- und Einbau der Zahnriemenschutzdeckel beim DW10-Motor. Die Zahlen werden im Text erwähnt.

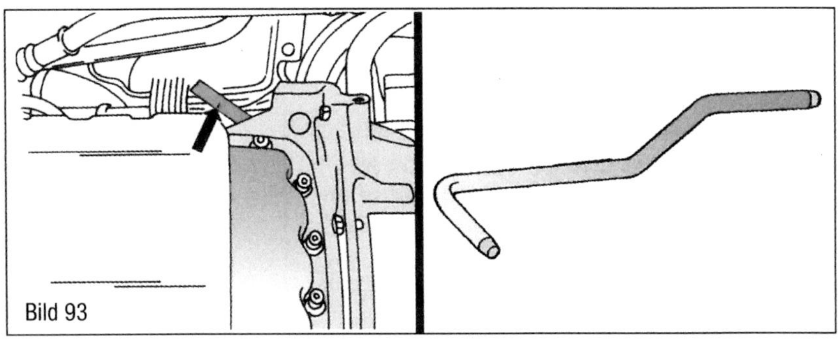

Bild 93
Zum Arretieren des Schwungrades den Arretierbolzen wie links gezeigt in den Zylinderblock einschieben. Rechts kann man sehen, welche Form der Bolzen hat.

Abstandsring von 17 mm Stärke versehen und wieder einschrauben. Wird mit 15 Nm angezogen.

- Den hohen Gang einlegen und die Nabe des aufgebockten Vorderrades durchdrehen, bis der Kolben des ersten Zylinders auf dem oberen Totpunkt im Verdichtungshub steht. In dieser Stellung den Arretierbolzen für das Schwungrad von der Unterseite des Fahrzeuges an der in Bild 93 (linke Ansicht) gezeigten Stelle in eine Bohrung des Schwungrades einschieben. Die Kurbelwelle dazu langsam hin- und herbewegen, bis der Bolzen in Eingriff kommt.
- Beim weiteren Ausbau unter Bezug auf Bild 94 vorgehen. Zuerst einen Bolzen des passenden Durchmessers an Stelle (A) in das Steuerrad der Nockenwelle einschieben, um das Rad gegen Verstellung zu sperren. Die drei Schrauben (1) des Steuerrades und die Schraube (5) der Spannrolle (6) lockern. Die Spannrolle nach außen drücken und den dabei locker gewordenen Zahnriemen (2) abnehmen. Falls der gleiche Riemen wieder eingebaut werden soll, muss man die Laufrichtung mit einem Filzstift auf der Außenseite einzeichnen. Wird ein neuer Riemen eingebaut, sollte man ebenfalls die Spannrolle (6) und die Führungsrolle (3) erneuern. Schraube in der Mitte entfernen, um die Führungsrolle auszubauen.
- Alle anderen Teile der Steuerung können jetzt nach Bedarf erneuert werden.

Beim Einbau der Steuerungsteile folgendermaßen vorgehen. Die Zahlen beziehen sich auf Bild 94:

- Die Schrauben (1) des Nockenwellenrades einschrauben und das Zahnriemenrad nach rechts verdrehen, bis die Schrauben am Ende des Langloches anliegen.
- Den Zahnriemen (2) über das Steuerrad der Kurbelwelle (7) auflegen. Er darf nicht wieder herunterrutschen.
- Den Zahnriemen in folgender Reihenfolge auflegen: Über die Führungsrolle (3), das Antriebsrad der Hochdruck-Einspritzpumpe (8), das Steuerrad der Nockenwelle (9), das Antriebsrad der Wasserpumpe (4) und die Riemenspannrolle (6). Falls erforderlich kann das Antriebsrad der Nockenwelle etwas nach links verdreht werden, damit der Riemen einwandfrei eingreifen kann, jedoch nicht mehr als um einen Zahn des Zahnriemens.

Vor Durchführung weiterer Arbeiten kontrollieren, dass der Riemen einwandfrei auf allen Antriebsrädern liegt.

Zu beachten ist, dass ein Spezialmessgerät zum Spannen des Zahnriemens benutzt wird. Dieses wird auf der langen Seite des Zahnriemens angesetzt, wie es in Bild 90 für den DW8-Motor gezeigt wird, und gibt eine in so genannten SEEM-Einheiten ausgedrückte Anzeige an. Falls man dieses Messgerät nicht besorgen kann, muss man die Spannung entsprechend den beim Ausbau des Riemens gegebenen Anweisungen wieder herstellen. Erfahrene Kfz-Mechaniker können die Zahnriemenspannung mithilfe einer Federwaage einstellen, wenn man die Spannung vor dem Ausbau des Riemens gemessen hat.

Folgendermaßen unter Bezug auf Bild 95 vorgehen:

Das in Bild 90 gezeigte Messinstrument (3) am Zahnriemen wie durch »C« in Bild 95 gezeigt ansetzen und die Schraube (3) der Spannrolle (4) lockern. Mit einem in die Zahnriemenspannrolle eingesetzten Versteller (B) die Rolle (2) nach links verdrehen, bis eine Anzeige von 98 SEEM-Einheiten am Lesegerät (C) angezeigt wird (Pos. 3 in Bild 90 zeigt das Lesegerät). In dieser Stellung die Schraube (3) in Bild 95 der Spannrolle mit 25 Nm anziehen. Kontrollieren, dass die Schrauben für das Steuerrad der Nockenwelle nicht gegen die Enden der Langlöcher ansitzen. Um dies zu überprüfen, entfernt man eine der Schrauben (4) aus dem Steuerrad (1). Falls alles in Ordnung ist, alle Schrauben (4) gleichmäßig mit 20 Nm anziehen. Andernfalls muss der Riemen nochmals neu aufgelegt werden.

- Alle mit den Buchstaben in Bild 95 gezeigten Werkzeuge sowie den Arretierbolzen des Schwungrades wieder abmontieren.
- Die Kurbelwelle um acht Umdrehungen in normaler Drehrichtung durchdrehen und den Arretierbolzen wieder in das Schwungrad einschieben (Bild 93).
- Die Schrauben (4) lockern und den Arretierbolzen in das Rad der Nockenwelle einschieben.
- Die Schraube (3) lockern, um die Spannrolle (2) freizugeben. Das Messwerkzeug für die Riemenspannung »C« wieder ansetzen.
- Die Spannrolle (2) mit dem Versteller (B) nach links verdrehen, bis eine Anzeige von 54 SEEM-Einheiten, plus oder minus 2, angezeigt wird.
- In dieser Stellung die Schraube der Spannrolle (3) mit 25 Nm und die Schrauben des Nockenwellenrades mit 20 Nm anziehen.
- Den Arretierbolzen aus dem Steuerrad der Nockenwelle und aus der Rückseite des Kurbelgehäuses herausziehen, um die Blockierung des Motors zu entfernen, und das Messinstrument wieder abmontieren.

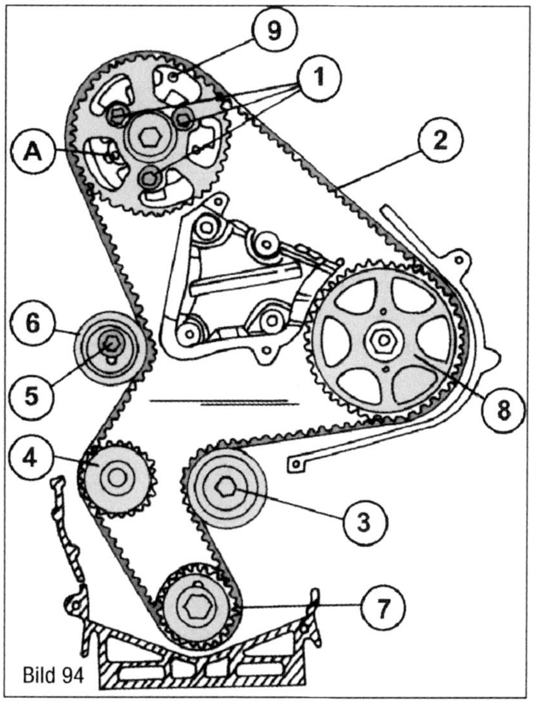

Bild 94

Bild 94 Einzelheiten zum Aus- und Einbau des Zahnriemens beim DW10-Motor. Die Zahlen werden im Text erwähnt.

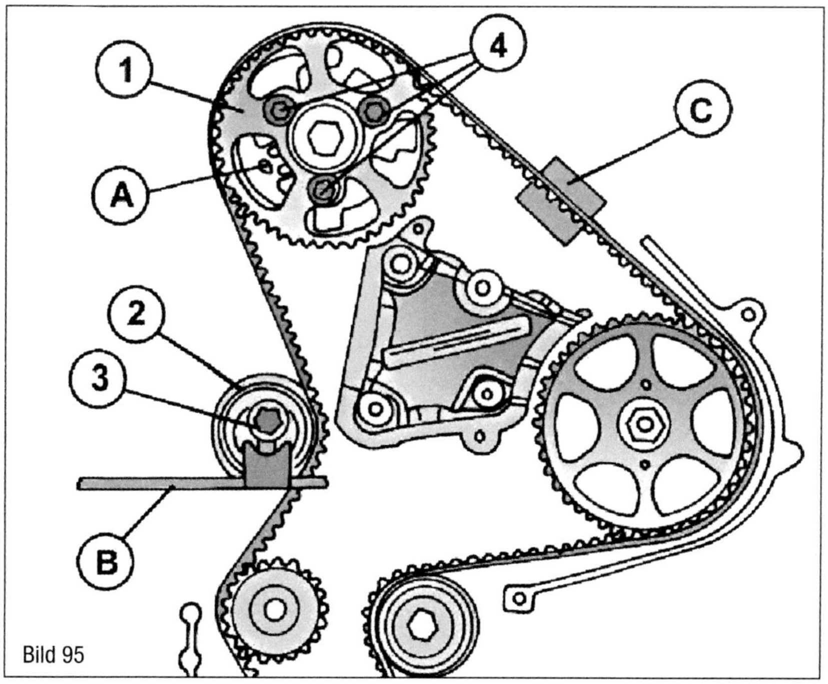

Bild 95

Bild 95 Einzelheiten zum Einbau des Zahnriemens (DW10-Motor). Zahlen und Buchstaben werden im Text erwähnt.

- Die Kurbelwelle um acht Umdrehungen durchdrehen. Die Welle nur in Drehrichtung durchdrehen, nicht entgegengesetzt.
- Den Arretierbolzen wieder in das Schwungrad einschieben. Falls er sich einschieben lässt, ebenfalls den Bolzen in das Steuerrad der Nockenwelle einschieben.
- Das Messgerät wieder anbringen und die Anzeige erneut kontrollieren. Diese muss jetzt innerhalb 54 SEEM ± 3 SEEM liegen. Andernfalls wurde die Spannung falsch eingestellt.
- Den Bolzen aus dem Schwungrad und dem Steuerrad herausziehen. Das Messgerät kann jetzt abmontiert werden.

Der weitere Einbau erfolgt jetzt in der gegebenen Reihenfolge unter Bezug auf Bild 92:

- Schraube (11) ausschrauben.
- Untere Zahnriemenabdeckung (9) anbringen und mit den Schrauben (8) und (10) befestigen.
- Mittlere Zahnriemenabdeckung (5) montieren und mit den Schrauben (3), (6) und (7) einschrauben und festziehen.
- Die obere Zahnriemenabdeckung (1) montieren, die Schraube (11) einschrauben (15 Nm), und die Schrauben (2), (3) und (12) zur Befestigung der Zahnriemenabdeckung einschrauben.
- Die Teile im Motorraum jetzt montieren: Die rechte Motoraufhängung montieren und die Schrauben an der Innenseite mit 61 Nm anziehen. Die Mutter in der Mitte wird mit 45 Nm angezogen. Kraftstoffleitungen wieder anschließen. Das Hebezeug kann danach entfernt werden.
- Die Schraube der Kurbelwellenriemenscheibe mit »Loctite« einschmieren, die Riemenscheibe aufschlagen, die Schraube mit Scheibe einschrauben und mit 50 Nm anziehen. Danach im Winkelanzug um weitere 62° anziehen (ohne Drehmomentschlüssel). Eine Toleranz von plus/minus 5° ist erlaubt. Ohne Benutzung einer Gradscheibe muss man den Winkel natürlich schätzen.
- Alle anderen Arbeiten in umgekehrter Reihenfolge durchführen.

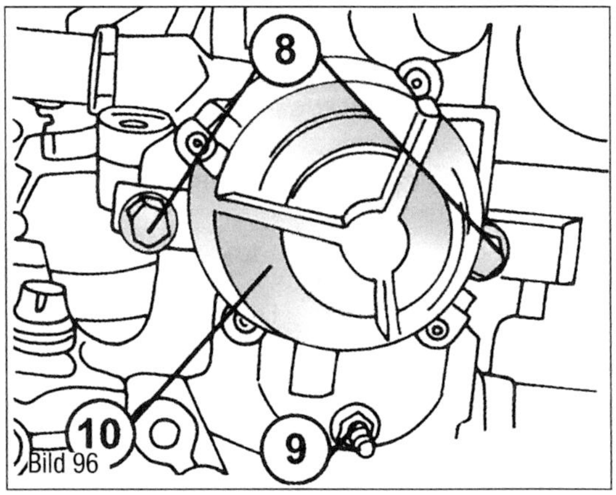

Bild 96
Die Unterdruckpumpe (10) ist an der gezeigten Stelle montiert. Schraube (8) und eine Mutter (9) halten die Pumpe.

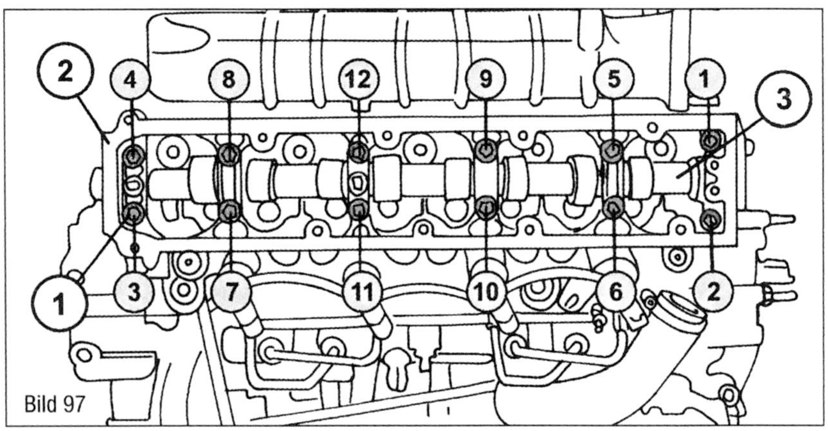

Bild 97
Schrauben des Nockenwellengehäuses in der Reihenfolge 1 bis 12 lockern, um das Gehäuse zu lösen. Die Nockenwelle (3) verbleibt im Gehäuse.

Aus- und Einbau der Nockenwelle *2.0-Liter-HDi-Motor*

Der Zylinderkopf bleibt eingebaut, wenn man nur die Nockenwelle ausbauen will. Der Zahnriemen muss ausgebaut werden. Folgendermaßen vorgehen:

- Massekabel der Batterie abklemmen. Unter Bezug auf Bild 54 (links) das Luftansaugrohr (5), den Luftfilter (8), den Luftströmungsmesser (3) und den Kabelstecker ausbauen/lösen. Die Motorabdeckung, das Verbindungsrohr (6) und das Einlassrohr für den Turbolader ausbauen.
- Antriebsriemen der Aggregate und den Zahnriemen ausbauen, wie es für diesen Motor beschrieben wird. Die rechte Motoraufhängung muss danach wieder provisorisch montiert werden.
- Die Schrauben (8) in Bild 96 lösen, die Mutter (9) entfernen und die Unterdruckpumpe (10) abnehmen.
- Die Nabe des Steuerrades der Nockenwelle lösen (Schraube in der Mitte). Das Steuerrad wird dabei gegengehalten (Bild 67). Das Steuerrad abziehen. Die Zylinderkopfhaube ausbauen (Bild 55).
- Die Nockenwelle ist jetzt ausbaufertig. Dabei folgt man Bild 97. Die Schrauben (1) in der angegebenen Reihenfolge in mehreren Durchgängen lockern, bis sie frei zum Herausziehen sind. Das Nockenwellengehäuse (2) herunterheben, wie es bereits in Bild 58 gezeigt wurde, und die Nockenwelle

(3) herausnehmen. Die unter dem Gehäuse eingelegte Dichtung entfernen.

Beim Einbau der Nockenwelle folgendermaßen vorgehen:

- Die Dichtungsflächen einwandfrei reinigen, ohne dazu scharfe Werkzeuge zu verwenden.
- Die Kurbelwelle durchdrehen, bis alle Kolben ca. in der Mitte der Bohrungen stehen (die Scheibenfeder im Kurbelwellensteuerrad steht waagerecht).
- Die Dichtfläche des Nockenwellengehäuses mit Dichtungsmasse einschmieren. Erkundigen Sie sich in der Werkstatt, was man dazu verwendet. Bei Citroën wird sie unter der Bezeichnung »E6« geführt.
- Die Nockenwelle in das Gehäuse einlegen (Lagerzapfen/Bohrungen gut eingeölt) und das Gehäuse mit Welle auf den Kopf aufsetzen.
- Die Schrauben (1) in Bild 97 einschrauben und handfest anziehen. Die Schrauben werden jetzt in umgekehrter Reihenfolge von Bild 97 (12 Schrauben) mit 10 – 11 Nm angezogen.
- Einen neuen Öldichtring einschlagen. Darauf achten, dass die Dichtlippe nicht beschädigt wird. Die Außenseite des Dichtringes wird nicht eingeölt.
- Die Zylinderkopfhaube mit Dichtung montieren. Mit 10 Nm anziehen.
- Die Unterdruckpumpe (10) in Bild 96 mit einem Filter und einem neuen O-Dichtring montieren und die Schrauben (8) sowie die Mutter (9) anziehen.
- Alle anderen Arbeiten in umgekehrter Reihenfolge durchführen.
- Abschließend den Positionssensor der Nockenwelle einstellen, wie es beim Einbau des Zylinderkopfes für diesen Motor beschrieben wurde.

DW8/DW8B-Motor

- Den Anweisungen zum Ausbau des Zylinderkopfes für diese Motoren folgen, bis der obere und untere Zylinderkopfdeckel abgenommen wurden.
- Die Unterdruckpumpe (3) in Bild 98 von einer Seite des Motors abmontieren und die drei Lagerdeckel (1) der Nockenwelle lösen. Die Muttern in mehreren Stufen lockern, bis man sie mit der Hand abschrauben kann. Lagerdeckel abnehmen und die Nockenwelle herausnehmen.

Bild 98
Die Lagerung der Nockenwelle beim DW8/DW8B-Motor.

1 Nockenwellenlagerdeckel
2 Nockenwelle
3 Unterdruckpumpe

Tipp: Falls eine neue Nockenwelle eingebaut werden soll, muss man die Einstellscheiben für das Ventilspiel berücksichtigen. In diesem Fall immer Scheiben mit der Nennstärke von 2,425 mm einbauen. Die Ventile dann einstellen, wie es bereits beschrieben wurde.

Der Einbau der Nockenwelle erfolgt in umgekehrter Reihenfolge unter Beachtung der folgenden Hinweise:

- Die Kurbelwelle um eine Viertelumdrehung entgegen der normalen Drehrichtung verdrehen, um die Kolben in die Mitte der Zylinderbohrungen zu bringen.
- Etwas Dichtungsmasse auf die Zylinderkopfdichtfläche in der Nähe der beiden Stiftschrauben an den Enden aufschmieren. Nocken und Nockenwellenlagerzapfen reichlich mit Motoröl einschmieren.
- Nockenwelle unter Bezug auf Bild 98 in die Lagerbohrungen einlegen und die drei Lagerdeckel (1) aufsetzen. Muttern aufschrauben und langsam in mehreren Stufen mit einem Anziehdrehmoment von 20 Nm anziehen. **Das Ventilspiel muss jetzt kontrolliert und gegebenenfalls eingestellt werden.**
- Untere Zylinderkopfhaube und obere Zylinderkopfhaube (mit dem Ölabscheider) montieren und den Schlauch anschließen. Einzelheiten können Bild 52 entnommen werden.

XUD-Motoren

Der Aus- und Einbau der Nockenwelle geschieht in ähnlicher Weise wie es für die DW8/DW8B-Motoren beschrieben wurde. Wiederum werden drei Lagerdeckel zur Befestigung der Nockenwelle benutzt.

Erneuerung des Dichtringes der Nockenwelle
Der Dichtring kann bei eingebauter Nockenwelle beziehungsweise eingebautem Nockenwellengehäuse erneuert werden. Wie folgt vorgehen:

- Massekabel der Batterie abklemmen.
- Antriebsriemen von der Stirnseite des Motors abmontieren, wie es im folgenden Kapitel beschrieben wird.
- Steuerrad der Nockenwelle gegen Mitdrehen halten, wie es bereits gezeigt wurde, und die Schraube in der Mitte des Steuerrades lösen und herausdrehen. Bei einem DW10-Motor dabei nicht den Positionssensor für die Nockenwelle beschädigen.
- Motor mit einem Hebezeug aus den Aufhängungen heben oder einen Wagenheber unter das Triebwerk untersetzen (Holzklotz zwischen Wagenheberkopf und Triebwerk) und die rechte Motoraufhängung ausbauen, um den Zugang zum Dichtring zu erleichtern.
- Ein Loch in die Außenseite des Dichtringes bohren und eine Blechschraube einschrauben. Mit einem Schraubendreher und einer Zange den Dichtring aus dem Nockenwellengehäuse heraushebeln.
- Innenseite der Dichtringbohrung einwandfrei reinigen und einen neuen Dichtring einschlagen. Ein Stück Rohr geeigneten Durchmessers kann gegen den Dichtring angesetzt werden, um ihn vorsichtig einzuschlagen. Die Außenseite des Dichtringes darf nicht eingeölt werden.
- Den Luftspalt für den Positionssensor der Nockenwelle muss eingestellt werden, wie es beim Einbau des Zylinderkopfes für einen DW10-Motor beschrieben wurde. Danach das Nockenwellensteuerrad montieren. Die Schraube wird mit 43 Nm angezogen (DW10-Motor) oder mit 45 Nm (andere Motoren).
- Alle anderen Arbeiten in umgekehrter Reihenfolge wie beim Ausbau durchführen.

Bild 99
Einzelheiten zum Aus- und Einbau des Antriebsriemens beim DW8B- und DW10-Motor bei einem Fahrzeug ohne Klimaanlage. Die Buchstaben und Zahlen sind im Text erklärt.

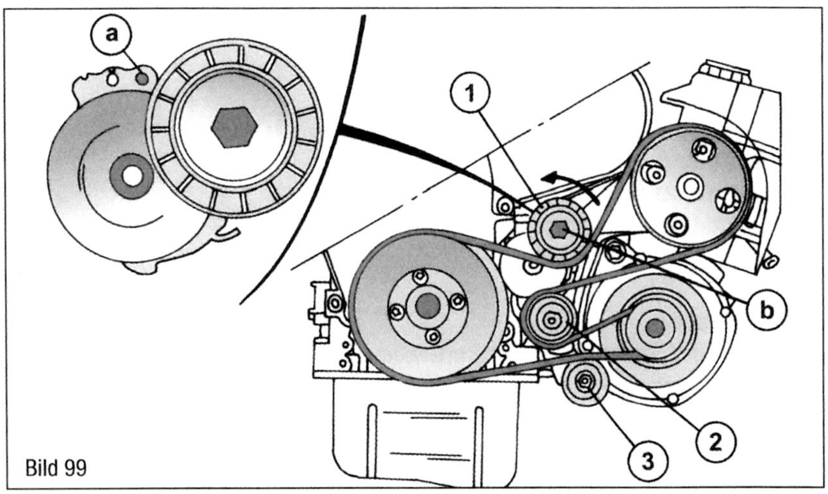

Bild 99

Antriebsriemen der Aggregate
Der Generator, der Kompressor der Klimaanlage (falls eingebaut) und die Lenkhilfspumpe der Servolenkung werden mit einem Riemen angetrieben. Ein getrennter Riemen wird für die Lenkhilfspumpe verwendet, wenn eine Klimaanlage eingebaut ist. Der Riemen für den Generator und den Kompressor erfordert keine Einstellung, da diese durch eine automatische Spannrolle hergestellt wird. Der Riemen der Lenkhilfspumpe muss eingestellt werden. Dazu wird ein Messinstrument zum Messen der Riemenspannung verwendet. Dies ist auch bei anderen Installationen der Fall.

Fahrzeuge ohne Klimaanlage – DW8B- und DW10-Motoren
Bild 99 zeigt die Verlegung des Riemens, wie man sie von der Vorderseite aus sieht. Die Riemenspannrolle (1) sowie die beiden Laufrollen (2) und (3) drehen sich auf Lagerzapfen. Vor Einbau des Riemens alle drei Rollen durchdrehen. Sie müssen sich zwanglos drehen lassen und dürfen kein übermäßiges Spiel haben. Zum Zurückstellen der Spannrolle (1) wird ein Ringschlüssel der entsprechenden Größe gebraucht, welchen man an der Schraube (b) der Rolle ansetzt. Um die Spannrolle nach Entlasten der Spannung in der zurückgestellten Stellung zu halten, braucht man einen Metallstab oder Zylinderschaftdorn von 4 mm Durchmesser, welcher in die Bohrung (a) neben der Spannrolle eingeschoben wird. Beim Erneuern des Riemens folgendermaßen vorgehen:

- Das Fahrzeug vorn auf Böcke setzen, die Verkleidung unter dem Vorderwagen ausbauen und das rechte Vorderrad abschrauben.
- Falls der Riemen wieder eingebaut werden soll, die Laufrichtung mit Farbe oder Kreide an der Außenseite aufzeichnen.
- Einen Ringschlüssel an der Schraube (b) der Spannrolle (1) ansetzen, den Ringschlüssel nach links verdrehen und den genannten Dorn in die Bohrung (a) einschieben, sobald diese sichtbar wird. Die Spann-

rolle verbleibt jetzt in dieser Stellung und der lockere Riemen kann abgenommen werden (siehe auch »mit Klimaanlage« unten).

■ Den neuen Riemen entsprechend der Abbildung auflegen. Kontrollieren, dass er einwandfrei in den Rillen aller Riemenscheiben und Laufrollen liegt.

■ Den Ringschlüssel wieder an der Schraube (b) der Spannrolle ansetzen, die Spannrolle verdrehen, bis der Dorn nicht länger unter Spannung steht und den Dorn herausziehen. Die Schraube jetzt langsam zurücklassen, bis die Spannrolle sich gegen den Riemen angelegt hat. Der Riemen ist jetzt einwandfrei gespannt.

Fahrzeuge mit Klimaanlage – DW8B- und DW10-Motoren

Die Installation ist ähnlich wie bei Fahrzeugen ohne Klimaanlage, jedoch liegen einige Unterschiede vor, die man Bild 100 entnehmen kann.

■ Fahrzeug wie oben beschrieben vorbereiten. Falls der Riemen wieder eingebaut werden soll, die Laufrichtung in die Außenseite einzeichnen (Farbe, Kreide).

■ Falls der Riemen wieder eingebaut werden soll, einen Ringschlüssel über die Schraube (b) setzen und diese nach links verdrehen, bis der oben genannte 4-mm-Dorn/Spiralbohrerschaft in das Loch (a) eingeschoben werden kann, sobald dieses hinter der Rolle sichtbar wird. Die Spannrolle verbleibt jetzt in dieser Stellung und der Riemen ist locker und kann abgenommen werden.

■ Falls der Riemen nicht wieder eingebaut werden soll (trifft ebenfalls auf Fahrzeuge ohne Klimaanlage zu), die Schraube (3) lockern und die Exzenterrolle (2) nach hinten drücken. Die Schraube (3) danach mit der Hand festziehen.

■ Den neuen Riemen entsprechend Bild 100 auflegen. Kontrollieren, dass er gut in Eingriff mit den Rillen aller Riemenscheiben und Rollen kommt.

■ **Im Fall des ursprünglichen Riemens** den Ringschlüssel an der Schraube (b) in der Mitte der Rolle (1) ansetzen und die Rolle verdrehen, bis der 4-mm-Stift herausgezogen werden kann. Den Ringschlüssel langsam zurückdrehen, bis die Rolle gegen den Riemen anliegt. Der Riemen ist jetzt einwandfrei gespannt.

■ **Im Fall eines neuen Riemens** diesen über die Riemenscheiben auflegen, den Ringschlüssel über die Schraube (b) setzen und die Schraube nach rechts verdrehen, bis man den 4-mm-Stift/Bolzen aus der Bohrung (a) herausziehen kann. Die Spannrolle (2) am Verdrehen hindern (die Werkstatt benutzt dazu einen Spezialschlüssel) und

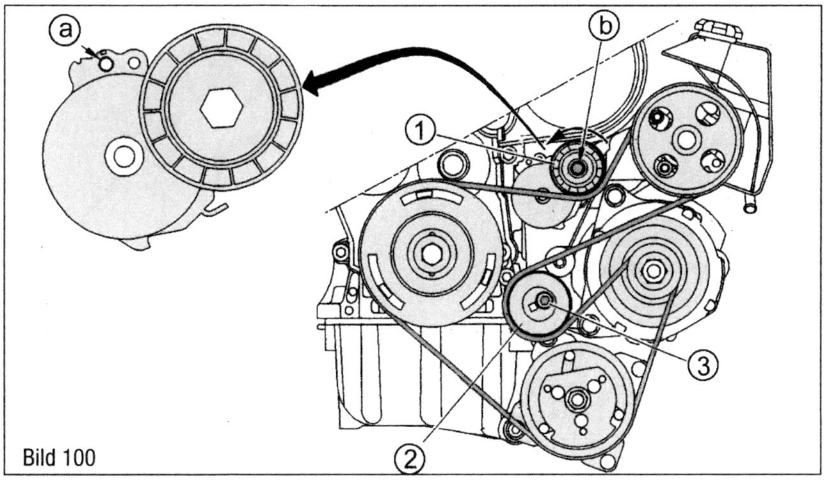

Bild 100

Bild 100 Einzelheiten zum Aus- und Einbau des Antriebsriemens bei einem Fahrzeug mit Klimaanlage. Die Zahlen und Buchstaben sind im Text erklärt.

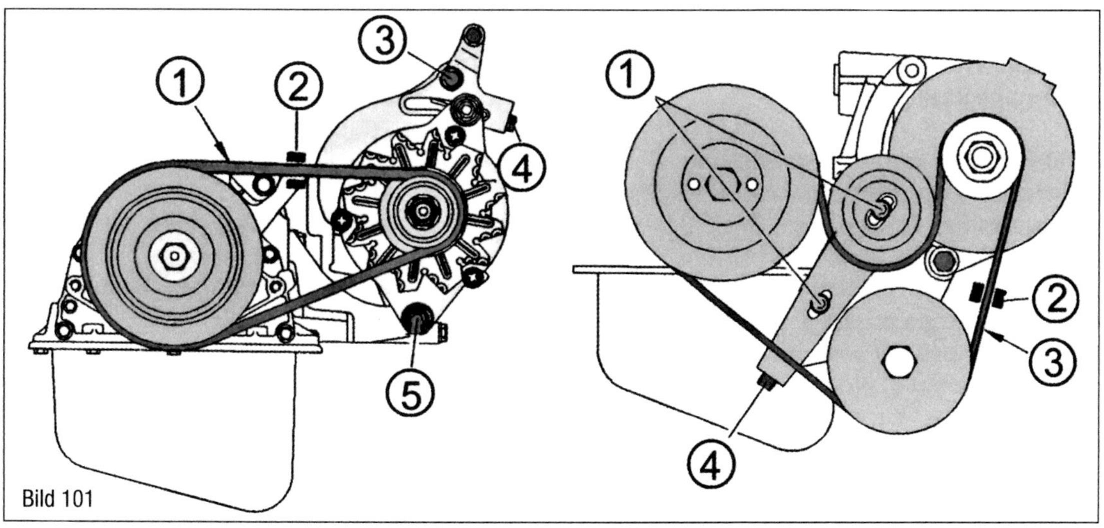

Bild 101

Bild 101 Einzelheiten zum Aus- und Einbau des Antriebsriemens bei einem XUD-Motor. Siehe Beschreibung.

Bild 102
Verlegung des Antriebsriemens bei einem Fahrzeug mit Servolenkung und Klimaanlage bei eingebautem XUD-Motor. Die Zahlen und Buchstaben werden im Text erwähnt.

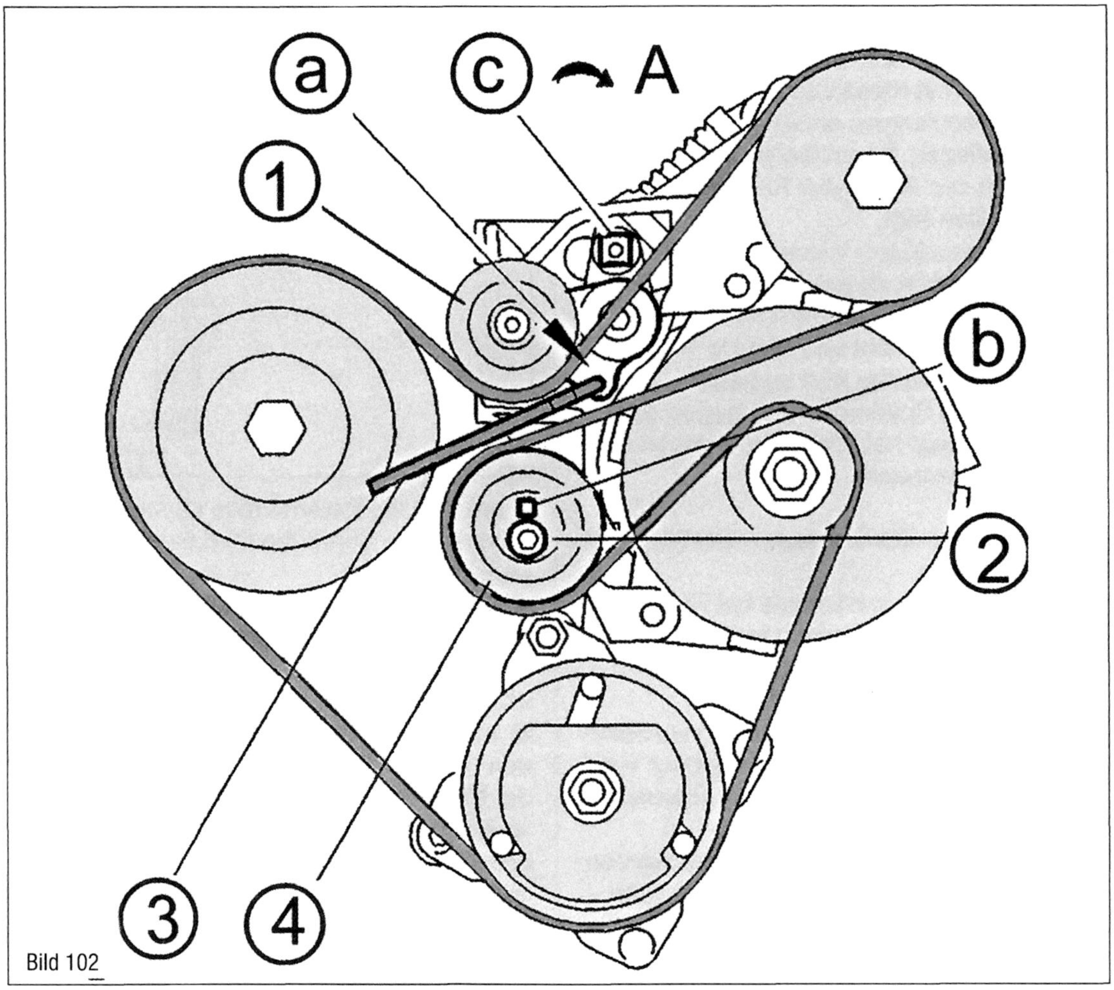

die Schraube (3) mit 43 Nm anziehen.

- Kurbelwelle vier Umdrehungen in Drehrichtung durchdrehen und kontrollieren, dass man den 4-mm-Stift in die Bohrung (a) einschieben kann. Andernfalls das Auflegen von vorn beginnen.
- Die verbleibenden Arbeiten werden in umgekehrter Reihenfolge durchgeführt, d. h. Abdeckung unter dem Motor, Spritzblech im Radkasten montieren und das rechte Rad wieder anschrauben.

XUD-Motoren ohne Servolenkung

In der oben beschriebenen Weise vorgehen, bis das Spritzblech aus dem Radkasten ausgebaut wurde. In der Werkstatt wird ein Messinstrument zur Kontrolle der Spannung benutzt, welches an der in Bild 101 gezeigten Stelle angesetzt wird. Andernfalls muss man die Spannung einstellen, bis sich der Riemen ca. 5 – 10 mm durchdrücken lässt. Die Beschreibung bezieht sich auf die Benutzung des Messinstruments. Eventuell muss der untere Schlauch vom Clip befreit werden, um besser an die Befestigungen zu kommen.

- Unter Bezug auf die linke Ansicht von Bild 101 die Schrauben (3) und (5) lösen, die Lichtmaschine gegen den Motor drücken und den Riemen abnehmen.
- Den neuen Riemen entsprechend Bild 101 über die Riemenscheiben legen. Kontrollieren, dass der Riemen gut in die Rillen eingreift.
- Das Messinstrument an Stelle (2) über den Riemen (1) setzen und die Schraube (4) anziehen, bis eine Anzeige von 112 SEEM (plus oder minus 10 SEEM) erhalten wird.
- Schrauben (3) und (5) anziehen und das Messinstrument abnehmen.
- Alle anderen Arbeiten in umgekehrter Reihenfolge durchführen.

XUD-Motoren mit Servolenkung

Bild 101 zeigt Einzelheiten der Einbauweise in der rechten Ansicht.

- In der oben beschriebenen Weise vorgehen, bis das Spritzblech ausgebaut wurde.

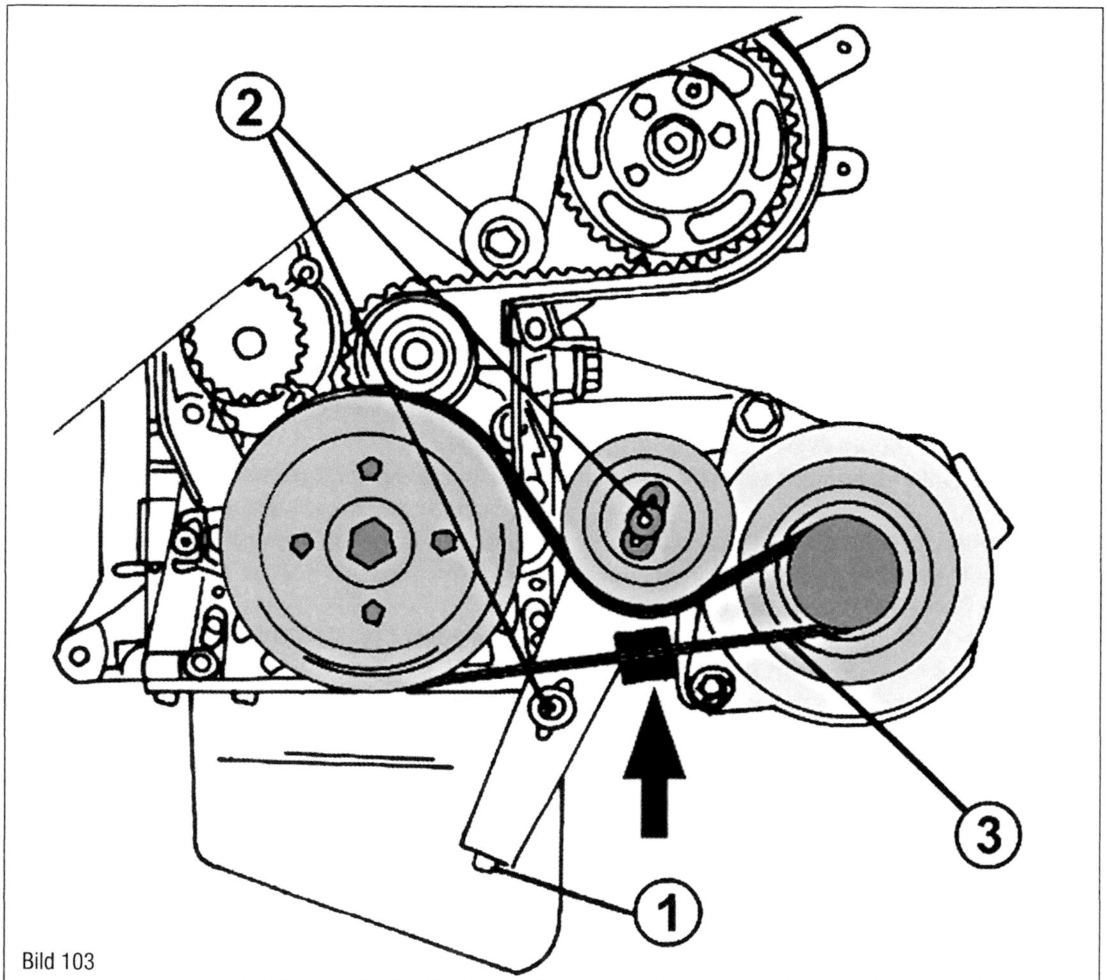

Bild 103
Einstellen der Riemenspannung bei einem DW8-Motor ohne Servolenkung. Das Messgerät an der Pfeilstelle ansetzen.

1 Schraube der Riemenverstellung
2 Schrauben der Verstellvorrichtung
3 Antriebsriemen

Der untere Schlauch muss vom Clip befreit werden.

- Die Schrauben (1) lockern und die Schraube (4) so weit wie möglich anziehen. Dadurch wird der Riemen entspannt und kann abgenommen werden.
- Den neuen Riemen (3) wie gezeigt über die Riemenscheiben legen. Auf richtiges Eingreifen des Riemens in den Rillen der Riemenscheiben achten.
- Das Messinstrument an Stelle (2) über den Riemen (3) setzen und die Schraube (4) anziehen, bis eine Anzeige von 115 SEEM (plus oder minus 10 SEEM) erhalten wird. Schrauben (1) mit 22 Nm anziehen und das Messinstrument abnehmen.
- Unteren Schlauch mit dem Clip befestigen und alle anderen Arbeiten in umgekehrter Reihenfolge durchführen.

XUD-Motor mit Servolenkung und Klimaanlage

Die Verlegung des Riemens ist in Bild 102 gezeigt. Die Werkstatt benutzt ein Verstellwerkzeug zum Versetzen des Riemenspanners (1). Gebraucht werden je ein Vierkanteinsatz von 10 mm und 7 mm.

- Das Verstellwerkzeug an Stelle (a) in den Riemenspanner einsetzen. Der nachstehende Hinweis gibt einer Alternative.
- Die Schraube (2) der Exzenterrolle (4) lockern und die Rolle nach hinten schieben. Der Riemen ist jetzt frei und kann abgenommen werden.

Tipp: Falls das Verstellwerkzeug nicht vorhanden ist, einen Vierkanteinsatz von 7 mm besorgen und diesen benutzen. In diesem Fall die Schraube (2) der Spannrolle mit dem Einsatz lockern und die Spannrolle (4) verstellen. Falls der Riemen gerissen ist, muss man die rechte Motoraufhängung ausbauen, um besser an alle Teile zu kommen. Der 10-mm-Vierkanteinsatz kann jetzt in die Bohrung (a) eingesetzt werden, um den Riemenspanner in Richtung des Pfeils »A« zu verdrehen und dann durch Einsetzen eines Stifts/Dorns zu sperren.

- Den neuen Riemen über die Riemenscheiben legen, wie es in Bild 102 gezeigt ist, und den 7-mm-Vierkanteinsatz in das Vierkant (b) einsetzen. Die Spannrolle verdrehen, bis das in Bohrung (a) eingesetzte Werkzeug herausgezogen werden kann.

- Die Schraube (2) anziehen und das Werkzeug (3) herausziehen.
- Alle anderen Arbeiten in umgekehrter Reihenfolge durchführen.

DW8-Motor ohne Servolenkung und mit Klimaanlage

Obwohl die Verlegung nicht gleich ist, kann man sich an die rechte Ansicht von Bild 101 halten. Die Zahlen beziehen sich auf dieses Bild.

- In der oben beschriebenen Weise vorgehen, bis das Spritzblech ausgebaut wurde. Der untere Schlauch muss vom Clip befreit und auf eine Seite geschoben werden.
- Die Schrauben (1) lockern und die Schraube (4) so weit wie möglich anziehen. Dadurch wird der Riemen entspannt und kann abgenommen werden.
- Den neuen Riemen (3) wie gezeigt über die Riemenscheiben legen. Auf richtiges Eingreifen des Riemens in den Rillen der Riemenscheiben achten.
- Das Messinstrument an Stelle (2) über den Riemen (3) setzen, aber dieses Mal zwischen die beiden unteren Riemenscheiben, wie es aus Bild 103 ersichtlich ist. Die Schraube (4) anziehen, bis eine Anzeige von 115 SEEM (plus oder minus 10 SEEM) erhalten wird. Schrauben (1) mit 22 Nm anziehen und das Messinstrument abnehmen.
- Unteren Schlauch mit dem Clip befestigen und alle anderen Arbeiten in umgekehrter Reihenfolge durchführen.

DW8-Motor mit Servolenkung und Klimaanlage

Der Aus- und Einbau des Riemens geschieht in ähnlicher Weise, wie es für den XUD-Motor mit Servolenkung und Klimaanlage beschrieben wurde. Auf den Riemen gesehen wird das Messgerät auf der linken Seite zwischen den beiden Riemenscheiben angesetzt, ähnlich wie man es in Bild 103 sehen kann. Eine Spannung von 115 SEEM muss erhalten werden. Zum Einstellen die Schraube (4) in Bild 101 (rechts) verstellen. Abschließend die Schraube mit 22 Nm anziehen. Alle anderen Arbeiten in umgekehrter Reihenfolge durchführen.

3 Motorschmierung

Alle Motoren werden mit einer Druckumlaufschmierung geschmiert. Eine Zahnradpumpe, die über einen getrennten Kettenantrieb von der Kurbelwelle angetrieben wird, liefert den zur Schmierung der Lagerstellen und aller beweglichen Teile erforderlichen Öldruck.
Je nach Motor hat das Schmierungssystem jedoch seine eigenen Merkmale:

- Beim 1.9-Liter-Motor DW8 und beim DW10-Motor werden die Unterseiten der Kolben durch Ölspritzdüsen gekühlt. Die Düsen sind am Zylinderblock verschraubt.
- Bei allen Motoren ist ein Ölkühler zwischen dem Ölfilter und dem Zylinderblock eingesetzt.
- Der Ölfilter ist nicht bei allen Motoren gleich. Filtereinsatzerneuerung zusammen mit dem Ölwechsel.
- Der Ölwechsel aller Modelle sollte entsprechend den Anweisungen im Wartungsscheckheft stattfinden. Wechselzeiten werden oft geändert und treffen in diesem Fall auch auf ältere Fahrzeuge zu.
- Das Ölfassungsvermögen ist nicht bei beiden Motorgruppen gleich (siehe Maß- und Einstelldaten).
- Der Öldruck aller Motoren ist unterschiedlich.
- Die Ölwanne der Dieselmotoren ist entweder aus Stahlblech (ohne Klimaanlage) oder aus Aluminium (mit Klimaanlage) hergestellt.
- Bild 1 zeigt eine schematische Ansicht des Ölschmierungskreislaufs bei einem XUD-Dieselmotor. Bild 2 zeigt den DW8- und DW10-Motor. Bild 3 zeigt eine Ansicht von der anderen Seite. In beiden Ansichten ist die Lage der Ölpumpe zu sehen.

Ölpumpe und Ölwanne

Das Antriebsrad der Ölpumpe ist nicht bei allen Motoren gleich. Wird es erneuert, muss man die Motornummer angeben.
Der Ausbau der Ölpumpe kann bei eingebautem Motor durchgeführt werden. Die Anweisungen gelten allgemein für alle Motoren:

- Fahrzeug an der Vorderseite aufbocken oder nach Möglichkeit auf eine Hebebühne oder mit den Vorderrädern auf Auffahr-

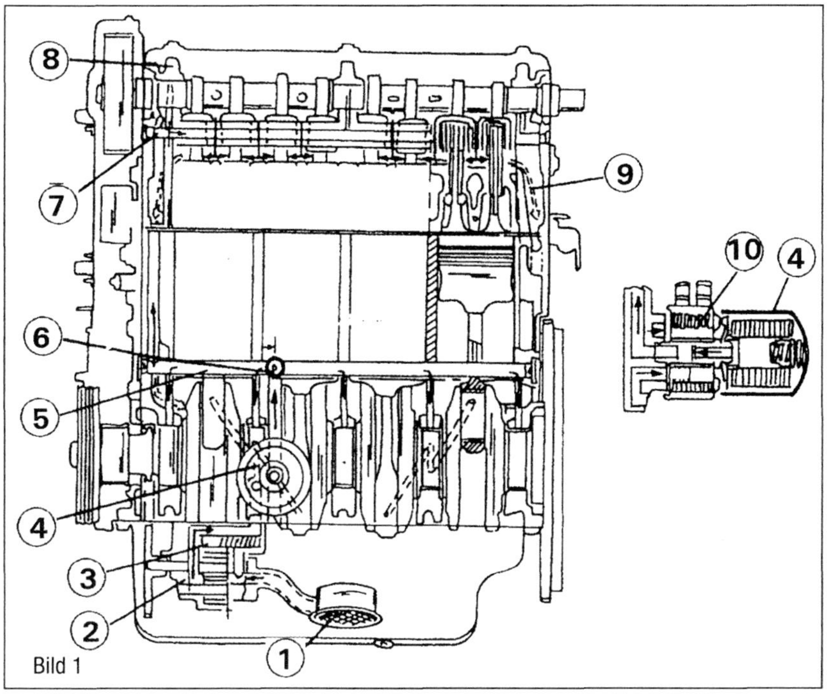

Bild 1

Bild 1
Ölschmierungsdiagramm des 1.9-Liter-Motors (XUD).

1 Ansaugsiebfilter
2 Ölpumpe
3 Öldruck-Überdruckventil
4 Umleitventil (im Ölfilter)
5 Zylinderblockölkanal
6 Öldruckschalter
7 Ölkanal im Zylinderblock
8 Nockenwellenlager
9 Ölrücklauf
10 Ölkühler

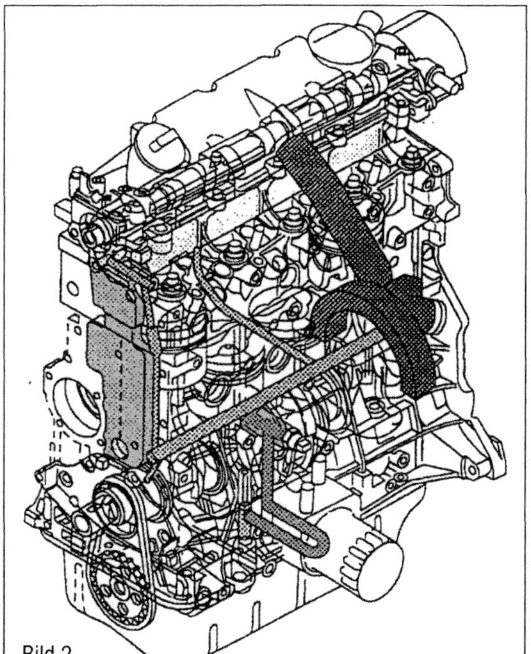

Bild 2

Bild 2
Schnitt durch den Motor mit den Teilen der Motorschmierung (DW8/DW10-Motoren).

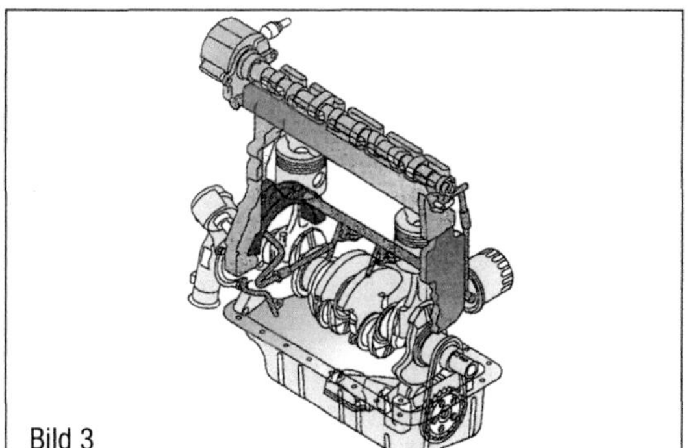

Bild 3

Bild 3
Schnittansicht des Motors mit Teilen der Motorschmierung (DW8/DW10-Motoren).

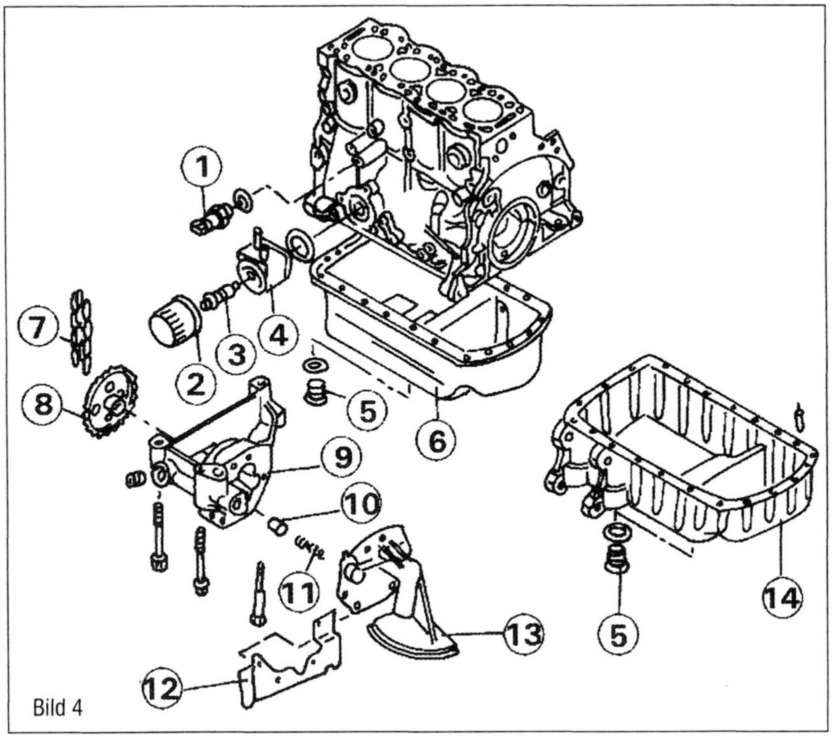

Bild 4
Befestigung der Ölwanne und der Ölpumpe bei einem 1.9-Liter-Motor (XUD). Bei allen Motoren sieht es ähnlich aus.

1 Öldruckschalter mit Dichtring
2 Ölfilter
3 Bolzen für Ölfilterbefestigung
4 Ölkühler
5 Ölablassstopfen mit Dichtring
6 Ölwanne, Stahlblech
7 Antriebskette, Ölpumpe
8 Antriebskettenrad
9 Ölpumpe
10 Kolben des Überdruckventils
11 Feder des Überdruckventils
12 Ölabweisblech
13 Ölansaugsieb
14 Ölwanne, Aluminium

rampen auffahren. Die Schutzverkleidung an der Unterseite des Fahrzeuges abschrauben.

- Einen geeigneten Behälter unter die Ölwanne setzen und das Motoröl ablassen. Das Öl sollte mindestens lauwarm sein, damit es besser ablaufen kann.
- Die Schrauben der Ölwanne ringsherum lösen und die Ölwanne nach unten absenken. Eine klebende Ölwanne vorsichtig mit einem Gummihammer abschlagen, keinen Schraubendreher zwischen die beiden Dichtflächen einsetzen. Zu beachten sind die Unterschiede bei einer Stahlblech- und einer Aluminiumölwanne. Auf diese wurde beim Zerlegen und Zusammenbau des betreffenden Motors hingewiesen.
- Die Ölpumpe ausbauen, wie es beim Zerlegen des betreffenden Motors beschrieben wurde. Die Ölpumpe muss etwas verdreht werden, um sie aus dem Eingriff mit der Kette zu bringen.

Wurde die Pumpe aufgrund niedrigen Öldrucks ausgebaut, muss man sie erneuern, da eine Überholung nicht möglich ist. Nur das Ölansaugsieb kann getrennt erneuert werden. Bild 4 zeigt die ausgebauten Teile bei einem XUD-Dieselmotor. In Bild 5 kann man sehen, wo die Pumpe, mit kleinen Abweichungen, an der Unterseite des Kurbelgehäuses montiert ist.

Falls man annimmt, dass das Überdruckventil defekt ist, kann man es ausschrauben und die Teile eventuell erneuern. Die Pumpe muss dazu auseinandergeschraubt werden.

Vor dem Einbau der Pumpe die Dichtfläche am Kurbelgehäuse einwandfrei reinigen, ohne dazu scharfe Werkzeuge zu verwenden. Die Pumpe in die richtige Lage heben, wobei sie gleichzeitig mit der Kette in Eingriff zu bringen ist. Dazu die Vorderseite der Pumpe wieder etwas ankippen, um das Kettenrad in die Kette zu bringen und dann die Pumpe über die Passhülse setzen. Beim Zusammenbau des Motors wird näher darauf eingegangen. Die Ölwanne montieren, wie es beim Zusammenbau des Motors beschrieben wurde. Besonders auf die unterschiedliche Länge der Schrauben achten. Kontrollieren, ob der Ölablassstopfen eingeschraubt ist (Anziehdrehmoment 25 – 30 Nm), und den Motor mit der vorgeschriebenen Menge des empfohlenen Motoröls füllen.
Um zu gewährleisten, dass die Pumpe beim ersten Anlassen nicht festfressen kann, den Kabelstecker am Abstellventil an der Einspritzpumpe abziehen und den Motor ca. 30 Sekunden lang mit dem Anlasser durchdrehen. Nach Aufstecken des Kabelsteckers den Motor anlassen und eine Weile laufen lassen. Die Verbindungsstellen der Ölwanne gut auf Leckstellen kontrollieren. Ebenfalls nach einer gewissen Laufzeit den Ölstand im Motor nachkontrollieren und ggf. Motoröl nachfüllen, um den Ölstand zu berichtigen.

Ölfilter

Der Ölfilter ist mit einem Ventil versehen und nur ein Filter mit einem solchen Ventil darf verwendet werden. Der Filter ist an der Außenseite des Ölkühlers angebracht (wo die Kühlmittelschläuche angeschlossen sind). Zum Ausbau des Filters ein Filterspannband verwenden. Ein solches ist in Bild 6 gezeigt. Andernfalls ein Stück Schmirgelleinwand um den Filter legen, mit der Schmirgelseite gegen den Filter, den Filter mit beiden Händen erfassen und abschrauben. Falls damit kein Erfolg erzielt wird, kann man einen langen, kräftigen Schraubendreher durch die Seite des Filters schlagen und diesen mithilfe des Schraubendrehergriffs, als Hebel ver-

wendend, abschrauben. Den Dichtring eines neuen Filters einölen und den Filter anziehen, bis er soeben gegen den Zylinderblock ansitzt. Aus dieser Stellung den Filter mit den Händen um eine weitere Viertelumdrehung anziehen.
Filter nochmals lösen und erneut anziehen, bis der Gummidichtring den Zylinderblock berührt. Aus dieser Stellung die Filterpatrone um eine halbe bis eine dreiviertel Umdrehung anziehen. Diesen Anweisungen ist unbedingt zu folgen, um eine einwandfreie Abdichtung herzustellen. Als Hilfestellung sind die Einbauanweisungen auf dem Filter aufgedruckt. Falls sie von den oben angegebenen abweichen (was manchmal aufgrund von Änderungen vorkommen kann), folgt man diesen.

Ölkühler

Der Ölkühler ist zwischen dem Zylinderblock und dem Ölfilter eingesetzt und mit der Kühlanlage verbunden ist, welche auch die Kühlung des Öls übernimmt. Bilder 7 und 8 zeigen die Filter für die verschiedenen Motorengruppen. Da man zum Ausbau des Ölkühlers den Filter ausbauen muss, darf dieser natürlich dabei nicht beschädigt werden, d. h. nur ein Filterkettenschlüssel, wie er in Bild 6 gezeigt ist, oder einen ähnlichen Schlüssel darf dazu benutzt werden. Falls der Filter nicht erneuert werden muss, kann er wieder eingebaut werden.

Beim Aus- und Einbau folgendermaßen vorgehen:

- Handbremse anziehen, Vorderseite des Fahrzeuges anheben und auf Unterstellböcke setzen.
- Kühlanlage ablassen oder die am Ölkühler angeschlossenen Schläuche an den Anschlussstellen der Leitungen mit geeigneten Zwingen zusammenquetschen. Ein wenig Kühlmittel wird jedoch trotzdem herauslaufen.
- Einen geeigneten Behälter unter den Filter untersetzen und den Filter abschrauben (siehe Hinweis oben).
- Die Schlauchschellen lockern und die Kühlmittelschläuche von den Ölkühleranschlüssen abziehen.
- Die Befestigung in der Mitte des Ölkühlers lösen. Den Ölkühler sowie den darunter liegenden Dichtring abnehmen.

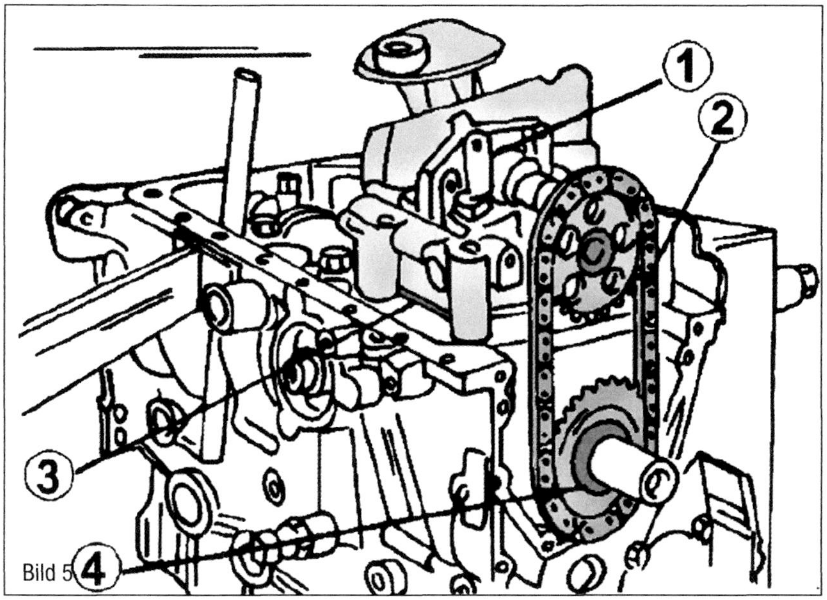

Bild 5

Bild 5
Die Ölpumpe ist bei allen Motorenausführungen an ähnlicher Stelle befestigt.

1 Ölpumpe
2 Ölpumpenantriebskette
3 Abstandsplatte, falls eingebaut
4 Antriebskettenrad auf der Kurbelwelle

Beim Einbau folgendermaßen vorgehen:

- Einen neuen Dichtring in die Rille an der Rückseite des Ölkühlers einlegen und den Kühler gegen den Zylinderblock ansetzen. Den Ölkühler festziehen (Mutter oder Schraube) und die Leitungen wieder am Getriebe befestigen.
- Ölfilter wieder montieren, wie es bereits beschrieben wurde.
- Fahrzeug auf die Räder absenken, die Kühlanlage auffüllen und den Ölstand im Motor kontrollieren und ggf. berichtigen.
- Motor anlassen. Nach einer Weile kontrollieren, ob alle Verbindungen dicht sind (Öl und Kühlmittel)

Motorölstand / Ölwechsel

Motorölstand

Der Motorölstand wird am besten bei jedem Volltanken kontrolliert. Den Ölmessstab finden Sie seitlich vorn am Motor. Bei der fol-

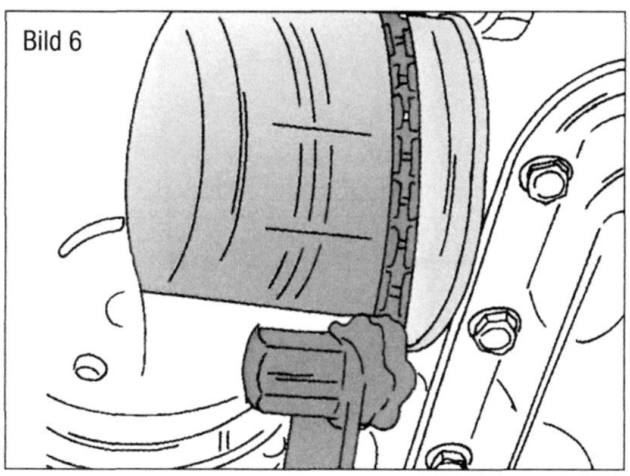

Bild 6

Bild 6
Abschrauben des Ölfilters mit einem Kettenschlüssel.

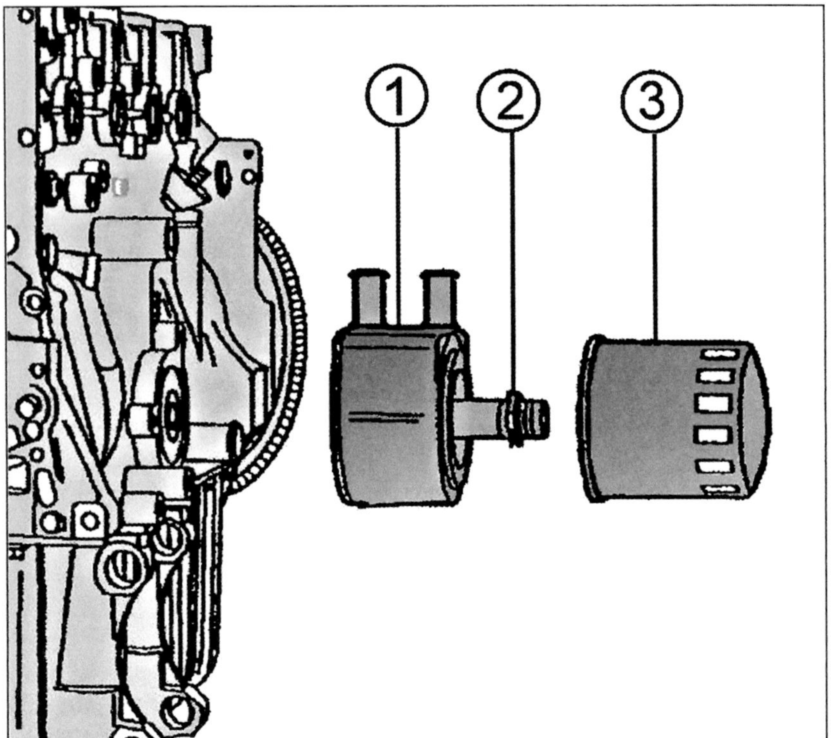

Bild 7

Bild 7
Anordnung des Ölkühlers (1) und des Ölfilters (3) wie er beim DW8- und DW10-Motor eingebaut ist. Der Anschluss (2) wird durch eine Schraube gehalten und dient ebenfalls zur Befestigung des Ölfilters.

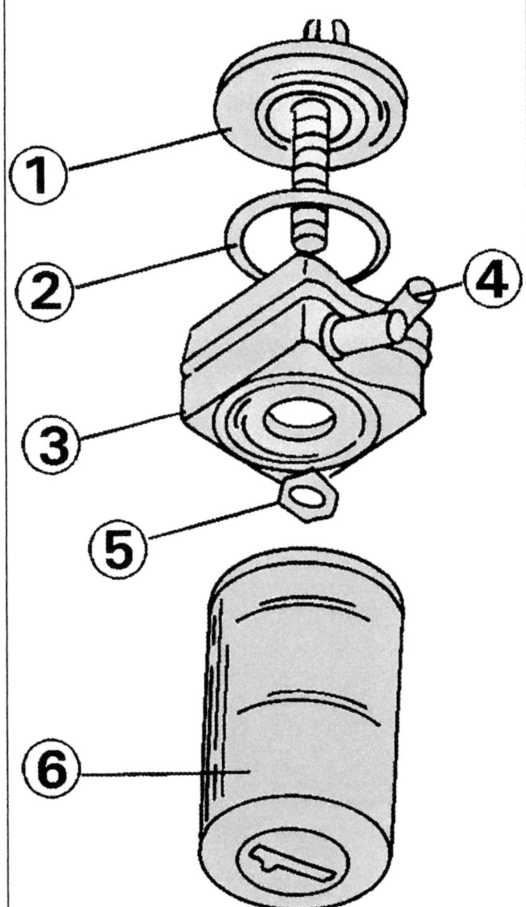

Bild 8

Bild 8
Der Ölfilter bei einem XUD-Motor.

1 *Anschluss am Zylinderblock*
2 *Gummidichtring*
3 *Ölkühler*
4 *Anschluss für Kühlmittelschlauch*
5 *Befestigungsmutter für Ölkühler*
6 *Ölfilter*

genden Beschreibung gehen wir davon aus, dass Sie das Motoröl das erste Mal wechseln. Die Anweisungen gelten allgemein für alle Fahrzeuge.

- Wagen auf waagrechtem Boden abstellen.
- Nach dem Abstellen des vorher warm gefahrenen Motors mindestens fünf Minuten warten, damit alles Öl in die Ölwanne abtropfen kann. Besser ist die Kontrolle vor dem ersten Start bei noch kaltem Motor.
- Den Peilstab ziehen – Vorsicht bei heißem Motor. Mit einem fusselfreien Lappen oder Papiertuch abwischen, bis zum Anschlag wieder hineinschieben, kurz warten und erneut herausziehen.
- An der Peilstabspitze können Sie nun den Ölstand ablesen: Der Pegel muss sich zwischen den Markierungen befinden; dann ist alles in Ordnung.
- Reicht die Schmiermittelmenge nur noch bis zur unteren Markierung, muss Motoröl nachgefüllt werden.

Muss Öl nachgefüllt werden, gelten die folgenden Hinweise, bzw. Vorschriften:

- Bei gemäßigtem Fahrstil genügt Nachfüllen, wenn sich der Ölstand im unteren Peilstabdrittel befindet. Bei regelmäßig schneller Fahrweise empfiehlt es sich, den Ölstand nahe der oberen Peilstabmarke zu halten. Die größere Ölmenge kann die Kühlungsaufgaben besser erfüllen.
- Sie erweisen dem Motor keinen Gefallen, wenn Sie zu viel Öl einfüllen. Die Max-Marke am Peilstab darf nicht überschritten werden. Deshalb besser erst gar nicht versuchen, möglichst genau bis zur Markierung aufzufüllen. Zu viel eingefülltes Öl wird schneller verbraucht und bildet mehr Verbrennungsrückstände.

Ölwechsel

Die folgenden Hinweise sollen Ihnen bei Durchführung eines Ölwechsels helfen:

- Manche Ölhersteller haben inzwischen dem Öl Zusätze beigemischt, welche die Schlammbildung verhindern und verschleißmindernd wirken. Ihre Werkstatt hat ein Verzeichnis mit besonders untersuchten und geeigneten Ölen, und wir raten Ihnen, den Empfehlungen der Werkstatt zu folgen.
- In den Werkstätten kostet der Ölwechsel nach unseren Erfahrungen das meiste Geld, weil nur sehr teure Ölsorten vorrätig sind. Außerdem ist der Motor oft schon wieder

kalt, bis das alte Öl abgelassen wird, sodass nicht aller Schmutz herausgeschwemmt wird. Manche Werkstätten berechnen die Arbeit für den Ölwechsel zusätzlich zum Ölpreis. Vorteilhaft ist allerdings, dass die neuesten Betriebsstoff-Vorschriften des Herstellers vorliegen.

- An Tankstellen kommt der Wagen dagegen meist sofort dran, Sie können auch ein billigeres Öl aus dem Tankstellenverkaufsprogramm auswählen, und im Ölpreis ist die Arbeit des Tankwarts inbegriffen.
- Ölwechsel zu Hause lohnt sich nur dann, wenn Sie das Öl sehr billig einkaufen können und Spaß an dieser Arbeit haben.
- Die Ölmengen sind in der Maß- und Einstelltabelle angegeben.

Bei jedem Ölwechsel auch den Ölfilter erneuern. Dies ist für die Lebensdauer des Motors von entscheidender Bedeutung!

Beim Ölwechsel folgendermaßen vorgehen:

- Vor dem Beginn der Arbeit den Motor warm fahren (ca. 10 Minuten Fahrt).
- Das Fahrzeug vorn etwas anheben.
- Den Öleinfülldeckel von der Zylinderkopfhaube abnehmen.
- Die Ölablassschraube unten in der Ölwanne etwas lösen.
- Eine Auffangwanne unterschieben und Schraube vollends herausdrehen. Daran denken, dass die Wanne ziemlich viel Öl fassen muss.

Vorsicht, das heiße Öl kommt im Bogen schwungvoll herausgeflossen!

Das Altöl vorschriftsmäßig entsorgen.

- Wenn das Öl ausgelaufen ist, Ablassschraube zusammen mit einem neuen Dichtring in die Ölwanne hineinschrauben. Behutsam festdrehen (25 Nm).
- Nun den Ölfilter erneuern, wie es bereits beschrieben wurde.
- Den Motor mit der vorgeschriebenen Ölmenge füllen.
- Anschließend Motor starten.

Den Ölstand und Dichtheit an Ölablassschraube und am Ölfilter kontrollieren. Evtl. Ölfilter etwas nachziehen.

4 Kühlanlage

Ablassen und Auffüllen der Kühlanlage

Bilder 1 und 2 zeigen Diagramme der verschiedenen Kühlanlagen.

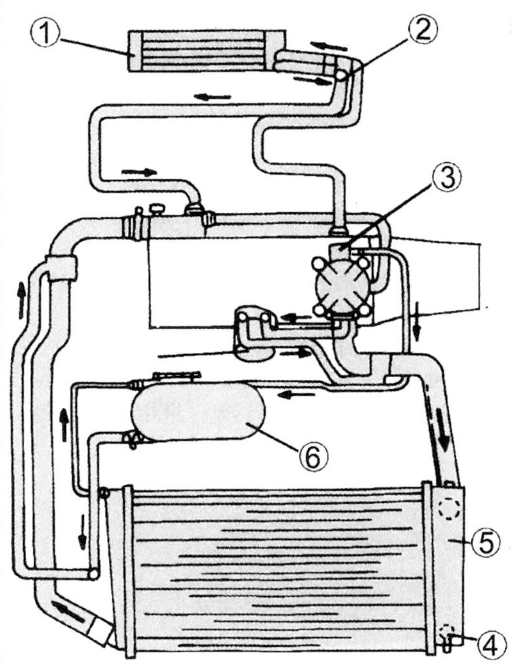

Bild 1

Bild 1
Diagramm der Kühlanlage eines 1.8- oder 1.9-Liter-XUD-Motors.

1 *Wärmeaustauscher (Heizung)*
2 *Entlüftungsschraube*
3 *Wasserauslassstutzen*
4 *Ablassstopfen (im Kühler)*
5 *Kühler*
6 *Ausgleichsbehälter*

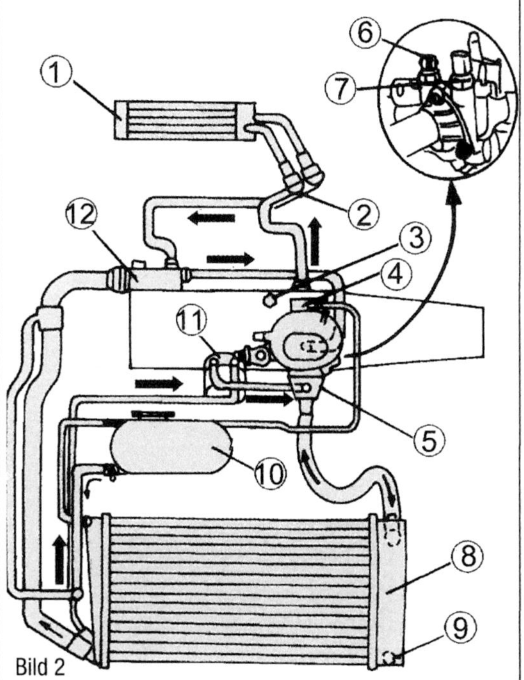

Bild 2

Bild 2
Kühlmitteldiagramm eines DW8-Motors.

1 *Heizungswärmeaustauscher*
2 *Entlüftungsschraube am Wärmeaustauscher*
3 *Ablassschraube im Zylinderblock*
4 *Wasserauslassstutzen*
5 *Thermostatregler*
6 *Temperaturgeber, AGR-Ventil, grün, 17 Nm*
7 *Thermalschalter, Fernthermometer und Warnung, blau, grauer Ring (ohne Klimaanlage) oder blau (mit Klimaanlage)*
8 *Kühler*
9 *Ablassschraube an der Unterseite des Kühlers*
10 *Dehngefäß (Ausgleichsbehälter)*
11 *Ölkühler*
12 *Einlassgehäuse für Kühlmittel*

Das Auffüllen der Kühlanlage geschieht nicht durch einfaches Einfüllen der Flüssigkeit, da einige der Schläuche höher als die Oberseite des Ausgleichsbehälters im Kühler liegen. Aus diesem Grund wird in einer Werkstatt ein Befüllgefäß benutzt, um zu verhindern, dass sich Luftpolster in der Anlage bilden können. Mit etwas Erfindergeist werden Sie jedoch in der Lage sein die Kühlanlage aufzufüllen, wie es anschließend beschrieben wird.
Zwei getrennte Ablassstopfen sind in die Kühlanlage eingesetzt, welche beide geöffnet werden müssen. Zuerst die Verschraubung des Ausgleichsbehälters öffnen, dann den Stopfen an der Unterseite des Kühlers öffnen oder herausschrauben. Das Kühlmittel ist in einen untergestellten Behälter zu leiten. Der Motor darf nicht heiß sein, wenn man den Deckel abschraubt. Falls das Frostschutzmittel erneuert werden soll, den unteren Wasserschlauch vom Motor abschließen. Die Arbeiten jedoch im Freien durchführen. Wird das Frostschutzmittel nicht mehr gebraucht, muss man es vorschriftsmäßig entsorgen.

- Die Schutzverkleidung an der Unterseite des Fahrzeuges ausbauen.
- Den Stopfen am Zylinderblock herausdrehen (in der Nähe des Schwungrades, siehe Bild 3 als Beispiel).
- Die Entlüftungsschraube(n) entsprechend der gezeigten Diagramme öffnen.
- Falls das Frostschutzmittel lange in der Anlage war, diese durchspülen. Dazu einen Wasserschlauch in die Öffnung des Kühlers einhängen. Das Wasser durchlaufen lassen, bis es klar aus den Öffnungen für die Stopfen oder aus dem unteren Kühlerstutzen herausläuft.
- Frostschutzmittel entsprechend den zu erwartenden Temperaturen mischen. Eine Mischung von 35% Frostschutz und 65% Wasser eignet sich für normale Temperaturen unter Null (bis ca. -15 °C). 50% Frostschutz und 50% Wasser schützt die Kühlanlage bis -35 °C. Beim Kauf des Frostschutzmittels sollte man sich an die Empfehlungen des Motorherstellers halten.
- Die beiden Ablassstopfen wieder einschrauben oder den Kühlerschlauch anschließen. Den Stopfen im Zylinder mit 25 Nm anziehen. Unbedingt eine gute Abdichtung herstellen.
- Wie bereits erwähnt, wird in der Werkstatt ein Befüllgefäß benutzt. Dieses hat das

in Bild 4 gezeigte Aussehen und wird anstelle der Verschlusskappe des Kühlers bzw. des Ausgleichsbehälters aufgeschraubt. Aus einer oben und unten aufgeschnittenen Plastikflasche und einer dichtenden Verbindung zwischen der Flasche und der Einfüllöffnung kann man sich jedoch ein Befüllgefäß ohne weiteres herstellen. Ein Helfer sollte die Behelfsvorrichtung jedoch während dem Einfüllen des Frostschutzmittels halten.

Grund des Befüllgefäßes: Wenn dieses bis zur Oberkante gefüllt ist, liegt der obere Wasserspiegel höher als der höchstgelegene Schlauch und die Anlage kann vollkommen gefüllt werden.

- Das Kühlmittel durch die Öffnung im Ausgleichsbehälter einfüllen, bis ein ununterbrochener Wasserstrom aus der Bohrung der Entlüftungsschraube herausläuft. Die Schraube jeweils festziehen, sobald die Flüssigkeit herausläuft.
- Kontrollieren, dass das Befüllgefäß immer noch voll ist und den Motor anlassen. Motor leicht beschleunigen (nicht auf mehr als 1500/min bis 2000/min), bis der Kühlungslüfter (die Lüfter) eingeschaltet hat (haben) und wieder ausschaltet. Den Motor danach abstellen.

Das Befüllgefäß abmontieren. Vorsicht: Das in der Flasche befindliche Kühlmittel kann jetzt auch heiß sein. Dabei wird im Gefäß verbleibende Flüssigkeit überlaufen, jedoch ist der Kühler gefüllt.

- Motor abstellen und abkühlen lassen (mindestens 3 Stunden). Den Kühlmittelstand am Ausgleichsbehälter kontrollieren und die Verschlussverschraubung aufdrehen. Der Flüssigkeitsstand muss bis zur »Max«-Markierung stehen. Andernfalls zusätzliches Kühlmittel einfüllen.
- Schutzverkleidung unter dem Fahrzeug wieder montieren.

Kühler – Aus- und Einbau

Der Aus- und Einbau des Kühlers erfolgt nach Ausbau der Vorderpartie des Fahrzeuges. Diese Arbeit wurde bereits beim Ausbau des Motors beschrieben. Das Gewinde des Temperaturschalters mit Dichtungsmasse einschmieren (falls ausgeschraubt) und den Schalter einschrauben. Falls der Kühler erneuert werden soll, die Gummilagerungen vom alten auf den neuen Kühler umrüsten.

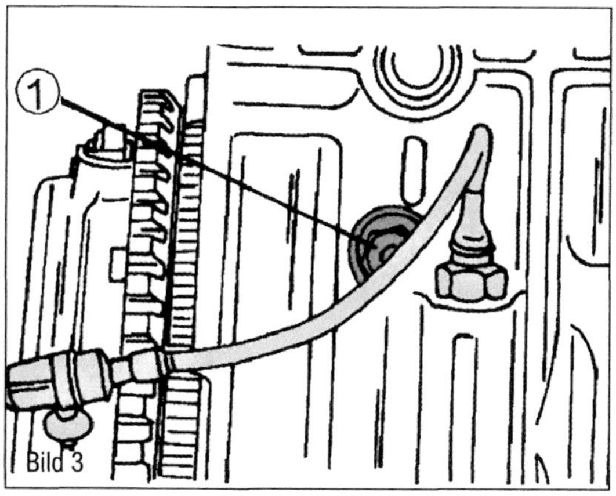

Bild 3
Die Lage des Ablassstopfens im Zylinderblock. Dieser sitzt nicht bei allen Motoren an gleicher Stelle.

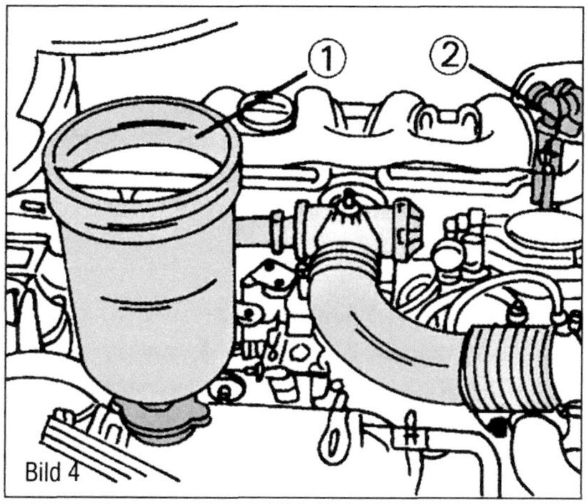

Bild 4
Benutzung des Befüllgefäßes (1). Das Gefäß wird mit einem Adapter mit der Füllöffnung des Ausgleichsbehälters verbunden. Die Entlüftungsschraube (2) sitzt an der gezeigten Stelle, hier bei einem DW8-Motor.

Wasserpumpe – Aus- und Einbau

Die Wasserpumpe kann nicht repariert werden. Falls die Pumpe Leckstellen aufweist oder die Lager ausgeschlagen sind, muss man eine neue Pumpe einbauen.
Die Wasserpumpe aller Motoren wird durch den Riemen der Steuerung angetrieben. Dies bedeutet, dass man den Steuerriemen ausbauen muss, wie es bereits beschrieben wurde, ehe man an die Wasserpumpe heran kann. Ebenfalls sind die verschiedenen Bolzen zum Arretieren der Steuerung erforderlich. Vorausgesetzt, dass man sich diese besorgen oder die Bolzen entsprechend herstellen kann, wird die Pumpe dann einfach vom Zylinderblock abgeschraubt.

Thermostat

Der Thermostat befindet sich in der Innenseite eines Wasserstutzens am Zylinderkopf, unter einem Deckel (wo der Schlauch angeschlossen ist). Zum Ausbau die Kühl-

anlage ablassen und die Schläuche nach Lockern der Schlauchschellen von den Anschlüssen am Stutzen abziehen. Ein Schlauch führt zum Ölkühler, der andere zum unteren Stutzen des Kühlers. Den Deckel vom Thermostatgehäuse abschrauben und den Thermostat herausnehmen. Ein Gummidichtring sitzt zwischen Deckel und Gehäuse.
Ein Thermostat kann nicht repariert werden und ist im Schadensfall zu erneuern.
Beim Einbau des Thermostats einen neuen Dichtring benutzen. Zustand des Schlauchs oder der Schläuche vor Wiederverwendung kontrollieren. Schläuche haben manchmal Einschnitte an den Befestigungsstellen der Schlauchschellen. In diesem Zusammenhang ebenfalls den Zustand der Schellen kontrollieren. Nach Einbau das Fahrzeug eine Strecke fahren und die Arbeitsweise des Thermostats kontrollieren.

Störungen am Thermostat

Der Thermostat öffnet nicht, weil er klemmt oder eine Ventilplatte festklebt. Obwohl die Temperaturanzeige schon die rote Marke überschritten hat (Warnleuchte erhellt), fühlt sich dann der Kühler immer noch kalt an. Warten Sie, bis sich der Motor abgekühlt hat, schrauben Sie das Thermostatgehäuse auf und bauen Sie den Thermostat aus. Wenn Sie einige Zeit ohne Thermostat fahren, schadet dies Ihrem Motor nicht. Wer hingegen mit geschlossenem Thermostat weiterfährt, riskiert einen gewaltigen Motorschaden. So kann die Zylinderkopfdichtung durchbrennen, der Zylinderkopf kann sich hoffnungslos verziehen oder gar Risse bekommen.

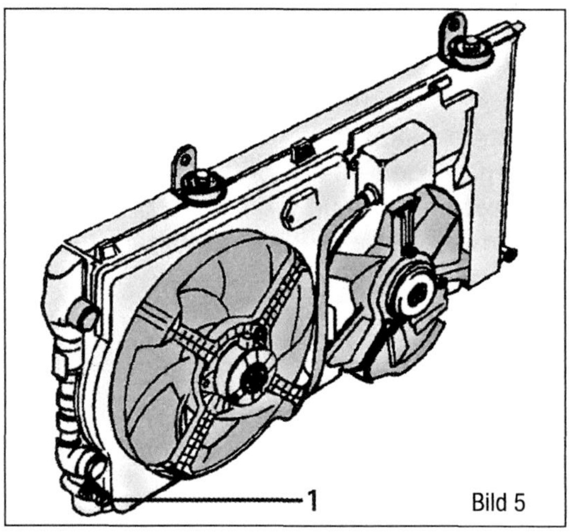

Bild 5
Der Kühler wird in der gezeigten Weise ausgebaut und kann danach zerlegt werden. Der Thermoschalter (1) sitzt an der gezeigten Stelle.

Der Thermostat schließt nicht mehr richtig, weil ihn ein Fremdkörper verklemmt hat. In diesem Fall wird der Kühler nach dem Kaltstart gleich warm wie beispielsweise das Thermostatgehäuse. Die Fahrzeugheizung kommt nur langsam in Schwung. Ersetzen Sie baldmöglichst den Thermostat, denn auf Dauer ist es unwirtschaftlich und für den Motor schädlich, wenn er seine Arbeitstemperatur nicht mehr erreicht.

Frostschutzmittel

Die Kühlanlage wird werkseitig mit Frostschutzmittel gefüllt, welches man während des ganzen Jahres in der Anlage lassen sollte, da es außer den Frostschutzeigenschaften Zusätze enthält, die die Kühlanlage im Allgemeinen gegen Korrosion oder ähnliche Schäden schützen. Falls die Mischung erneuert werden soll, raten wir das hauseigene Frostschutzmittel von Peugeot/Citroën zu verwenden, da dieses für den Motor ausgewählt wurde. Bei Verwendung anderer Marken muss man sich unbedingt vom Lieferanten versichern lassen, dass sich diese für den Motor eignen. Beim Vermischen wird eine Mischung aus 50% Wasser und 50% Frostschutz alle auftretenden Minustemperaturen umfassen. Diese Mischung schützt die Anlage bis mindestens -30 °C.
Hat man während des Betriebs Kühlmittelverlust, d. h. ein Nachfüllen der Kühlanlage wird erforderlich, muss man daran denken, dass ein Nachfüllen von einfachem Wasser die Frostschutzmittelmischung verdünnt. Wenn die Temperaturen zu sinken beginnen, vergisst man manchmal, dass während der Sommermonate nur Wasser nachgefüllt wurde. Die Stärke des Frostschutzmittels kann man an einer Tankstelle oder in einer Werkstatt mit einem Tester prüfen lassen, um sie dann entsprechend zu berichtigen. Derartige Prüfer sind auch in vielen Autozubehörgeschäften erhältlich.

Temperaturschalter

Die Temperaturschalter können nicht eingestellt oder repariert werden. Die Schalter sind in das Thermostatgehäuse und in die Unterseite des Kühlers eingeschraubt (siehe Bild 5).

Die Funktion eines Temperaturschalters kann kontrolliert werden, indem man ihn in Wasser einhängt, welches langsam erwärmt wird. Ein Thermometer muss ebenfalls verwendet werden. Eine Prüflampe im Kreis mit einer Batterie an den beiden Schalterklemmen anschließen und das Fühlerende des Schalters in das Wasser halten. Zum Ausbau des Schalters die Kühlanlage ablassen und den Schalter ausschrauben. Kontrollieren, dass der Dichtring gut aussieht.

Kühlmitteltemperaturschalter: Diese Schalter sitzen im Thermostatgehäuse. Aus- und Einbau bringt keine Probleme. Dichtring(e) vor Einbau von Schaltern immer kontrollieren. Schalter mit 18 Nm anziehen.

5 Kraftstoffeinspritzanlage (außer HDi)

Einführung

Bei allen Reparaturen an der Einspritzanlage, ganz gleich, um welchen Umfang es sich handelt, ist die größte Sauberkeit erforderlich. Vor dem Abschrauben der Überwurfmuttern von den Einspritzleitungen muss die Umgebung immer einwandfrei gereinigt werden.
Die Einspritzpumpe kann nicht repariert oder überholt werden. Im Fall von Defekten muss man deshalb eine Austauschpumpe oder eine neue Pumpe einbauen. Unterschiedliche Pumpe werden bei den verschiedenen Motoren eingebaut, auf welche kurz eingegangen werden soll:

- **Der 1.9-Liter-Motor, der Motorfamilie XUD** kann entweder mit einer von Bosch hergestellten Drehverteiler-Einspritzpumpe versehen sein, oder eine von Lucas hergestellte Pumpe ist eingebaut. Der Einbau der einen oder anderen Pumpe hängt vom Grad der Abgasregulierung ab.
- **Beim 1.8-Liter-Motor (XUD)** ist immer eine Lucas-Pumpe eingebaut.
- **Beim 1.9-Liter-Motor mit der Bezeichnung DW8** kann ab Werk entweder eine von Bosch oder Lucas eingebaute Pumpe eingebaut sein.
- **Beim 1.9-Liter-Motor mit der Bezeichnung DW8B** sind eine Lucas-Einspritzanlage und eine entsprechende Pumpe eingebaut. Die Anlage ist ebenfalls unter der Bezeichnung Delphi-Dieseleinspritzanlage DNC 2.2 bekannt.

Die Pumpe sitzt vorn links am Zylinderblock und wird durch den Zahnriemen der Steuerung angetrieben. Ein elektrisch betätigtes Kraftstoffabstellventil an der Pumpe dient zur willkürlichen Unterbrechung der Kraftstoffzufuhr beim Abstellen des Motors.
Die Einstellung der Pumpe und auch der Aus- und Einbau der Pumpe erfordern eine Anzahl von Spezialwerkzeugen. Diese Tatsache und auch die unterschiedlichen Arbeiten beim Aus- und Einbau von Bosch- und Lucas-Pumpen machen es unmöglich, auf die verschiedenen Motoren und deren Anlagen einzugehen. Wir raten Ihnen deshalb, sich an eine Spezialwerkstatt zu wenden, die auch in der Lage ist eine Austauschpumpe einzubauen, sollte die Pumpe im Leben Ihres Fahrzeuges einmal ausfallen.
Dieselmotoren arbeiten entweder mit indirekter oder direkter Einspritzung. Die meisten Motoren in diesen Fahrzeugen arbeiten mit indirekter Einspritzung, d. h. der Kraftstoff wird in eine Vorkammer im Zylinderkopf eingespritzt, welche in Verbindung mit der Verbrennungskammer steht. Die Verbrennung wird durch die Vorkammer ausgelöst und der dabei entstehende Druckanstieg leitet die brennenden Kraftstoffteilchen in die Hauptverbrennungskammer, wo sie vollkommen verbrannt werden. Der in einem getrennten Abschnitt behandelte HDi-Motor dagegen arbeitet mit Direkteinspritzung, d. h. der Kraftstoff wird in die Zylinder eingespritzt und sofort verbrannt.

Kraftstofffilter

Der Filter enthält ein austauschbares Filterelement und ist bei allen Motoren, von vorn gesehen, auf der rechten Seite des Zylinderblocks angebracht (unterhalb der rechten Ecke der Zylinderkopfhaube). Der Filter wurde in Kapitel 1, Bild 47 gezeigt (rechts). Gezeigt ist ein XUD-Motor, jedoch sitzt der Filter beim DW8-Motor an gleicher Stelle. Das Filterelement ist zwischen dem Filterkopf und dem Filterunterteil eingesetzt. Letzteres ist mit einer »Aufspürvorrichtung« für im Kraftstoff angesammeltes Kondenswasser versehen.

Elektrische Abstellung des Motors

Ein elektro-magnetisches Abstellventil ist an der Einspritzanlage angebracht und unterbricht beim Abschalten des Motors die Kraftstoffzufuhr.

Sicherheitsschalter

Das Fahrzeug ist mit einem Sicherheitsschalter versehen, welcher die Kraftstoffzufuhr zur Einspritzpumpe unterbricht, wenn das Fahrzeug plötzlich zum Stillstand kommt, wie dies bei einem Unfall vorkommen kann. Der Schalter befindet sich auf der Batterieseite an der Stirnwand des Motorraums. Es würde zu weit führen, auf die genaue Arbeitsweise einzugehen. Gesagt werden soll jedoch, dass man den Schalter durch Drücken auf den Knopf an der Oberseite wieder zurückstellen kann.

Einspritzdüsen
Bei allen Motoren kommen unterschiedliche Einspritzdüsen zum Einbau. In der Maß- und Einstelltabelle versuchen wir die Einspritzdüsen für die verschiedenen Motoren anzugeben. Falls neue Düsen eingebaut werden sollen, raten wir Ihnen immer die Motornummer, den Motortyp und das Baujahr anzugeben, da Einspritzdüsen manchmal aus Gründen der Verbesserung geändert werden. Die Erkennung der Einspritzdüsen wird durch Farbkennzeichnungen erleichtert.

Vorglüh- und Nachglüheinrichtungen
Geschieht bei allen Motoren in gleicher Weise, jedoch fehlt die Nachglühfunktion bei bestimmten Motoren. Ein getrenntes Regelgerät, welches beide Funktionen steuert, ist an der Stirnwand, unterhalb der Batterie eingebaut. Die Vorglühkerzen werden elektrisch durch das Regelgerät, eine Art Relais, mit Strom versorgt. Die Vorglühkerzen und die dazugehörige Warnleuchte werden beim Einschalten der Zündung sofort unter Strom gesetzt, falls die Temperatur des Kühlmittels unter 60 °C liegt. Die Stromzufuhr wird, wie durch die Temperatur des Regelgeräts bestimmt, nach einer gewissen Zeit unterbrochen. Während der Anlassphase werden die Kerzen mit Strom versorgt und glühen auch nach dem Anlassen ein wenig weiter.
Das Nachglühen bedeutet, dass die Glühkerzen nach dem Anlassen des Motors weiterhin glühen. Die Nachglühzeit beginnt nach Zurücklassen des Anlassschalters. Während der ersten 15 Sekunden kann die Stromzufuhr zu den Zündkerzen nicht unterbrochen werden. Nach 15 Sekunden kann die Stromzufuhr zu den Glühkerzen unterbrochen werden, falls die Kühlmitteltemperatur mehr als 60 °C beträgt oder das Fahrpedal um einen bestimmten Wert und länger als eine vorprogrammierte Zeit durchgetreten wird. Die Regelgeräte werden von Lucas oder von Bosch hergestellt.

Glühkerzen
Die Glühkerzen der verschiedenen Motoren sind unterschiedlich, siehe Maß- und Einstelltabelle.

Luftfilter
Der Filter ist mit einem Trockenfiltereinsatz versehen und befindet sich auf der linken Seite am inneren Kotflügelblech. Obwohl der Luftfilter bei allen Motoren den gleichen Zweck verrichtet, ist das Aussehen unterschiedlich. Bild 1 zeigt die Anordnung des Luftfilters beim DW8-Motor. Bei einem DW8B-Motor sieht es ähnlich aus, jedoch ist ein Luftströmungsmesser in den Verbindungsschlauch zwischen dem Luftfilter (6) und dem Abgasrückführungsventil (3) eingesetzt. In Bild 2 ist die Installation bei den XUD-Motoren zu sehen. Beim Kauf eines neuen Elements die Motorkennzeichnung, die Motornummer und das Baujahr angeben, da Filterelemente manchmal geändert werden.
Das Filterelement sollte entsprechend der Anweisungen im Wartungsscheckheft erneuert werden (mit 60'000 km angegeben).

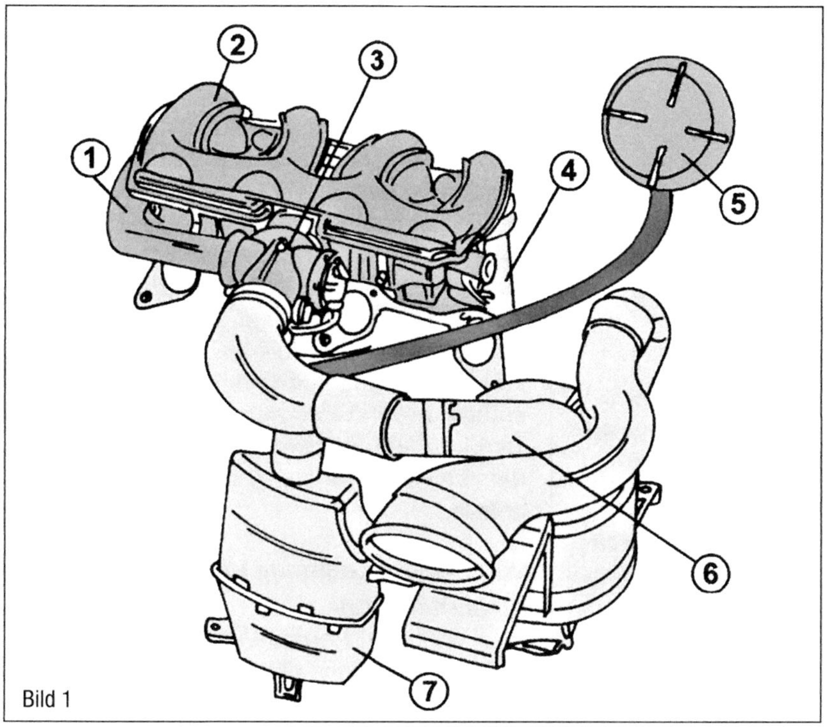

Bild 1

Bild 1
Anordnung des Luftfilters beim DW8-Motor.

1. *Schlauch für Abgasrückführungssystem*
2. *Ansaugsammelrohr (Spezialmaterial)*
3. *Abgasrückführungsventil*
4. *Ansaugkrümmer (Aluminium)*
5. *Unterdruckpumpe*
6. *Luftfilter*
7. *Resonanzkasten*

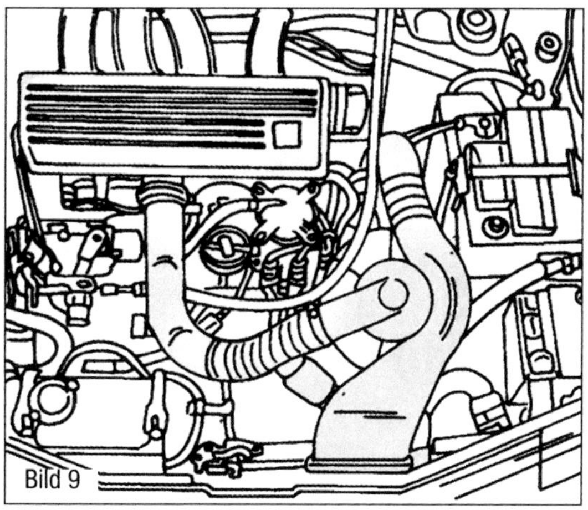
Bild 9

Bild 2
Luftfilterinstallation beim XUD-Motor. Bei allen Motoren wird ein Filterelement mit der Bezeichnung PSA 7804 eingebaut.

Sichtprüfung Messen

Bild 3
Die Teile des Kraftstofffilters, wie er im DW8-Motor eingebaut ist.

1 Kraftstoffauslass zur Einspritzpumpe
2 Filtergehäusedeckel
3 Entlüftungsschraube
4 Sicherungsspange
5 Druckknopf der Handpumpe
6 Rückschlagventil
7 Thermostatgeber
8 Wasserablassschraube
9 Filtergehäuse
10 Geber, Wasser im Kraftstoff
11 O-Dichtring
12 Filterelement

Abgasrückführungsanlage

Eine Abgasrückführungsanlage und bei bestimmten Motoren ein Oxidationskatalysator sind serienmäßig eingebaut.

Die Abgasrückführungsanlage dient der Verminderung des Stickstoffoxids in den Auspuffgasen (laut Abgasvorschrift EG 96 (94/12). Aus den Abgasen wird durch ein über ein Ventil geregeltes System ein bestimmter Teil abgezweigt und wieder dem Ansaugrohr zurückgeleitet. Da das Abgas in diesem Zustand wenig verbrennbares Gas enthält, bewirkt dies eine Verringerung der Temperaturen im Verbrennungsraum und damit eine Verringerung des Stickstoffoxidanteils.

Vorsichtsmaßnahmen bei Arbeiten an der Einspritzanlage

Bei allen Reparaturen an der Einspritzanlage, ganz gleich, um welchen Umfang es sich handelt, ist die größte Sauberkeit erforderlich. Die folgenden Anweisungen sind jederzeit zu beachten, jedoch möchten wir auch besonders auf die durch den Einbau der elektronischen Anlage bedingten Vorsichtsmaßnahmen hinweisen:

- Immer die Zündung ausschalten, ehe Kabel der Einspritzanlage oder Vorglühanlage abgeschlossen oder angeschlossen werden.
- Die Batterie nur abklemmen, wenn die Zündung ausgeschaltet ist, um die Anlage nicht zu beschädigen. Beim Abklemmen der Batterie daran denken, dass das Radio einen Diebstahl-Sicherheits-Code haben könnte.

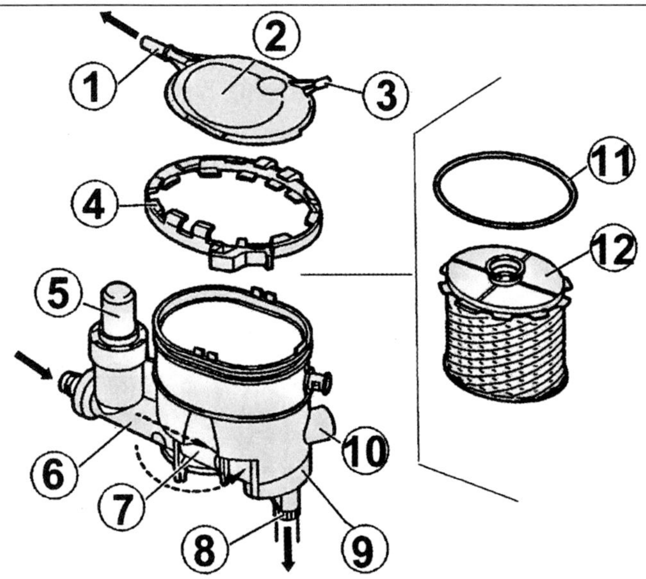

Bild 3

Die folgenden Vorsichtsmaßnahmen sind als allgemein zu betrachten:

- Alle Arbeiten an der Einspritzanlage dürfen nur unter saubersten Verhältnissen durchgeführt werden. Arbeiten im Freien sollten nur an windfreien Tagen vorgenommen werden, um die Möglichkeit von Staubbildung zu vermeiden.
- Alle Anschluss-Überwurfmuttern müssen vor dem Lösen sauber mit einem Lappen abgewischt werden.
- Alle ausgebauten Teile auf einer sauberen Werkbank oder dergleichen ablegen und mit Papier oder einem Plastikbogen abdecken. Keine flusenden Lappen zum Abdecken verwenden.
- Alle geöffneten oder teilweise zerlegten Bauteile der Einspritzanlage müssen entsprechend abgedeckt oder in einer verschlossenen Schachtel aufbewahrt werden, falls die Reparatur nicht unmittelbar durchgeführt werden kann.
- Vor dem Einbau alle Teile auf größte Reinlichkeit kontrollieren.
- Wenn Teile der Anlage geöffnet sind, keine Pressluft zum Abblasen irgendwelchen Teile des Motors benutzen.
- Den Motor keiner Motorwäsche unterziehen.
- Fahrzeug möglichst nicht wegschieben, während Teile der Einspritzanlage ausgebaut sind.
- Darauf achten, dass Dieselkraftstoff nicht an die Kühlerschläuche gelangen kann. Falls dies der Fall ist, diese sofort reinigen. Durch Dieselkraftstoff verschmutzte und damit beschädigte Schläuche müssen immer erneuert werden. Die Einspritzpumpe kann nicht repariert oder überholt werden und im Schadensfall müssen Sie in der Werkstatt eine Austauschpumpe oder neue Pumpe einbauen lassen. Zum Einstellen der Einspritzzeiten der Pumpe und auch zum Aus- und Einbau sind Spezialwerkzeuge erforderlich. Das Einstellen der Pumpe kann nur vorschriftsmäßig mit den Spezialeinrichtungen in der Werkstatt durchgeführt werden.

Kraftstofffilter

Das Filterelement im Kraftstofffilter sollte entsprechend den Intervallen im Wartungsscheckheft erneuert werden, ganz gleich, ob

Störungen in der Kraftstoffaufbereitung festgestellt wurden oder nicht. Der Filter ist mit einem austauschbaren Filterelement versehen und ist an der Innenseite des linken Radkastens montiert (von vorn gesehen rechts). Wie sich der Filter beim DW8-Motor zusammensetzt, kann man Bild 3 entnehmen. Ein unterschiedlicher Filter wird beim XUD-Motor verwendet.
Außer der regelmäßigen Erneuerung des Filtereinsatzes sollte im Filtergehäuse angesammeltes Kondenswasser bei jedem Wechsel des Motoröls abgelassen werden.

Filtererneuerung

- Massekabel der Batterie abklemmen.
- Den kompletten Luftfilter ausbauen.
- Einen geeigneten Behälter unter das Gehäuse des Kraftstofffilters unterhalten, um auslaufendes Dieselöl aufzufangen.
- Die Entlüftungsschraube an der Seite des Filterdeckels öffnen.
- Die Ablassschraube an der Unterseite des Filtergehäuses herausdrehen und den Kraftstoff in den untergehaltenen Behälter laufen lassen.
- Die Schrauben der Filtergehäusedeckelbefestigung an der Oberseite herausdrehen und den Deckel abnehmen (DW8-Motoren, Bild 3). Das Filterelement in der in Bild 4 gezeigten Weise herausnehmen (XUD-Motoren). Alle Dichtringe abnehmen, da diese beim Einbau erneuert werden müssen. Bei einem XUD-Motor kann man das komplette Filtergehäuse nach Lösen der Schraube (2) herausheben.
- Das Filtergehäuse gründlich reinigen und den neuen Filtereinsatz in das Gehäuse einsetzen. Den Filterdeckel am Filtergehäuse montieren und die Schraube in der Oberseite des Filterkopfes anziehen.
- Die Ablassschraube an der Unterseite des Filtergehäuses einschrauben und festziehen. Den Luftfilter wieder einbauen und die Batterie anschließen.
- Die Kraftstoffanlage entlüften, wie es untenstehend beschrieben wird.

Entlüften der Kraftstoffanlage

Die Kraftstoffanlage muss entlüftet werden, wenn der Kreis an irgendeiner Stelle geöffnet wurde, da dadurch Luft in die Anlage gelangt ist.
Bei einem DW8-Motor befindet sich eine Handpumpe an der in Bild 3 gezeigten Stelle, beim XUD-Motor sitzt sie an der in Bild 5 gezeigten Stelle.

- Die Entlüftungsschraube öffnen. Diese befindet sich in der Nähe des Anschlusses des Kraftstoffschlauchs, neben der Handpumpe (XUD-Motor) oder an der in Bild 3 gezeigten Stelle (DW8-Motor).
- Auf das Ende der Entlüftungsschraube einen kleinen Schlauch aufschieben und diesen in einen untergehaltenen Behälter halten.
- Die Handpumpe betätigen (ca. 20 Mal zusammendrücken), bis nur noch Dieselöl, frei von Luftblasen in den untergehaltenen Behälter läuft.
- Die Entlüftungsschraube wieder anziehen, den Schlauch vom Anschlussnippel abziehen und den Behälter herausnehmen.

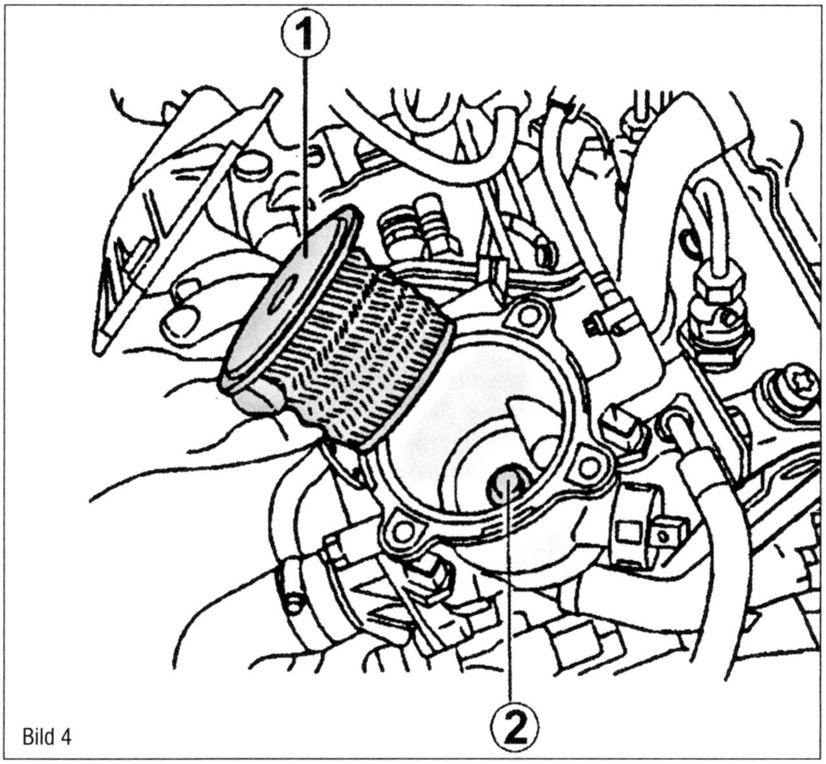

Bild 4
Ausbau des Filterelements (1) aus dem Filtergehäuse bei einem XUD-Motor. Das Gehäuse kann nach Lösen der Schraube (2) abgenommen werden.

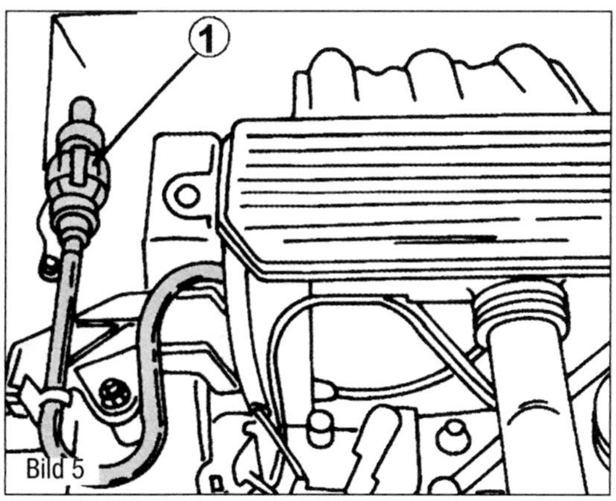

Bild 5
Ansicht der Seite des XUD-Motors mit Lage der Handpumpe zum Entlüften der Kraftstoffanlage.

Sichtprüfung Messen

- Motor anlassen und im Leerlauf drehen lassen, bis sich dieser stabilisiert hat.
- Motor abstellen und erneut anlassen. Motor ohne Betätigung des Fahrpedals laufen lassen, um die Anlage auf einwandfreie Entlüftung zu kontrollieren.

Kondenswasser entleeren

Man sollte es sich zur Angewohnheit machen, dass man im Kraftstofffilter angesammeltes Wasser bei jedem Motorölwechsel entleert. Nach fertiger Entleerung muss die Kraftstoffanlage entlüftet werden, wie es oben beschrieben wurde. Außerdem ist ein Anzeiger in die Seite des Filters eingesetzt, welcher im Armaturenbrett eine Anzeigeleuchte zum Erhellen bringt, wenn sich zu viel Wasser angesammelt hat.

- Den kompletten Luftfilter ausbauen.
- Die Entlüftungsschraube entsprechend den obigen Anweisungen öffnen.
- Einen geeigneten Auffangbehälter unter das Filtergehäuse unterhalten, den Ablassstopfen an der Unterseite des Filtergehäuses öffnen und das Dieselöl in den Behälter laufen lassen, bis nur noch Kraftstoff, ohne Wasseranteile herausläuft. Den Stopfen danach wieder anziehen.
- Abschließend die Kraftstoffanlage entlüften, wie es oben beschrieben wurde.

Düsenhalter und Einspritzdüsen

Schadhafte Einspritzdüsen können folgende Störungen hervorrufen:

- Fehlzündungen
- Klopfen in einem oder mehreren Zylindern
- Überhitzen des Motors

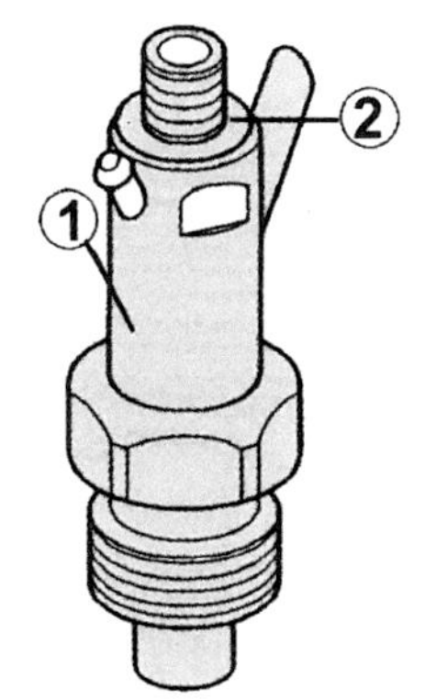

Bild 6

Bild 6
Ansicht einer Lucas-Einspritzdüse eines XUD-Motors. Düsen sind an Stellen (1) und (2) mit Farbe gezeichnet. Bei der Bosch-Düse ist nur der Düsenkörper (1) gezeichnet. Die Einspritzdüsen des DW8/DW8B-Motors haben an der Oberseite die in Bild 7 gezeigten Anschlüsse.

- Leistungsverlust
- Schwarzer Auspuffrauch
- Hoher Kraftstoffverbrauch
- Sehr blauer Auspuffrauch beim Anlassen eines kalten Motors

Eine nicht arbeitende Einspritzdüse kann man herausfinden, indem man die Einspritzleitungen der Reihe nach an den Einspritzdüsen lockert, während der Motor im schnellen Leerlauf läuft. Läuft der Motor nach Abschließen einer bestimmten Einspritzleitung mit dem gleichen Geräusch weiter, ist die schadhafte Düse gefunden.

Die Einspritzdüsen sollten zum Abdrücken oder zur Reparatur in eine Dieselwerkstatt gebracht werden. Diese Arbeiten dürfen auf keinen Fall selbst durchgeführt werden, da außer der Erforderlichkeit von Spezialgeräten auch Verletzungen durch den Spritzdruck der Düsen verursacht werden können, wenn man mit den Fingern in die Nähe des Spritzkegels kommt. Bild 6 zeigt eine Lucas-Einspritzdüse beim XUD-Motor.

Aus- und Einbau

Die Einspritzdüsen liegen ziemlich versteckt und die entsprechenden Teile müssen ausgebaut werden, um an die Düsen zu kommen. Die Düsen ragen jeweils neben der Glühkerze aus dem Zylinderkopf heraus, wie man es in Bild 7 sehen kann.

- Massekabel der Batterie abklemmen.
- Überwurfmutter der Einspritzleitung mit einem aufgesägten Ringschlüssel an der Düse lockern und die Leitung vorsichtig auf eine Seite drücken. Ein Gabelschlüssel kann ebenfalls verwendet werden, jedoch darf man nicht an den Schlüsselflächen abrutschen. Ebenfalls die Leckölleitungen (Rücklaufleitungen) abschließen.
- Den Düsenhalter herausdrehen (Steckschlüssel, 27 mm Schlüsselweite oder Spezialschlüssel 7007-T), die Düsendichtung und das Düsenplättchen herausnehmen. Beide müssen beim Einbau erneuert werden.

Der Einbau erfolgt in umgekehrter Reihenfolge wie der Ausbau. Die Flammenschutzscheibe in Bild 7 mit der abgerundeten Scheibe zur Oberseite weisend auflegen und die Kupferscheibe auflegen. Die Düsen mit einem Anziehdrehmoment von 90 Nm anziehen, die Überwurfmuttern der Einspritzleitungen mit 20 Nm. Beim Anziehen der Überwurfmuttern nicht die Kanten der Sechskante beschädigen. Außerdem die beiden Leitungsenden zuerst fingerfest anziehen, ehe man den Schlüssel zum Festziehen ansetzt. Abschließend die Anlage entlüften.

Reparatur von Einspritzdüsen
Einspritzdüsen können nur in einer Dieselwerkstatt überprüft werden (z.B. Druckprüfung) und sollten nicht zerlegt werden.

Glühkerzen

Über die Funktion der Vor- und Nachglühanlage wurde bereits in der Einleitung dieses Abschnitts geschrieben. Die einzigen zur Zündung gehören Teile sind die Glühkerzen, die zum anfänglichen Anwärmen des Verbrennungsgemischs gebraucht werden. Glühkerzen können nicht repariert werden und sind im Schadensfall zu erneuern.
Die Glühkerzen können nur im eingebauten Zustand auf Stromführung kontrolliert werden. Außerdem wird ein mit Leuchtdiode ausgestattetes Prüfinstrument zur Kontrolle gebraucht. Glühkerzen sollten Sie aus diesem Grund in einer Werkstatt überprüfen lassen. Die Kerzen haben die Aufgabe des Vorglühens und des Nachglühens.
Falls man nach Ausschrauben einer Glühkerze feststellt, dass die Spitze fast abgebrannt ist, können Sie sofort eine Einspritzdüse verdächtigen. Ungenauer Förderbeginn der Einspritzpumpe wirkt sich auch auf die Lebensdauer der Kerzen aus. Beim Kauf einer Glühkerze immer den Motortyp und das Baujahr des Fahrzeuges angeben, da Glühkerzen nicht bei allen Motoren gleich sind und außerdem manchmal abgeändert werden.
Ausfallende Glühkerzen machen sich normalerweise bei kaltem Motor bemerkbar. Der Kraftstoff in den »guten« Zylindern wird zünden, während der Zylinder mit der schlechten Kerze erst später dazukommt. Stotternder Motorlauf und blauer Auspuffrauch sind weitere Beweise dafür.
Durch die hohen Temperaturen ist es schon mal möglich, dass eine Glühkerze durchbrennt. Ebenfalls ist es möglich, dass Kerzen durch Störungen an den Einspritzdüsen, falsche Einspritzzeiten oder zu niedrigen Einspritzdruck ausfallen. In diesem Fall können sie ausgebaut und erneuert werden.
Beim Erneuern von Glühkerzen muss man sich von der Ausführung überzeugen.
Die Kerzen sitzen, wie auch die Einspritzdüsen, ziemlich versteckt und bestimmte Teile müssen ausgebaut werden, um an die Glühkerzen heranzukommen. Eine Stecknuss mit Verlängerung und Ratsche sollte zum Ausschrauben vorhanden sein.
Die Muttern von den Glühkerzen abschrauben. Die Muttern können nicht abgenommen werden, da sie sich in den Kabelschuhen des Kabelstranges befinden. Die Glühkerzen danach herausdrehen.
Der Einbau geschieht in umgekehrter Reihenfolge. Die Kerzen mit 20 Nm, die Mutter der Leitungsbefestigung mit 4 Nm anziehen.

Einstellungen an der Einspritzanlage
Wir raten Ihnen keine Einstellungen an der Einspritzanlage selbst durchzuführen, ganz gleiche welche Anlage eingebaut ist. Einstellungen an den beiden Bosch-Anlagen (XUD und DW8) und den beiden Lucas-Anlagen (XUD und DW8) sind nicht gleich. Die folgenden Einstellungen sind möglich, müssen aber in einer bestimmten Reihenfolge durchgeführt werden: Drosselklappenseil, Leerlaufeinstellung, Schnellleerlaufeinstellung. Am besten sind Sie in einer Bosch- oder Lucas-Werkstatt aufgehoben, die auch die notwendige Erfahrung hat.

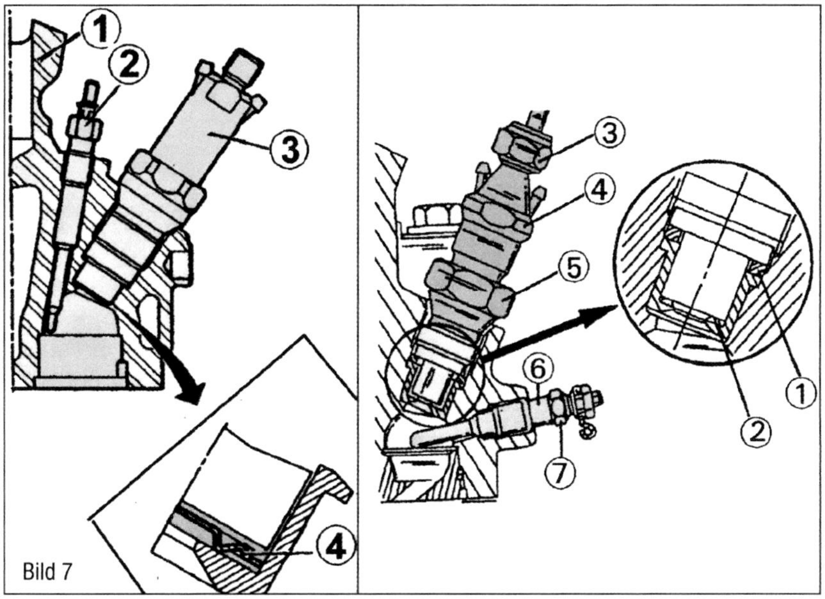

Bild 7

Bild 7
Schnitt durch eine Einspritzdüse. Auf der linken Seite für einen DW8-Motor, auf der rechten Seite für einen XUD-Motor.
Linke Ansicht:

1 Zylinderkopf
2 Glühkerze
3 Einspritzdüse
4 Flammenschutzscheibe

Rechte Ansicht:
1 Kupferscheibe
2 Flammenschutzscheibe
3 Überwurfmutter
4 Einspritzdüse
5 27 mm-Sechskant
6 Glühkerze
7 Sechskant der Glühkerze

6 HDi-Kraftstoff-einspritzanlage (ab Sept. 2002)

Einführung

Die folgenden Angaben werden Ihnen helfen, die Kraftstoffeinspritzanlage mit Hochdruck-»Common Rail«-Einspritzanlage besser zu verstehen, die ab genanntem Datum von Siemens hergestellt ist. Die Anlage ist mit verschiedenen Bauteilen versehen, welche nicht bei einer Anlage mit indirekter Einspritzung eingebaut sind. Die Bauteile sind in Bild 1 gezeigt. Die Anlage besteht aus drei unterschiedlichen Systemen: dem elektrischen System, dem Kraftstoffsystem und dem Luftansaugsystem. Die verschiedenen Systeme setzen sich aus den folgenden Teilen zusammen:

- Ein Luftströmungsmesser (1) ist in den Luftansaugschlauch zwischen dem Luftfilter und dem Turbolader eingesetzt. Die Lage des Luftströmungsmessers kann in Bild 4 gesehen werden. In den Luftströmungsmesser ist ein Temperatursensor (2) für die Ansaugluft eingesetzt.
- Teil (3) stellt den Turbolader dar (von KKK hergestellt). Er wird über das Regelventil (4) für die Aufladung mit dem Drosselklappengehäuse (8) verbunden. Der Auslass vom Drosselklappengehäuse wird zum Abgasrückführungsventil (5) und zum Elektroventil (23) der Abgasrückführung geleitet. Ebenfalls zum Luftansaugsystem gehört ein so genanntes Ansaugluftregelventil, welches elektrisch reguliert wird.

Zum elektrischen Teil der Anlage gehören die folgenden Bauteile, welche alle mit dem Steuergerät der Anlage (12) verbunden sind.

- In den Zylinderkopf ist der Sensor (6) für die Temperatur des Motorkühlmittels eingeschraubt.
- Die Drehzahl der Kurbelwelle wird mithilfe des Drehzahlsensors (7) überwacht.

Bild 1
Die Bauteile der HDi-Direkteinspritzanlage.

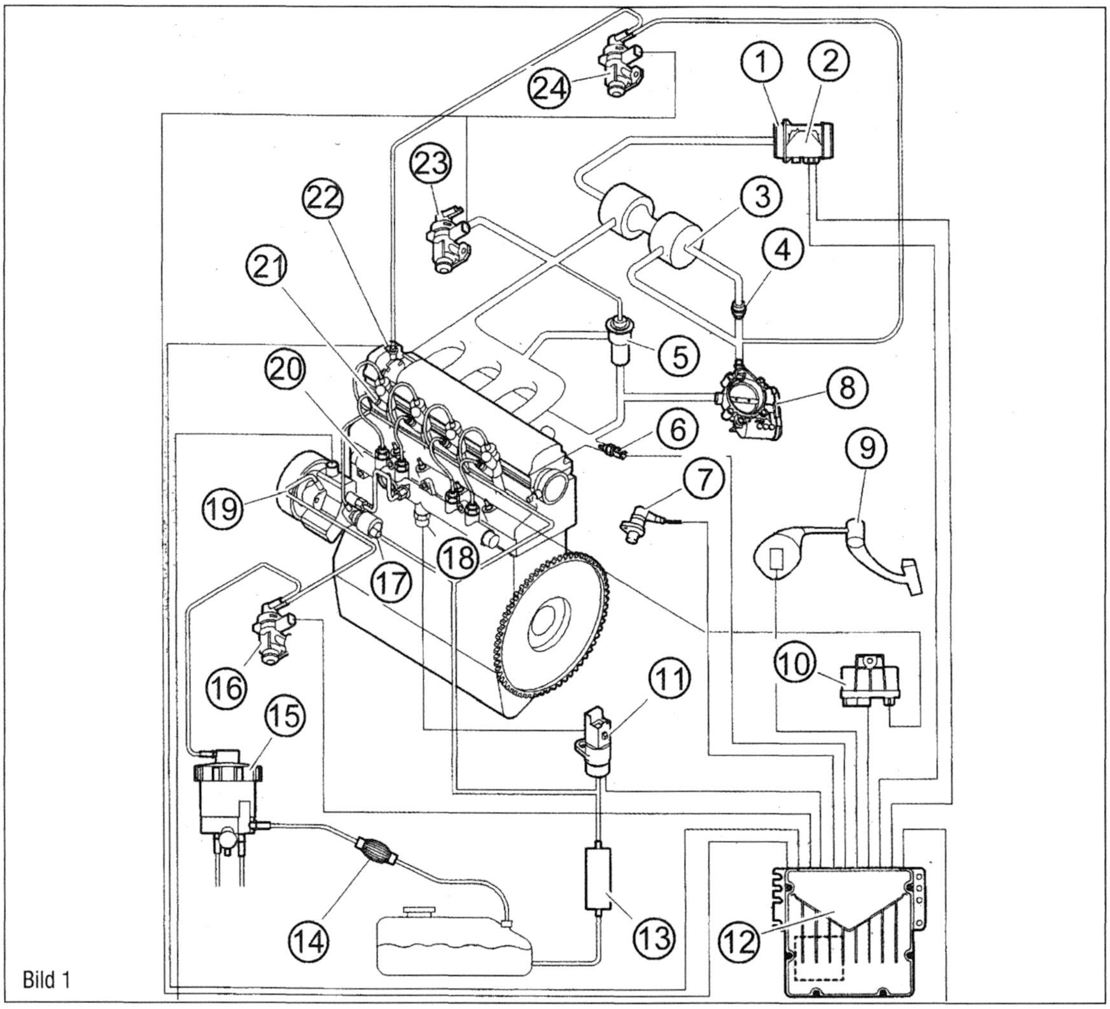

■ Ein Sensor (9) für die Stellung des Fahrpedals informiert das Steuergerät über die Beschleunigungsstufe, um die Motordrehzahl zu erhöhen oder zu verringern.

■ Das Steuergerät für die Vorglühung (10) reguliert die Glühkerzen.

■ Der Sensor für die Stellung der Nockenwelle (22) informiert das Steuergerät über die Stellung der Nockenwelle in jedem gegebenen Moment.

Die folgenden Bauteile gehören zum Kraftstoffsystem:

■ Zwischen dem Kraftstofftank und dem Motor ist ein Wärmeaustauscher/Kühler (13) eingesetzt, welcher den Kraftstoff abkühlt, ehe er wieder in den Motor eintreten kann. Ein Temperaturgeber (11) informiert das Steuergerät über die Temperatur des Kraftstoffs unter allen Betriebsbedingungen.

■ Eine handbetätigte Pumpe (14) ist zwischen dem Kraftstofftank und dem Kraftstofffilter (15) eingesetzt (an der rechten Motoraufhängung montiert).

■ An der Hochdruckpumpe sind ein Volumenregelventil (16) (elektrisch betätigt) und ein Hochdruckkraftstoffdruckregler (17) angebracht. Ein Drucksensor (18) ist an der Unterseite des »Common Rail«-Kraftstoffverteilerrohres eingesetzt.

■ Die Hochdruckpumpe (19) ist in Bild 2 gezeigt. Wird die Pumpe ausgebaut, muss man die im Bildtext gegebenen Hinweise beachten.

■ Das Hochdruckkraftstoffverteilerrohr, ebenfalls »Common Rail« (20) genannt, entspricht dem bei einem Motor mit Benzineinspritzung eingebautem Bauteil. Ein einzelnes Verteilerrohr wird benutzt, um den Kraftstoff auf die vier Einspritzdüsen zu verteilen. Der bereits genannte Druckregler ist in die Unterseite eingesetzt.

■ Die Einspritzdüsen (21) haben die in Bild 3 gezeigte Form (Nr. 5WS40000). Die Düsen haben, verglichen mit konventionellen Einspritzdüsen, ein unterschiedliches Aussehen und werden von Siemens hergestellt.

Falls eine Düse ausgebaut wird, muss man Folgendes beachten: Der Düsenkörper darf nicht vom Strömungsregler (a) getrennt werden, nicht die Mutter (b) lösen, nicht den Anschluss (c) und die eigentliche Einspritzdüse (d) ausschrauben. Einspritzdüsen müssen komplett erneuert werden.

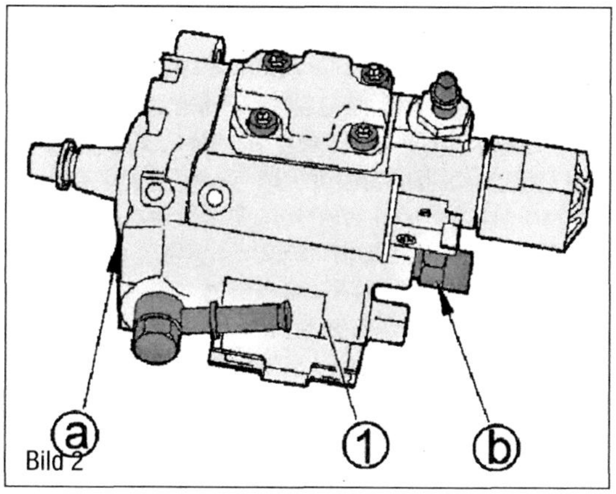

Bild 2

Bild 2
Ansicht der Hochdruckpumpe. Falls die Pumpe ausgebaut wurde, darf man nicht den Dichtring (a) und den Hochdruckanschluss (b) entfernen. Ausschrauben des Anschlusses zerstört die Pumpe.

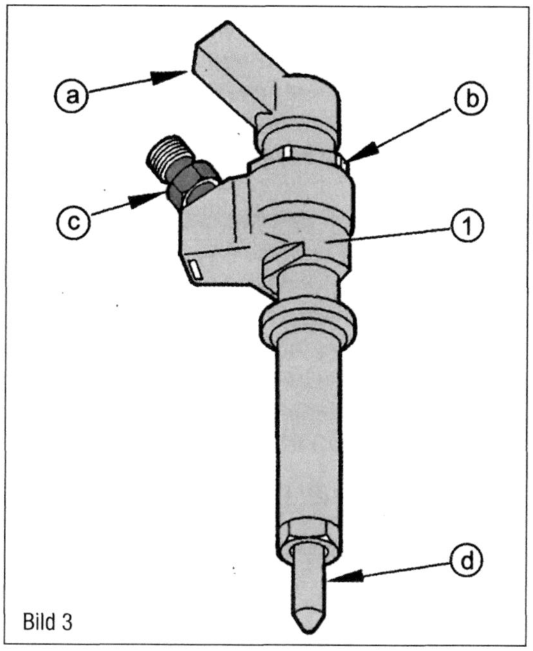

Bild 3

Bild 3
Ansicht einer Einspritzdüse (1). Auf die Buchstaben wird im Text eingegangen.

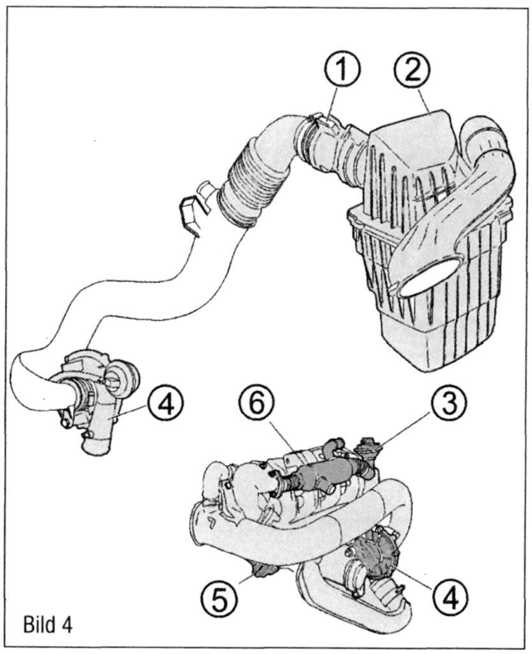

Bild 4

Bild 4
Die Teile des Luftansaugkreises bei einem DW10-Motor.

1 *Luftströmungsmesser*
2 *Luftfilter*
3 *Elektroventil, Abgasrückführung*
4 *Turbolader*
5 *Ansaugluftregler*
6 *Kühlmittel/Abgasrückführung-Wärmeaustauscher*

Reparaturen an der Anlage
Aufgrund der hohen Drücke in der Einspritzanlage sollten die einzelnen Teile der Anlage nicht aus- und eingebaut werden. Zum Ausbau der Hochdruckpumpe muss der Zahnriemen ausgebaut werden. Bei allen Arbeiten muss man jedoch sicherstellen, dass die Anlage nicht unter Druck steht.

Falls man Arbeiten an der Anlage durchführen will, sind die folgenden Hinweise zu beachten:

- Niemals bei Arbeiten an der Anlage mit nackten Flammen arbeiten und unter allen Umständen Entstehung von Funkenbildung durch Kurzschlüsse vermeiden.
- Motor bei Anzeichen von Kraftstofflecks sofort abstellen. Unter keinen Umständen ein Ausspritzen von Kraftstoff durch Darüberlegen eines Fingers verhindern. Motor abstellen.
- Nach Abstellen des Motors mindestens eine Minute lang warten, ehe irgendwelche Arbeiten durchgeführt werden. Die Anlage braucht eine gewisse Zeit, um den unter hohem Druck stehenden Kraftstoff wieder auf atmosphärischen Druck zurückzubringen. Die folgenden Arbeiten können mit einiger Vorsicht durchgeführt werden.

Bild 5
Ausbau der Hochdruckpumpe. Das Antriebsrad entsprechend der Beschreibung ausbauen.

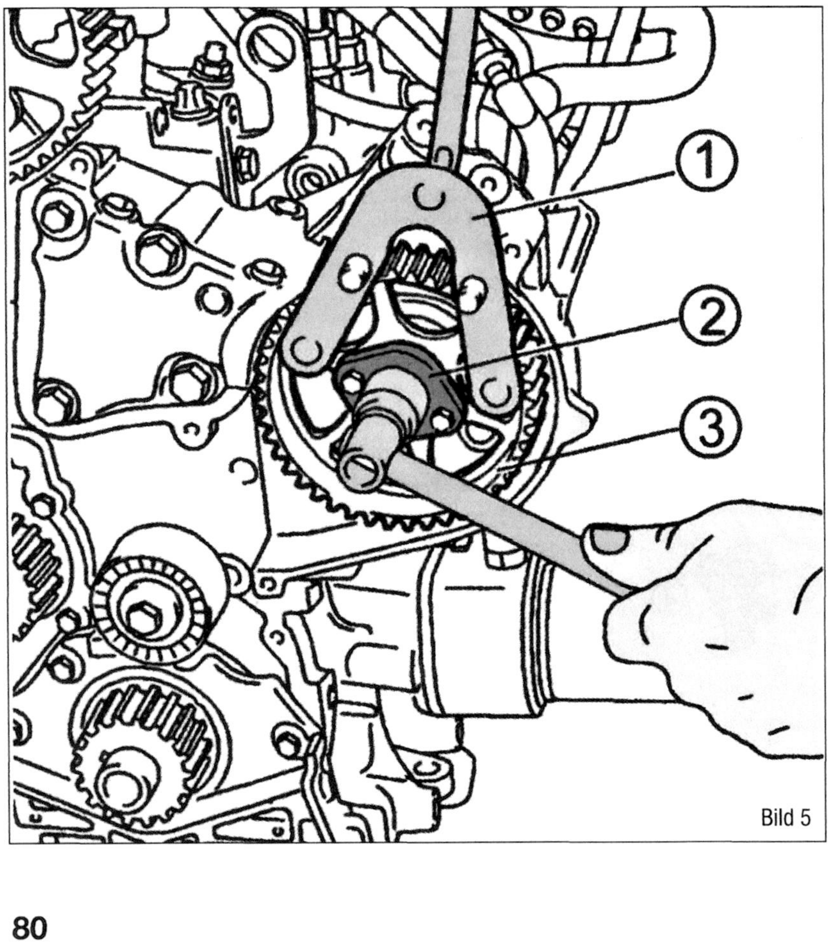

Bild 5

Hochdruck-Einspritzpumpe

Aus- und Einbau
Ein Abzieher zum Herunterziehen des Antriebsrads der Pumpe ist erforderlich. Überzeugen, dass die Anlage nicht unter Druck steht.

- Massekabel der Batterie abklemmen.
- Den Motordeckel abmontieren und die Geräuschabdämmung unter der Vorderseite des Fahrzeuges ausbauen.
- Antriebsriemen der Aggregate und den Zahnriemen ausbauen, wie es für diesen Motor beschrieben wurde. Motoraufhängung danach wieder provisorisch einbauen.
- Vor dem Fahrzeug stehend die folgenden Teile auf der linken Seite des Motorraums ausbauen: Die Handpumpe für den Kraftstoff, zwei Schnellverschlüsse um die Kraftstoffleitungen zu lösen (offene Anschlüsse gegen Eindringen von Schmutz schützen), einen Kabelstecker vom Kraftstofffilter abziehen und den kompletten Filter zusammen mit dem Filtersockel ausbauen. Kabelstrang des Motors auf eine Seite drücken. Bügel des Motordeckels abschrauben und auch diesen auf eine Seite drücken.
- Die Hochdruckleitung abschließen und die hintere Befestigung der Pumpe lösen. Zwei Gabelschlüssel sind zum Lösen der Leitung von der Pumpe erforderlich.
- Beide Kraftstoffleitungen von der Pumpe abschrauben. Offene Anschlüsse wieder gegen Eindringen von Schmutz schützen.
- Der Abzieher (2) in Bild 5 muss jetzt wie gezeigt angesetzt werden. Die Mutter des Pumpenrades lösen und abschrauben und den Abzieher mit den beiden Schrauben befestigen. Antriebsrad mit einem Hebel (1) gegenhalten und die Schraube des Abziehers mit einer passenden Stecknuss anziehen, bis das Antriebsrad herunterkommt.
- Die Schrauben der Pumpe jetzt von der Befestigung am Motor lösen und die Pumpe herausziehen.

Der Einbau findet in umgekehrter Reihenfolge. Die Hochdruckleitung muss immer erneuert werden (vorgeschrieben). Steuerriemen und Antriebsriemen montieren, wie es bereits beschrieben wurde. Folgende Hinweise beachten:

- Die Schrauben der Pumpe mit 20 Nm anziehen, die hintere Befestigung mit 22,5 Nm anziehen.

■ Mithilfe von zwei Gabelschlüsseln die Hochdruckleitung mit 25 Nm anziehen (Drehmoment schätzen).
■ Antriebsrad montieren, wie in Bild 5 gegen Mitdrehen halten, und die Mutter mit 50 Nm anziehen.
■ Nach dem Einbau den Motor anlassen und die Anschlussstelle der Hochdruckleitung auf Leckstellen kontrollieren.

»Common-Rail«-Verteilerrohr

Aus- und Einbau
Wiederum müssen die Arbeiten unter sauberen Verhältnissen durchgeführt werden:
■ Massekabel der Batterie abklemmen.
■ Die vier Kabelstecker von den Einspritzdüsen abziehen, einen Stecker unter der Stütze des Kabelstrangs, einen Stecker zur linken Seite hin. Handpumpe zusammen mit der Halterung ausbauen.
■ Die Stützleiste für den Kabelstrang muss auf eine Seite geschoben werden, damit sie bei den folgenden Arbeiten nicht im Wege ist.
■ Den großen Schlauch vom Zylinderkopf abschließen und auf eine Seite schieben. Dieses ist der Entlüftungsschlauch des Motors.
■ Kraftstoffleitungen abschließen und die offenen Enden gegen Eindringen von Schmutz schützen. Leitungen von den Befestigungen befreien.
■ Kraftstofffilter und Kraftstofffilterhalterung ausbauen. Muss als Ganzteil ausgebaut werden.
■ Kraftstoffleitung unter Bezug auf Bild 6 ausbauen. Dazu wieder zwei Gabelschlüssel benutzen. Überwurfmuttern auf der Einspritzdüsenseite und auf der anderen Seite abschrauben und Hochdruckleitungen abnehmen.
■ Es wird sich jetzt die in Bild 7 gezeigte Ansicht ergeben. An der Unterseite des Verteilerrohres den Druckregler (3) ausschrauben. Danach die Schrauben (1) lösen und das Verteilerrohr (2) herausnehmen.

Der Einbau findet in umgekehrter Reihenfolge statt. Hochdruckleitungen müssen immer erneuert werden (vorgeschrieben). Folgende Punkte beachten:
■ Das Verteilerrohr (2) in Bild 7 ansetzen, die Schrauben (1) einschrauben und handfest anziehen. Hochdruckleitung einbauen. Die beiden Überwurfmuttern werden mit 22 Nm angezogen. Wiederum zwei Gabelschlüssel benutzen, wenn die Muttern angezogen werden. Das Drehmoment muss geschätzt werden, da man keinen Drehmomentschlüssel ansetzen kann.
■ Die Einspritzleitungen an die Einspritzdüsen der Zylinder Nr. 2 und Nr. 4 anschließen und die Überwurfmuttern lose auf den Düsen und am Verteilerrohr aufschrauben. Jetzt die Leitungen an den Zylindern Nr. 1 und Nr. 3 in gleicher Weise anschrauben. Überzeugen, dass die Leitungen wie vorgefunden angebracht wurden.
■ Die Überwurfmuttern der Leitungen mit 25 Nm anziehen (mit zwei Gabelschlüsseln, Drehmoment schätzen). Das Drehmoment ist auf beiden Seiten gleich.
■ Schrauben (1) in Bild 7 mit 23 Nm anziehen.
■ Alle anderen Arbeiten in umgekehrter Reihenfolge durchführen.

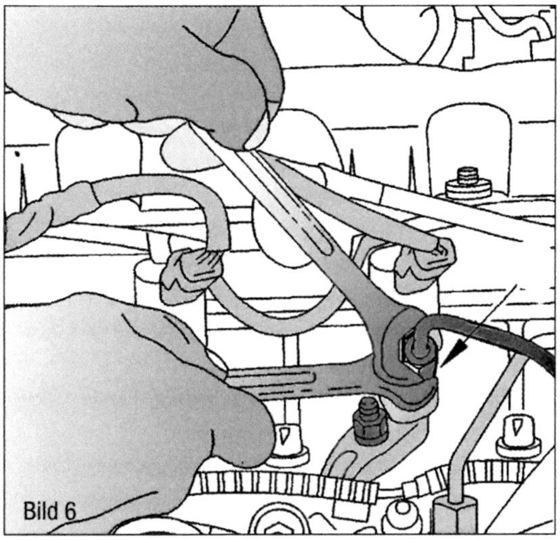

Bild 6
Abschließen der Hochdruckleitungen von den Einspritzdüsen. Zwei Gabelschlüssel wie gezeigt benutzen, um die Überwurfmutter (Pfeil) zu lösen.

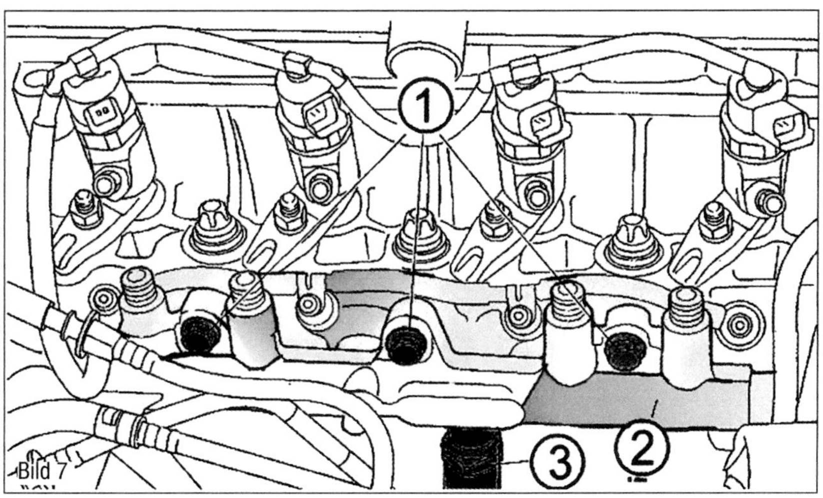

Bild 7
Die Schrauben (1) halten das Kraftstoffverteilerrohr, d. h. die »Common Rail« (2). An der Unterseite ist der Druckregler (3) eingeschraubt.

Einspritzdüsen

Aus- und Einbau

Ein langer Steckschlüssel wird zum Ausbau der Düsen gebraucht (die Werkstatt benutzt einen Spezialschlüssel).

☞ Einige Überwurfmuttern sind ziemlich schwer zu lösen. Wir raten Ihnen deshalb, dass Sie zuerst die Gegend der Einspritzdüsen ansehen, ehe mit der Arbeit begonnen wird.

■ Massekabel der Batterie abklemmen und den Motordeckel abmontieren.

■ Die vier Stecker von den Einspritzdüsen abziehen. Die Stütze des Kabelstrangs muss auf eine Seite geschoben werden, damit sie bei nachfolgenden Arbeiten nicht im Weg ist.

■ Die an den Düsen angeschlossenen Kraftstoffrücklaufleitungen abschließen.

■ Die Kraftstoffhandpumpe ausbauen (links, in den Motorraum gesehen).

■ Die Überwurfmuttern der Hochdruckleitungen gut reinigen, ehe sie abgeschraubt werden. Dies ist wichtig. So sind Mechaniker in einer Werkstatt angewiesen saubere Anzüge zu tragen, ehe die Leitungen abgeschlossen werden!

■ Zwei Gabelschlüssel in der in Bild 6 gezeigten Weise an der Überwurfmutter und darunter ansetzen und die Mutter von den Einspritzdüsen abschrauben. In gleicher Weise die Leitung vom Anschluss am Verteilerrohr abschrauben. Öffnungen in Einspritzdüse und Verteilerrohr in geeigneter Weise verschließen. In der Werkstatt werden spezielle Kappen benutzt, die man über die Anschlussstücke steckt.

■ Die Mutter (1) in Bild 8 lösen, die Kappe (2), d. h. eine Scheibe, abnehmen und den Flansch (3) herunternehmen. An der Unterseite der Düsen die Dichtringe (7) und (8) abnehmen. Manchmal ist es schwer eine Düse auszubauen. Falls dies der Fall sein sollte, die Stiftschraube für den Flansch herausdrehen (zwei Muttern aufschrauben, gegeneinander kontern und einen Gabelschlüssel an der unteren Mutter ansetzen). Es wird jetzt ein passender Gabelschlüssel an Stelle (b) der Einspritzdüse angesetzt, um diese aus ihrer Befestigung herauszuhebeln.

Beim Einbau folgendermaßen vorgehen. Dichtringe müssen erneuert werden:

■ Die zum Verschließen benutzten Kappen entfernen (falls verwendet) und die Abstandshülse (4) in ihre Lage setzen. Dichtringe (7) und (8) auflegen.

■ Die Einspritzdüse (6) einsetzen, den Flansch in die richtige Lage bringen und die Scheibe (2) über den Flansch legen. Mutter (1) aufschrauben, ohne sie anzuziehen.

☞ Die Hochdruckleitungen werden jetzt in einer bestimmten Reihenfolge angezogen:

■ Die Einspritzleitungen der Zylinder Nr. 2 und 4 handfest an den Einspritzdüsen und dem Verteilerrohr anziehen. Danach die Muttern (1) in Bild 8 der beiden Zylinder mit 30 Nm anziehen.

■ Die Einspritzleitungen der Zylinder Nr. 1 und 3 handfest an den Einspritzdüsen und dem Verteilerrohr anziehen. Danach die Muttern (1) in Bild 8 der beiden Zylinder mit 30 Nm anziehen.

■ Die Überwurfmuttern an den Einspritzdüsen und am Verteilerrohr mit 25 Nm anziehen. Da in der Werkstatt ein Spezialschlüssel zum Ansetzen eines Drehmomentschlüssels benutzt wird, muss man das Drehmoment gut schätzen. Das Sechskant unter den Überwurfmuttern muss jeweils gut mit einem Gabelschlüssel gegengehalten werden, damit es sich das Anschlussstück nicht mitdrehen kann.

Alle anderen Arbeiten werden in umgekehrter Reihenfolge durchgeführt.

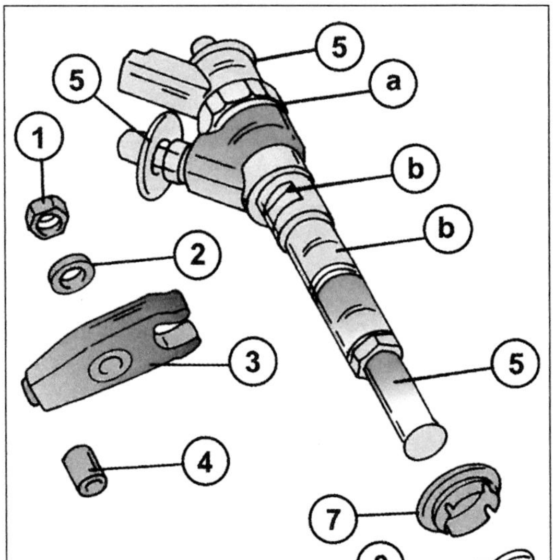

Bild 8

Bild 8
Ansicht einer Einspritzdüse. Niemals die Mutter (a) lösen.

1. *Mutter, 30 Nm*
2. *Unterlegring*
3. *Befestigungsflansch*
4. *Abstandshülse*
5. *Schutzkappe (Spezialwerkzeug)*
6. *Einspritzdüse*
7. *Dichtring*
8. *Dichtring*

Turbolader – Aus- und Einbau

Bild 9 zeigt Einzelheiten des Aus- und Einbaus. Der Turbolader wird zusammen mit dem Auspuffkrümmer ausgebaut.

Wir müssen hinzufügen, dass man den Nebenrahmen ausbauen muss um den Turbolader herauszunehmen – also eine sehr umfangreiche, nicht alltägliche Arbeit. Die Arbeiten werden unter Bezug auf die Abbildung durchgeführt:

- Massekabel der Batterie abschließen (Vorsichtsmaßnahmen beachten).
- Motornebenrahmen und den Katalysator ausbauen.
- In der folgenden Reihenfolge ausbauen: das Einlassrohr des Turboladers (2) und das Auslassrohr (1), die Ölzufuhrleitung (10) auf der Motorseite und die Ölrücklaufleitung (11) auf der Turboladerseite. Die offenen Leitungsenden in geeigneter Weise verschließen.
- Die Muttern (6), die Schrauben (5) und die Mutter (4) entfernen. An der mit dem Pfeil gezeigten Stelle die Dichtung zwischen den Verbindungsflanschen entfernen.
- Abgasrückführungsventil (7) anheben und frei machen.
- Die acht Muttern (3) und die Abstandscheiben des Auspuffkrümmers (8) lösen und den Auspuffkrümmer zusammen mit dem Turbolader (9) herausheben. Der Turbolader kann jetzt vom Auspuffkrümmer getrennt werden.

Vor dem Einbau die folgenden Prüfungen vornehmen:

- Die Luftfilteranlage und alle Anschlüsse auf guten Zustand überprüfen.
- Motoröl und Ölfilter wechseln.
- Kontrollieren, ob der Ölschmierkreis und die Überwurfmuttern der Anschlussstellen sauber sind. Wo erforderlich neue Dichtringe verwenden. Nur für den Turbolader geeignete Schrauben verwenden, da diese widerstandsfähig gegen Einwirken von Hitze sein müssen.
- Luftansaugschläuche und der Auspuffkrümmer (Abgaskrümmer) müssen frei von Schmutz oder anderen Fremdkörpern sein.

Folgendermaßen montieren:

- Turbolader am Ansaugkrümmer anbringen und zusammen am Motor montieren.
- Die verbleibenden Teile in umgekehrter Reihenfolge wie beim Ausbau montieren. Abschließend das Massekabel der Batterie anklemmen.

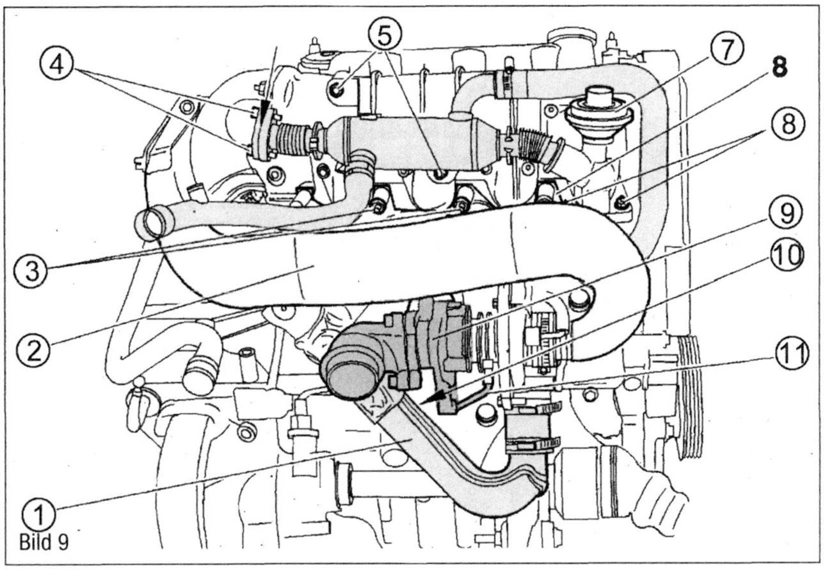

Bild 9 Einzelheiten zum Aus- und Einbau des Turboladers. Die Zahlen werden im Text erwähnt.

Abgasrückrührungsventil

Das Ventil kann erneuert, jedoch nicht repariert werden. Bild 9 zeigt mit (7), wo sich das Ventil befindet. Es wird darauf hingewiesen, dass ebenfalls ein elektrisch arbeitendes Ventil zur Anlage gehört. Die folgenden Anweisungen beziehen sich nur auf das gezeigte Ventile:

- Massekabel der Batterie abklemmen und den Motordeckel abmontieren.
- Kühlanlage ablassen und den hinter dem Ventil liegenden Schlauch abschließen. Die Muttern (6) und die Schrauben (4) entfernen und den Schlauch vom Ventil abschließen.
- Die gesamte Einheit in Richtung Getriebe schieben und den Schlauch vom Wärmeaustauscher abschließen. Das Ventil und den Wärmeaustauscher zusammen herausnehmen.

Bild 10 Einzelheiten zum Ausbau des Kraftstofffilters. Die Zahlen sind im Text erwähnt.

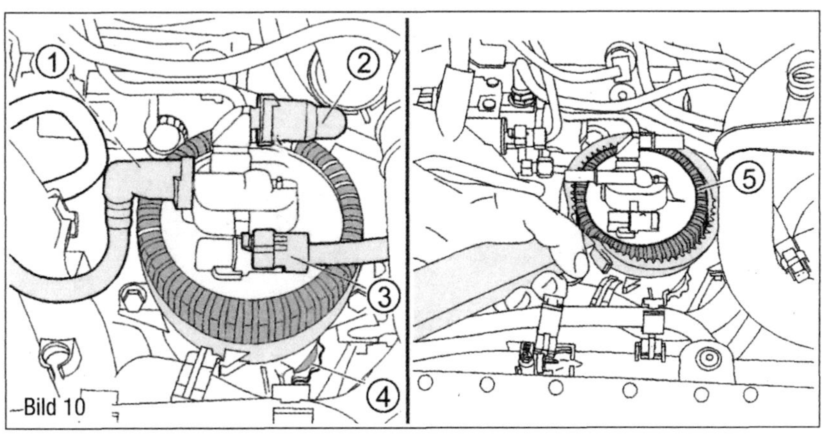

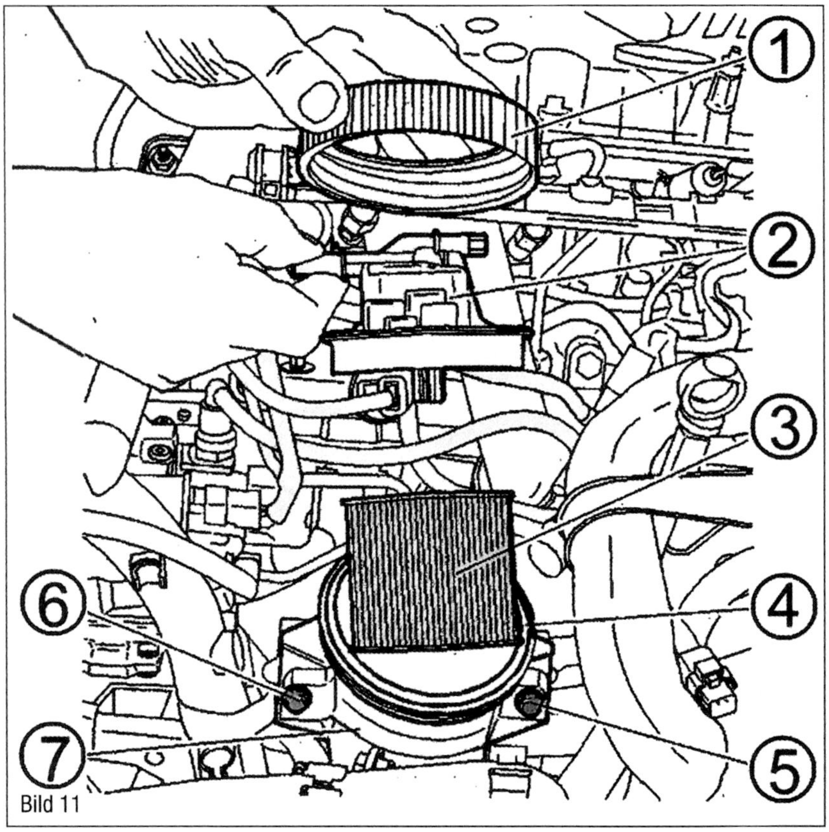

Bild 11
Einzelheiten zum Aus- und Einbau des Kraftstofffilters.

Zur Erneuerung des Ventils die Bundringe von beiden Enden des Wärmeaustauschers entfernen. Die Teile vor dem Trennen kennzeichnen und wieder in der gleichen Stellung montieren.

Der Einbau geschieht in umgekehrter Reihenfolge. Die ausgebauten Teile entsprechend der eingezeichneten Kennzeichnungen wieder anbringen. Kühlanlage auffüllen und entlüften.

Kraftstofffilter

Verglichen mit den anderen Motoren ist die Montage des Kraftstofffilters neu und aus diesem Grund auch der Aus- und Einbau. Folgendermaßen vorgehen:

- Massekabel der Batterie abklemmen, die Geräuschabdämmung unter dem Fahrzeug ausbauen und den Motordeckel abmontieren. Einen Auffangbehälter unter den Motor setzen.
- Die Entlüftungsschraube (4) in der linken Ansicht von Bild 10 öffnen.
- Die Leitungsanschlüsse gründlich reinigen und die Leitungen (1) und (2) abschließen. Ebenfalls den Stecker (3) abziehen. Offene Anschlussstellen gegen Eindringen von Schmutz schützen.
- Die große Ringmutter (5) in der rechten Ansicht von Bild 10 mit einer großen Zange öffnen. Die Ringmutter (1) wie in Bild 11 gezeigt abnehmen und den Deckel (2), den Filtereinsatz (3) und den Dichtring (4) entfernen. Zum Ausbau des Filtergehäuses (7) werden die Schraube (5) auf der rechten Seite und die Schraube (6) auf der linken Seite gelöst. Die Innenseite des Filtergehäuses gründlich reinigen.
- Das Filtergehäuse (7) montieren und mit den Schrauben (5) and (6) befestigen.
- Den Filtereinsatz aus der Verpackung herausnehmen und richtig in das Filtergehäuse einsetzen. Den Deckel (1) in Bild 12 (links) halten und in die richtige Lage über den Filtereinsatz (2) und den Dichtring (3) setzen. Der Deckel muss so aufgesetzt werden, dass die beiden Leitungsanschlüsse (a) in Bild 12 in der rechten Ansicht parallel mit dem Motor liegen.
- Die Ringmutter (4) in der rechten Ansicht von Bild 12 aufschrauben. Die Mutter anziehen, bis die Markierungen (b) und (c) in einer Linie liegen. Die Ringmutter wie in Bild 10 (rechts) mit einem geeigneten Werkzeug anziehen.
- Die beiden Leitungen (1) und (2) in Bild 10 wieder anziehen. Die Handpumpe ca. 2 Minuten lang betätigen, um die Kraftstoffanlage zu entlüften.
- Die Werkstatt benutzt zum Entlüften der Anlage ein spezielles Anschlussstück, welches in die Leitungsenden eingesetzt wird. Ohne dieses muss man versuchen die Anlage zu entlüften, bis sie luftfrei ist.
- Die verbleibenden Arbeiten werden in umgekehrter Reihenfolge zum Ausbau durchgeführt.

Bild 12
Einbau des Kraftstofffilters. Siehe Text.

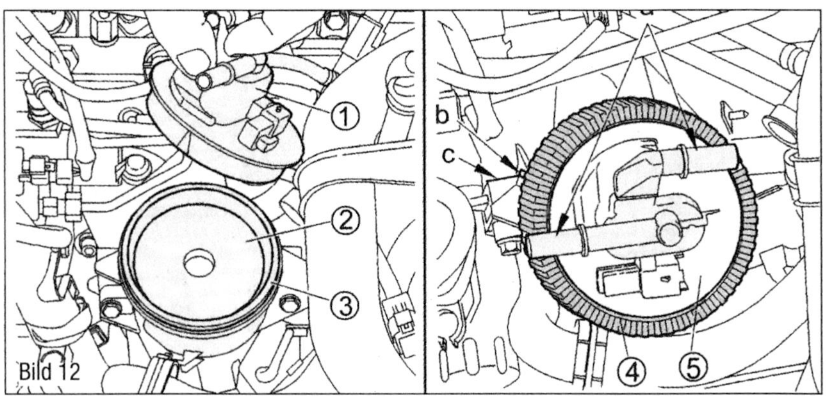

Luftfilter

Der Luftfilter ist mit einem Trockenfiltereinsatz versehen und auf der linken Seite am inneren Kotflügelblech montiert. Der Luftfiltereinsatz sollte alle 30'000 km erneuert werden. Dies ist eine allgemeine Anweisung. Nur Ihr Wartungsscheckheft wird Ihnen die genauen Wechselzeiten für den Filtereinsatz geben, da diese manchmal während der Baujahre geändert werden.
Die Erneuerung des Filtereinsatzes, auch Filterelement genannt, bringt keine Probleme mit sich. Wichtig dagegen ist, dass man den richtigen Filtereinsatz einbaut.
Niemals versuchen einen verschmutzten Filtereinsatz zu reinigen. Leichte Staubansammlungen können jedoch von innen nach außen mithilfe von Druckluft entfernt werden.

Vor- und Nachglühung
Das Steuergerät für die Vorglühung wird vom Steuergerät der Einspritzanlage reguliert. Entweder von Nagares oder Cartier geliefert. Champion CH170-Glühkerzen sind eingebaut.

7 HDi-Kraftstoffeinspritzanlage (vor Sept. 2002)

Einführung

Die folgenden Informationen werden Ihnen helfen, die eingebaute Hochdruck-Einspritzanlage, unter dem Namen »Common Rail«-Einspritzung bekannte Anlage, besser zu verstehen. Die Anlage wird von Bosch gebaut und trägt die Bezeichnung EDC 15C7. Sie wird bis zur Einführung der von Siemens gebauten Anlage eingebaut. Im Allgemeinen:

- Eine Hochdruck-Einspritzpumpe ist auf der rechten Seite des Fahrzeugs eingebaut. Die Pumpe ist in der Lage, einen Druck bis zu 1350 bar herzustellen.
- Die Rücklaufleitung ist zwischen dem Kraftstofffilter und dem Niederdruckanschluss der Pumpe eingesetzt.
- Eine Leitung ist zwischen dem Kraftstofffilter und der Hochdruckpumpe eingesetzt.
- Der Kraftstofffilter ist zwischen den verschiedenen Leitungen zwischen der Hochdruckpumpe und dem Tank eingesetzt.
- Eine Leitung ist zwischen dem Niederdruck-Rücklaufanschluss und dem Kraftstoffkühler eingesetzt.
- Eine Leitung vom Kraftstofftank ist mit dem Kraftstofffilter verbunden.
- Eine Förderpumpe liefert den unter niedrigen Druck stehenden Kraftstoff über eine Leitung zum Kraftstofffilter und von da zur Hochdruckpumpe, von wo aus der Kraftstoff zum Verteilerrohr geleitet wird.

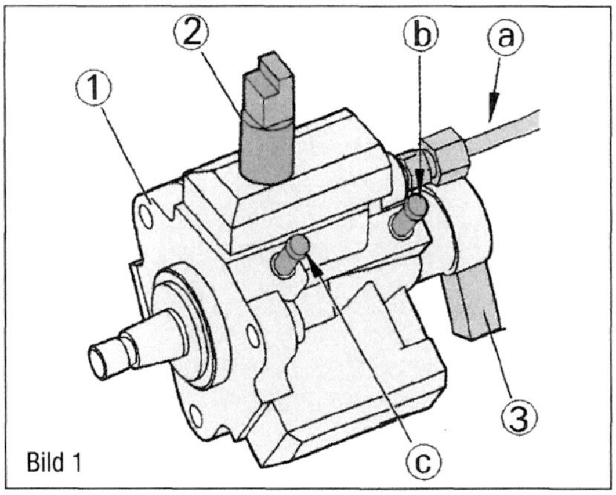

Bild 1
Ansicht der Hochdruckpumpe. Auf die Buchstaben und Zahlen wird im Text eingegangen.

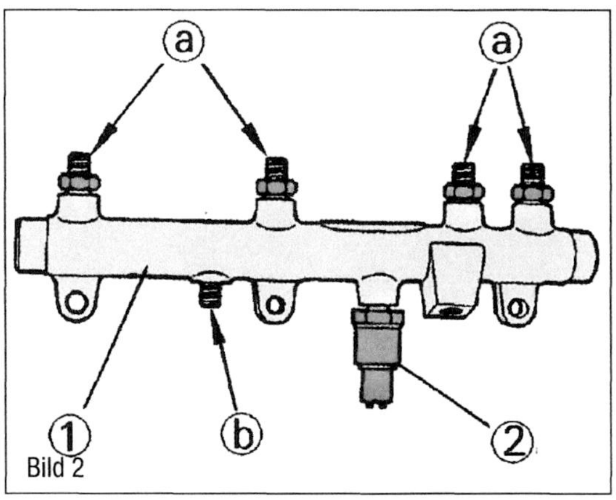

Bild 2
Ansicht des Common-Rail-Verteilerrohres. Anschlüsse (a) sind mit den Einspritzdüsen verbunden, der Kraftstoff tritt durch den Anschluss (b) ein. Der Sensor (2) überwacht den Kraftstoffdruck.

Hochdruckeinspritzpumpe

Bild 1 zeigt, wie die Hochdruckpumpe aussieht. Die Pumpe wird von Bosch hergestellt. Die Pumpe ist eine so genannte Radialjet-Pumpe mit drei Radialkolben. Die Pumpe wird durch den Steuerriemen angetrieben. Falls der Zahnriemen ausgebaut wird, erübrigt sich die Kennzeichnung des Antriebsrades, da dieses in beliebiger Stellung stehen kann. Die Pumpe wird durch den hindurchfließenden Dieselkraftstoff geschmiert und gekühlt. Die Pumpe kann einen Druck bis zu 1350 bar erzeugen. Die folgenden Hinweise beziehen sich auf Bild 1:

- Die Hochdruckpumpe (1) ist mit einem so genannten Deaktivator (2) für den dritten Kolben der Pumpe versehen.
- Ein Hochdruck-Kraftstoffdruckregler (3) ist an der gezeigten Stelle montiert, und reguliert, wie der Name besagt, den Druck in der Pumpe und im verbleibenden System.
- Der Leitungsanschluss (a) ist der Kraftstoffauslass von der Pumpe zum »Common-Rail«-Kraftstoffverteiler in Bild 2. Übermäßig geförderter Kraftstoff gelangt über den Anschluss (b) wieder zum Kraftstofftank zurück, wird aber vorher im Kraftstoffkühler abgekühlt. Der Kraftstoff gelangt über den Anschluss (c) in die Hochdruckpumpe.

Zu beachten ist, dass der in der Pumpe eingeschraubte Anschluss der Leitung (a) nicht ausgeschraubt werden darf, da andernfalls Störungen in der Pumpe auftreten können.

- Falls der um die Antriebswelle eingebaute Dichtring Zeichen von Leckstellen aufweist, ist dies eine schlechte Nachricht. Da der Dichtring nicht erneuert werden kann, bedeutet dies eine Erneuerung der Hochdruckpumpe.

Hochdruck »Common-Rail«-Einspritzrohr
Ähnlich wie bei Benzineinspritzmotoren wird ein einteiliges Verteilerrohr (»Common-Rail«) zur Verteilung des Kraftstoffs an die vier Einspritzdüsen verwendet. An der Unterseite des Verteilerrohres ist ein Sensor (2) eingesetzt, um den Kraftstoffdruck aufzuspüren. In der Innenseite des Verteilerrohres wird immer eine bestimmte, unter Druck stehende Kraftstoffmenge gespeichert, ganz gleich in welchem Betriebszustand sich der Motor befindet. Durch die Einspritzung des Kraftstoffs erzeugte Impulse werden abgedämpft.

Einspritzdüsen
Verglichen mit herkömmlichen Einspritzdüsen sind die im HDi-Motor eingebauten Düsen von unterschiedlicher Bauweise, wie man aus Bild 3 ersehen kann. Sie werden von Bosch hergestellt. Ein Kabelstecker (1) ist auf der Oberseite jeder Einspritzdüse aufgesteckt, um die durch das elektronische Steuergerät regulierte Einspritzdüse zu betätigen.
Anschluss (a) wird über ein Leitungssystem mit dem Tank verbunden, d. h. nicht verbrauchter Kraftstoff wird durch den Kraftstoffkühler wieder dem Tank zurückgeführt. Der unter Druck stehende Kraftstoff von der Common-Rail tritt durch den Anschluss (b) in die Einspritzdüse ein, welche mit einer Überwurfmutter angeschlossen ist. Der an der Düse angebrachte Anschluss darf nicht von der Düse abgeschraubt werden. Außerdem kann man eine Düse nicht zerlegen, da es keine Ersatzteile gibt.

Ansaugluftsystem
- Der Motor arbeitet mit einem Turbolader. Ein Verbindungsrohr verbindet den Luftfilter mit dem Turbolader. Außenluft wird durch das Einlassrohr angesaugt. In den Luftfilter ist ein Luftströmungsmesser eingesetzt.
- Der Turbolader ist direkt am Auspuffkrümmer montiert.

Kraftstoffförderpumpe
Die Pumpe sitzt im Tank und arbeitet elektrisch mit einem Förderdruck von 7 bar.

Zusätzliche Bauteile der Anlage
Ein Gaspedal-Potentiometer ist am Gaspedal angebracht. Die Stellung des Gaspedals wird in ein elektrisches Signal umgewandelt,

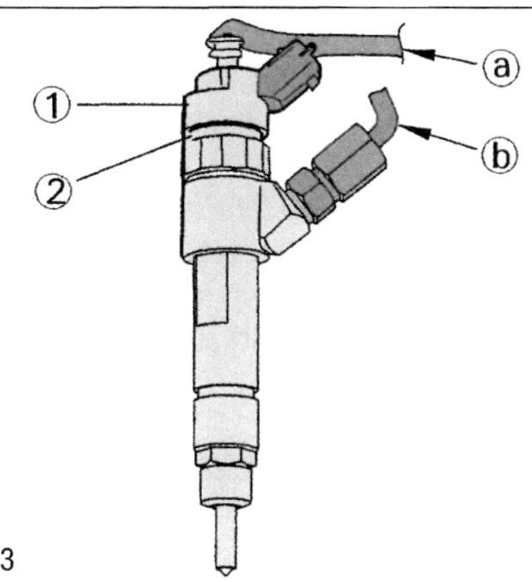

Bild 3

Bild 3
Ansicht einer Einspritzdüse, wie sie in der HDi-Anlage eingebaut ist. Siehe Beschreibung im Text.

welches dem elektronischem Steuergerät zugeführt wird, um die Einspritzdauer und den Kraftstoffdruck für den besten Betrieb des Motors zu kalkulieren. Der Pedalweg kann eingestellt werden, jedoch wird dazu ein Diagnosegerät gebraucht (Werkstattarbeit).

Bremspedal- und Kupplungspedalschalter
Das Bremspedal hat einen Schalter, welcher die Bremsleuchten ein- und ausschaltet. Aus dem Signal »Bremspedal getreten« kalkuliert das elektronische Steuergerät die Abbremsung des Fahrzeuges. Der Kupplungspedalschalter ermöglicht dem Steuergerät zwischen »Gang eingeschaltet« oder »Gangwechsel« zu unterscheiden.

Reparaturen an der HDi-Anlage
Aufgrund der hohen Drücke in der Einspritzanlage sollten die einzelnen Teile der Anlage nicht aus- und eingebaut werden. Zum Ausbau der Hochdruckpumpe muss der Zahnriemen ausgebaut werden, wie es für den entsprechenden Motor beschrieben wurde (Kapitel »Motor«). Voraussetzung bei allen Arbeiten ist größte Sauberkeit. Bei allen Arbeiten muss man jedoch sicherstellen, dass die Anlage nicht unter Druck steht.

Falls man Arbeiten an der Anlage durchführen will, sind die folgenden Hinweise zu beachten:
- Niemals bei Arbeiten an der Anlage mit nackten Flammen arbeiten und unter allen Umständen Entstehung von Funkenbildung durch Kurzschlüsse vermeiden.
- Motor bei Anzeichen von Kraftstofflecks sofort abstellen. Unter keinen Umständen ein Ausspritzen von Kraftstoff durch Darüberlegen eines Fingers verhindern. Motor abstellen.

Bild 4
Einzelheiten zum Aus- und Einbau der Hochdruckpumpe. Auf die Zahlen wird im Text eingegangen.

Bild 5
Ausbau der Hochdruckpumpe. Auf der linken Seite wird das Antriebsrad der Pumpe ausgebaut. Die rechte Ansicht zeigt die Befestigung der Pumpe mit den drei Schrauben (4).

- Nach Abstellen des Motors mindestens eine Minute lang warten, ehe irgendwelche Arbeiten durchgeführt werden. Die Anlage braucht eine gewisse Zeit, um den unter hohem Druck stehenden Kraftstoff wieder auf atmosphärischen Druck zurückzubringen.
- Die folgenden Arbeiten können mit einiger Vorsicht durchgeführt werden.

Hochdruck-Einspritzpumpe

Aus- und Einbau

Ein Abzieher zum Herunterziehen des Antriebsrads der Pumpe ist erforderlich. Überzeugen, dass die Anlage nicht unter Druck steht.

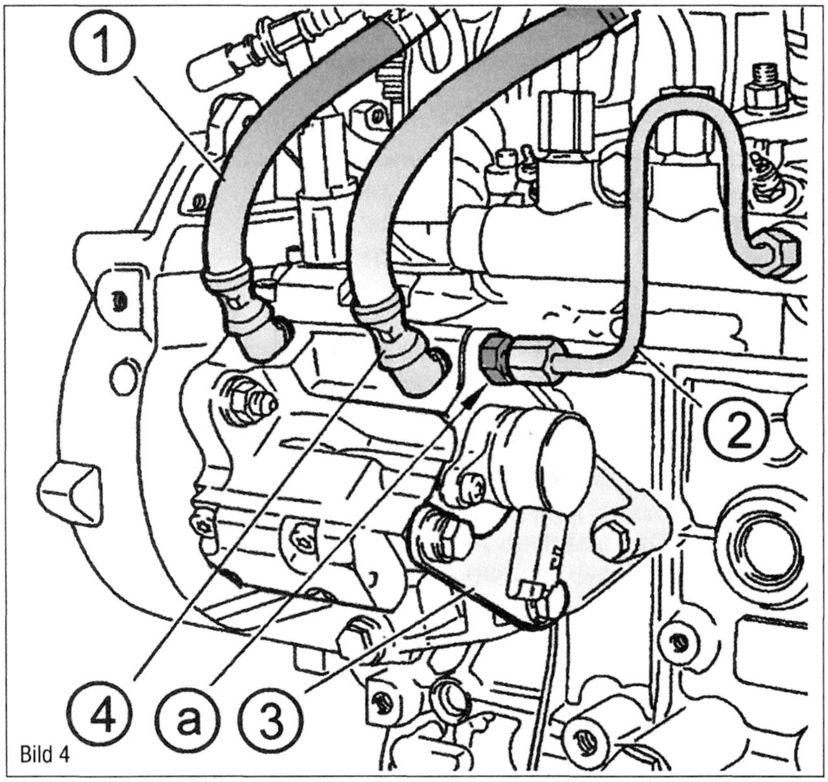

Bild 4

Bild 5

- Massekabel der Batterie abklemmen.
- Den Motordeckel abmontieren und die Geräuschabdämmung unter der Vorderseite des Fahrzeuges ausbauen.
- Antriebsriemen der Aggregate und den Zahnriemen ausbauen, wie es für diesen Motor beschrieben wurde. Motoraufhängung danach wieder provisorisch einbauen.
- Den elektrischen Kabelstrang ausbauen und den Kraftstofffilter entleeren und ausbauen. Die Filterbefestigung lösen und zur linken Seite hin den Anschluss der Leitung der Hochdruckpumpe abschließen.
- Unter Bezug auf Bild 4 die Hochdruckleitung (2) und die hintere Befestigung der Pumpe (3) lösen. Zwei Gabelschlüssel müssen an der Verbindung (a) angesetzt werden, wenn die Leitung (2) von der Pumpe gelöst wird.
- Die Kraftstoffvorlaufleitung (1) und die Kraftstoffrücklaufleitung (4) abschließen. Alle offenen Anschlüsse gegen Eindringen von Schmutz schützen.
- Der Abzieher (2) in Bild 5 muss jetzt wie gezeigt angesetzt werden. Die Mutter des Pumpenrades lösen und abschrauben und den Abzieher mit den beiden Schrauben befestigen. Antriebsrad mit einem Hebel (1) gegenhalten und die Schraube des Abziehers mit einer passenden Stecknuss anziehen, bis das Antriebsrad herunterkommt.
- Die Schrauben der Pumpe (4) in Bild 5 jetzt von der Befestigung am Motor lösen und die Pumpe herausziehen.

Der Einbau findet in umgekehrter Reihenfolge. Die Hochdruckleitung (2) in Bild 4 muss immer erneuert werden (vorgeschrieben). Steuerriemen und Antriebsriemen montieren, wie es bereits beschrieben wurde. Folgende Hinweise beachten:

- Die Schrauben (4) der Pumpe mit 20 Nm, die hintere Befestigung (3) mit 22,5 Nm anziehen.
- Mithilfe von zwei Gabelschlüsseln die Hochdruckleitung (2) mit 25 Nm anziehen (Drehmoment schätzen).
- Antriebsrad montieren, wie in Bild 5 gegen Mitdrehen halten und die Mutter mit 50 Nm anziehen.
- Nach dem Einbau den Motor anlassen und die Anschlussstelle der Hochdruckleitung (2) auf Leckstellen kontrollieren.

»Common Rail«-Verteilerrohr

Aus- und Einbau

Wiederum müssen die Arbeiten unter sauberen Verhältnissen durchgeführt werden:

- Massekabel der Batterie abklemmen und den Motordeckel abmontieren.
- Von beiden Enden der Stützleiste für den Motorkabelstrang eine Mutter entfernen und den Kabelstrang auf eine Seite schieben.
- Den großen Schlauch in der Mitte des Zylinderkopfes abschließen (Belüftungsschlauch).
- Die Kraftstoffleitungen auf der linken Seite (von vorn gesehen) abschließen und die beiden am Kraftstofffilter angeschlossenen Leitungen abschließen. Offene Enden in geeigneter Weise gegen Eindringen von Schmutz schützen.
- Unter Bezug auf Bild 6 die Hochdruckleitung der Kraftstoffzufuhr abschließen. Zum Lösen der Überwurfmuttern zwei Gabelschlüssel benutzen, wie man es im Bild sehen kann, und die beiden Anschlüsse von beiden Leitungsenden lösen. Die Leitung abnehmen (Enden verschließen).
- In ähnlicher Weise die Hochdruckleitungen von den Einspritzdüsen entfernen, dieses Mal wie in Bild 7 gezeigt. Wiederum werden zwei Gabelschlüssel benutzt. Die Überwurfmuttern an den Düsen und am Verteilerrohr lösen. Offene Enden gegen Eintreten von Schmutz schützen.
- Es wird sich jetzt die bereits in Kapitel 6, Bild 7 gezeigte Ansicht ergeben, wie es bei der Siemens-Anlage der Fall ist. An der Unterseite des Verteilerrohres den Hochdrucksensor (3) ausschrauben. Nach Lösen der beiden Schrauben (1) das Verteilerrohr (2), d. h. die »Common Rail«, abnehmen.

Der Einbau findet in umgekehrter Reihenfolge statt. Hochdruckleitungen müssen immer erneuert werden (vorgeschrieben). Folgende Punkte beachten:

- Das Verteilerrohr (2) in Bild 7, Kapitel 6 ansetzen und die Schrauben (1) eindrehen und fingerfest anziehen. Die beiden Überwurfmuttern werden mit 22 Nm angezogen. Wiederum werden zwei Gabelschlüssel zum Anziehen benutzt. Das Anziehdrehmoment muss geschätzt werden.
- Die Hochdruckleitungen an den Einspritzdüsen der Zylinder Nr. 2 und 4 anbringen und handfest mit den Überwurfmuttern an den Düsen sowie am Verteilerrohr anziehen. Jetzt die Leitungen für den Zylinder Nr. 1 und Nr. 3 in gleicher Weise befestigen. Die Leitungen wie ursprünglich vorgefunden anordnen.
- Die Überwurfmuttern der Hochdruckleitungen mit 25 Nm anziehen. Wiederum zwei Gabelschlüssel benutzen. Das Drehmoment muss man natürlich schätzen, es sei denn, man hat einen klauenartigen Schlüssel mit einer Öffnung zum Einsetzen des Drehmomentschlüssels, wie er in der Werkstatt benutzt wird (Spezialschlüssel). Die Überwurfmuttern werden auf der Düsenseite und der Verteilerrohrseite auf das gleiche Drehmoment angezogen.
- Die Schrauben (1) in Bild 7, Kapitel 6 mit 25 Nm anziehen.
- Alle anderen Arbeiten in umgekehrter Reihenfolge durchführen.

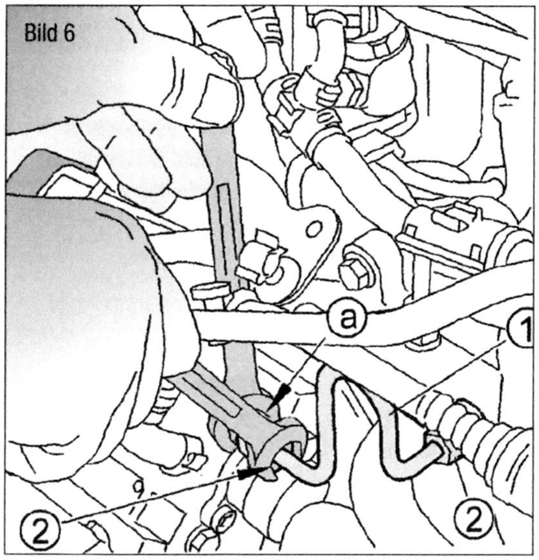

Bild 6
Abschließen der Hochdruck-Kraftstoffleitung (1). Zum Lösen der beiden Überwurfmuttern (2) einen Gabelschlüssel wie durch (a) gezeigt ansetzen.

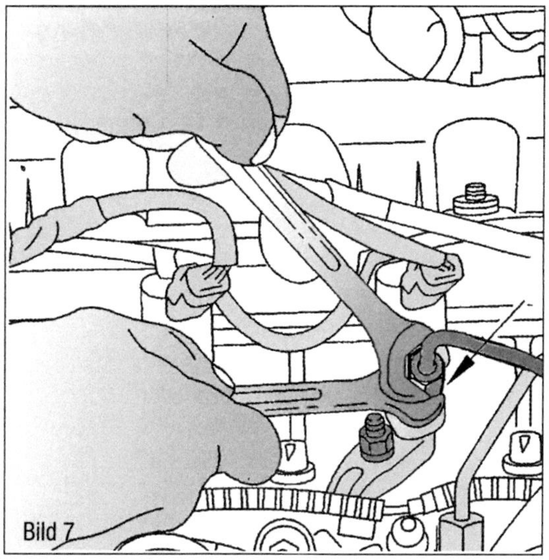

Bild 7
Abschließen der Hochdruckleitung von den Einspritzdüsen. Die beiden Gabelschlüssel werden in gezeigter Weise an der Überwurfmutter angesetzt (Pfeilstelle).

Einspritzdüsen

Der Aus- und Einbau der Einspritzdüsen geschieht in gleicher Weise, wie es bereits für die Siemens-Anlage im Kapitel 6 beschrieben wurde. Auch die Anziehdrehmomente sind auf dort angegeben.

Abgasturbolader

Bild 9 in Kapitel 6 zeigt Einzelheiten des Aus- und Einbaus bei der Siemens-Anlage. Mit Ausnahme einiger Teile werden bei der Bosch-Anlage ähnliche oder gleiche Teile verwendet. Wie im Fall der Siemens-Anlage muss man daran denken, dass der Nebenrahmen ausgebaut werden muss, um den Turbolader auszubauen, d. h. eine umfangreiche Arbeit.

Kraftstofffilter

Der Filter wird als komplette Einheit ersetzt. Aus- und Einbau sind ziemlich leicht. Vorher das Massekabel der Batterie abklemmen. Die beiden Leitungen von Filterkopf abschließen (links und rechts), den Filter von der Halterung lösen und nach oben herausheben. Nach Abschließen von drei weiteren Leitungen an der Unterseite des Filters kann der Filter herausgehoben werden.
Der Einbau findet in umgekehrter Reihenfolge statt.

Luftfilter

Der Filter hat einen Trockenfiltereinsatz und ist auf der linken Seite am inneren Kotflügelblech montiert. Die bei der Siemens-Anlage gegebenen Anweisungen gelten ebenfalls bei dieser Einspritzanlage.

8 Kupplung

Kontrolle der Kupplung

Die Kupplung kann in eingebautem Zustand kurz auf einwandfreie Arbeitsweise kontrolliert werden:

- Motor anlassen und im Leerlauf drehen lassen. Das Kupplungspedal durchtreten und ca. 3 Sekunden lang warten. Den Rückwärtsgang einschalten. Falls man kratzende Geräusche vernehmen kann, kann man annehmen, dass die Kupplungsdruckplatte oder die Mitnehmerscheibe erneuert werden muss.
- Eine durchrutschende Kupplung bemerkt man erst beim Fahren im höchsten Gang (wobei die vom Motor geforderte Leistung am größten ist), wenn bei Belastung der Motor »durchdreht«, also auffallend schneller dreht, als es der Fahrgeschwindigkeit entspricht. Beim Anfahren fällt das Nachlassen der Kupplung weniger auf. Folgeschäden können sein, dass neben der Mitnehmerscheibe auch die Reibfläche von Druckplatte und Schwungrad stark verschlissen werden. Meist muss dann beim Austausch der Mitnehmerscheibe noch eine neue Druckplatte montiert werden.
- Eine tadellose Kupplung übersteht folgende Gewaltprüfung: Feststellbremse anziehen, 3. Gang einlegen, langsam einkuppeln und Gas geben. Jetzt müsste (bei einwandfreier Feststellbremse) der Motor abgewürgt werden.

Reparaturhinweise: Die Erneuerung der Kupplung bedingt den Ausbau des Motors oder des Getriebes (ziemlich umfangreiche Arbeit). Systematisch müssen der Kupplungskörper, die Mitnehmerscheibe und das Ausrücklager ersetzt werden. Die Erneuerung des Kupplungsseils bedeutet in den meisten Fällen, dass eine Neueinstellung des Nachstellmechanismus erforderlich ist, vor allem, wenn das Kupplungsseil einmal reißen sollte. Aus diesem Grund müssen Sie sich leider an Ihre Werkstatt werden, um das Seil erneuern und einstellen zu lassen.

Aus- und Einbau der Kupplung

Druckplatte und Tellerfeder können nicht zerlegt werden und sind bei Beschädigung zusammen zu erneuern. Kupplungen und Mitnehmerscheiben werden manchmal abgeändert, um bestimmte Eigenschaften weiterhin zu verbessern. Deshalb beim Einbau eines neuen Kupplungskörpers oder einer Mitnehmerscheibe immer die Fahrgestellnummer und auch die Motornummer angeben.

Die Kupplung kann ohne Ausbau des Motors aus dem Fahrzeug ausgebaut werden. Bei allen Motoren geschieht der Aus- und Einbau in gleicher Weise.

- Getriebe ausbauen.
- Einbaulage der Kupplung im Verhältnis zum Schwungrad kennzeichnen. Dazu verwendet man einen Körner, mit welchem man in das Schwungrad und die Kupplung schlägt.
- Die sechs Schrauben der Kupplung gleichmäßig über Kreuz lösen, bis der Federdruck entlastet ist. Danach die Schrauben der Reihe nach herausdrehen. Das Schwungrad muss dabei gegengehalten werden. Dazu entweder einen kräftigen Schraubendreher in die Zähne des Schwungradzahnkranzes einsetzen oder eine »Schwungradbremse« benutzen. Diese hat die in Bild 1 (links) gezeigte Form und wird am Zylinderblock angeschraubt, sodass die Zähne in den Zahnkranz am Schwungrad eingreifen.
- Die Kupplung abnehmen, wie es rechts in Bild 1 gezeigt ist, während man die Mitnehmerscheibe gegen das Schwungrad drückt. Danach die Mitnehmerscheibe herausnehmen. Mit einem Lappen sofort die Innenseite des Schwungrades auswischen und die Reib-

Bild 1
Das Schwungrad kann wie links gezeigt gegen Mitdrehen blockiert werden. Die rechte Ansicht zeigt den Ausbau der Kupplung.

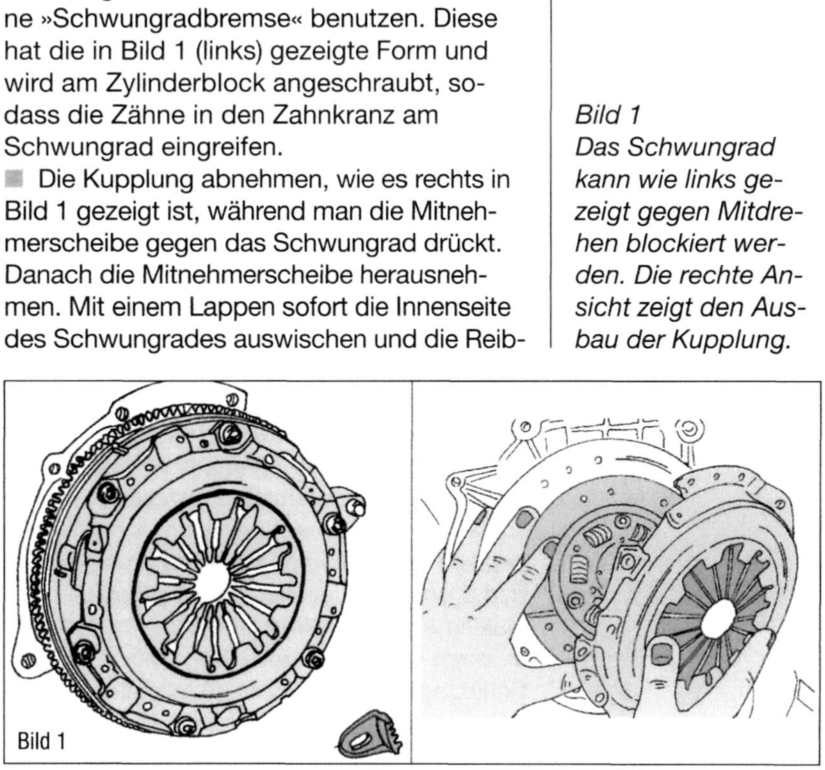

Bild 1

Bild 2
Den Zentrierdorn in der gezeigten Weise in die Mitnehmerscheibe einsetzen, wenn die Schrauben der Kupplung angezogen werden. Beim Anschrauben den Dorn gelegentlich hineinschieben und wieder herausziehen. Er darf sich nicht festklemmen.

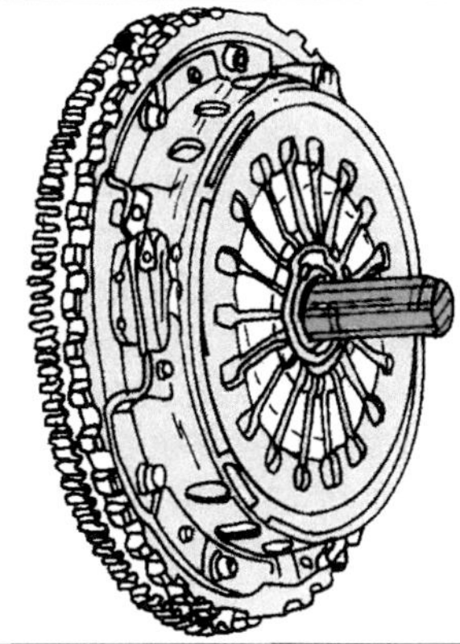

Bild 2

fläche des Schwungrades überprüfen. Falls die Mitnehmerscheibe bis auf die Nietenköpfe abgenutzt ist, könnte es sein, dass sich die Niete in die Schwungradfläche oder die Fläche der Kupplungsdruckplatte eingearbeitet haben. Falls man die Mitnehmerscheibe wieder einbauen will, darf man sie nicht mit fettigen oder öligen Fingern anfassen.

Wenn der Motor oder das Getriebe ausgebaut werden müssen, sollte die Kupplung immer abgeschraubt werden, sodass man die Teile kontrollieren kann.

Der Einbau der Kupplung geschieht in umgekehrter Reihenfolge wie der Ausbau. Die Kupplung entsprechend der Körnerkennzeichnung am Schwungrad ansetzen, falls die ursprüngliche Kupplung wieder eingebaut wird.
Die Mitnehmerscheibe ist unter Verwendung des Spezialzentrierdorns für das eingebaute Getriebe oder einer alten Kupplungswelle in der Innenseite des Schwungrades auszurichten, indem man den Dorn durch die Nabe der Mitnehmerscheibe und das Ende des Führungslagers einschiebt. Mit etwas Glück erhalten Sie in der Werkstatt eine alte, von der Werkstatt nicht länger gebrauchte Kupplungswelle für das betreffende Fahrzeug, die Sie dann Ihrem Werkzeugkasten hinzufügen. Beim Anziehen der Kupplung den Zentrierdorn häufig etwas herausziehen und wieder hineinschieben, um sofort festzustellen, wenn er sich verklemmt hat. Die angeschraubte Kupplung muss dann wie in Bild 2 gezeigt aussehen. Die Schrauben gleichmäßig über Kreuz auf ein Anziehdrehmoment von 20 Nm anziehen. Das Schwungrad muss dabei gegen Mitdrehen gesperrt werden. Das Getriebe abschließend wieder einbauen.

Die Keilverzahnungen der Kupplungswelle und der Außenfläche der Führungsmuffe für das Kupplungsausrücklager vor dem Einbau des Getriebes mit etwas Graphitfett einschmieren (Molykote BR2-Fett wird empfohlen).
Nach dem Einbau des Getriebes den Kupplungsmechanismus kontrollieren.

Reparatur der Kupplung

- Druckplatte und Deckel auf Beschädigung oder Verzug kontrollieren. Bei Schäden beide Teile im Satz erneuern.
- Kontrollieren, ob die Federn der Mitnehmerscheibe noch einwandfrei sind und dass die Keilverzahnungen der Scheibe nicht übermäßig ausgeschlagen sind. Da verölte Kupplungsbeläge nicht gereinigt werden können, ist die Mitnehmerscheibe in derartigen Fällen zu erneuern. Aufnieten von neuen Belägen wird nicht länger durchgeführt.

Die Kupplungsbeläge auf Wiederverwendbarkeit kontrollieren, indem man mit einer Tiefenlehre von der Oberfläche der Beläge bis auf die Oberseite der Nietenköpfe ausmisst. Falls das Maß weniger als 0,30 mm beträgt, muss die Scheibe erneuert werden.

- Die Scheibe ebenfalls erneuern, falls das Maß bald erreicht ist. Ebenfalls die Stärke der Scheibe ausmessen. Falls diese sehr unter den angegebenen Maßen liegt, wird es Zeit die Kupplungsscheibe zu ersetzen.

Um Mitnehmerscheibe auf Schlag zu kontrollieren, spannt man sie auf einem passenden Dorn oder einer Kupplungswelle zwischen die Spitzen einer Drehbank. Eine Messuhr mit einem geeigneten Halter neben der Scheibe so aufsetzen, dass der Messfinger gegen den Rand der Scheibe anliegt und zwar an der Außenkante der Scheibe (Bild 3). Die Scheibe langsam durchdrehen und die Anzeige der Messuhr ablesen. Falls die Anzeige größer als 0,5 mm ist, sollte man die Scheibe erneuern.

- Die Gleitpassung der Mitnehmerscheibennabe auf den Keilverzahnungen der Kupplungswelle kontrollieren. Dazu die Scheibe aufstecken und an der Außenkante zwischen Daumen und Zeigefinger erfassen. Die Scheibe im Drehsinn hin- und herbewegen. Falls ein Spiel von mehr als 0,4 mm festgestellt werden kann, liegt Verschleiß in den Keilverzahnungen vor. Die Ursache dafür ist meistens bei der Mitnehmerscheibe zu finden.

Die inneren Enden der Tellerfeder auf Abnutzung hin kontrollieren. Falls tiefe Einlaufstellen festgestellt werden (mehr als 0,3 mm), muss man die komplette Kupplung erneuern. Die Finger der Tellerfeder müssen alle auf der gleichen Höhe liegen. Falls dies nicht der Fall ist, kann man sie mit einer Zange nachbiegen. Ebenfalls kann man einen Stahlstreifen mit einem Schlitz versehen und die Enden biegen.

Ein Messlineal über die Reibfläche der Druckplatte auflegen, wie es in Bild 4 gezeigt ist, und mit Fühlerlehren den Spalt ausmessen. Falls der Spalt innen mehr als 0,3 mm beträgt, muss die Kupplung erneuert werden.

Falls man das Schwungrad ausbauen muss, dürfen die Schrauben nicht wieder verwenden. Beim Anschrauben die Schwungradfläche und Fläche an der Kurbelwelle gut reinigen.

Kupplungsausrücklager

Das Getriebe muss zur Erneuerung ausgebaut sein. Ausrücklager von der Innenseite des Kupplungsgehäuses abmontieren.

Der Einbau findet in umgekehrter Reihenfolge statt. Welle und Lagermuffe mit Molycote BR2-Fett einschmieren. Beim Einbau einer neuen Kupplung immer ein neues Ausrücklager einbauen (aus Erfahrung gesprochen).

Bild 3

Bild 3
Kontrolle einer Mitnehmerscheibe auf Schlag zwischen den Spitzen einer Drehbank.

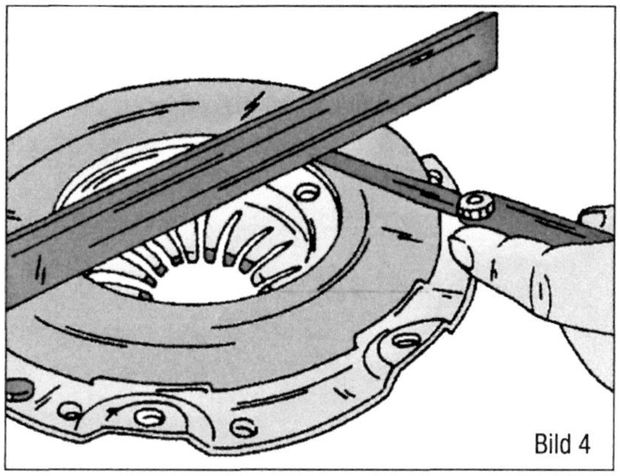

Bild 4

Bild 4
Kontrolle der Kupplungsdruckplatte auf Verschleiß oder Verzug an der Innenkante.

Kupplungsseil erneuern

Wie bereits erwähnt, sollte die Erneuerung des Kupplungsseils einer Werkstatt überlassen werden. Falls es nur am Kupplungsausrückhebel ausgehängt werden soll, kann dies durch Abschrauben der Mutter durchgeführt werden. Dadurch wird die Selbstnachstellung nicht beeinträchtigt.

9 Getriebe

Ein Typenschild ist am Getriebe angebracht, jedoch möchten wir auf einige Unterschiede hinweisen:

- Ein Typenschild ist an der Seite eines BE 3/5-Getriebes angebracht, wie es in Bild 1 gezeigt ist und gibt den Getriebetyp an.
- Ein Typenschild ist an der Seite des BE 4/5-Getriebes angebracht, wie es in Bild 1 gezeigt ist. Ein weiterer Aufkleber an der Rückseite des Getriebes gibt den Getriebetyp und die Seriennummer an.
- Das BE 4/5-Getriebe ist eine Weiterentwicklung des BE 3/5-Getriebes. Der Hauptunterschiede sind ein abgeändertes Kupplungsgehäuse aufgrund des Einbauwinkels des Motors und ein auf einem Kugelbolzen montierter Kupplungsausrückhebel.

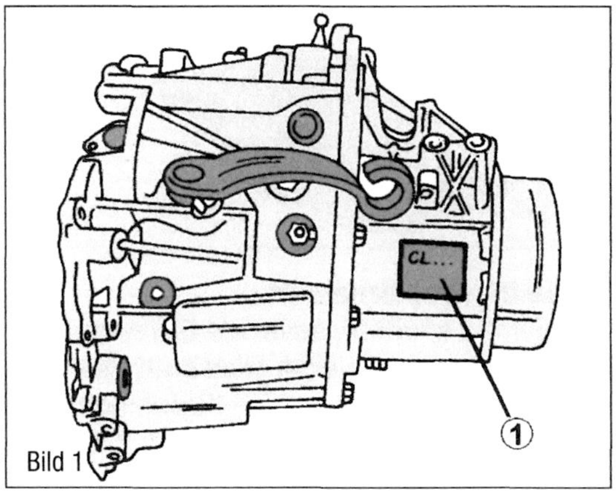

Bild 1

Bild 1
Das Typenschild (1) bei einem BE 3/5-Getriebe befindet sich auf der gleichen Seite wie der Kupplungsausrückhebel.

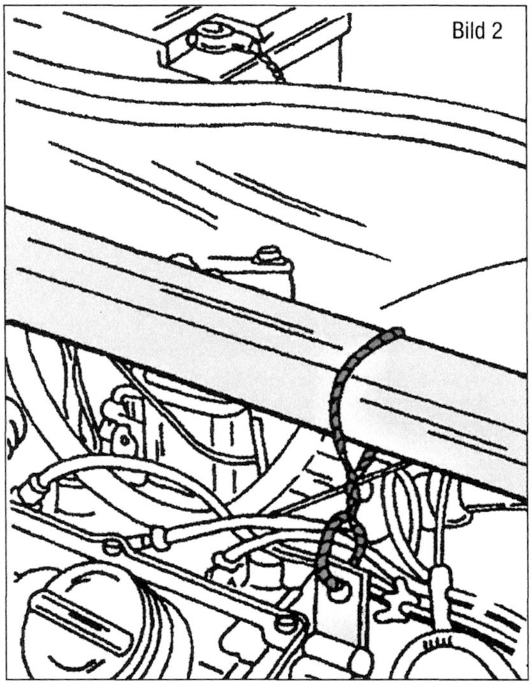

Bild 2

Bild 2
Anheben des Triebwerks mit einer selbst hergestellten Vorrichtung.

Aus- und Einbau des Getriebes

Das Getriebe kann ohne Motor ausgebaut werden, wenn man beispielsweise nur die Kupplung oder die Mitnehmerscheibe erneuern muss. Ein Rangierwagenheber muss zur Verfügung stehen und außerdem muss man den Motor aus den Aufhängungen heben. Werkstätten verwenden dazu natürlich ein Spezialwerkzeug, jedoch ist es möglich, dass man eine starke Eisenstange über die Oberseite der beiden Kotflügelfalze an der Innenseite legt und eine Drahtschlinge um die Stange und z. B. um den Auspuffkrümmer legt. Mit einem Knebel den Draht dann zusammenwickeln, bis der Motor unter Spannung steht. Bild 2 zeigt eine derartige Anordnung. Das Getriebe wird nach unten abgesenkt. Im Allgemeinen gilt die Beschreibung für alle Getriebeausführungen, jedoch könnte man einige Unterschiede feststellen.

Beim Ausbau des Getriebes ohne Motor folgendermaßen vorgehen:

- Die Motorhaube in die senkrechte Stellung bringen.
- Beide Kabel der Batterie abschließen und die Batterie ausbauen. Je nach Ausführung auch den Aufnahmekasten und den Batterieträger ausbauen. Diese sind beim Ausbau im Wege.
- Die Vorderseite des Fahrzeuges anheben und auf geeignete Böcke stellen, hoch genug, sodass man an der Unterseite arbeiten kann. Beide Vorderräder abschrauben.
- Die Schraube an der Unterseite des Spritzschutzes in der Innenseite der Radkästen lösen, die Kunststoffstifte der Befestigung herausziehen und den Spritzschutz abnehmen. Ebenfalls die Geräuschabdämmung unter dem Fahrzeug ausbauen.
- Ein starkes Stück Pappe vor dem Kühler einsetzen (zum Schutz des Kühlers).
- Die beiden Antriebswellen ausbauen, wie es in Kapitel 10 beschrieben wird.
- Unter Bezug auf das in Kapitel 5 gezeigte Bild 2 das Luftansaugrohr, den Luftfilter und den Luftfilterschlauch sowie das Oberteil des Ansaugkrümmers ausbauen. Das Bild zeigt einen XUD-Motor.
- Die Schraube an der Unterseite der Drehmomentstütze herausdrehen.
- Befestigungsschraube des Auspuffrohres vom Getriebe lösen und das Stützblech für

die elektrischen Kabelstecker ausbauen.

- Im Motorraum den Kabelbaum vom Batterieträger ausbauen, das elektronische Steuergerät lösen und herausnehmen und den Batterieträger abschrauben (4 Schrauben).
- Kupplungsseil vom Kupplungsausrückhebel abschließen, indem man den Hebel nach vorn zieht, das Seil aushängt und vom Widerlager befreit.
- Das Schaltgestänge nach Herausziehen der Gelenkschraube vom Getriebe trennen.
- Die folgenden Teile vom Getriebe abschließen: Massekabel, Kabel des Schalters der Rückfahrleuchten, Tachometerspirale vom Getriebe, Kabelstecker des Gebers für die Fahrgeschwindigkeit (falls eingebaut). Je nach eingebautem Motor und eingebauter Einspritzanlage sind verschiedene Kabelanschlüsse vorhanden. Alle müssen abgeschlossen werden.
- Die Schrauben des Anlassers lösen und den Anlasser aus dem Eingriff mit dem Getriebe ziehen. Den Anlasser auf eine Seite legen, ohne die elektrischen Kabel abzuklemmen. Auf keinen Fall den Anlasser an den Kabeln herunterhängen lassen, auch wenn diese kräftig genug dazu aussehen.
- Von der Unterseite des Fahrzeuges mit einem Innensechskantschlüssel oder einem Schlüsseleinsatz mit Vierkant den Stopfen an der Unterseite des Getriebes herausdrehen. Das Öl in einen sauberen Behälter laufen lassen, welcher ca. 2 Liter fassen muss. Das Öl vollkommen ablassen und den Ablassstopfen wieder einschrauben.
- Die Schrauben zwischen Motor und Kupplungsgehäuse an der Unterseite entfernen. Falls vorhanden, das Abdeckblech unter dem Schwungradgehäuse abschrauben.
- Den Motor jetzt aus den Aufhängungen heben, wie es in der Einleitung dieses Kapitels beschrieben wurde, bis die Motoraufhängungen unter leichter Spannung stehen.
- Das Getriebe mit einer Seilschlinge und einem Kran anheben, sodass es später nicht herunterfallen kann.
- Den Getriebeaufhängungsträger ausbauen. Alle Muttern müssen entfernt werden, um die Aufhängung herauszunehmen. Die betreffende Aufhängung kann auch anhand der Abbildungen der Motoraufhängungen bestimmt werden. Kontrollieren, dass der Motor gut abgestützt ist.
- Die vier Verbindungsschrauben zwischen Motor und Getriebe entfernen. Zwei Schrauben sind an der Oberseite und drei an der Unterseite eingeschraubt.
- Kontrollieren, dass das Getriebe noch gut an der Seilschlinge hängt, und es aus dem Eingriff mit dem Motor herausziehen. Das Getriebe sitzt auf Passstiften und muss etwas hin- und hergewackelt werden. Falls ein Passstift herauskommt, muss man ihn zusammen mit den Motor-an-Getriebe-Schrauben zusammenhalten. Falls man keinen Kran zur Verfügung hat, kann man auch einen Rollwagenheber unter das Getriebe setzen und es auf dem Wagenheber ablassen (ein Holzstück zwischen Wagenheberkopf und Getriebe einlegen). Eine zweite Person muss das Getriebe natürlich gut halten, während das Getriebe herausgehoben wird.

Der Einbau des Getriebes findet in umgekehrter Reihenfolge statt, jedoch sind die folgenden Punkte zu beachten:

- Die Öldichtringe in den Seiten des Getriebes (für die Achswellen) müssen erneuert werden, ganz gleich, ob Arbeiten am Getriebe durchgeführt wurden oder nicht. Nach Herausziehen der Antriebswellen wurden sie in den meisten Fällen beschädigt.
- Die Dichtringe des Ablassstopfens und Öleinfüllstopfens erneuern.
- Alle selbstsichernden Muttern und Unterlegscheiben erneuern, die letzteren, falls sie nicht mehr einwandfrei aussehen.

Beim Einbau des Getriebes in der folgenden Reihenfolge vorgehen:

- Die neuen Öldichtringe für die Öffnungen des Achsantriebs an den Dichtlippen mit Mehrzweckfett einschmieren und an den Öffnungen ansetzen. Ein Stück Rundeisen oder Rohr benutzen und die Dichtringe einschlagen, bis die Außenflächen gerade abschneiden. Die Dichtringe dabei nicht beschädigen.
- Die Verzahnungen der Kupplungswelle, die Führungshülse für das Kupplungsausrücklager und die Finger der Ausrückgabel mit Graphitfett, wie zum Beispiel Molykote BR2, einschmieren. Kontrollieren, dass die Passstifte in der Verbindungsfläche des Getriebes sitzen. Mit einem Stück Schnur oder Draht den Kupplungsausrückhebel nach hinten binden, damit das Ausrücklager gegen den Anschlag kommt.

Getriebe unter das Fahrzeug schieben und ein Seil oder eine Kette an der Öse des Getriebes befestigen oder das Getriebe auf einem Rollwagenheber ruhend in die richtige Lage heben. Mit dem Hebezeug das Getriebe anheben, bis es ungefähr gegenüber dem Motor steht. Das Getriebe gegen den Motor drücken und gleichzeitig die Kupplungswelle in Eingriff mit der Mitnehmerscheibe der Kupplung bringen. Falls der Eingriff nicht sofort zustande kommt, kann eine zweite Person den Kurbeltrieb durch Bewegen des Keilriemens hin- und herbewegen, bis das Getriebe an den Motor heranrutscht. In den meisten Fällen reicht die kleinste Verdrehung der Kurbelwelle aus, um den Eingriff herzustellen, während man das Getriebe gleichzeitig gegen den Motor drückt.

Getriebe vollkommen gegen den Motor drücken, bis der Spalt geschlossen ist. Die Schrauben zwischen Motor und Getriebe an der Oberseite einsetzen und mit einem Anziehdrehmoment von 50 Nm festziehen.

Motor und Getriebe langsam anheben, bis die Getriebeaufhängung montiert werden kann. Die Muttern an der Außenseite mit 25 Nm und die Mutter in der Mitte mit 80 Nm anziehen.

Von der Unterseite die Schraube zwischen Motor und Getriebe mit einem Drehmoment von 50 Nm anziehen.

Das Schaltgestänge an der Seite des Getriebes anschließen.

Die rechte und die linke Achswelle einbauen, wie es in Kapitel 10 beschrieben ist.

Anlasser einbauen. Die drei Schrauben mit 18 Nm anziehen.

Die folgenden Anschlüsse wieder herstellen: Tachometerspirale anschließen, Kupplungsseil anschließen, Massekabel am Getriebe anschließen, Kabelanschlüsse am Schalter der Rückfahrleuchten herstellen, falls vorhanden Stecker auf den Geber für die Fahrgeschwindigkeit aufstecken sowie andere abgezogene oder abgeschlossene Anschlüsse wieder herstellen. Lose Kabel entsprechend der beim Ausbau vorgefundenen Befestigung wieder befestigen.

Luftfilter und andere Zuleitungsrohre/Schläuche und den Batterieträger, Batterieaufnahmekasten und die Batterie montieren. Kabel wieder an der Batterie anklemmen.

Getriebeöl einfüllen. Nochmals kontrollieren, dass der Ablassstopfen fest angezogen wurde (30 Nm). Den Einfüllstopfen einschrauben (20 Nm).

Das Fahrzeug auf die Räder ablassen und die Muttern der beiden Antriebswellen mit einem Drehmoment von 320 Nm anziehen. Die Handbremse muss dabei fest angezogen sein. Die Räder festziehen und die Radzierblenden wieder montieren.

Wagen Probe fahren und prüfen, dass sich alle Gänge einwandfrei durchschalten lassen.

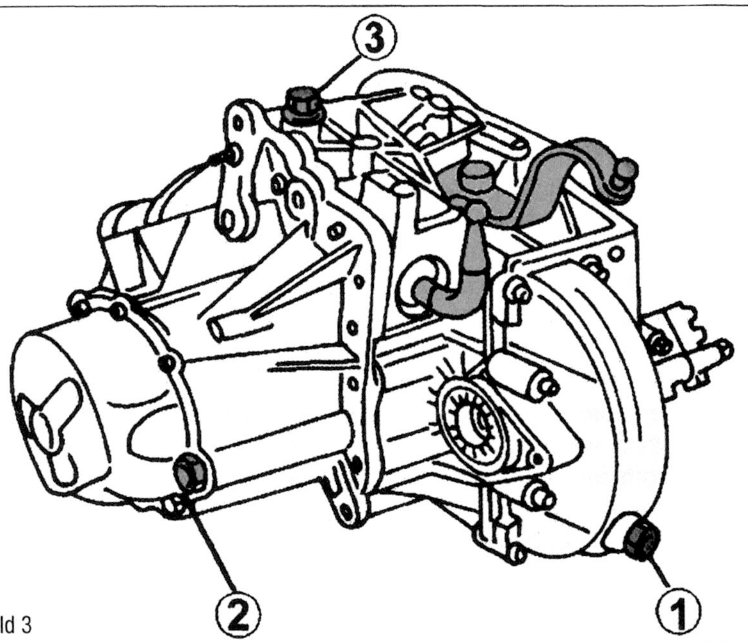

Bild 3

Bild 3
Ansicht des Getriebes mit der Lage des Ölablassstopfens (1), des Öleinfüllstopfens (2) und des Belüftungsstopfens (3).

Getriebeüberholung

Getriebe werden heutzutage auf Lebenszeit gebaut und man wird kaum einen Getriebeschaden erleiden. Eine Überholung des Getriebes wird nicht empfohlen, da es weitaus besser ist, ein Austauschgetriebe einzubauen. Wie der Name besagt gibt man das alte Getriebe im Austausch gegen das werksüberholte Getriebe ein. Am ursprünglich eingebauten Getriebe montierte Teile müssen auf das Austauschgetriebe umgerüstet werden. Unbedingt das richtige Getriebe beschaffen.

Ölstand und Ölwechsel

Das Getriebe ist auf Lebenszeit gefüllt, d. h. das Öl muss nicht regelmäßig gewechselt

werden. Die folgende Beschreibung gilt deshalb nur, falls das Getriebeöl aus einem anderen Grund abgelassen wurde.
Der Ölstand imGetriebe sollte alle 60'000 km kontrolliert werden.

Das Getriebe hat einen Ölablassstopfen an der Außenseite des Achsantriebsgehäuses wie es in Bild 3 gezeigt ist (mit (1) bezeichnet). Ein zweiter Stopfen (2) muss ausgeschraubt werden, um den Ölstand zu kontrollieren und Öl nachzufüllen bzw. einzufüllen. Öl kann ebenfalls durch den Entlüftungsanschluss (3) nachgefüllt werden, nachdem man diesen ausgeschraubt hat. Ein Vierkantschlüssel ist zum Herausschrauben des Stopfens erforderlich (oder in manchen Fällen ein Inbusschlüssel). Um den Ölstand im Getriebe zu überprüfen, den Stopfen (2) herausdrehen und den Zeigefinger in die Öffnung einsetzen. Falls man das Öl erreichen kann, stimmt die Ölfüllung. Das Öl wird normalerweise an der Unterkante der Öffnung stehen.

- Zum Ablassen des Öls, möglichst bei warmem Getriebe, den Stopfen an der Unterseite des Achsantriebsteils des Getriebes, unmittelbar unter der Achswelle auf der Verschlussdeckelseite des Getriebes, ausschrauben (1, Bild 3). Wiederum ist ein Spezialschlüsseleinsatz zum Herausdrehen erforderlich. Das Öl in einen untergestellten Behälter ablaufen lassen. Der Einfüllstopfen (2) in Bild 3 sollte herausgedreht werden, damit das Öl besser ablaufen kann. Den Ablassstopfen sofort reinigen und wieder einschrauben. Stopfen (1) mit 30 Nm anziehen.
- Das Getriebe mit 1,85 Liter des vorgeschriebenen Schmieröls füllen, jedoch verbleibt etwas Öl im Getriebe). Dadurch wird der Ölstand an die Unterkante der Öleinfüllöffnung gebracht. Zum Nachfüllen kann man den Stopfen für die Belüftung des Getriebes (3 in Bild 3) herausdrehen. Den Stopfen (2) abschließend einschrauben und mit 20 Nm anziehen. Kontrollieren, dass der Dichtring noch gut aussieht.
- 75W80-Öl wird in das Getriebe eingefüllt.

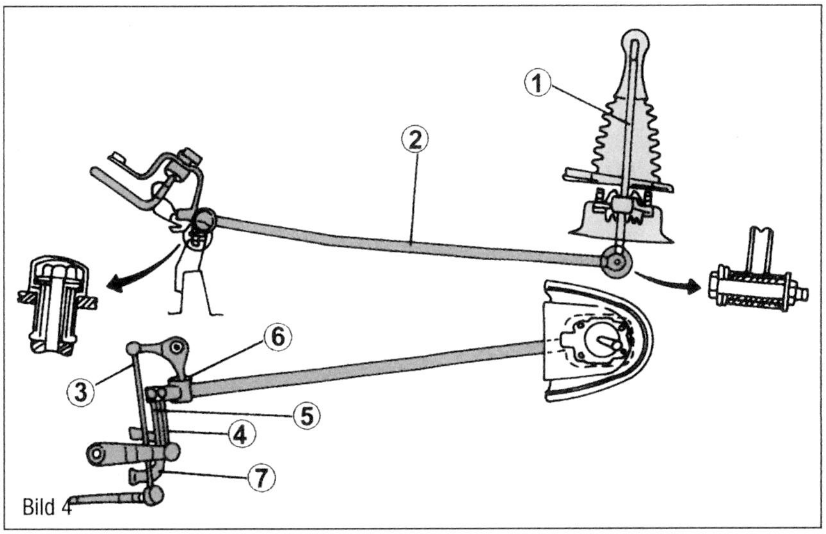

Bild 4
Die Teile der Getriebeschaltung.

1 Schalthebel
2 Schaltstange
3 Schaltgestänge, Gangeinschaltung
4 Schaltgestänge, Gangwahl
5 Reaktionsgestänge
6 Verbindungskugelgelenk
7 Lagerstelle am Getriebe

Getriebeschaltung

Die Schaltung wird durch Gestänge betätigt. Normalerweise sollte die Schaltung keine Probleme bringen. Ausgeschlagene Teile können nicht durch Verstellen der Länge der Schaltstangen korrigiert werden.
Zum Ausbau einer Schaltstange wird sie mit einem Schraubendreher vom Hebel am Getriebe abgedrückt oder vom Hebel abgeschraubt. Bild 4 zeigt die zur Schaltung gehörenden Teile.

Tipp: Wir möchten darauf hinweisen, dass es nicht leicht ist an die verschiedenen Schaltgestänge heranzukommen. Zugang zu einigen geschieht vom Motorraum aus, während man andere nur nach Anheben der Vorderseite des Fahrzeuges erreichen kann.

10 Antriebswellen

Die Antriebswellen sind bei allen Fahrzeugmodellen von unterschiedlicher Länge und Bauweise, je nachdem, ob sie links oder rechts eingebaut sind. Abgesehen davon sind die Gleichlaufgelenke innen und außen bei den unterschiedlichen Fahrzeugmodellen von spezifischer Bauweise, der Durchmesser der Wellen in der Mitte und an der Außenseite ist unterschiedlich und der Durchmesser der Gleichlaufgelenke ist der Motorleistung angepasst. Das innere Gleichlaufgelenk ist ungefähr in der Mitte der rechten Welle angeordnet und an einem Stützlager angeschlossen. Letzteres ist wiederum mit einem Gehäuse an der Rückseite des Zylinderblocks verschraubt. Falls eine Antriebswelle erneuert werden muss, unbedingt die richtige Welle kaufen. Fahrzeuge ohne ABS haben ebenfalls unterschiedliche Wellen. Mit der Vorstellung des Berlingo 2 und dem neuen Partner, mit DW8B- und DW10-Motor wurden erneut neue Wellen eingebaut.
Die Antriebswellen auf der Getriebeseite haben ein sog. Dreiachsgelenk, welches sich auf den inneren Keilnuten verschieben kann und ein nicht gleitendes, homokinetisches Gleichlaufgelenk auf der Radseite. Die Mutter auf dem Ende der Achswellen ist mit einem hohen Anziehdrehmoment angezogen (320 Nm) und wird in der Endstellung versplintet (Spezialspange). Aus diesem Grund muss man beim Lösen mit Vorsicht vorgehen, wenn das Fahrzeug dabei auf Unterstellböcken steht. Bild 1 zeigt die beiden Wellen.

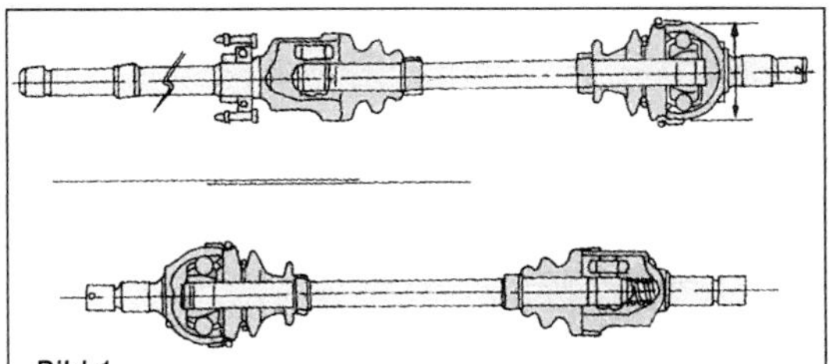
Bild 1

Bild 1
Ansicht der beiden Antriebswellen. In der oberen Ansicht die rechte Welle mit Stützlager, in der unteren Ansicht die linke Welle.

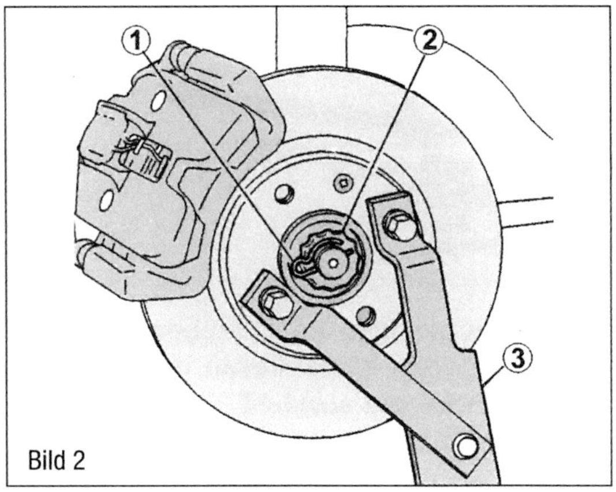

Bild 2

Bild 2
Gegenhalten einer Vorderradnabe beim Lösen oder Anziehen der Wellenmutter. Ein geeigneter Hebel (3) kann selbst hergestellt werden. Die Mutter (2) nach Herausziehen der Federspange (1) abschrauben.

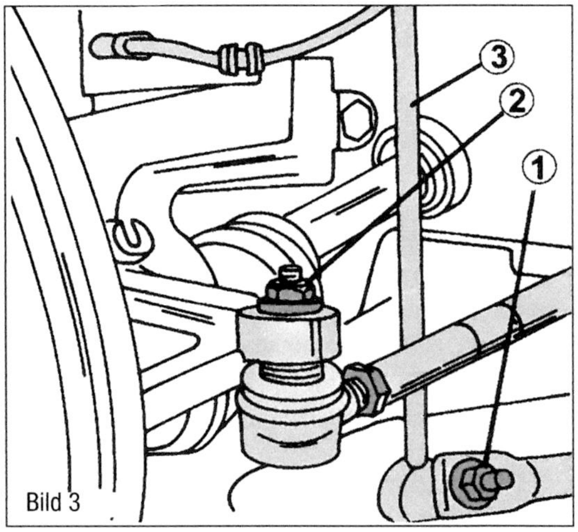

Bild 3

Bild 3
Beim Ausbau einer Antriebswelle die Mutter (1), die Mutter vom Spurstangenkugelgelenk (2) und die Koppelstange (3) abschrauben.

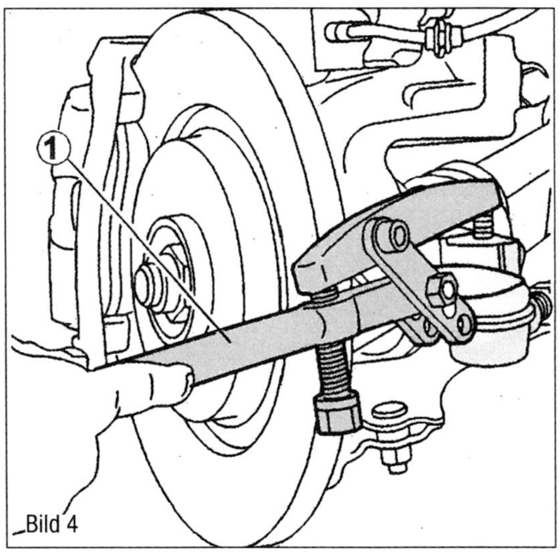

Bild 4

Bild 4
Abziehen des Spurstangengelenks mit einem geeigneten Abzieher (1).

Aus- und Einbau der Antriebswellen

Da die Öldichtringe in den Seiten des Achsantriebs erneuert werden müssen, sind geeignete Einschlagdorne erforderlich, um sie bündig in das Gehäuse einzuschlagen. Zum Einbau der Antriebswellen in die Dichtringe werden vorschriftsmäßig Schutzführungen benutzt, die jedoch zusammen mit neuen Öldichtringen geliefert werden. Die Öldichtringe müssen erneuert werden, wenn die Welle ausgebaut wurde.

☞ Beim Einbau der Welle muss man eine neue Mutter für die Welle, eine neue

Mutter für die Spurstangengelenkbefestigung am Lenkhebel des Achsschenkels und eine neue Mutter für die Klemmschraube an der Unterseite des Achsschenkels zur Befestigung des Aufhängungskugelgelenks sowie eine neue Mutter für die Koppelstange zum Anschluss des Kurvenstabilisators bereit haben.

Ausbau

- Massekabel der Batterie abklemmen.
- Handbremse anziehen und den ersten Gang einschalten.
- Radmuttern lockern. Das Fahrzeug wird im Moment noch nicht aufgebockt.
- Radnabenfettkappe ausbauen. Dazu einen kleinen Meißel oder kräftigen Schraubenzieher benutzen. Falls es dabei Schwierigkeiten gibt, kann man das Rad abschrauben, die Fettkappe vorsichtig abschlagen und danach das Rad wieder anbringen.
- Die Mutter der Achswelle mit einer Stecknuss passender Größe lockern, nachdem man die Sicherungsspange (1) in Bild 2 herausgezogen und die Muttersicherung abgenommen hat. Die Mutter (2) kann man einstweilen auf der Welle lassen.
- Fahrzeug vorn auf kräftige Unterstellböcke setzen. Das Rad kann an der Nabe gelassen werden oder man schraubt es ab. Falls man die Mutter bei auf Böcken sitzendem Fahrzeug lösen will, muss man die Radnabe unbedingt in der in Bild 2 gezeigten Weise gegenhalten. Der Hebelarm der Vorrichtung muss dabei auf dem Boden aufsitzen.
- Ablassstopfen des Getriebes herausdrehen und ca. 1 Liter Öl in einen sauberen Behälter laufen lassen oder das Getriebe komplett entleeren. Dadurch wird vermieden, dass das Öl aus den Seiten des Getriebes herauslaufen kann.
- Falls ABS eingebaut ist, den Drehzahlfühler aus dem Achsschenkel ausbauen, damit er nicht beschädigt werden kann.
- Die Koppelstange für den Kurvenstabilisator zum Federbein an der Unterseite abschrauben (Bild 3) und auf eine Seite drücken, wo sie nicht im Wege ist.
- Die Mutter des Spurstangengelenks (2, Bild 3) am Lenkhebel abschrauben, bis die Mutternfläche bündig mit dem Ende des Kugelbolzens abschneidet und das Gelenk mit einem Kugelbolzenabdrücker trennen, wie es in Bild 4 zu sehen ist. Mutter und Scheibe danach entfernen.

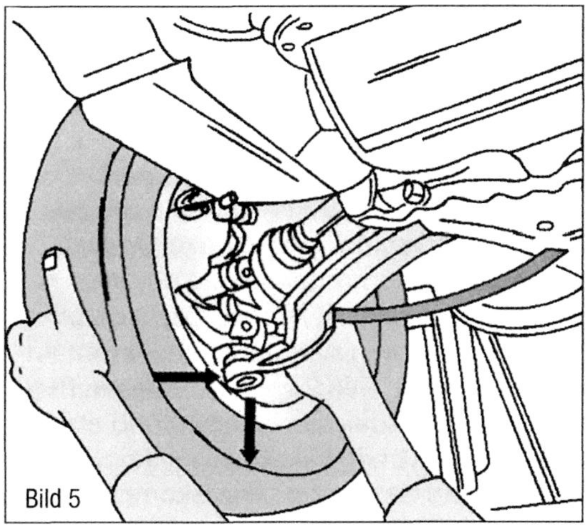

Bild 5
Lösen des unteren Querlenkers von der Unterseite des Achsschenkels. Den Arm in Richtung des Pfeils nach unten ziehen, bis der Kugelbolzenschaft frei ist. Der kleine Pfeil weist auf das Schutzblech des Gelenks.

- Auf jeder Seite der Radaufhängung die Klemmschrauben an der Unterseite des Achsschenkels lösen und herausnehmen. Den Schaft des Kugelgelenks aus dem Eingriff mit dem Achsschenkel bringen. Der Achsschenkel hat einen Klemmschlitz, den man jedoch nicht mit einem Schraubendreher erweitern darf, um den Ausbau des Kugelbolzens zu erleichtern. Falls man es durchführt, nur ganz wenig öffnen. Man erfasst den Achsschenkel in der in Bild 5 gezeigten Weise und zieht ihn nach unten. Ist das Rad montiert, kann man dieses entsprechend gegenhalten. Vor der Durchführung der Arbeit unbedingt kontrollieren, ob das Fahrzeug sicher auf den Böcken ruht.
- Nachdem der Schaft des Kugelbolzens frei ist, das Schutzblech für das Gelenk herunternehmen. Dieses ist in Bild 5 mit dem seitlichen Pfeil gezeigt. Die beiden Kugelgelenke mit Lappen umwickeln, damit sie keine Schäden an den Manschetten der Achswellen anrichten können.
- Das Rad an der Unterseite nach außen ziehen, die Antriebswelle nach innen drücken und die Welle aus der Radnabe herausziehen. Es könnte sein, dass man einen Kunststoff- oder Metallhammer und einen Weichmetalldorn zum Nachhelfen benötigt. Die Welle einstweilen mit einem Stück Draht festbinden, damit sie nicht lose herunterhängen kann.

Der weitere Ausbau erfolgt jetzt nach Seitenzugehörigkeit der Gelenkwelle:

Linke Welle

- Die Welle gut in der Mitte halten und das Gleichlaufgelenk aus der Seite des Getriebes herausziehen. Die Welle jetzt durch Kippen und Verdrehen aus der Aufhängung herausnehmen.

Rechte Welle (Welle mit Stützlager)

- Die beiden Muttern (1) in Bild 6 der Befestigungsschrauben des Stützlagers lockern und die Schraubenköpfe um eine Viertelumdrehung verdrehen. Dadurch geben die versetzten Schraubenköpfe den äußeren Lagerring des Lagers frei. Das äußere Ende der Antriebswelle erfassen und am inneren Ende ziehen, bis das Zwischenlager aus dem Montagebock herauskommt. Nachdem die Welle frei ist, den Staubschutzring unter Beachtung der Einbauweise vom inneren Ende herunterziehen und die Welle herausnehmen.
- Der Dichtring in der Innenseite der Getriebeöffnung kann sofort ausgebaut werden. Diesen vorsichtig mit einem Schraubendreher heraushebeln. Auch wenn der Dichtring noch gut aussehen sollte, schreibt der Hersteller vor, dass man ihn erneuert.

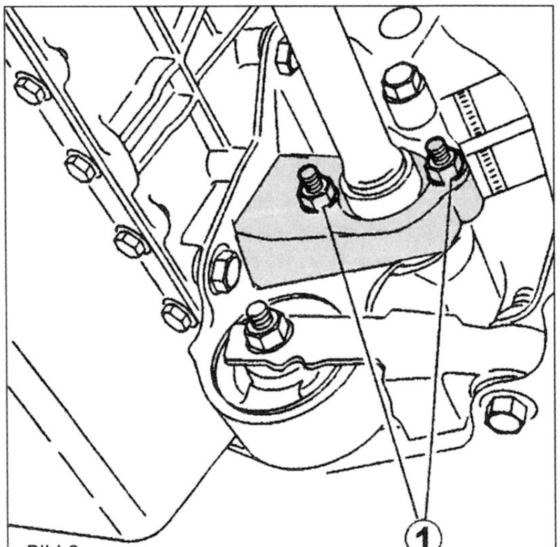

Bild 6

Bild 6
Die beiden Muttern (1) halten das Stützlager. An der Rückseite die beiden Schrauben um eine Viertelumdrehung verdrehen, um sie aus dem Eingriff zu bringen.

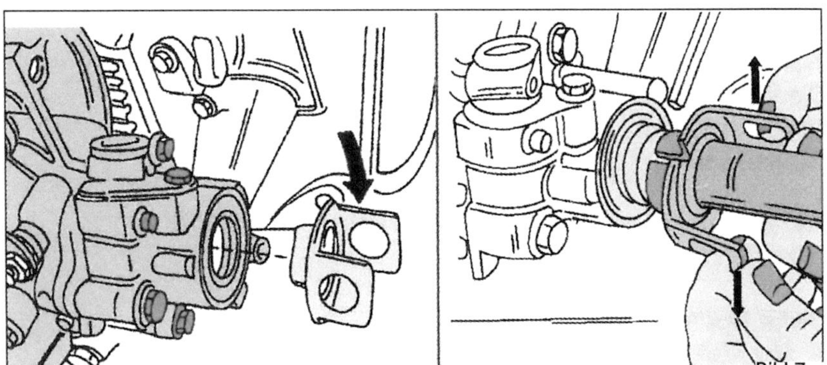

Bild 7

Bild 7
Einsetzen der Schutzführung für die Antriebswellen in der linken Ansicht. Die rechte Ansicht zeigt, wie die Führung nach Einsetzen der Antriebswelle herausgezogen wird.

Einbau

Der Einbau der Antriebswellen geschieht wie folgt:

- Die Umgebung des Antriebswellenausgangs am Getriebe einwandfrei reinigen, einen neuen Öldichtring an der Dichtlippe einölen und den Dichtring gerade in das Getriebe einschlagen, bis die Außenfläche bündig abschneidet. Die Dichtlippe mit Getriebeöl einschmieren.

Der weitere Einbau ist jetzt unterschiedlich für die beiden Wellen:

Welle ohne Stützlager

- Eine der mit den Öldichtringen mitgelieferten Schutzführungen (falls sie enthalten sind) wie in Bild 7 gezeigt in die Öffnung des Differentials einsetzen. Das innere Ende der Welle in das Getriebe einschieben und dabei die Keilverzahnungen mit dem Seitenrad in Eingriff bringen. Nachdem die Welle einwandfrei in Eingriff gekommen ist, an den beiden »Ohren« der Schutzführung ziehen (siehe rechte Ansicht, Bild 7), um diese zu entfernen.
- Falls beide Wellen ausgebaut wurden, die gleichen Arbeiten auf der gegenüberliegenden Seite durchführen.

Welle mit Stützlager

- Kontrollieren, dass sich das Kugellager des Stützlagers einwandfrei durchdrehen lässt und kein übermäßiges Spiel aufweist. Falls erforderlich muss das Lager erneuert werden (siehe spätere Beschreibung). Den Staubschutzring erneuern, falls er nicht mehr gut aussieht. Den äußeren Lagerring des Stützlagers und den Staubschutzring etwas einfetten.
- Das innere Ende der Antriebswelle durch den Lagerbock einschieben und den Staubschutzring auf das herausstehende Wellenstück aufschieben. Die flache Seite liegt gegen das Getriebe an.
- Das innere Ende der Welle mit den Verzahnungen im Differentialseitenrad in Eingriff bringen, wobei wieder die oben erwähnte Schutzführung zu benutzen ist, falls diese mitgeliefert wurde.
- Das Stützlager mit dem Lagerbock ausrichten und die Welle vollkommen einschieben. Falls sich der äußere Lagerlaufring dabei verschoben hat, muss man ihn wieder in den Lagerbock einschlagen (Weichmetallhammer).

Den unten stehenden Anweisungen folgen, bis die Welle wieder im Achsschenkel und der Radnabe sitzt. Das Stützlager wird jetzt befestigt. Kontrollieren, dass das Lager einwandfrei sitzt. Die Schraubenköpfe um eine Viertelumdrehung zurückdrehen, sodass die versetzten Schraubenköpfe über dem Lagerring sitzen und diesen in ihrer Lage halten. Die Muttern in Bild 6 mit 17,5 Nm anziehen. Kontrollieren, dass der Staubschutzring gut gegen die Öffnung im Getriebe anliegt.

Bei allen Ausführungen

Die Achswelle mit dem Achsschenkel in Eingriff bringen und so weit wie möglich nach außen ziehen.

Das Schutzblech für den Kugelbolzen auflegen. Dieses darf nicht vergessen werden.

Den Achsschenkel nach innen schieben und die Unterseite des Federbeins in Eingriff mit dem Achsschenkel bringen. Den Achsschenkel bis zum Anschlag nach oben drücken und die Klemmschraube in den Achsschenkel einsetzen. Dabei ist zu beachten, dass die Mutter an der Innenseite sitzt, die Schraube von der Vorderseite des Federbeins einschieben. Die Mutter mit einem Anziehdrehmoment von 40 Nm anziehen.

Spurstangengelenk wieder anschließen und eine *neue* Mutter mit untergelegter Scheibe mit 35 Nm anziehen. Dies ist die Mutter (2) in Bild 3.

Koppelstange des Kurvenstabilisators anschließen und die neue Mutter mit 40 Nm anziehen.

Falls vorhanden, den Drehzahlgeber für die ABS-Anlage montieren.

Eine neue Achswellenmutter an den Gewinden und an der Auflagefläche einfetten und auf die Welle schrauben, ohne sie vollkommen anzuziehen.

Das Fahrzeug auf die Räder ablassen und die Handbremse anziehen. Die Achswellenmuttern jetzt auf beiden Seiten mit der Stecknuss und einem Drehmomentschlüssel auf das vorgeschriebene Anziehdrehmoment von 320 Nm anziehen. Der Drehmomentschlüssel muss natürlich kräftig genug sein, um dieses Drehmoment auszuhalten. Nach Anziehen die Muttersicherung über die Mutter setzen und die Sicherungsspange einschieben. Das Loch in der Achswelle und eine Krone der Muttersicherung müssen natürlich fluchten. Bild 2 zeigte bereits die Sicherung.

Die Radmuttern mit einem Drehmoment von 85 Nm (90 Nm Berlingo 2) anziehen.

Das Getriebe mit Öl füllen. Je nachdem die im Kapitel 9 angegebene Getriebeölmenge einfüllen oder den Ölstand berichtigen.

Reparatur von Antriebswellen

Reparaturen von Antriebswellen sind immer schwierig, falls das Gleichlaufgelenk ausgeschlagen ist oder die Gelenkmanschette beschädigt ist. Aus diesem Grund empfehlen wir, die Welle zur Überholung in eine Werkstatt zu bringen oder eine neue Welle einzubauen. Falls Schmutz durch eine eingerissene Manschette eingetreten ist, wird es auch in das Gleichlaufgelenk gekommen sein, sodass dieses zerlegt und neu geschmiert werden muss. Die Erneuerung der Gelenkmanschette auf der Radseite macht ebenfalls das Auswechseln des Gelenks auf der Getriebeseite erforderlich.
Der Zustand der Gelenkmanschetten sollte regelmäßig im Rahmen der Wartungsarbeiten kontrolliert werden.

Bild 8
Schnittansicht der Stützlagerbefestigung (Zwischenlager). Die Muttern (2) werden mit 17,5 Nm angezogen. Die Köpfe der Schrauben (2) werden entsprechend der Pfeile verdreht.

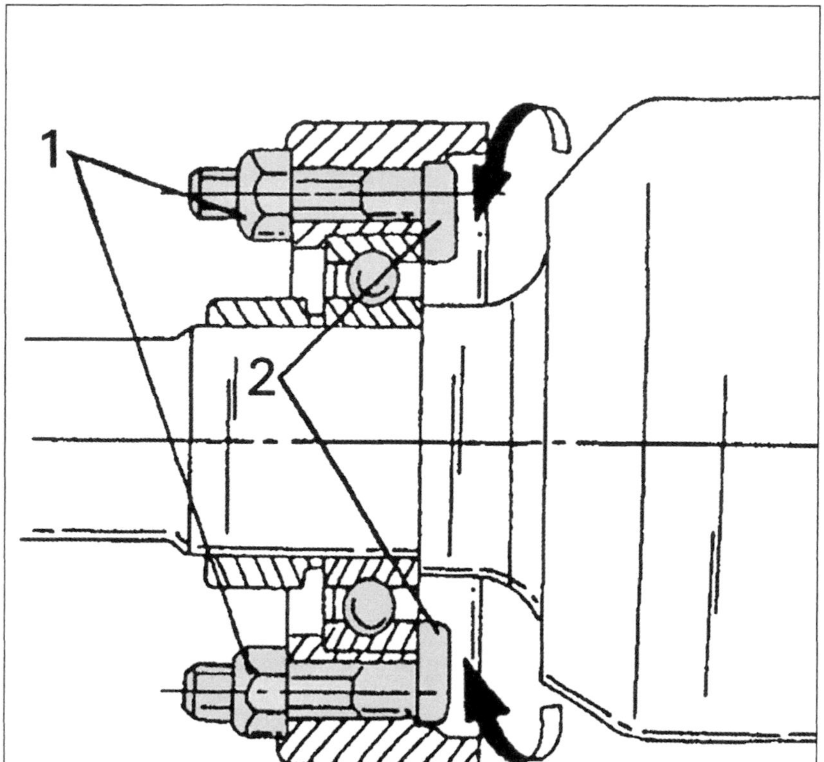

Bild 8

Erneuerung des Stützlagers der rechten Welle

Das Lager kann nach Ausbau der rechten Welle erneuert werden. Den Lagerbock vom Zylinderblock abschrauben. Falls das Lager nicht zusammen mit der Antriebswelle herausgekommen ist, wird es zusammen mit dem Dichtring vom Lagerbock entfernt.
Das neue Lager und den Öldichtring montieren, den Lagerbock wieder am Zylinderblock befestigen und die Antriebswelle einbauen. Das Lager muss mit Mehrzweckfett eingeschmiert werden. Wie bereits erwähnt, ist es vielleicht besser, wenn man das Lager in einer Werkstatt erneuern lässt.
Die Muttern der Befestigung des äußeren Lagerrings werden mit 17,5 Nm angezogen. Bild 8 zeigt eine Schnittansicht der Lagerbefestigung, aus welcher man auch ersehen kann, wie die Schraubenköpfe um eine Vierteldrehung verdreht werden.

11 Vorderradaufhängung

Regelmäßige Wartungsarbeiten

Die Achsgelenke an der Vorderachse zwischen den Querlenkern und dem Radlagergehäuse sind wartungsfrei. Zum Schutz gegen Eindringen von Schmutz oder Nässe dienen Staubschutzkappen. Eingedrungener Staub führt zum Abrieb, eingedrungene Feuchtigkeit führt im Laufe der Zeit zu Rostbildung. Im Rahmen der Routine-Wartungsarbeiten sollte man die Gelenke deshalb in folgender Weise kontrollieren:

- Das Fahrzeug vorn auf Böcke setzen und die Lenkung nach einer Seite einschlagen.
- Die Staubschutzkappen rechts und links auf Einschnitte, Risse, usw. kontrollieren. Eine schadhafte Staubschutzkappe muss zusammen mit dem Gelenk erneuert werden. Abgesehen davon, dass es keine Kappen als Ersatzteil gibt, könnte bereits Schmutz oder Wasser eingedrungen sein, sodass die Gelenke bereits verschlissen sind.

Die Federbeine

Ausbau

Der folgende Text beschreibt den Ausbau des kompletten Federbeins ohne Querlenker und Antriebswellen. Die Schraubenfeder muss zusammengespannt werden, ehe ein Federbein zerlegt werden kann. Das Rad kann an der Nabe verbleiben oder wird abgeschraubt, um den Zugang zu bestimmten Teilen zu verbessern. Bild 1 zeigt eine Ansicht eines Federbeins auf einer Seite.

Die Schrägstellung der Federbeine bestimmt den Sturzwinkel der Räder. Folgendes beachten:

- Das Federbein hat eine Fläche auf einer Seite, welche in die in Bild 2 gezeigte Richtung weisen muss, wenn eine mechanische Lenkung eingebaut ist.
- Die Fläche muss auf der gegenüberliegenden Seite liegen, wenn eine Servolenkung eingebaut ist und bei allen nach Sept. 2002 hergestellten Fahrzeugen, wie z. B. Berlingo 2 und die entsprechende Partner-Ausführung.

Beim Ausbau eines Federbeins folgendermaßen vorgehen:

- Handbremse anziehen und den ersten Gang einschalten. Radmuttern lockern.
- Mutter der Antriebswelle lockern. Eine Stecknuss ist zum Lösen erforderlich.
- Fahrzeug an der Vorderseite aufbocken, sodass die Räder unter ihrem eigenen Gewicht herunterhängen können, und kräftige Unterstellböcke unter die Seiten der Karosserie setzen. Das Rad kann jetzt abgeschraubt werden. Die Wellenmutter vollkommen abschrauben.
- Bremsklötze ausbauen, wie es im Kapitel »Bremsen« beschrieben ist, und den Bremssattel abschrauben. Den Sattel mit einer Drahtschlinge festbinden.
- Das elektrische Kabel vom Drehzahlfühler an Stelle (3) in Bild 3 abschließen (ABS) und die anderen gezeigten Teile lösen, d. h. den Halter (1), die Schraube (2) und die Mutter (4).

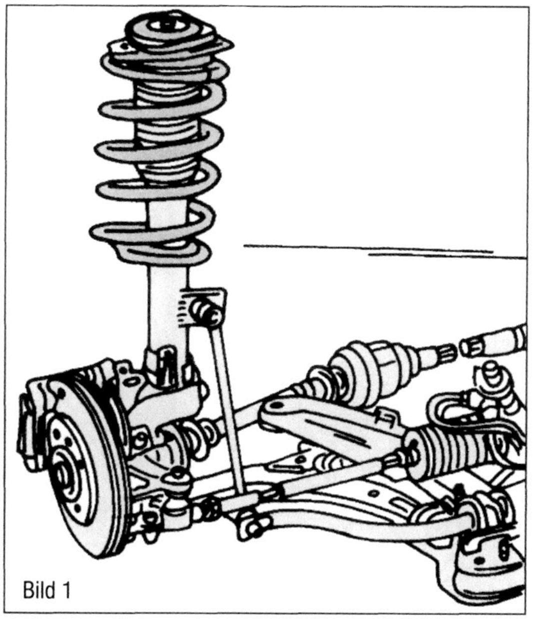

Bild 1

Bild 1
Ansicht der zusammengebauten Vorderradaufhängung auf einer Seite.

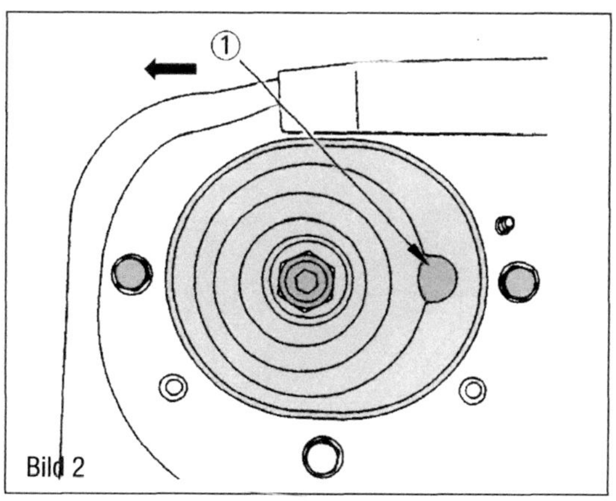

Bild 2

Bild 2
Die Fläche (1) am Federbeinlager kann entweder auf der linken Seite oder der rechten Seite sitzen. Je nachdem, welche Lenkung eingebaut ist.

■ Die Mutter des Spurstangenkopfes am Lenkhebel abschrauben und die Verbindung mit einem geeigneten Kugelbolzenabzieher trennen, wie er z. B. bei der Beschreibung beim Ausbau der Lenkung gezeigt ist.

■ In ähnlicher Weise die Koppelstange des Kurvenstabilisators an der Oberseite vom Halter am Federbein abschrauben und das Kugelgelenk trennen.

■ Schraube und Mutter der Klemmverbindung an der Unterseite des Achsschenkels entfernen und den Kugelbolzenschaft nach unten aus dem Klemmschlitz herausdrücken. Der Schaft sitzt sehr fest, aber keinen Schraubendreher in den Klemmschlitz einsetzen, um diesen zu öffnen. In der Werkstatt wird natürlich ein passendes Werkzeug dazu benutzt. Ein Inbusschlüssel passender Größe tut es auch. Er wird wie in der linken Ansicht von Bild 4 eingesetzt und danach in Pfeilrichtung in der rechten Ansicht bewegt. Dadurch öffnet sich der Schlitz im Achsschenkel um den zugelassenen Wert und das Kugelgelenk kann herausgezogen werden.

■ Den Achsschenkel nach außen ziehen, bis die Antriebswelle frei ist. Ein Kunststoffhammer kann benutzt werden, um eine festsitzende Achswelle aus dem Radlager auszuschlagen. Die Antriebswelle sollte im Getriebe verbleiben, muss aber festgebunden werden.

■ In der Innenseite des Motorraums die drei Schrauben der oberen Federbeinbefestigung entfernen.

⚠ *Auf keinen Fall die Mutter in der Mitte des Federbeins lösen*, da es auseinander springen würde. Falls man bereits weiß, dass man das Federbein zerlegen muss, kann man die Mutter lockern, während das Federbein noch im Fahrzeug ist. Achsschenkel und der Querlenker verbleiben im Fahrzeug.

■ Federbein nach unten herausnehmen. Eine zweite Person sollte das Federbein von unten halten, während die Schrauben der Lagerung abgeschraubt werden.

Es ist ebenfalls möglich das Federbein zusammen mit der Antriebswelle auszubauen. In diesem Fall kann man die Mutter auf der Welle lassen. Das komplette Federbein wie oben beschrieben ausbauen und danach die Achswelle aus dem Getriebe herausziehen. Daran denken, dass man den Öldichtring in der Seite des Getriebes erneuern muss.

Zerlegung eines Federbeins

Bild 5 zeigt die Einzelteile eines zerlegten Federbeins und sollte hinzugezogen werden, wenn ein Federbein zerlegt wird, um die Schraubenfeder oder das obere Federbeinlager zu erneuern. Dies sind die einzigen Arbeiten, die man an einem Federbein durchführen sollte. Falls der Stoßdämpfer Schaden erlitten hat, sollte das gesamte Federbein zusammen mit dem integralen Stoßdämpfer erneuert werden, oder man lässt den Stoßdämpfereinsatz in einer Werkstatt erneuern.

Ein Federspanner ist erforderlich, um die Schraubenfeder vor dem Ausbau zu entlasten. Der in einer Werkstatt verwendete Federspanner kann die in Bild 6 gezeigte Form. Falls man sich einen derartigen Federspanner nicht besorgen kann, verwendet man zwei Federspannhaken, die in der gezeigten Weise angesetzt werden (Bild 6, rechts). Beim Zerlegen eines Federbeins folgendermaßen vorgehen:

■ Federbein in einen Schraubstock einspannen und den Federspanner um die Fe-

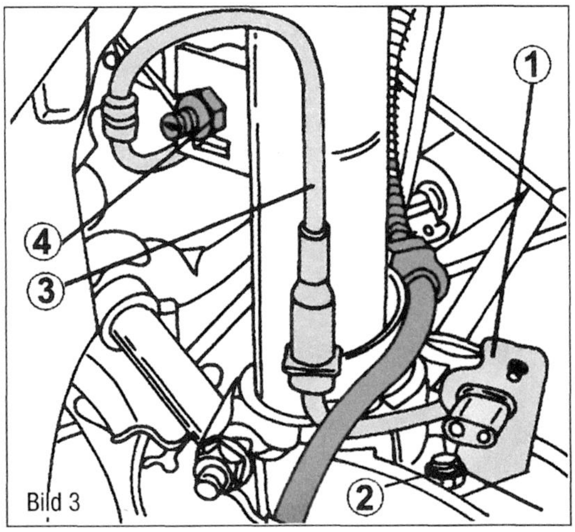

Bild 3

Bild 3
Einzelheiten zum Aus- und Einbau eines Federbeins (siehe Text).

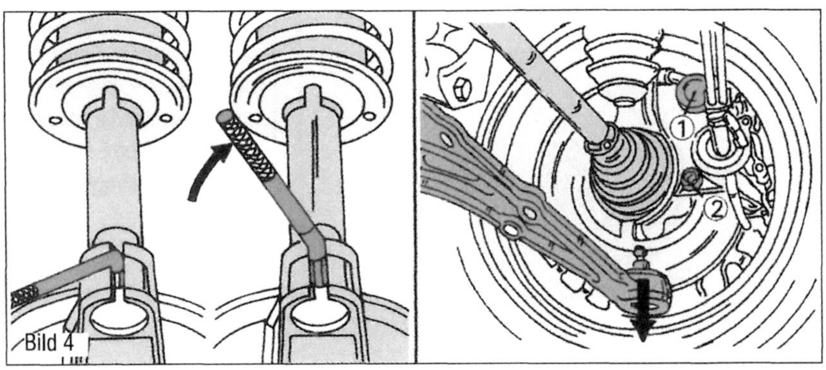

Bild 4

Bild 4
Ausweiten des Klemmschlitzes im Federbein auf der linken Seite. Ein genau passender Inbusschlüssel wird wie links eingesetzt und verdreht. Rechts ist das Trennen des Kugelbolzenschaftes vom Federbein gezeigt.

der legen. Unbedingt darauf achten, dass die Federwicklungen gut vom Federspanner gehalten werden.

- Schraubenfeder vollkommen zusammenspannen, indem man die Muttern des Federspanners anzieht, bis sich die Feder oben und unten vom Sitz abhebt und sich frei zwischen den Sitzen drehen kann.
- Einen passenden Inbusschlüssel in die Mitte der Kolbenstange einsetzen und die Mutter mit einem Ringschlüssel lockern, während die Kolbenstange mit dem Inbusschlüssel gegen Mitdrehen gegengehalten wird (falls nicht bereits gelockert). Teile über der Feder abnehmen. Mutter vollkommen abschrauben und das obere Federbeinlager, das Abstandsstück, das Nadeldrucklager und den oberen Federsitz abnehmen.
- Federspanner zusammen mit der Feder herunterheben. Die Schutzmanschette ist über die Kolbenstange geschoben und kann heruntergezogen werden. Darauf achten, dass die Kolbenstange nicht beschädigt werden kann, wenn das Federbein abgelegt wird.

Alle Teile kontrollieren und wie erforderlich erneuern. Gummischutzmanschette, Nadelrollenlager und Federbeinlager müssen erneuert werden, falls sie nicht mehr einwandfrei aussehen. Darauf achten, dass man nicht die Fläche der Kolbenstange beschädigt, z. B. zerkratzt. Die vordere Fahrzeughöhe wird durch eine ermüdete Feder beeinflusst, falls eine oder beide Federn zum Beispiel lange in Betrieb waren. Beim Erneuern einer Feder immer die Fahrgestellnummer und das Baujahr angeben.

Ein Stoßdämpfer kann auf einwandfreie Arbeitsweise kontrolliert werden, indem man ihn senkrecht in einen Schraubstock einspannt und die Kolbenstange hin- und herbewegt. Die Kolbenstange sollte sich mit gleichmäßigem Widerstand bewegen lassen. Irgendwelche »toten Stellen« bedeuten die Erneuerung des Federbeins.

Federbein zusammenbauen

Beim Zusammenbau eines Federbeins folgendermaßen vorgehen:

- Die Teile entsprechend Bild 5 wieder zusammenbauen. Die Schutzmanschette über die Kolbenstange schieben und die Manschette am Federbein anbringen.
- Das Federbein senkrecht in einen Schraubstock einspannen. Zusammengespannte Schraubenfeder aufsetzen. Das Ende der Feder muss sich dem Aufnahmesitz anpassen.
- Die in Bild 5 gezeigten Teile über die Feder setzen. Der obere Federsitz muss mit der Aufnahme über dem Ende der Feder sitzen.
- Eine **neue** Mutter auf die Kolbenstange aufschrauben und mit 45 Nm anziehen. Die Kolbenstange muss dabei gegengehalten werden.
- Schraubenfeder langsam entspannen, während man gleichzeitig beobachtet, dass die Feder oben und unten eingreift.
- Federbein aus dem Schraubstock ausspannen. Falls erforderlich, das Radlager erneuern, wie es unten beschrieben ist.

Falls erforderlich kann die Kolbenstangenmutter bei eingebautem Federbein angezogen werden, d. h. nachdem die 3 Schrauben bereits angezogen wurden. Dazu einen Inbusschlüssel in das Ende der Kolbenstange einsetzen und die Mutter mit einem Ringschlüssel anziehen. Das Drehmoment lässt sich aber in diesem Fall schlecht bestimmen und muss geschätzt werden.

Bild 5
Montagebild eines Federbeins.

1 Kolbenstangenmutter
2 Unterlegscheibe
3 Abdichtung
4 Federbeinlager
5 Drucklager
6 Oberer Federsitzteller
7 Scheibe
8 Schraubenfeder
9 Federbein
10 Schutzmanschette

Bild 6
Das Spezialwerkzeug zum Zerlegen eines Federbeins. Die rechte Abbildung zeigt, wie der Federspanner um die Wicklungen der Feder gelegt wird, wenn man einen konventionellen Federspanner benutzt.

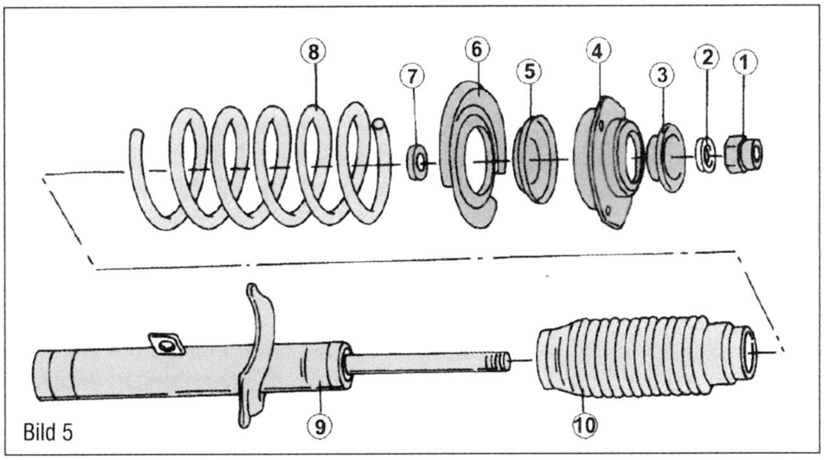

Bild 5

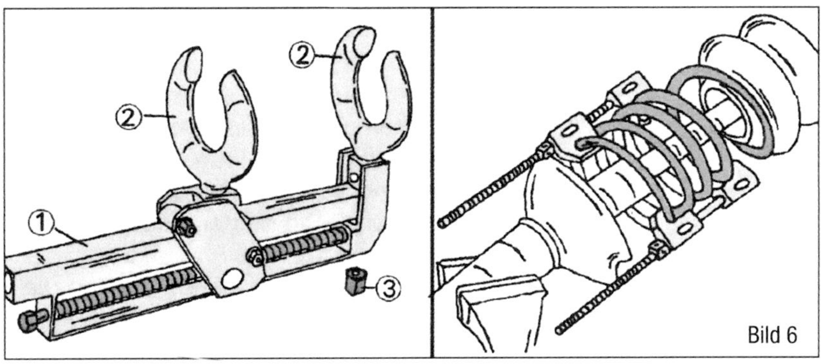

Bild 6

Sichtprüfung Messen

Einbau eines Federbeins

Noch einmal zur Erinnerung:

- Das Federbein hat eine Fläche auf einer Seite, welche in die in Bild 2 gezeigte Richtung weisen muss, wenn eine mechanische Lenkung eingebaut ist.
- Die Fläche muss auf der gegenüberliegenden Seite liegen, wenn eine Servolenkung eingebaut ist und bei allen nach Sept. 2002 hergestellten Fahrzeugen, wie z. B. Berlingo 2 und die entsprechende Partner-Ausführung.

Fehler müssen hier unter allen Umständen vermieden werden, um dem Fahrzeug nicht die falsche Vorderradgeometrie zu geben.

Der Einbau findet in umgekehrter Reihenfolge statt. Falls das Federbein zusammen mit der Antriebswelle ausgebaut wurde, die Welle in das Getriebe einsetzen und vollkommen nach innen schieben (nicht Erneuerung des Dichtringes im Getriebe vergessen (siehe Kapitel »Antriebswellen«, Einbau der Antriebswellen). Danach das Federbein in die richtige Lage bringen und die drei Schrauben an der Oberseite in das Federbein einschrauben. Die Schrauben mit 25 Nm anziehen.

Falls die Antriebswelle im Getriebe verblieben ist, den Achsschenkel und die Nabe über das Ende der Welle schieben und die Welle einbauen, wie es im entsprechenden Kapitel beschrieben ist. Danach das Federbein in die richtige Lage setzen und entsprechend der obigen Beschreibung an der Federbeinlagerung verschrauben.

Beim weiteren Einbau folgendermaßen vorgehen:

- Kugelbolzen des Querlenkers mit dem unteren Ende des Achsschenkels in Eingriff bringen. Der Klemmschlitz sollte noch durch den eingesetzten Inbusschlüssel geöffnet sein, d. h. beim Einschieben sollten keine Probleme auftreten. Kontrollieren, dass das Schutzblech für den Kugelbolzen einwandfrei sitzt, den Querlenker vollkommen nach oben drücken und die Klemmschraube einschlagen. Den Inbusschlüssel wieder verdrehen und herausziehen, sobald der Schaft einwandfrei sitzt. Die Mutter aufschrauben und mit 40 Nm anziehen.
- Spurstangenkopf am Lenkhebel und die Koppelstange des Kurvenstabilisators am Halter des Federbeins anschließen. Neue selbstsichernde Muttern aufschrauben und die Mutter des Spurstangenkopfes mit 35 Nm, die der Koppelstange mit 40 Nm anziehen. Die Bolzen müssen fettfrei sein.
- Bremssattel vom Draht befreien und am Achsschenkel ansetzen. Die beiden Schrauben festziehen.
- Die in Bild 3 gezeigten Teile wieder montieren.
- Rad anschrauben und das Fahrzeug auf den Boden ablassen. Die Radmuttern anziehen (85 Nm) – 90 Nm im Fall des Berlingo 2 und entsprechendem Partner.
- Mutter der Achswelle mit einem Anziehdrehmoment von 320 Nm anziehen und sichern, wie es beim Einbau der Antriebswellen beschrieben wurde.

Vorderradnaben und Radlager

Die Vorderradlager sind verschlossen, voreingestellt und vorgeschmiert. Bei der Konstruktion wurde davon ausgegangen, dass die Lager ohne Wartung oder Einstellung auf Lebenszeit des Fahrzeuges halten.

Die Muttern der Achswellen sind mit einem festgelegten Anziehdrehmoment angezogen. Auf keinen Fall darf man versuchen die Lager »nachzustellen«, indem man die Muttern fester anzieht.

Es passiert jedoch schon mal, dass ein Radlager ausfällt. In diesem Fall kann man es erneuern. Verschiedene Spezialwerkzeuge werden in einer Werkstatt verwendet, um die Radlager zu erneuern. Vielleicht das wichtigste ist ein Abzieher, mit welchem man den inneren Lagerring vom Radnabenflansch abziehen kann, da er nach Ausbau der Nabe auf dem Flansch verbleibt. Falls man einen derartigen Abzieher zur Verfügung hat, liegt kein Grund vor, dass man die Arbeiten nicht durchführen sollte. Das Federbein muss ausgebaut werden, damit man die Arbeiten in einem Schraubstock durchführen kann. Die Radlager haben einen festen Presssitz auf der Radnabe und im Achsschenkel, und eine hydraulische Presse muss zur Erneuerung der Lager zur Verfügung stehen. Bei der Erneuerung eines Radlagers muss man immer das Fahrzeugmodell angeben, da Radlager manchmal im Laufe der Produktion geändert werden.

Bei der Erneuerung eines Radlagers folgendermaßen vorgehen:

- Das Federbein in einen Schraubstock mit Blechbacken einspannen, ohne es dabei zu verformen.
- Die beiden Schrauben der Bremsscheibe lösen und die Bremsscheibe von der Radnabe abnehmen.
- Die Innenseite des Achsschenkels in der Umgebung des Radlagers mit einem Lappen sauber wischen, um den Sprengring freizulegen, und den Sprengring mit einer Innenseegerringzange ausfedern, wie es in Bild 7 gezeigt ist.
- Zum Ausbau der Radnabe oder des Radlagers sind Ausziehwerkzeuge erforderlich. Am besten eignet sich ein Schlaghammer dazu. Die Stange des Schlaghammers wird durch die Radnabenöffnung eingesetzt, sodass man ein Einsatzstück an der Innenseite anbringen kann, wie es Bild 7 (rechts) zeigt. Das Gewicht des Schlaghammers gegen den Anschlag anschlagen, bis der Nabenflansch und das Lager zusammen herauskommen. Falls ein Schlaghammer nicht zur Verfügung steht, kann man die Radnabe aus dem Achsschenkel auspressen. Der Achsschenkel muss in geeigneter Weise unterlegt werden. Auch sollte es möglich sein, dass man die Teile mit einem geeigneten Dorn herausschlägt.
- Der innere Lagerring des Radlagers verbleibt auf der Radnabe und muss abgezogen werden. Dies ist in allen Fällen erforderlich, da ja das Lager erneuert werden muss. Zum Abziehen des Lagers einen Abzieher verwenden, dessen Abpressplatten man unter den Lagerring untersetzen kann. Durch Anziehen der mittleren Schraube kommt der Lagerring herunter. Bild 8 zeigt einen Lagerabzieher, welchen man jedoch durch einen Dreiarmabzieher ersetzen kann. Falls man Schwierigkeiten hat die Abzieherklauen unter den Lagerring zu bringen, kann man einen Meißel einschlagen, um den Lagerring etwas zu lösen. Dabei darf man natürlich nicht die Radenabe beschädigen.

Alle Teile gründlich reinigen und auf Wiederverwendung kontrollieren. Das Lager muss in jedem Fall erneuert werden. Kontrollieren, dass der Sprengring in einwandfreiem Zustand ist. Das Lager vor Einbau mit Mehrzweckfett einschmieren.

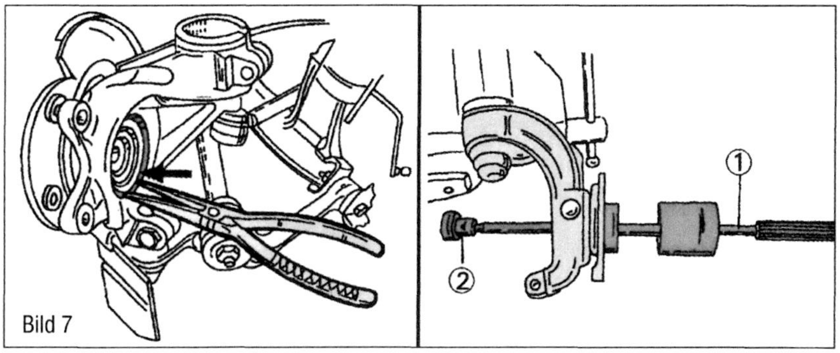

Bild 7

Bild 7
Ausbau eines Radlagers. Lagersprengring wie links gezeigt ausfedern Das Lager kann mit einem Schlaghammer (1) herausgezogen werden. Ein geeigneter Adapter (2) wird auf der anderen Seite angeschraubt.

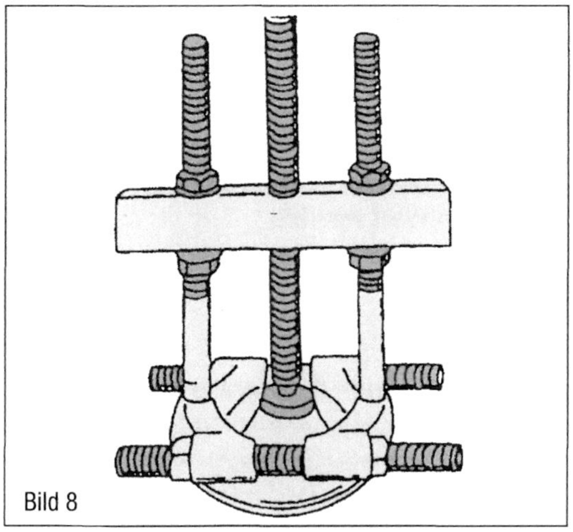
Bild 8

Bild 8
Abziehen des inneren Lagerlaufrings von der Radnabe. Ein ähnlicher Abzieher muss benutzt werden.

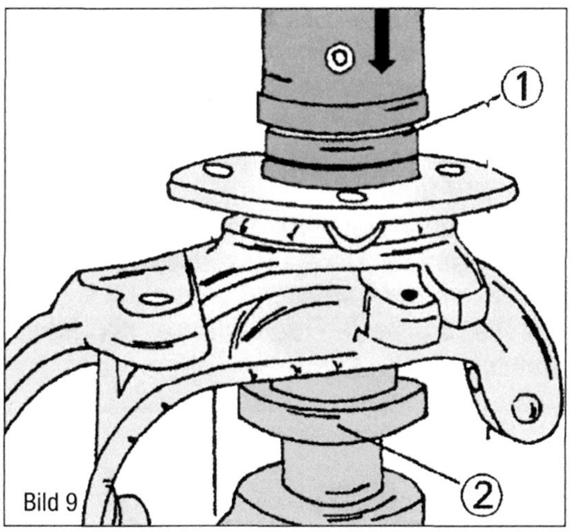

Bild 9

Bild 9
Aufpressen einer Radnabe in den Achsschenkel. Das Lager von unten mit einer Unterlage (2) abstützen und die Radnabe mit einem Pressdorn (1) in den Achsschenkel pressen.

Beim Einbau des Radlagers folgendermaßen vorgehen:

- Ein Stück Rohr des gleichen Durchmessers wie der äußere Lagerring zum Einpressen des Lagers verwenden. Den Lagerring bis zum Anschlag in den Achsschenkel einpressen.
- Kontrollieren, dass der Lagerkäfig richtig in der Lagerbohrung sitzt und den Sprengring mit einer Sprengringzange einsetzen, wie es Bild 7 zeigt. Falls der Sprengring beim Ausbau verbogen wurde, muss er er-

Bild 10
Anordnung des Querlenkers und Kurvenstabilisators mit den wichtigen Anziehdrehmomenten. Beim Berlingo 2 wurden einige Werte geändert (siehe Hinweis im Text).
1 *Kugelgelenkbefestigung am Querlenker, 50 Nm*
2 *Kurvenstabilisator*
3 *Schraube hinter der hinteren Lagerbüchse, 30 Nm*
4 *Schraube der vorderen Lagerbüchse, 85 Nm*
5 *Schraube der hinteren Lagerbüchse und des Stabilisatorlagers, 65 Nm*

neuert werden. Kontrollieren, dass der Ring am gesamten Umfang einwandfrei sitzt.

■ Radnabe unter einer Presse in den Achsschenkel einpressen. Dabei das Lager und den Achsschenkel in geeigneter Weise unterlegen. Die Pressunterlage (2) in Bild 9 muss gegen den inneren Lagerring des Radlagers ansitzen. Den Pressstempel (1) gegen die Außenseite der Radnabe ansetzen und die Radnabe einpressen. Der Druck von unten darf nur gegen den inneren Lagerring ausgeübt werden.

■ Alles herausgedrückte Fett abwischen und nochmals kontrollieren, ob der Sprengring ringsherum einwandfrei in der Lagerbohrung des Achsschenkels sitzt.
Der ausgebaute Achsschenkel kann jetzt wieder montiert werden.

Untere Querlenker

Bild 10 zeigt einen Querlenker zusammen mit den wichtigsten Anziehdrehmomenten. Bei der Beschreibung des Ausbaus muss man sich an dieses Bild halten. Besonders sei der Kurvenstabilisator erwähnt, welcher nicht bei allen Fahrzeugen den gleichen Durchmesser hat. Ein Querlenker kann ausgebaut werden, ohne dass man das Federbein aus dem Fahrzeug herausnimmt.

Aus- und Einbau

■ Radmuttern lockern, die Vorderseite des Fahrzeuges auf Böcke setzen (Böcke unter den Seiten der Karosserie unterstellen) und das Rad auf der in Frage kommenden Seite abnehmen.

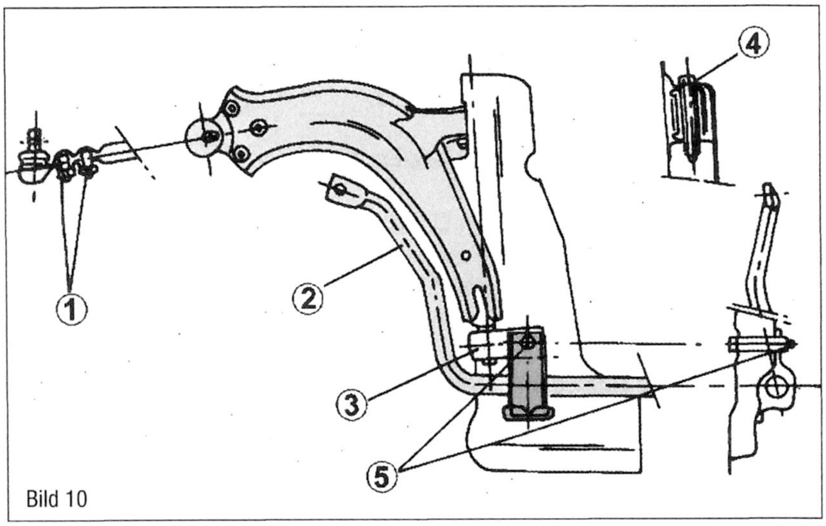

Bild 10

■ Unter Bezug auf Bild 11 die Klemmschraube und Mutter des Kugelgelenks (1) an der Unterseite des Achsschenkels lösen. Querlenker in der bereits beschriebenen Weise lösen und nach unten drücken, bis der Kugelbolzenschaft aus dem Achsschenkel kommt.

■ Die Schrauben (2) und (3) an der Rückseite und die Schraube (4) an der Vorderseite entfernen und den Querlenker von der Lagerung abnehmen.
Der Querlenker kann bis zu einem gewissen Ausmaß repariert werden. Die entsprechenden Anweisungen sind im nächsten Kapitel beschrieben.

Beim Einbau des Querlenkers unter Bezug auf Bild 11 vorgehen:

■ Den Querlenker zusammen mit den beiden Lagerungen ansetzen und die Schrauben (2) und (3) sowie die Schraube (4) einsetzen. In der Aufnahme des Querträgers befindet sich eine Mutter, welche in der in Bild 12 gezeigten Lage stehen muss. Die hinter Lagerung muss an Stelle (2) zwischen dem Nebenrahmen und dem Stabilisatorlager eingeführt werden. Die Befestigungen entsprechend Bild 11 anziehen: Die Schraube (2) mit 30 Nm, die Schraube (3) mit 65 Nm, die Schraube und Mutter (4) mit 85 Nm.

☞ Die Anziehdrehmomente wurden beim Berlingo 2 und den entsprechenden Partner-Modellen nach ca. Sept. 2002 geändert. Die folgenden Werte sind für diese Fahrzeuge gültig: Schraube (3) mit 68 Nm und die Schraube und Mutter (4) mit 75 Nm anziehen.

■ Kugelbolzen des Querlenkers in die Unterseite des Federbeins einsetzen, kontrollieren, dass das Schutzblech für das Kugelgelenk richtig sitzt und den Querlenker vollkommen nach oben drücken. Die Klemmschraube einschlagen und die Mutter mit 40 Nm anziehen.

Querlenkerreparaturen
Die beiden Gummilager und das Kugelgelenk der Querlenker können ausgetauscht werden, jedoch werden geeignete Pressstempel gebraucht, um die Lager aus- und einzupressen. Die Arbeit ist nicht sehr einfach und es könnte von Vorteil sein, wenn man den Querlenker in eine Werkstatt bringt und die Büchsen erneuern lässt.

Kurvenstabilisator

Der Ausbau des Kurvenstabilisators ist ziemlich kompliziert, da man die Verbindung zwischen dem Lenksäulenkreuzgelenk und dem Lenkritzel trennen und die Schraube und Mutter der Drehmomentstütze entfernen muss. Außerdem muss man den Aufhängungsnebenrahmen genügend weit absenken, um den Kurvenstabilisator herauszuziehen. Einen Wagenheber deshalb sofort unter den Aufhängungsnebenrahmen untersetzen.

- Fahrzeug vorn auf Böcke setzen. Die Räder müssen frei herunterhängen. Beide Räder abschrauben.
- Die Mutter an der Unterseite der Koppelstange vom Stabilisator abschrauben (immer erneuern).
- Die Verbindung an der Kreuzgelenkverbindung trennen, wie es beim Ausbau der Lenkung beschrieben wurde.
- Die nächsten Arbeiten unter Bezug auf Bild 13 durchführen. Die Schraube und Mutter (1) lösen, die Schrauben (2) auf jeder Seite lockern und die Schrauben (3) und (4) vollkommen herausdrehen. Der Nebenrahmen muss gut auf dem Wagenheber sitzen.
- Den Wagenheber senken, bis der Nebenrahmen ca. 65 mm tiefer sitzt. Einen Holzblock dieser Stärke zwischen Nebenrahmen und Fahrzeugboden einsetzen und den Wagenheber wieder anheben, bis der Nebenrahmen gegen den Holzklotz ansitzt.
- Die Stabilisatorstange kann jetzt entsprechend Bild 14 herausgezogen werden.

Der Kurvenstabilisator ist zwei in Gummilagern gelagert. Die seitliche und waagerechte Einbaulage der Gummilager wird durch einen Ansatz in der Innenseite der Lage und durch eine Einschnürung an der Stange bestimmt (auf beiden Seiten). Die Gummilager werden durch Montageschellen gehalten. Um die Gummilager zu erneuern, spannt man die Stange in einen Schraubstock und zieht die Gummibüchsen herunter. Diese sind auf einer Seite geöffnet, lassen sich deshalb leicht abziehen.
Die neuen Büchsen mit dem Ansatz in der Mitte mit der Einschnürung in der Stange ausrichten. Die Kennzeichnungen an der Büchse und an der Stabilisatorstange müssen entsprechend Bild 15 zusammenkommen.

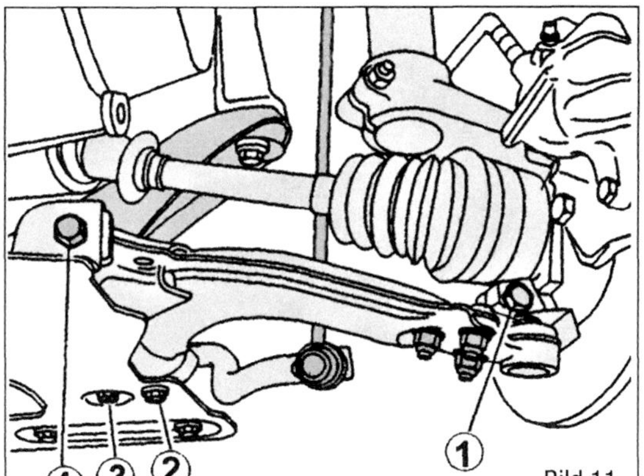

Bild 11

Bild 11
Zum Einbau eines Querlenkers. Die Zahlen werden im Text erwähnt.

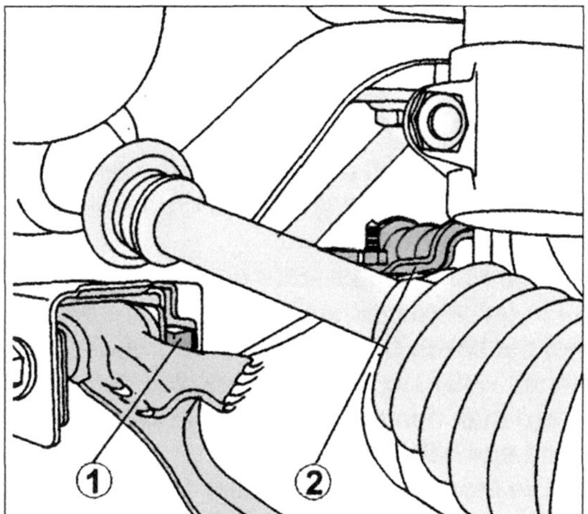

Bild 12

Bild 12
Einbau des Querlenkers. Die hintere Lagerbüchse muss zwischen dem Nebenrahmen und dem vorderen Stabilisatorlager (2) eingesetzt werden. Die Mutter (1) muss an der gezeigten Stelle eingesetzt sein.

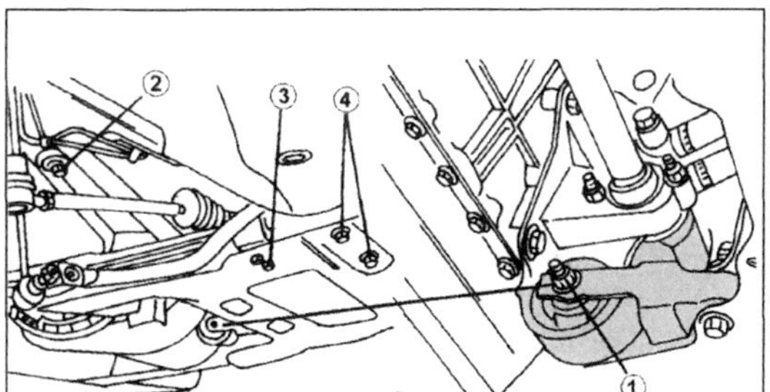

Bild 13

Bild 13
Einzelheiten zum Aus- und Einbau des Kurvenstabilisators. Auf die Zahlen wird im Text eingegangen.

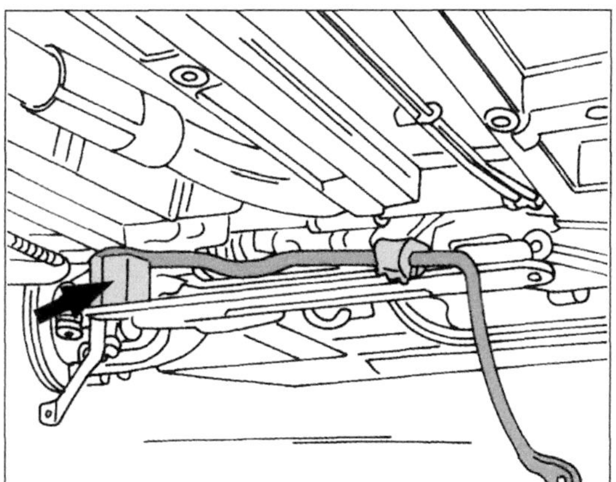
Bild 14

Bild 14
Das im Text erwähnte Holzstück wird an der Pfeilstelle eingesetzt. Der Stabilisator wird in der gezeigten Lage herausgezogen und auch eingesetzt.

Bild 15
Einbau der Montageschellen (1) und Gummilager (2). Die beiden Kennzeichnungen an Lager und Stabilisatorstange müssen während dem Einbau fluchten.

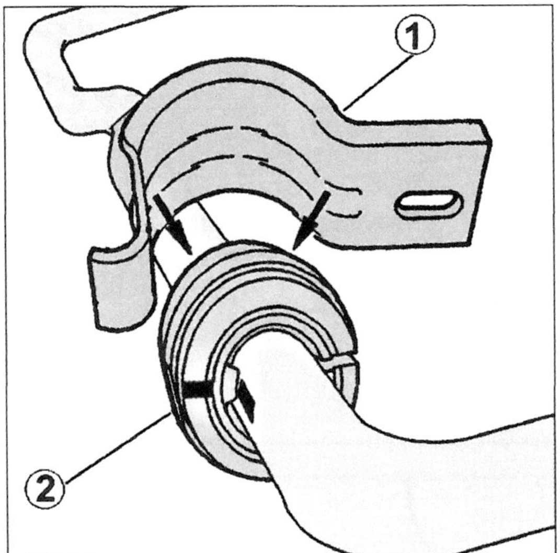

Bild 15

Der Einbau findet unter Beachtung der folgenden Punkte andernfalls in umgekehrter Reihenfolge statt:

- Den Kurvenstabilisator entsprechend Bild 14 in die Vorderradaufhängung einsetzen Auf der linken Seite kann man den 6,5 cm hohen Holzklotz sehen (Pfeilstelle), mit welchem man den Nebenrahmen in der richtigen Lage hält.
- Die Montageschelle in Bild 15 über jedes Gummilager setzen und die Schrauben der Montageschellen handfest anziehen.
- Den Nebenrahmen absenken, den Holzklotz herausnehmen und den Rahmen wieder in die richtige Lage heben.
- Die Schrauben (2) und (4) des Nebenrahmens mit 80 Nm, die Schrauben der Montageschellenbefestigung mit 65 Nm anziehen.
- Das Kreuzgelenk der Lenksäule zusammenschließen (25 Nm).
- Die Koppelstange an der Stabilisatorstange anschließen (40 Nm).

Bild 16
Einzelheiten zum Aus- und Einbau des Nebenrahmens.

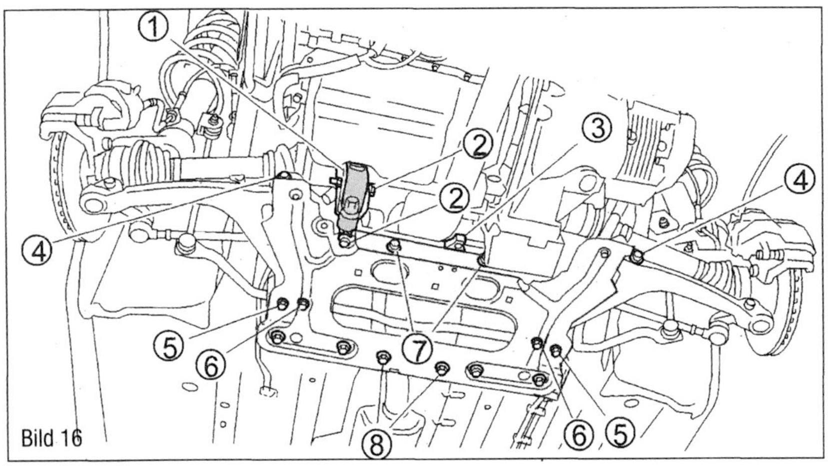

Bild 16

- Drehmomentstütze wieder anbringen und die Schraube (1) in Bild 13 mit 50 Nm anziehen.
- Fahrzeug auf die Räder ablassen und die Schrauben mit 85 Nm anziehen (90 Nm beim Berlingo 2/Partner ab Sept. 2002).

Nebenrahmen – Aus- und Einbau

Der Ausbau des Nebenrahmens ist bei bestimmten Arbeiten erforderlich. Dies ist natürlich eine umfangreiche Arbeit, jedoch sollten Sie in der Lage sein den Nebenrahmen mithilfe der folgenden Anleitungen auszubauen.

- Vorderseite des Fahrzeuges auf Böcke setzen.
- Die Lenkung und das Auspuffrohr mit einer Drahtschlinge festbinden, damit sie später in dieser Lage bleiben.
- Räder in die Geradeausstellung drehen und unter Bezug auf Bild 16 vorgehen.
- Die beiden Schrauben (2) entfernen und die Drehmomentstütze (1) vom Motor lösen. In folgender Reihenfolge vorgehen (lösen/ausbauen):
- Die Schrauben (6), die Schrauben (5), die Schrauben (7) und die Schraube (3).
- Kabel der Drehstromlichtmaschine vom Relais abschließen.
- Schrauben (8) und die Schrauben (4) lösen, die letztgenannten auf beiden Seiten des Nebenrahmens, und die unteren Querlenker vom Nebenrahmen trennen. Der Nebenrahmen muss jetzt von unten mit einem Rollwagenheber abgestützt werden.
- Unter Bezug auf Bild 17 die Schrauben (1) und die Schrauben (2) entfernen. Diese halten den Nebenrahmen am Fahrzeugboden. Der Nebenrahmen kann jetzt abgesenkt werden und alle anfallenden Arbeiten kann man in dieser Lage des Nebenrahmens durchführen. Den Nebenrahmen auf dem Wagenheber lassen, bis er wieder eingebaut wird.

Der Einbau des Nebenrahmens wird folgendermaßen durchgeführt:

- Nebenrahmen mit dem Wagenheber in die richtige Lage heben und die Schrauben (1) und (2) in Bild 17 einschrauben ohne sie anzuziehen.

■ Der Nebenrahmen muss jetzt zentriert werden. In der Werkstatt werden dazu spezielle Zentrierbolzen benutzt, welche in die Bohrungen neben den Schraubenlöchern (1) in Bild 17 eingeschoben werden. Ohne diese Spezialbolzen muss man die Bohrungen mit einem Dorn oder ähnlichem Werkzeug zentrieren. Nach Zentrierung die Schrauben (1) und (2) mit 85 Nm in mehreren Stufen anziehen.

■ Querlenker anbringen und die folgenden Schrauben in Bild 16 in der angegebenen Reihenfolge auf die angeführten Anziehdrehmoment anziehen: Schrauben (4) mit 76 Nm, Schrauben (7) mit 70 Nm, Schrauben (5) mit 31 Nm, Schrauben (6) mit 68 Nm. Die Anziehdrehmomente unterliegen einer Toleranz von plus oder minus 10 %.

■ Drehmomentstütze (1) montieren und die Schrauben anziehen. Die untere Schraube (2) wird mit 60 Nm, die obere Schraube (2) mit 54 Nm angezogen. Wiederum gilt die bereits angegebene Toleranz beim Anziehen der Schrauben.

■ Abschließend die Schraube (3) und die Muttern (8) anziehen. Die Muttern müssen immer erneuert werden.

■ Fahrzeug auf die Räder ablassen und die Radschrauben auf die bereits angegebenen Anziehdrehmomentwerte anziehen.

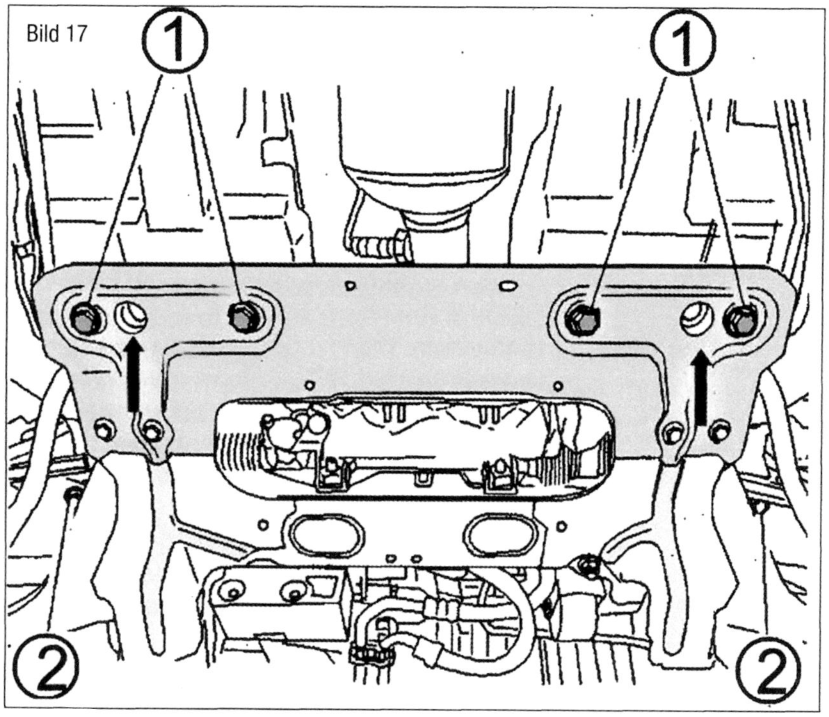

Bild 17
Die Schrauben (1) und (2) halten den Nebenrahmen am Fahrzeugboden. Die Pfeile zeigen, wo die Zentrierbolzen eingesetzt werden.

Vorderradeinstellung

Die Einstellung der Radspur sowie die Kontrolle des Nachlaufs und des Sturzes werden in Kapitel »Lenkung« erörtert. Falls Teile der Vorderradaufhängung erneuert wurden, muss der Vorderwagen vermessen werden. Nur die Spureinstellung kann verstellt werden.

12 Lenkung

Wartungsarbeiten an der Lenkung

Manschetten des Lenkgetriebes kontrollieren: Die Zahnstange der Lenkung wird an beiden Enden mit einer schwarzen Manschette verschlossen, einem so genannten Faltenbalg. Diese müssen regelmäßig kontrolliert werden, da ein rissiger Faltenbalg Wasser, Staub oder Straßenschmutz in das Innere des Lenkgetriebes eindringen lässt. In Verbindung mit dem Schmiermittel der Lenkung wird dadurch eine Art Schleifpaste hergestellt, die zum Abrieb an der Zahnstange und an der Zahnstangenführung führen. Eine regelmäßige Kontrolle erspart Ihnen spätere Kosten.

Zur Kontrolle den Faltenbalg mit der Hand auseinanderziehen oder die Lenkung vollkommen einschlagen, sodass sich die Manschetten strecken können. Das Material sorgfältig auf Risse kontrollieren. Eine nicht mehr einwandfreie Manschette muss sofort erneuert werden.
Die Befestigungsschellen an den Enden der Faltenbälge müssen fest sitzen.

Staubschutzkappen und Spiel der Spurstangenköpfe prüfen: Die Spurstangengelenke an den äußeren Enden der Spurstangen bestehen aus Stahlkugelköpfen, die mit ein wenig Fett wartungsfrei in eine Kunststoffschale eingesetzt sind. Schutz vor Staub oder Feuchtigkeit gewährleistet in diesem Fall eine Gummikappe. Um den Gelenken eine lange Lebensdauer zu geben, muss man sie im Rahmen der Wartungsarbeiten kontrollieren.

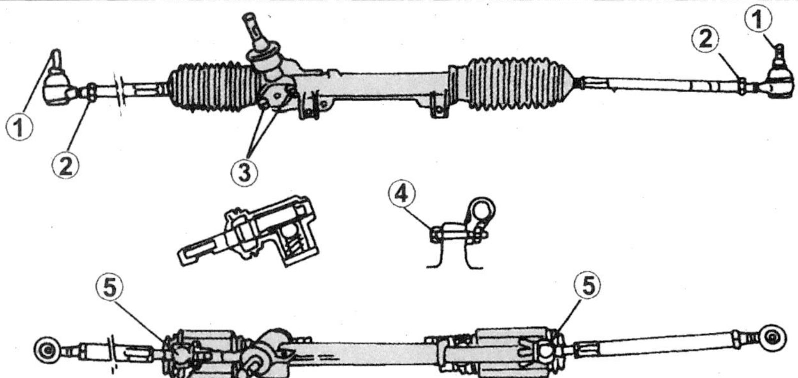

Bild 1

Bild 1
Teile und Anziehdrehmomente der Lenkung – Mechanische Lenkung.

1. *Spurstangenkugelgelenk, 35 Nm*
2. *Kontermutter der Spurstangen, 45 Nm*
3. *Deckelschrauben, 12 Nm*
4. *Lenkungsschrauben, 45 Nm*
5. *Gelenkgehäuse an Zahnstange, 60 Nm*

Die Staubschutzkappen ringsherum auf Rissstellen kontrollieren. Falls man diese feststellen kann, muss man die Spurstangenköpfe erneuern, wie es anschließend beschrieben wird.

- Die Gelenke kann man ebenfalls auf übermäßiges Spiel kontrollieren. Dazu das Fahrzeug vorn auf Böcke setzen und das Rad hin- und herbewegen. Ebenfalls kann man die Spurstange am Rohrstück erfassen und kräftig schütteln. Falls Sie einen Helfer zur Hand haben, erfassen Sie das Gelenk am Eingang in den Lenkhebel (Räder auf dem Boden) und lassen das Lenkrad hin- und herdrehen. Dadurch wird Spiel an den Gelenken angezeigt. Auch in diesem Fall das Spurstangengelenk erneuern.
- Die inneren Gelenke können in ähnlicher Weise kontrolliert werden, jedoch ist dies schwieriger. In diesem Fall muss jedoch die gesamte Spurstange erneuert werden.

Lenkungsspiel kontrollieren: Bei geöffneten Fester das Lenkrad erfassen und kurz hin- und herbewegen. Dabei das linke Vorderrad beobachten. Dieses muss sich sofort mit dem Lenkrad »mitbewegen«. Ist dies nicht der Fall, können die folgenden Defekte vorliegen:

- Spiel in derZahnstange des Lenkgetriebes
- Ausgeschlagene Spurstangengelenke außen oder innen
- Ausgeschlagenes Kreuzgelenk an der Verbindung der Lenkwelle

Kontrolle des Flüssigkeitsstands der Servolenkung (falls eingebaut): Die Beschreibung folgt später in diesem Abschnitt im Zusammenhang mit der Servolenkung. Wir verweisen auf dieses Kapitel.

Zahnstangenlenkung – Aus- und Einbau

Vor der Trennung der Lenksäule vom Ritzel der Zahnstange muss man das Lenkrad gegen Verdrehung sperren, wenn die Räder in Geradeausstellung stehen, um den unter dem Lenkrad sitzenden Schalter nicht zu beschädigen. Auch nach dem Ausbau des Lenkgetriebes darf das Lenkrad unter keinen Umständen verdreht werden. Wir schlagen vor, dass Sie das Lenkrad mit einem Stück Schnur festbinden.

Arbeiten an Fahrzeugen mit Airbag unterliegen dem Sprengstoffgesetz. Wir möchten darauf hinweisen, dass Sie nur Arbeiten an einer solchen Lenkung durchführen, wenn Sie einige Erfahrungen haben. Sonst die Arbeiten in einer Werkstatt durchführen lassen.

Bilder 1 und 2 zeigen die beiden Lenkungen. Bei Fahrzeugen nach Sept. 2002 ist nur eine Servolenkung eingebaut.

Beim Aus- und Einbau der Lenkung muss man zwischen einer eingebauten mechanischen Lenkung und einer Servolenkung unterscheiden. Die folgende Beschreibung bezieht sich auf eine Lenkung ohne Servounterstützung. Bei der Servolenkung zusätzliche Arbeiten werden anschließend erwähnt.

Zum Einbau der Lenkung müssen neue Muttern für die Spurstangengelenke sowie eine neue Schraube und Mutter für das untere Kreuzgelenk der Lenksäule (am Lenkritzel) vorhanden sein. Ein Abzieher zum Trennen der Spurstangenkugelgelenke ist erforderlich.

Der Nebenrahmen muss teilweise ausgebaut werden, wie es im Kapitel »Vorderradaufhängung« beschrieben wurde, um die Lenkung bei Fahrzeugen nach Sept. 2002 (Berlingo 2) auszubauen.

- Massekabel der Batterie abklemmen. An den Diebstahlsicherheits-Code denken, falls das Radio einen erfordert. Mindestens eine Minute lang warten, ehe weitere Arbeiten durchgeführt werden.
- Räder lockern, die Vorderseite des Fahrzeuges auf Böcke setzen, sodass die Räder frei herunterhängen können, und die Vorderräder abschrauben.
- Geräuschabdämmung unter dem Fahrzeug ausbauen (falls eine eingebaut ist).
- Die Muttern der beiden Kugelbolzen für die Spurstangengelenke entfernen und mit einem geeigneten Kugelbolzenabzieher, wie er in Bild 3 gezeigt ist, die Verbindungen auf beiden Seiten trennen. Um das Gewinde des Spurstangengelenks nicht zu beschädigen, die Mutter bis fast zum Ende abschrauben. Nachdem der Konus des Gelenkbolzens frei ist, die Mutter abschrauben und die Scheibe entfernen. Die Spurstange aus dem Eingriff bringen und zur Seite legen. Die Lenkung wird jeweils in die beiden Anschläge verdreht, um an die Kugelgelenke zu kommen.
- Von der Innenseite des Fahrerraums aus die in Bild 4 gezeigte Mutter (4) der Verbindung zwischen Lenksäule und Lenkritzel lösen, den Clip (1) auf eine Seite schieben und die Schraube (2) herausziehen. Das Kreuzgelenk seitlich verschieben, um die Verbindung zu trennen.
- Die zwei Befestigungsschrauben der Zahnstange herausdrehen. Durch die Öffnung im Querträger die beiden Abstandshülsen herausnehmen.
- Die Lenkung zusammen mit den beiden Spurstangen durch den linken Radkasten herausziehen.

Falls die Spurstangenköpfe erneuert werden sollen, die Kontermuttern lockern und die Gelenke abschrauben. Dabei die genaue Anzahl der Umdrehungen zählen, welche zum vollkommenen Abschrauben erforderlich sind. Die Anzahl der Umdrehungen für jede Seite auf ein Stück Papier schreiben, damit das neue Gelenk um den gleichen Wert wieder auf die Spurstange geschraubt werden kann. Dadurch werden die Spurstangen auf die richtige Länge zum Einstellen der Vorspur gestellt. Die Vorspur muss kontrolliert und ggf. eingestellt werden, ganz gleich, ob die Spurstangenköpfe erneuert werden oder ob die ursprünglichen Gelenke auf eine neue Lenkung übertragen werden.

Der Einbau der Lenkung geschieht in umgekehrter Reihenfolge wie der Ausbau unter Beachtung der folgenden Punkte:

Den Zustand der Lenkungsmanschetten kontrollieren und überprüfen, dass die Befestigungsspangen gut angelegt sind.

- Falls neue Spurstangenköpfe eingebaut werden, diese wie oben beschrieben wieder auf die Spurstangen schrauben.
- Die Lenkung in die Geradeausstellung bringen, wie es später beschrieben ist.

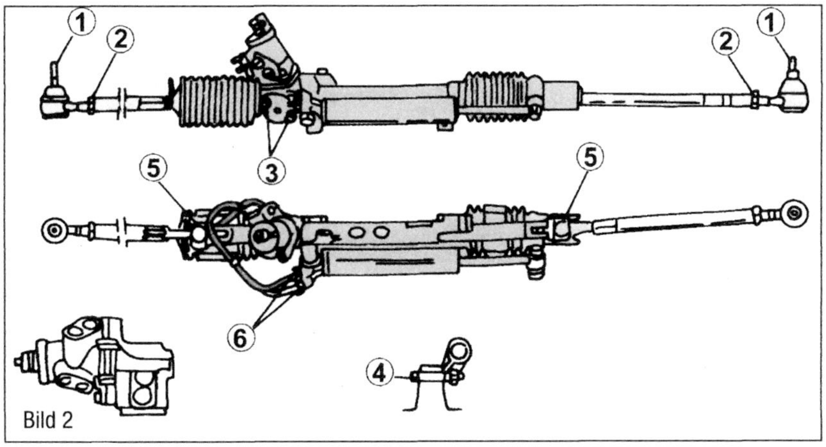

Bild 2
Teile und Anziehdrehmomente der Lenkung – Servolenkung.

1 *Spurstangenkugelgelenk, 35 Nm*
2 *Kontermutter der Spurstange, 45 Nm*
3 *Deckelschrauben, 12 Nm*
4 *Lenkungsschrauben, 45 Nm*
5 *Gelenkgehäuse an Zahnstange, 50 Nm*
6 *Flüssigkeitsleitungen, 25 Nm*

Sichtprüfung Messen

Bild 3
Abziehen eines Spurstangenkugelgelenks mit einem Abzieher (1).

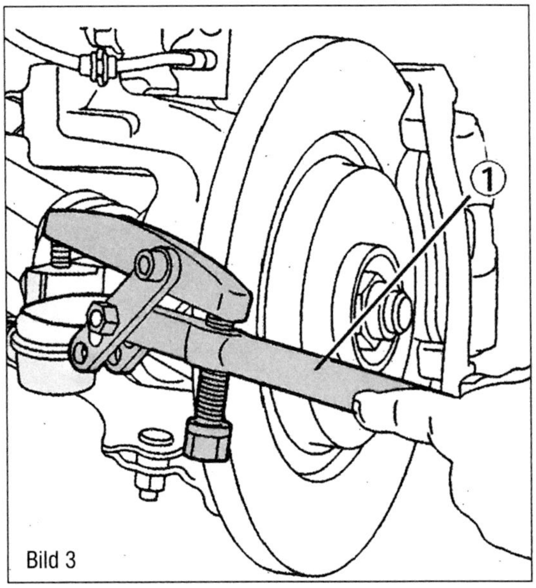

Bild 4
Die Verbindung des Lenkungskreuzgelenks am Lenkritzel.

1 Clip
2 Klemmschraube
3 Kreuzgelenk
4 Mutter

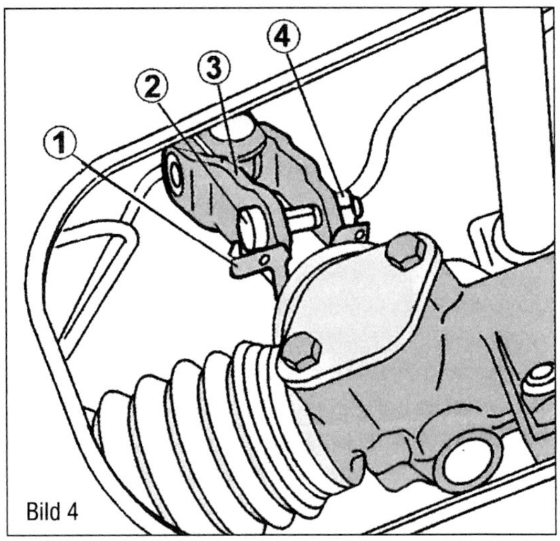

■ Die Lenkung durch den linken Radkasten einführen, ohne dabei die Zahnstange zu verschieben. Die beiden Abstandshülsen wieder einsetzen. Falls diese weggelassen werden, kann sich der Motorträger verziehen.

■ Die Lenkungsschrauben eindrehen und mit einem Anziehdrehmoment von 50 Nm anziehen.

■ Das Kreuzgelenk (3) entsprechend Bild 4 wieder anschließen. Dazu die Schraube (2) einschieben und eine neue Mutter (4) auf der anderen Seite aufschrauben und mit 23 Nm anziehen. Den Clip (1) wieder in die ursprüngliche Lage bringen.

■ Die Spurstangenköpfe an den Lenkhebeln anschließen. Die Kugelbolzen müssen frei von Fett oder Öl sein, um einen guten Sitz zu gewährleisten. Neue selbstsichernde Muttern mit 35 Nm anziehen.

■ Vorderräder anschrauben und das Fahrzeug auf den Boden ablassen. Radbolzen mit dem zutreffenden Drehmoment anziehen.

■ Vorspur kontrollieren und einstellen, wie es in Kapitel 11 beschrieben ist. Durch die Verstellung der Spurstange hat sich die Vorspur verändert und muss berichtigt werden. Kontrollieren, ob das Lenkrad mit den Speichen in der richtigen Stellung steht. Hat es nur eine Speiche, muss diese senkrecht nach unten stehen. Falls dies nicht der Fall ist, steht die Lenkung nicht in der Mittelstellung.

Arbeiten bei eingebauter Servolenkung vor Sept. 2002

Die folgenden Arbeiten sind durchzuführen, ehe man die Lenkung ausbaut, wie es bei der mechanischen Lenkung beschrieben wurde.

■ Die beiden am Vorratsbehälter der Lenkungsflüssigkeit angeschlossenen Schläuche mit einer geeigneten Zwinge zusammenquetschen (ohne Schäden anzurichten).

■ Die Überwurfmuttern des Zufuhr- und Rücklaufschlauchs an der Lenkung abschrauben. Einen Vermerk machen, wo jede Leitung angeschlossen ist. Dabei wird etwas Flüssigkeit herauslaufen, die man mit einem Lappen absaugen kann. Nach Herausziehen der Anschlüsse diese sowie die Öffnungen in der Lenkung in geeigneter Weise verschließen, um Eindringen von Schmutz zu vermeiden.

■ Die Leitungen der Lenkung von allen Halteclips freimachen (vermerken, wo sie befestigt sind) und vorsichtig zur Seite schieben, damit sie beim weiteren Ausbau nicht im Wege sind. Ebenfalls das an der Lenkung angebrachte Wärmeschutzblech vorsichtig abdrücken.

■ Die Lenkung jetzt in der oben beschriebenen Weise ausbauen, mit dem Unterschied, dass man die Lenkung durch den rechten Radkasten herauszieht.

■ Beim Einbau in der bei der mechanischen Lenkung beschriebenen Weise vorgehen. Die Leitungen an die richtigen Anschlüsse anschrauben und mit den Clips wie ursprünglich vorgefunden befestigen. Die Überwurfmuttern der Leitungen mit 25 Nm anziehen.

■ Abschließend die Anlage befüllen und entlüften, wie es später beschrieben wird.

Arbeiten bei eingebauter Servolenkung ab Sept. 2002 (Berlingo 2)
Wie bereits erwähnt, muss der Nebenrahmen abgesenkt werden, um die Lenkung auszubauen. Außerdem ist das Abschließen des Kreuzgelenks vom Lenkritzel unterschiedlich. Beim Ausbau den Anweisungen beim Ausbau einer mechanischen Lenkung folgen, bis die Spurstangenkugelgelenke getrennt wurden. Danach folgendermaßen vorgehen:

- Unter Bezug auf Bild 5 den Clip (1) entfernen und die Schraube (2) lösen. Das Kreuzgelenk (3) etwas abkippen, um es vom Lenkventil zu befreien.
- Die Hochdruckleitung vom Nebenrahmen trennen.
- Unter Bezug auf die rechte Ansicht von Bild 5 die Schraube (4) lösen. Den Leitungsflansch (5) vom Lenkungsventil und die Leitung (6) abschließen. Die auslaufende Flüssigkeit auffangen. Dichtringe werden an den Leitungsenden verwendet, welche beim Einbau zu erneuern sind.
- Bei eingebautem DW10-Motor das Auspuffrohr vom Nebenrahmen frei machen.
- Der Nebenrahmen muss jetzt von der Unterseite der Karosserie gelöst werden. Zuerst die Schrauben (1) in Bild 13 Kapitel 11 entfernen, um die Drehmomentstütze zu lösen. Einen Wagenheber unter den Nebenrahmen untersetzen und diesen anheben, bis er soeben unter Spannung steht.
- Die Schrauben (2) auf jeder Seite lockern, ohne sie vollkommen auszuschrauben, und danach die Schrauben (4) auf jeder Seite des Nebenrahmens. Der Nebenrahmen wird jetzt langsam abgesenkt.
- Von der Unterseite des Nebenrahmens die Befestigungsschrauben der Lenkung entfernen und die beiden Abstandshülsen aus der Öffnung im Nebenrahmen herausnehmen. Die Lenkung kann jetzt durch den Radkasten herausgezogen werden.

Beim Einbau folgendermaßen vorgehen:

- Neue Dichtringe auf die Leitungen (5) und (6) aufsetzen, ehe der Leitungsflansch in das Lenkventil eingesetzt wird.
- Lenkungszahnstange in die Mittelstellung bringen und die Lenkung durch den Radkasten in die richtige Lage bringen.
- Die beiden Abstandshülsen und die Befestigungsschrauben montieren und mit 70 Nm anziehen. Nicht die Abstandshülsen vergessen, da dies zum Verzug des Motornebenrahmens führen könnte.
- Leitung (6) und den Leitungsflansch (5) anschließen und die Schraube (4) in der rechten Ansicht von Bild 5 einschrauben. Schraube mit 20 Nm anziehen.
- Das Kreuzgelenk (3) ankippen und mit dem Lenkventil verbinden. Schraube (2) einsetzen und mit 23 Nm anziehen.
- Nebenrahmen entsprechend Kapitel 11 und dem dort gezeigten Bild 13 anbringen. Anziehdrehmomente beachten.
- Abschließend die Lenkungsanlage füllen und entlüften, Fahrzeug auf den Boden ablassen und die Räder anziehen (85 oder 90 Nm, je nach Baujahr).

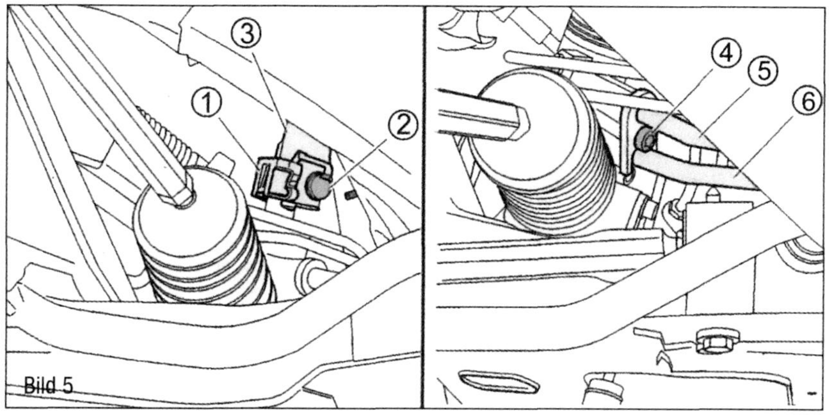

Bild 5
Ausbau der Servolenkung bei Fahrzeugen ab Sept. 2002 (siehe Text).

Reparatur der Lenkung
Die Lenkung sollte nicht zerlegt werden. Im Fall von Verschleiß oder Schäden sollte man eine neue Lenkung einbauen oder eine Austauschlenkung beziehen, wobei jedoch das Modell und auch das Baujahr anzugeben ist, da Lenkungen manchmal geändert werden. Auch wenn man den Lenkungsdämpfer in der Innenseite der Zahnstange einstellen kann, wird diese Arbeit nicht empfohlen, da eine spezielle Messuhr sowie ein besonders abgeänderter Deckel für den Lenkungsdämpfer erforderlich sind. Der Deckel muss zur Messung durchgebohrt werden, sodass man ihn später nicht verwenden kann. Wird eine neue Lenkung eingebaut, müssen die Spurstangen von der alten auf die neue Lenkung übertragen werden. Siehe nachfolgende Beschreibung.

Mittelstellung der Lenkung

Die Lenkung muss in die Mittelstellung gebracht werden, wenn man die Vorspur kontrollieren oder einstellen will. Dies ist eben-

Bild 6
Mittelstellung der Lenkung. Wenn die Lenkradmarkierung (A) in der Mitte steht, müssen die beiden Spurstangen die gleiche Länge (B) zwischen den Pfeilen haben.

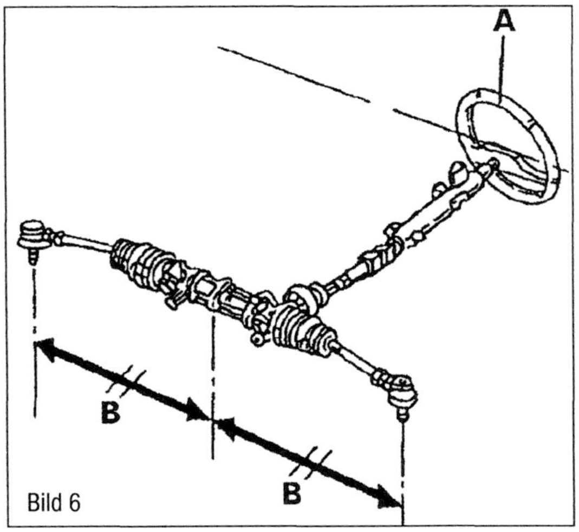

Bild 6

Bild 7
Ausmessen der Zahnstange. Das herausstehende Zahnstangenende ausmessen, wenn die Lenkung jeweils im Anschlag der Zahnstange steht. Aus den erhaltenen Maßen »L1« und »L2« wird die Mittelstellung ermittelt.

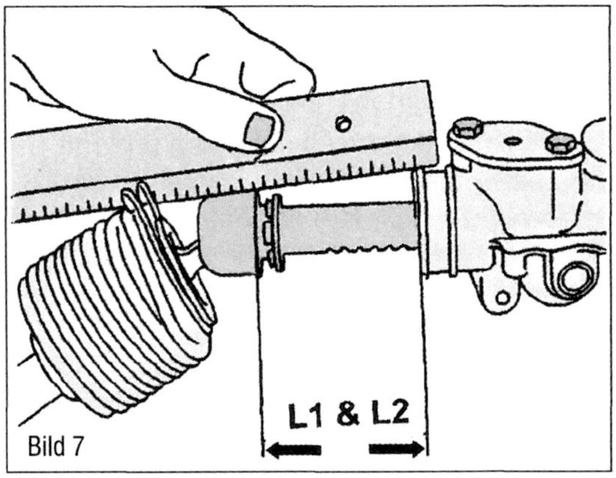

Bild 7

falls bei allen Arbeiten erforderlich, bei denen die Lenkung in der Mittelstellung stehen muss, wie z. B. beim Einbau der Lenkung. Bei eingebauter Lenkung wird dies folgendermaßen durchgeführt:

- Lenkung vollkommen in einen Einschlag drehen und an der Oberseite der Lenkradfelge ein Stück Klebband anbringen. Auf das Klebband mit einem Schreiber einen Markierungsstrich einzeichnen (»A«, Bild 6).
- Aus der Anschlagstellung die Lenkung in den anderen Anschlag drehen. Genaue Anzahl der Umdrehungen zählen.

Bild 8
Lösen eines Spurstangengelenks von der Spurstange. Die Spurstange an der gezeigten Stelle mit einem Gabelschlüssel gegenhalten.

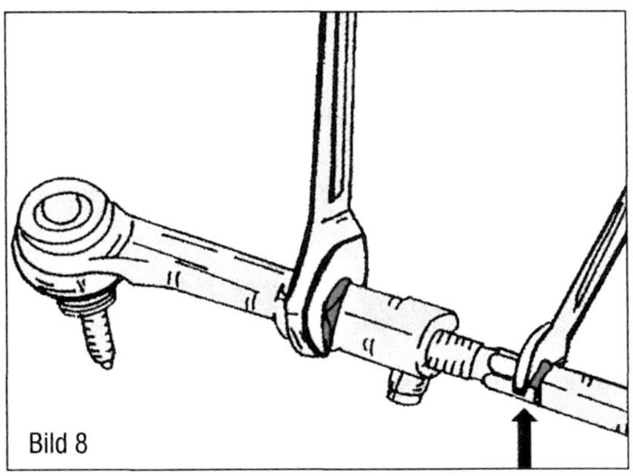
Bild 8

- Die gezählten Umdrehungen durch 2 teilen und das Lenkrad um genau diesen Wert zurückdrehen.

Kontrollieren, dass die Räder genau in der Geradeausstellung stehen. Falls dies nicht der Fall ist, die Spurstange auf der Seite des außer Linie stehenden Rades verstellen, um das Rad in die Mittelstellung zu bringen.

- Die Stellung des Lenkrades kontrollieren. Falls es nicht in der Mittelstellung steht, das Lenkrad abmontieren und in der neuen Stellung wieder montieren.

Ist die Lenkung ausgebaut, muss man sie vor dem Einbau folgendermaßen in die Geradeausstellung bringen:

Das Lenkritzel durchdrehen, bis sich die Zahnstange bis zum Anschlag ihres längsten Arbeitsweges bewegt hat, und die herausstehende Zahnstange entsprechend Bild 7 ausmessen. Das Maß aufschreiben.

- Die Lenkung in den gegenüberliegenden Anschlag drehen, bis die Lenkmanschette vollkommen zusammengedrückt ist und das Maß erneut ausmessen.
- Um die Mittelstellung der Lenkung zu erhalten, hält man sich an die folgende Gleichung: *Maße »L1« + »L2«,* geteilt durch 2 oder mit anderen Worten: Das Ergebnis des max. Wegs der Zahnstange mit dem Maß des min. Wegs der Zahnstange zusammenrechnen und das sich ergebende Resultat durch 2 teilen.
- Das Lenkritzel jetzt verdrehen, bis das Maß vom Ende der Lenkmanschette bis zu dem an der Zahnstange angezeichneten Punkt das erhaltene Ergebnis ausmacht. Die Lenkung ist jetzt in der Mittelstellung und kann eingebaut werden.

Erneuerung der Spurstangen

Die Gummimanschetten können nach Trennen der Spurstangen von den Lenkhebeln erneuert werden. Sind die Manschetten schon länger beschädigt, ist es möglich, dass in der Zwischenzeit Schmutz in die Lenkung gekommen ist. Vor Einbau einer neuen Manschette die Lenkung aus einem Anschlag in den anderen schlagen und alles alte Fett so gut wie möglich abwischen. Danach die Zahnstange gut einschmieren und die Manschette wieder montieren.

Die Spurstangenköpfe können bei eingebauter Lenkung erneuert werden, falls sie ausgeschlagen sind und die Lenkung noch in gutem Zustand ist. Wir schlagen jedoch vor, die Lenkung auszubauen.

Falls die Lenkung erneuert werden soll, müssen die beiden Spurstangenköpfe und die inneren Kugelgelenke ausgetauscht werden:

- Gummimanschette von der Spurstange und vom Zahnstangengehäuse abmontieren. Die alte Schelle kann zerschnitten werden. Auf der anderen Seite die beiden Gummiringe zurückrollen, um die Manschette von der Spurstange zu lösen. Manschette nach außen herunterziehen.
- Spurstange mit Schutzbacken in einen Schraubstock einspannen und einen Gabelschlüssel an der Zahnstange ansetzen (Bild 8), um das Kugelgelenk gegen Mitdrehen zu sichern. Das Kugelgelenk mit einem zweiten Gabelschlüssel abschrauben, wie es im Bild gezeigt ist.
- Kugelgelenk abschrauben, aber gleichzeitig die Anzahl der dazu erforderlichen Umdrehungen zählen. Diese seitenmäßig aufschreiben.
- Um die inneren Kugelgelenkgehäuse auszubauen, die Lenkmanschetten entfernen und das Kugelgelenkgehäuse von der Zahnstange abschrauben. Werkstätten verwenden einen Spezialschlüssel zum Abschrauben des Kugelgelenks, jedoch kann man es mit einer Wasserpumpenzange oder einer Grip-Zange versuchen. Das runde Kugelgelenkgehäuse ist ziemlich fest gebaut und muss erneuert werden. Die Spurstange abschrauben, sobald sie frei ist. Vor Abschrauben des Gelenkgehäuses muss man jedoch das Sicherungsblech in der in Bild 9 gezeigten Weise zurückschlagen.
- Neue Spurstange mit dem neuen Kugelgelenkgehäuse und dem Sicherungsblech an der Zahnstange anschrauben und das Kugelgelenkgehäuse mit einer Wasserpumpenzange oder einer Grip-Zange so fest wie möglich anziehen.
- Das Kugelgelenkgehäuse jetzt an der Zahnstange verstemmen. Bei eingespannter Lenkung die am Kugelgelenkgehäuse angebrachte Lasche in die Nut der Zahnstange einschlagen (Bild 9), ohne dabei das Metall zu sprengen.
- Jeden Spurstangenkopf um die gleiche Anzahl Umdrehungen wie beim Ausbau wieder einschrauben. Die Kontermuttern noch nicht anziehen, da die Vorspur kontrolliert und, falls erforderlich, eingestellt werden muss.

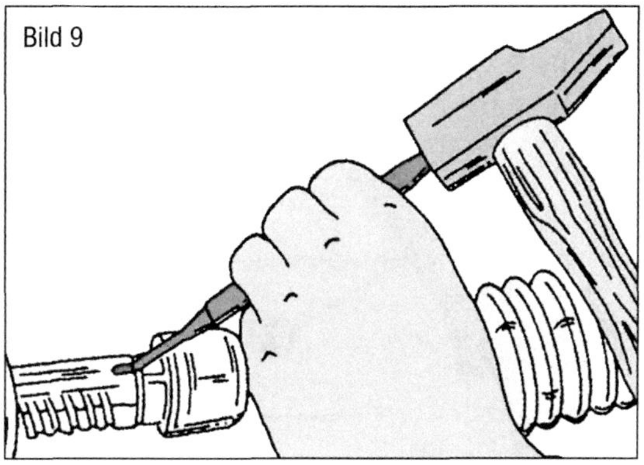

Bild 9
Verstemmen des Kugelgelenks an der Zahnstange.

- Die Vorspur sollte abschließend ausgemessen werden. ***Nicht vergessen, die Kontermutter des Spurstangenrohres nach Einstellen der Vorspur anzuziehen.***

Vorderradgeometrie

In der Werkstatt werden Spezialgeräte zur Einstellung der Vorderradgeometrie verwendet und wir empfehlen Ihnen, dass Sie irgendwelche Korrekturen da durchführen lassen. Der folgende Text gibt Ihnen jedoch einen Einblick in die Einstellung und was man beachten muss.

Die Einstellung der Vorderräder muss kontrolliert werden, wenn das Fahrzeug leer ist (Betriebsgewicht), d. h. unbeladen und mit vollem Tank. Die Fahrzeughöhen müssen vorn und hinten stimmen. Da aber außer den Messungen ebenfalls bestimmte Kalkulationen durchgeführt werden müssen, empfehlen wir, irgendwelche Vermessungen des Vorderwagens einer Werkstatt oder einer Spezialfirma für Radvermessungen zu überlassen. Außerdem sind die Werte nicht bei allen Fahrzeugen gleich, und es würde zu weit führen, alle erhältlichen Modelle anzuführen.

Vorspur der Vorderräder

Die Vorspur der Vorderräder kann mit einem mechanischen Spurmessgerät ausgemessen werden.

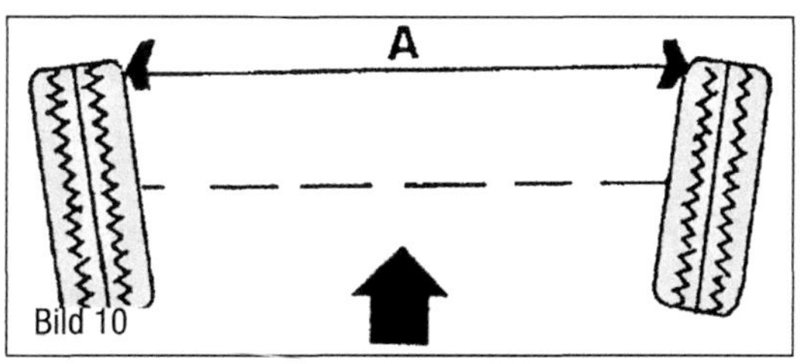

Bild 10
Das Maß »A« zwischen den Rädern an der Vorderseite kann größer sein als an der Rückseite. Dadurch wird Nachspur angezeigt. Bei Vorspur sieht es umgekehrt aus.

Bild 11
Zur Einstellung der Vorspur/Nachspur.
1 Mutter
2 Spurstangenrohr
3 Spurstangengelenk

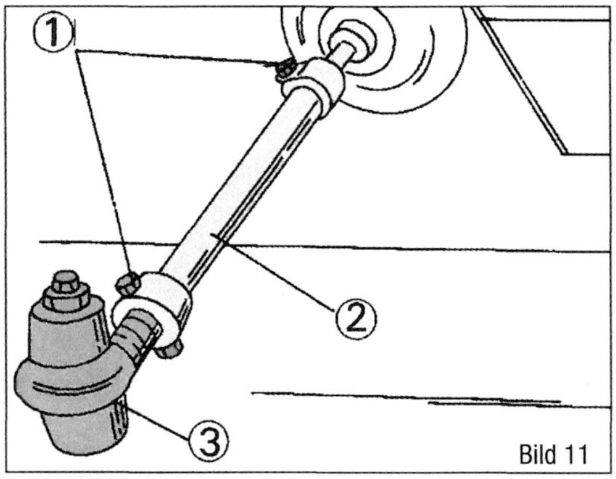

Bild 11

Hier wird jedoch vor Fehlern gewarnt. Die Vorderräder können entweder Vorspur (Räder stehen vorn enger zusammen) oder Nachspur (Räder stehen hinten enger zusammen) haben.
Die Angaben sind der Maß- und Einstelltabelle zu entnehmen. Bild 10 zeigt, was es bedeutet, wenn die Räder NACHSPUR haben. Wird die Spureinstellung falsch vorgenommen, schadet dies den Reifen.
Bei der Messung folgendermaßen vorgehen:

- Reifendrücke kontrollieren und ggf. berichtigen.
- Fahrzeug auf einer ebenen Fläche abstellen und die Vorderräder in die Geradeausstellung bringen. Dies kann man anhand der Lenkradspeiche(n) durchführen.
- Das Spurmessgerät an der Vorderseite der Räder ansetzen und die beiden Messstifte gegen die Kanten der Felgen anlegen und auf Null stellen. Dies muss in Nabenhöhe durchgeführt werden.
- Die Anlagestellen der Messstifte mit Kreide anzeichnen und das Spurmaß entfernen.
- Das Fahrzeug um eine halbe Umdrehung der Räder nach vorn schieben, d. h. bis die beiden Kreidezeichen jetzt an der Rückseite der Räder und wieder in Nabenhöhe stehen.
- Das Spurmaß unter dem Wagen durchschieben und die Messstifte wieder gegen die Kanten der Felgen anlegen. Falls die Räder richtig eingestellt sind, heißt das, dass man die Stifte hineinschieben (bei Vorspur) oder herausziehen (bei Nachspur) muss.

Messstifte feststellen und die Anzeige ablesen. Das Maß sollte sich jetzt mindestens um 1,0 mm verändert haben, mit einer Toleranz von 1 mm nach plus oder minus. Wichtig: Bei einer mechanischen Lenkung muss **Nachspur** vorliegen, bei einer Servolenkung **Vorspur**. Bild 11 zeigt eine Darstellung der Spureinstellung.

- Falls dies nicht der Fall ist, die Kontermuttern der beiden Spurstangenrohre lockern. Die Kontermuttern sind natürlich lose, falls die Spurstangen erneuert wurden.
- Die beiden Spurstangenrohre um den gleichen Wert verstellen. Falls man dies nicht beachtet, verändert sich die Stellung der Lenkradspeiche. Die Verstellung nur in kleinen Stufen durchführen und jedes Mal nachmessen.
- Abschließend die Kontermuttern (2) in Bildern 1 oder 2, je nach Lenkung, mit einem Anziehdrehmoment von 45 Nm anziehen. Die Spurstangenrohre sollten dabei gegengehalten werden, damit sie sich nicht innerlich verdrehen können.
- Die Vorspur nochmals ausmessen, wie es oben beschrieben wurde und ggf. entsprechende Nachstellungen vornehmen, um das Maß zu berichtigen.

Bild 12
Die Leitungsenden (1) und (2) zum Ablassen der Anlage abschließen (Fahrzeuge vor Sept. 2002).

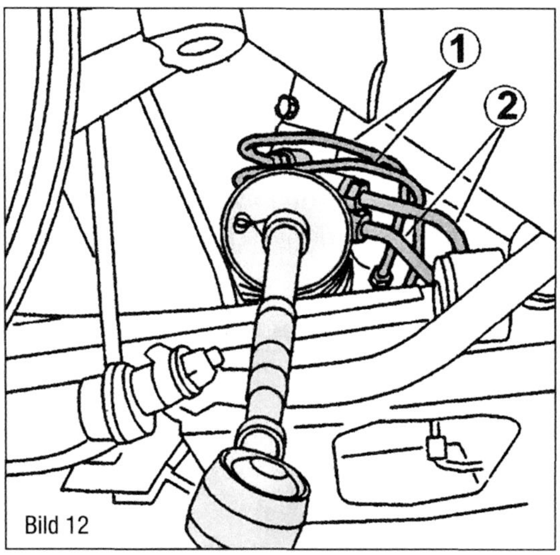

Bild 12

Servolenkung

Ablassen, Füllen, Entlüften

Die Lenkungsanlage wird unter Beachtung der folgenden Unterschiede entleert:

Kontrolle des Flüssigkeitsstands im Vorratsbehälter der Lenkungsflüssigkeit ist eine regelmäßige Wartungsarbeit.

Fahrzeuge vor September 2002

- Den Motor abstellen und das Massekabel der Batterie abklemmen. Verschraubung des Behälters abschrauben.
- Einen flachen Behälter unter die Unterseite des Fahrzeuges in der Nähe der Lenkung unterstellen und die Überwurfmutter

der Leitungen in Bild 12 lösen und ausschrauben. Die Leitung gegen Eindringen von Schmutz schützen und vorsichtig zur Seite biegen. Es ist ebenfalls möglich, dass man die Flüssigkeit mit einem Sauger aussaugt.

- Das Lenkrad einige Male aus einem Anschlag in den anderen drehen. Dabei wird die Flüssigkeit durch die Bewegung des Lenkungszylinders herausgestoßen und die Flüssigkeit kann ablaufen.
- Die Leitungen wieder am Lenkungszylinder anschließen und die Leitungen in Bild 12 festziehen. Die Anlage wie unten beschrieben auffüllen und entlüften.

Fahrzeuge ab September 2002

- In der oben beschriebenen Weise vorgehen, bis die Verschraubung entfernt wurde und man den Behälter unter das Fahrzeug untergesetzt hat. Unter Bezug auf Bild 5 die Mutter (4) in der rechten Ansicht entfernen. Mit einem Schraubendreher vorsichtig den Flansch (5) des Lenkventils zusammen mit den beiden angeschlossenen Leitungen von der Lenkung abdrücken. Die Dichtringe am Flansch müssen erneuert werden.
- Lenkrad aus einem Anschlag in den anderen drehen, bis alle Flüssigkeit ausgestoßen wurde.
- Den Flansch wieder mit den neuen Dichtringen anbringen, die Schraube einsetzen und mit 20 Nm anziehen. Anlage wie unten beschrieben auffüllen und entlüften.

Eine leere Anlage in folgender Weise auffüllen (alle Modelle):

- Den Vorratsbehälter bis zur »Max«-Marke mit Flüssigkeit füllen, wie sie in automatischen Getrieben verwendet wird. Eine Flüssigkeitsmenge von ca. 1 Liter wird benötigt, wenn die Anlage vollkommen leer ist.
- Bei abgestelltem Motor das Lenkrad aus einem Anschlag in den anderen drehen und den Vorratsbehälter erneut nachfüllen. Dies muss ca. 10 Mal durchgeführt werden. Bei den neuesten Fahrzeugen ist die Verschlusskappe mit einem Messstab versehen. In diesem Fall muss die Flüssigkeit an der Marke »C« stehen. Diese gibt an, dass der Motor kalt ist.
- Batterie anklemmen und den Motor anlassen.
- Während der Motor im Leerlauf läuft, das Lenkrad von einem Helfer langsam aus einem Anschlag in den anderen drehen lassen. Dabei ständig den Flüssigkeitsstand beobachten und wie erforderlich berichtigen.
- Den Motor abstellen und kontrollieren, dass der Flüssigkeitsstand im Behälter oder am Messstab stimmt. Andernfalls notwendige Korrekturen vornehmen.

Flüssigkeitsstand prüfen

Kontrolle des Flüssigkeitsstands im Vorratsbehälter der Lenkungsflüssigkeit ist eine regelmäßige Wartungsarbeit. Die Verschlusskappe des Vorratsbehälters entfernen und den Flüssigkeitsstand kontrollieren. Falls die Flüssigkeit unter der unteren Marke steht, muss die Anlage nach Auffüllen entlüftet werden, wie es oben beschrieben wurde.

Antriebsriemen der Lenkung

Der Aus- und Einbau des Antriebsriemens für die verschiedenen Motoren wurde bereits in Kapitel »Motoren« beschrieben.

13 Hinterachse und Radaufhängung

Die Hinterräder sind einzeln aufgehängt und werden durch quer eingebaute Torsionsstäbe abgefedert. Hydraulische Teleskopstoßdämpfer sind schräg nach oben stehend zur Rückseite zwischen dem Achskörper und dem Längslenker eingesetzt.
Ein Kurvenstabilisator ist zusätzlich in die Hinterradaufhängung eingesetzt. Wir möchten darauf hinweisen, dass der Durchmesser des Kurvenstabilisators von der Fahrzeugausführung abhängig ist und in der Hauptsache durch die Nutzlast des Fahrzeuges bestimmt wird.

Hinweise vor Reparaturen an der Hinterradaufhängung

Die folgenden Arbeiten können an der Hinterradaufhängung durchgeführt werden. Ehe Sie sich jedoch ans Werk machen, sollten Sie die Arbeitsanweisungen durchlesen, da Spezialwerkzeuge gebraucht werden, welche man nicht durch beliebige Hilfswerkzeuge ersetzen kann:

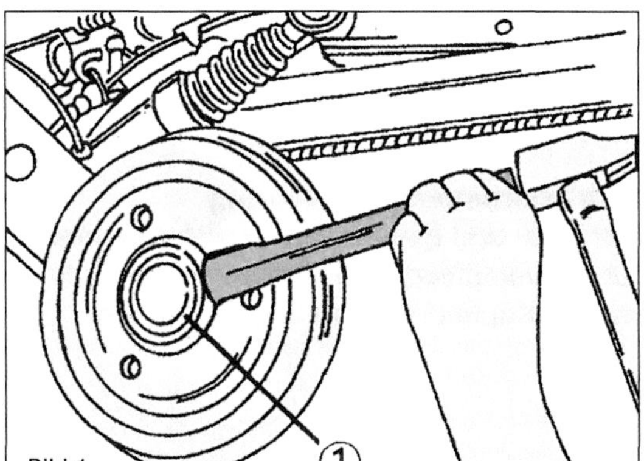

Bild 1

Bild 1
Abschlagen der Fettkappe (1) mit einem Meißel.

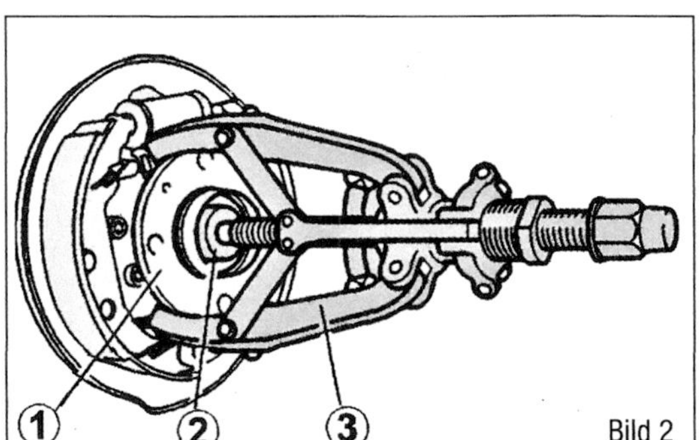

Bild 2

Bild 2
Abziehen einer Radnabe (1). Die Klauen des Abziehers (3) werden unter den Rand der Radnabe untergesetzt. Ein Druckstück (2) auf den Achsstumpf aufsetzen, um das Gewinde des Achsstumpfes nicht zu beschädigen. Die Abziehspindel darf sich nicht direkt auf dem Gewindeende verdrehen.

- Aus- und Einbau der Torsionsdrehstäbe
- Aus- und Einbau der Kurvenstabilisatorstäbe
- Erneuerung der Radlager
- Aus- und Einbau der Lenkerarme
- Erneuerung der Aufhängungslager
- Einstellen der Fahrzeughöhe an der Rückseite

Hinterradnaben und Radlager

Das Radlager sitzt in der Radnabe. Wird es ausgebaut, muss es erneuert werden, da es integral mit der Radnabe gebaut ist und sich nicht wieder einbauen lässt, d.h. man kann das Lager und die Radnabe nicht zur Überprüfung ausbauen. Zum Ausbau der Radnabe und des inneren Lagerlaufrings wird ein Universal-Zwei- oder Dreiarmabzieher gebraucht. Zum Aufziehen der Radnabe braucht man ein Stück Rohr und eine große Scheibe (wird im Verlauf des Textes genauer erwähnt). Beim Ausbau der Radnaben folgendermaßen vorgehen:

- Rückseite des Fahrzeuges aufbocken und Unterstellböcke untersetzen.
- Das Rad auf der betreffenden Seite abnehmen. Bei ABS den Drehzahlgeber ausbauen.
- Die Nabenfettkappe in der in Bild 1 gezeigten Weise entfernen. Die Nabe dabei langsam durchdrehen, damit man die Fettkappe Stück für Stück abschlagen kann.
- Die Bremstrommel ausbauen (siehe Kapitel »Bremsen«).
- Die Verstemmung der Hinterradnabenmutter mit einem kleinen Meißel zurückschlagen (Schutzbrille tragen) und die Mutter mit einer Stecknuss und einem Knebel abschrauben. Die Scheibe und die Nabe herunterziehen. Dazu wird jetzt der genannte Abzieher benutzt, welchen man in der in Bild 2 gezeigten Weise ansetzt.
- Den auf dem Achsstumpf sitzenden inneren Lagerlaufring in ähnlicher Weise wie in Bild 2 gezeigt herunterziehen. Die Klauen müssen dabei unter dem Ring eingreifen. Unter dem Lagerring sitzt ein Dichtring. Diesen ausbauen, indem man links und rechts je einen kräftigen Schraubendreher untersetzt und den Ring langsam abhebelt. Darauf achten, in welcher Einbaurichtung der Dichtring eingebaut ist.

Beim Einbau der Radnabe folgendermaßen vorgehen:

- Den Achsstumpf einwandfrei reinigen und einen neuen Fettdichtring in der ursprünglich vorgefundenen Richtung auf den Achsstumpf schieben. Ein langes Rohrstück mit passendem Durchmesser verwenden (muss auf dem Umfang des Dichtringes aufsitzen) und den Dichtring über den Achsstumpf schlagen.
- Die Radnabe auf den Achsstumpf schieben und mit einem Gummi- oder Kunststoffhammer anschlagen, bis sie gut sitzt. Das Aufziehen der Radnabe erfolgt jetzt entsprechend Bild 3. Der gezeigte Aufzieher (2) kann durch ein Rohrstück ersetzt werden. Das Rohr über den Achsstumpf stecken, auf der Außenseite eine große Scheibe auflegen und die ursprüngliche Mutter auf den Achsstumpf schrauben. Die Mutter anziehen, bis die Nabe gegen den Anschlag gezogen ist. Aufziehwerkzeuge wieder entfernen.
- Die Scheibe auf den Achsstumpf auflegen, eine NEUE Mutter aufschrauben (Anlagefläche und Gewinde eingefettet) und die Mutter mit 275 Nm anziehen, wenn das Fahrzeug vor Sept. 2002 hergestellt wurde oder mit 250 Nm, wenn es nach dem genannten Datum hergestellt wurde. Im letzten Fall ist eine Toleranz von plus oder minus 25 Nm gestattet.
- Einen stumpfen Meißel verwenden und das Metall des Mutternbundes in die Nut des Achsstumpfes einschlagen. Darauf achten, dass man dabei nicht das Metall spaltet.
- Eine neue Fettkappe aufsetzen und mit einem Kunststoffhammer aufschlagen. Die Bremstrommel kann jetzt wieder montiert werden. Das Fahrzeug muss sicher aufgebockt sein, wenn man die Mutter anzieht – vorher nochmals kontrollieren. Falls vorhanden den Drehzahlfühler (bei ABS) montieren.
- Das Rad wieder montieren und das Fahrzeug auf den Boden ablassen. Die Radmuttern auf das vorgeschriebene Anziehdrehmoment anziehen (daran denken, 85 oder 90 Nm).

Hinterachse – Aus- und Einbau

Die Hinterachse kann als komplettes Teil ausgebaut werden, aber nur falls größere, d. h. umfangreichere Reparaturen durchgeführt werden sollen, wie z. B. Erneuerung der Lenkerarme, Drehstäbe, usw. Ein langer Torx-Schlüsseleinsatz ist erforderlich, um an die Befestigungsschrauben zu kommen. In der Werkstatt werden Führungsstücke verwendet, um die Hinterradaufhängung wieder in die richtige Lage zu bringen, jedoch wird man auch ohne diese die Achse wieder in die richtige Lage bringen.

- Rückseite des Fahrzeuges anheben und auf Böcke setzen. Falls ein Unterschutzschild eingebaut ist, dieses ausbauen.
- Die Handbremsseile von ihren Befestigungen am Ausgleichshebel unter dem Fahrzeug abschließen und die Seile entlang ihres Verlaufs von den Schellen befreien.
- Die Überwurfmuttern von den beiden mit dem Bremsdruckregler verbundenen Bremsleitungen lösen und abschrauben. Leitungen herausziehen. Die Anschlussenden in geeigneter Weise verschließen, um Eindringen von Schmutz zu vermeiden. Die vom Bremsdruckregler zum linken Hinterrad verlaufende Bremsleitung von der Befestigung lösen. Bei ABS links und rechts den Kabelstecker für die Drehzahlfühler in der Hinterachse trennen und den Kabelstrang von der Karosserie lösen.
- Auspuffrohr vom Auspuffkrümmer abschrauben und die Schellenverbindung zwischen Auspuffrohr und Schalldämpfer lösen. Die Auspuffanlage nach Lösen von den Aufhängungen herausnehmen.
- Einen Rollwagenheber in der in Bild 4 gezeigten Weise unter die Mitte der Hinterachse untersetzen und den Wagenheber betätigen, bis die Achse unter Spannung steht. In diesem Zustand die vier Befestigungsschrauben der

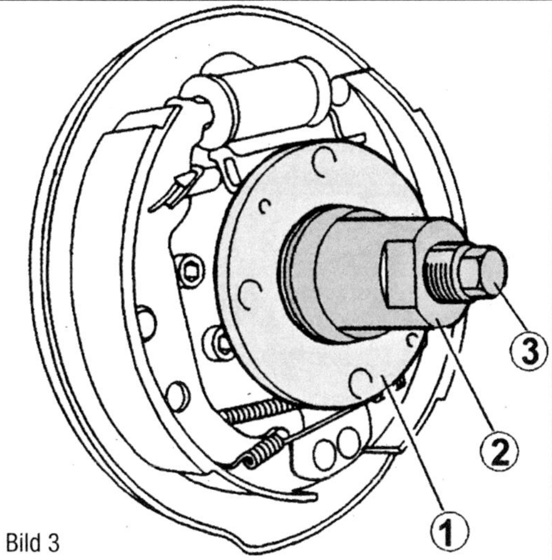

Bild 3

Bild 3
Eine Radnabe (1) wird in der gezeigten Weise aufgezogen. Das Aufziehwerkzeug (2) kann durch ein Rohrstück mit aufgelegter Scheibe ersetzt werden, die Druckspindel (3) durch eine Mutter.

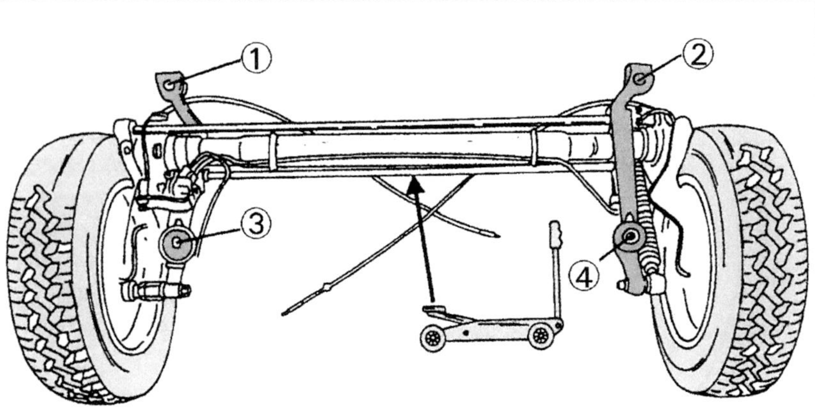

Bild 4

Bild 4
Während dem Aus- und Einbau der Hinterachse wird der Wagenheber an der gezeigten Stelle angesetzt. Schrauben (1) bis (4) halten die Achse am Fahrzeugboden.

Bild 5
Einzelheiten zum Aus- und Einbau der Hinterachse. Schrauben (1) auf beiden Seiten durch die Öffnung »a« lösen, Schrauben (2) sind von außen erreichbar.

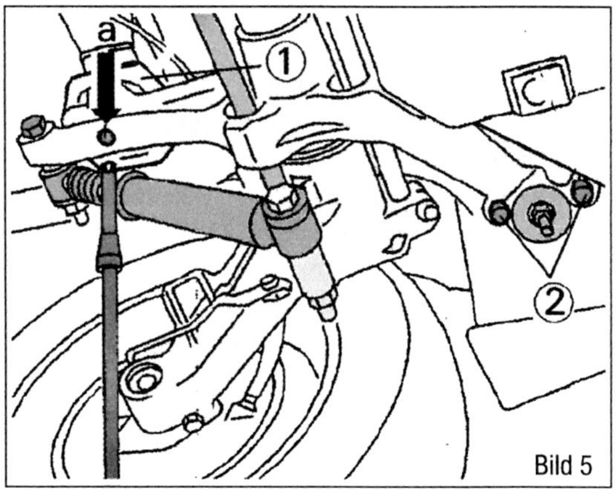

Bild 5

Achse von der Karosserie lösen. Dies geschieht anhand von Bild 5. Die hinteren Befestigungen mit dem durch die Öffnung (a) eingesetzten, oben erwähnten Torx-Kopf-Schlüsseleinsatz lösen (1 im Bild), die vorderen Befestigungen (2) von außen lösen.

- Achse langsam auf dem Wagenheber ablassen, bis sie auf den Rädern nach hinten herausgerollt werden kann.

Alle weiteren Zerlegungsarbeiten können bei ausgebauter Achse durchgeführt werden, d. h. Drehstäbe, Kurvenstabilisator, usw. können jetzt ausgewechselt werden, jedoch sind die eingangs dieses Abschnitts angeführten Hinweise durchzulesen.

Beim Einbau der Hinterachse folgendermaßen vorgehen:

- Die zusammengebaute Hinterachse unter das Fahrzeug rollen, einen Rollwagenheber an der in Bild 4 gezeigten Stelle unter die Achse setzen und die Achse anheben, bis die beiden Lagerstellen (1) und (2) im Bild gegen die Karosserie anliegen.
- Die Schrauben (1) und (2) in Bild 5 einschrauben (vorn durch Öffnung »a«) und abwechselnd anziehen. Das endgültige Anziehdrehmoment hängt vom Baujahr ab. **Bei Fahrzeugen vor September 2002** die Schrauben mit 55 Nm anziehen; **bei Fahrzeugen nach diesem Baudatum** die Schrauben (1) mit 62 Nm und die Schrauben (2) mit 40 Nm anziehen. In beiden Fällen ist eine Toleranz von 10 % plus oder minus zulässig.
- Die beiden Bremsleitungen am Bremsdruckregler anschließen, die Überwurfmuttern anfädeln und vorsichtig mit einem Drehmoment von 13 Nm anziehen. Da man keinen Drehmomentschlüssel dazu verwenden wird, muss man das Drehmoment gut schätzen.
- Auspuffanlage wieder montieren.
- Neuen Dichtring zwischen Auspuffkrümmer und Auspuffrohr verwenden und das Rohr anschließen. Schrauben und Muttern mit 30 Nm anziehen. Die Klemmschelle an Auspuffrohr und Schalldämpfer befestigen und die Schrauben und Muttern mit 12 Nm anziehen.
- Handbremsseil anschließen und Bremsanlage entlüften, wie es im Kapitel »Bremsen« beschrieben ist. Das Fahrzeug kann jetzt wieder auf die Räder abgelassen werden. Radschrauben anziehen (85 oder 90 Nm).

Torsionsdrehstäbe

Wie bereits erwähnt, sind zum Aus- und Einbau der Torsionsdrehstäbe bestimmte Spezialwerkzeuge erforderlich, ohne deren Hilfe man die Arbeiten nicht versuchen sollte. Außerdem ist es angebracht, dass man die Arbeiten auf einer Hebebühne oder über einer Montagegrube durchführt. Das wichtigste Werkzeug ist dabei ein Gestänge, welches anstelle des Stoßdämpfers eingesetzt wird, während man den Torsionsstab ausbaut.

Drehstäbe sind mit Farbringen gezeichnet. Der linke Drehstab ist am Ende auf einer Seite mit zwei Farbringen gezeichnet; der rechte mit einem Farbring. Die Drehstäbe sind nicht bei allen Modellen gleich, d. h. sie haben einen Durchmesser zwischen 19,6 mm bis zu 21,3 mm (800 kg Nutzlast). Bild 6 zeigt die Anordnung der Drehstäbe und des Kurvenstabilisators. Die Drehstäbe haben eine unterschiedliche Zahl von Kerbverzahnungen an jedem Ende, mit deren Hilfe die Fahrzeughö-

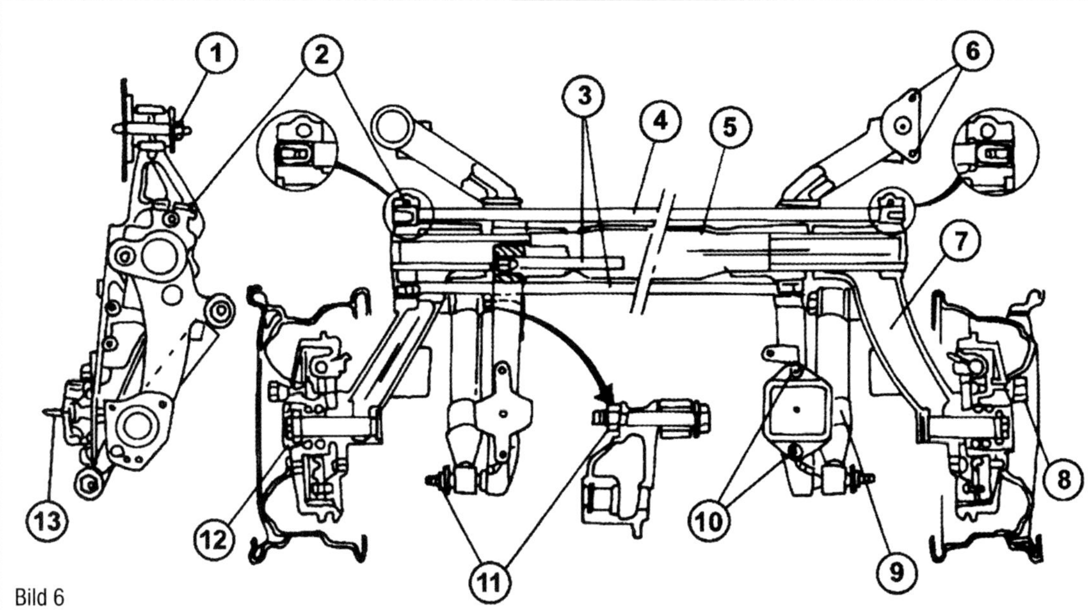

Bild 6

Bild 6
Schnitt durch die Hinterradaufhängung zusammen mit den wichtigen Anziehdrehmomenten.

1 Vordere Gummilagerung an Achse, 80 Nm
2 Schrauben des Stabilisatordrehstabs, 55 Nm
3 Torsionsdrehstäbe
4 Stabilisatordrehstab
5 Rohrachse
6 Vordere Gummilager an Karosserie, 40 Nm
7 Hinterachslenkerarm
8 Radbolzen, 85/90 Nm
9 Hinterer Stoßdämpfer
10 Hintere Lager an Achse, 55 Nm
11 Stoßdämpfermuttern, 110 Nm
12 Mutter der Hinterradnabe, 275/250 Nm, je nach Baujahr
13 Hintere Gummilager/Achse 60 Nm

he an der Rückseite verstellt werden kann. Vorausgesetzt, dass man sich die erforderlichen Werkzeuge besorgen kann, folgendermaßen bei den Arbeiten vorgehen.

Wenn ein Drehstab erneuert wurde, muss die Fahrzeughöhe an der Rückseite nach dem Wiedereinbau der Drehstäbe eingestellt werden – Werkstattarbeit.

Bei den Arbeiten ist ein Schlaghammer erforderlich, durch welchen Schläge auf die Achse kommen, d. h. das Fahrzeug muss sicher auf Böcken sitzen.

Wie man der nachfolgenden Beschreibung entnehmen kann, geschieht der Aus- und Einbau des Drehstabes im rechten und im linken Lenkerarm in unterschiedlicher Weise.

Aus- und Einbau

■ Radmuttern lockern, den Wagen an der Rückseite anheben und Unterstellböcke unter die Seiten der Karosserie untersetzen. Die Hinterräder abschrauben. Falls eingebaut, die Schutzverkleidung an der Unterseite des Fahrzeuges abschrauben.

■ Die in Bild 7 in der linken Ansicht gezeigte Schraube (Pfeil) aus dem Klemmstück für das Stabilisatorrohr auf jeder Seite des Fahrzeuges herausdrehen.

■ Ein Schlaghammer ist jetzt zum Herausziehen des Kurvenstabilisators aus der Innenseite des Hinterachsrohres und Lenkerarms notwendig. Werkstätten benutzen ein spezielles Einschraubstück, welches in das rechte Ende des Kurvenstabilisators eingeschraubt wird. Falls dieses nicht zur Verfügung steht, kann man eine Schraube des passenden Durchmessers benutzen (gleicher Durchmesser wie das Gewinde im Stabilisatorstab) und den Schlaghammer an der Schraube anbringen. Das Gewicht des Schlaghammers nach innen schlagen (Pfeilrichtung in Bild 7, rechts) und den Stabilisatorstab nach links herausschlagen und auf dieser Seite herausziehen.

Ausbau des Drehstabs aus dem rechten Lenkerarm

■ Stoßdämpfer ausbauen, wie es später beschrieben ist. Den Hilfsstoßdämpfer anstelle des Stoßdämpfers einbauen, um die Verspannung auf den Lenkerarm und die Torsionsdrehstäbe zu entlasten, aber in diesem Fall nur auf der rechten Seite.

■ Aus der Mitte des Drehstabes die »Torx«-Kopfschraube herausdrehen, mit (1) in Bild 8 gezeigt, und die Scheibe entfernen. Ebenfalls eine links vom Drehstab sitzende Mutter entfernen (mit »3« im Bild angegeben). Der Drehstab muss jetzt in der Einbaulage gekennzeichnet werden. Dazu einen Körner benutzen und das Drehstabende und den Lenkerarm an gegenüberliegenden Stellen kennzeichnen. Den Hilfsstoßdämpfer danach wieder entfernen.

■ Den linken Arm mit einem Wagenheber anheben und die Schraube sowie die Scheibe aus dem Drehstab herausdrehen. Den Schlaghammer in der oben beschriebenen Weise in das linke Ende des Drehstabs ein-

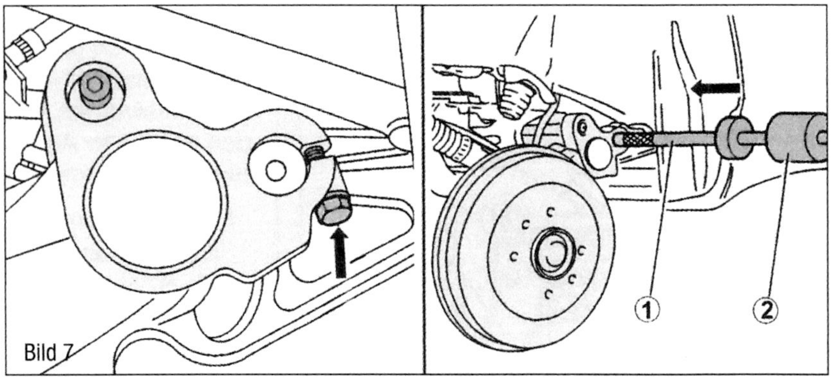

Bild 7
Ausbau des Stabilisatordrehstabs. Die Klemmschraube in der linken Ansicht muss ausgeschraubt werden. Den Schlaghammer mit einem Gewindestück (1) anbringen und das Schlaggewicht (2) in Pfeilrichtung schlagen, um den Stab herauszustoßen.

schrauben und das Schlaggewicht des Hammers nach innen schlagen (ähnlich wie in Bild 7), bis der Drehstab aus dem rechten Arm herauskommt. Den Lenkerarm wieder absenken und den Hilfsstoßdämpfer vom rechten Lenkerarm abmontieren.

Ausbau des Drehstabs aus dem linken Lenkerarm

- Stoßdämpfer ausbauen, wie es später beschrieben ist. Den Hilfsstoßdämpfer anstelle des Stoßdämpfers einbauen, um die Verspannung auf den Lenkerarm und die Torsionsdrehstäbe zu entlasten, aber in diesem Fall nur auf der linken Seite.
- Unter Bezug auf Bild 8 die Schraube (1), die Anschlagscheibe (2) und die Mutter (3) entfernen. Der Drehstab muss jetzt in der Einbaulage gekennzeichnet werden. Dazu einen Körner benutzen und das Drehstabende und den Lenkerarm an gegenüberliegenden Stellen kennzeichnen.
- Den Hilfsstoßdämpfer danach wieder entfernen.
- Den rechten Arm mit einem Wagenheber anheben und die Schraube sowie die Scheibe aus dem Drehstab herausdrehen. Dazu braucht man außer dem Torx-Kopf-Steckeinsatz eine lange Verlängerung und eine Ratsche. Den Schlaghammer in der oben beschriebenen Weise in das rechte Ende des Drehstabs einschrauben und das Schlaggewicht des Hammers nach innen schlagen (ähnlich wie in Bild 7), bis der Drehstab aus dem linken Arm herauskommt. Den Lenkerarm wieder absenken und den Hilfsstoßdämpfer vom linken Lenkerarm abmontieren.
- Die Verzahnungen des Drehstabes gründlich reinigen, falls der gleiche Stab wieder eingebaut wird. Ebenfalls die Innenverzahnungen des Lenkerarms reinigen.

Bei Einbau des Drehstabes folgendermaßen vorgehen:

- Den Hilfsstoßdämpfer auf die für das Fahrzeug vorgeschriebene Länge einstellen und in die Hinterradaufhängung montieren.
- Auf der der Einbauseite gegenüberliegenden Seite die Anschlagscheibe (2) in Bild 8 mit Fett einschmieren und in die Bohrung einlegen.
- Auf das größere Ende des Drehstabs den Schlaghammer anbringen und den Drehstab in den Lenkerarm und das Hinterachsrohr einführen, sodass die vor dem Einbau eingezeichneten Körnerschläge wieder zusammenkommen. Beim Einbau eines neuen Drehstabs, den Drehstab in verschiedenen Stellungen einschieben, bis man eine Einbaulage erhält, bei welcher der Stab 8 bis 10 mm eingeschoben werden kann. Manchmal ist es möglich, dass man den Drehstab Kerbe um Kerbe verdreht, bis er sich einschieben lässt. Danach den Drehstab wie oben beschrieben einsetzen. Der Drehstab sollte sich ohne Kraftaufwendung einschieben lassen.
- Den Drehstab vollkommen mit dem Schlaghammer hineinschieben, bis er gegen die Scheibe auf der anderen Seite anliegt. Den Schlaghammer abmontieren und das Gehäuse mit Fett füllen.
- Die Anschlagscheibe (2) mit der Schraube (1) in Bild 8 einschrauben und die Torx-Kopf-Schraube auf beiden Seiten mit 17,5 Nm anziehen. Die Mutter (3) anziehen.
- Hilfsstoßdämpfer abmontieren. Der Lenkerarm muss mit einem Wagenheber angehoben werden, um die Belastung zu entfernen. Stoßdämpfer montieren, wie es später beschrieben ist, wobei besonders auf die Methode beim Anziehen der oberen und unteren Stoßdämpferbefestigungen zu achten ist. Das Fahrzeug muss dazu mit den Rädern auf dem Boden aufstehen.

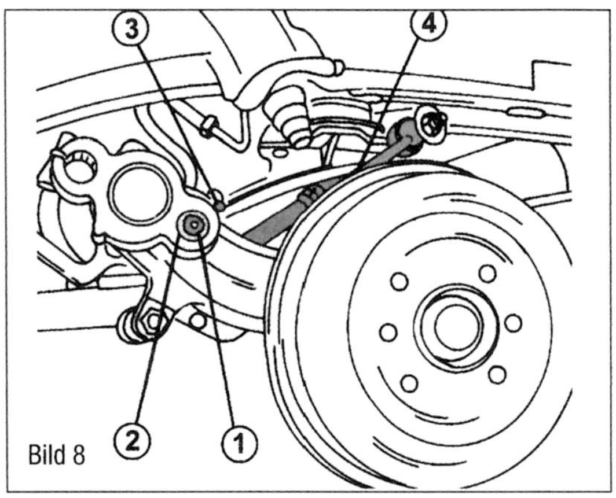

Bild 8
Ausbau eines Drehstabs auf der linken Seite. Spiegelbildlich auf der rechten Seite.

1. *Schraube in der Mitte des Drehstabs*
2. *Unterlegscheibe auf dem Drehstab*
3. *Mutter*
4. *Eingesetzter Hilfsstoßdämpfer*

Den Drehstab auf der anderen Seite in der oben beschriebenen Weise einbauen.

Um den Stabilisatordrehstab einzubauen, den Schlaghammer auf der rechten Seite des Stabs anbringen und den Stab einschlagen, bis das gegenüberliegende Ende einwandfrei mit dem Klemmstück abschließt. Der Drehstab hat am Ende eine Fläche, welche gegenüber dem Klemmschlitz liegen muss, um die Schraube (Pfeil in Bild 7) einzuschrauben. Die Schrauben auf beiden Seiten des Fahrzeuges einschrauben und mit 55 Nm anziehen.

Fahrzeug auf den Boden ablassen, die Räder festziehen (85 Nm oder 90 Nm). Den Stoßdämpfer jetzt festziehen.

Lenkerarme

Zum Ausbau der Lenkerarme ist ein kompletter Werkzeugsatz erforderlich, ohne welchen man den Arm nicht ausbauen kann. Da ein Lenkerarm nur zur der Erneuerung der Schwenklager in der Innenseite des Arms ausgebaut werden muss und auch zu dieser Arbeit Spezialwerkzeuge gebraucht werden, müssen wir Sie in diesem Fall an eine Werkstatt verweisen.

Hintere Stoßdämpfer

Wie bereits erwähnt, benötigt man ein Spezialwerkzeug zum Aus- und Einbau. Bei diesem handelt es sich um eine Art Stange, welche als Hilfsstoßdämpfer dient und anstelle des Stoßdämpfers eingesetzt wird. Die Stange muss auf die gleiche Länge wie der Stoßdämpfer eingestellt werden. Das in Bild 9 gezeigte Werkzeug kann vielleicht selbst hergestellt werden, wenn man die notwendigen Möglichkeiten dazu hat.

Aus- und Einbau

Rückseite des Fahrzeuges auf Böcke setzen. Die Hinterräder können abgeschraubt werden.

Einen Wagenheber unter den Lenkerarm unterstellen und den Arm anheben, bis die Stoßdämpfer zusammengedrückt sind.

Schrauben und Muttern der oberen und unteren Stoßdämpferaufhängung entfernen und den Stoßdämpfer herausnehmen. Bild 10 zeigt die Befestigungen des Stoßdämpfers.

Stoßdämpfer kontrollieren. Dazu den Dämpfer mit dem unteren Aufhängungsauge in einen Schraubstock einspannen und auf- und abpumpen. »Tote« Stellen weisen auf eingeschlossene Luft. Der Widerstand sollte über den gesamten Weg des Stoßdämpfers gleich sein. Andernfalls muss der Stoßdämpfer erneuert werden. Sichtbare Leckstellen erfordern ebenfalls die Erneuerung des Stoßdämpfers.

Der Einbau geschieht in umgekehrter Reihenfolge wie der Ausbau. Stoßdämpfer richtig herum einbauen und die oberen und unteren Befestigungen handfest anschrauben. Die Aufhängungen müssen jetzt entsprechend den folgenden Anweisungen festgezogen werden:

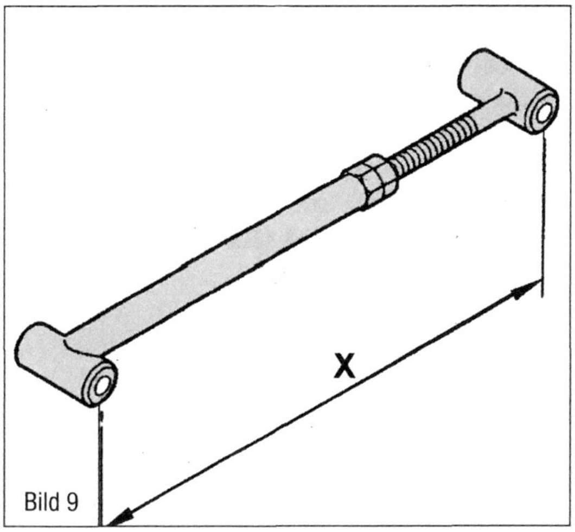

Bild 9

Bild 9
Der Hilfsstoßdämpfer hat das gezeigte Aussehen. Das Maß »X« wird je nach Fahrzeugausführung auf den vorgeschriebenen Wert gebracht.

Bild 10
Der eingebaute Stoßdämpfer auf einer Seite.

1. *Befestigungsmuttern*
2. *Unterlegscheibe (nur oben)*
3. *Dämpfer*

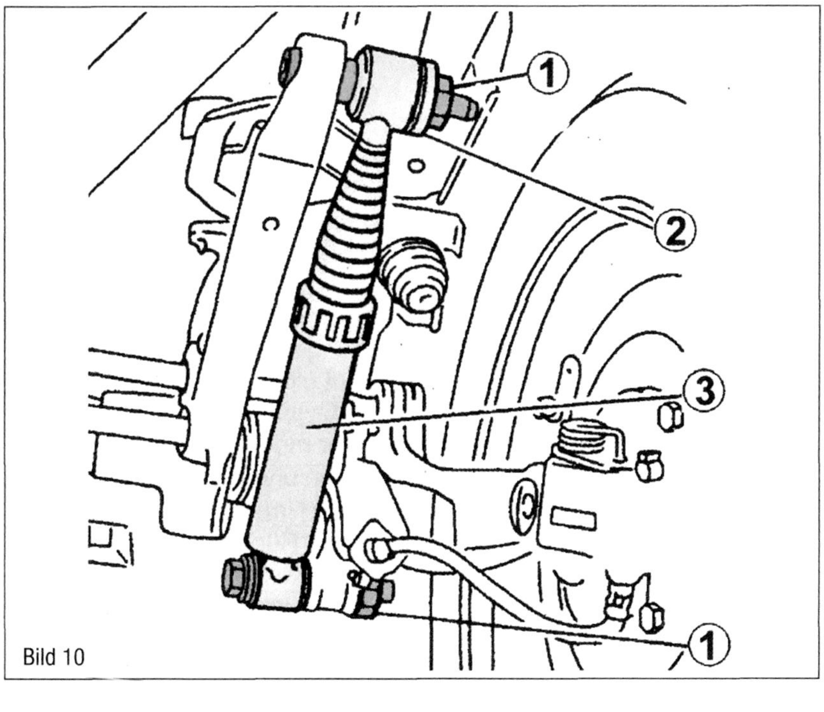

Bild 10

Rückseite des Wagens belasten, bis der Abstand zwischen der oberen und der unteren Befestigungsschraube das unten angegebene Maß hat. Dazu entweder das Fahrzeug auf eine Hebebühne fahren und die entsprechenden Gewichte in den Kofferraum einlegen oder die Hinterachse mit dem Wagenheber anheben, bis der angegebene Abstand erhalten wird. Gemessen wird von Mittelpunkt zu Mittelpunkt des Hilfsstoßdämpfers. Die in Bild 9 gezeigte Stange muss sich ohne jeglichen Zwang einsetzen lassen. Nachdem dies durchgeführt wurde, kann man die Stange wieder herausnehmen und den Stoßdämpfer anschrauben.

Die folgenden Maße (X in Bild 9), wie vorhanden, sind gültig:

Fahrzeuge vor September 2002:

Familien-Kombi	340 mm
Lieferwagen (Van), 475 kg	318 mm
Lieferwagen (Van), 600 kg	314 mm
Lieferwagen (Van), 800 kg	314 mm
Familien-Kombi, hohes Dach	350 mm
Lieferwagen (Van), 600 kg, hohes Dach	325 mm

Fahrzeuge ab September 2202 (Berlingo 2) – Normale Radaufhängung

PKW	335 mm
Lieferwagen (Van)	314 mm

Fahrzeuge ab September 2002 (Berlingo 2) – Hohe Radaufhängung

PKW	344 mm
Lieferwagen (Van)	314 mm

Bei den obigen Beispielen sind nur die bekanntesten Fahrzeugmodelle angegeben. Irgendwelche weitere Sonderausführungen wurden dabei nicht berücksichtigt.

- Die obere und untere Aufhängung können jetzt angezogen werden. Die obere und untere Aufhängung mit 110 Nm anziehen. Das Drehmoment gilt für alle Modelle, ganz gleich welches Baujahr.
- Die Hinterräder montieren, Fahrzeug auf die Räder ablassen und die Radmuttern anziehen (85 oder 90 Nm, je nach Baujahr).
- Fahrzeug an der Rückseite auf- und abschwingen, um die Gummilagerungen der Stoßdämpfer in die vorschriftsmäßige Stellung zu bringen und Verspannungen aus den Lagerungen zu entfernen.

Stoßdämpfer können einzeln erneuert werden, jedoch muss man die richtigen Stoßdämpfer bestellen. Um einen Stoßdämpfer im eingebauten Zustand zu prüfen, kann man das Heck auf- und abschwingen. Die Schwingbewegung sollte beim Loslassen sofort aufhören.

Fahrzeughöhe

Die Fahrzeughöhen vorn und hinten werden auf einen vorbestimmten Wert eingestellt, jedoch kann nur die Höhe an der Rückseite verstellt werden. Falls die Wagenhöhe an der Vorderseite zu niedrig erscheint, kann man in den meisten Fällen die Federn dafür verantwortlich machen. Da ein besonderes Messgerät zum Ausmessen der Wagenhöhe erforderlich ist und auch die Werte zur Ausmessung nicht bei allen Fahrzeugen gleich sind, sollte man die Vermessung und auch der Einstellung einer Werkstatt überlassen.

So wird's gemacht – Beschreibung der Einstellung

Die Fahrzeughöhe an der Rückseite des Fahrzeuges wird durch Verdrehung der Torsionsdrehstäbe in den Lagerungen der Hinterachse und den Lenkerarmen verstellt. Aufgrund der unterschiedlichen Anzahl von Zähnen an den Enden der Torsionsstäbe kann man durch Verdrehen eines Zahnes das Heck des Fahrzeuges um 3 mm senken oder anheben. Der bereits mehrmals erwähnte Hilfsdämpfer ist zur Einstellung erforderlich. Beim Verstellen einer Seite wird die andere Seite davon betroffen. Der Hilfsstoßdämpfer wird anstelle des Stoßdämpfers eingesetzt und muss auf eine bestimmte Länge eingestellt werden, welche auf das betreffende Fahrzeugmodell abgestimmt ist. Wird ein Torsionsdrehstab um eine Verzahnung zum Lenkerarm hin verdreht, wird die Höhe um ca. 3 mm vergrößert. Da die Verstellung in Stufen von einer Verzahnung vorzunehmen ist, kann man sehen, dass die Fahrzeughöhe sich nur in Stufen von 3 mm verändern kann. Um die Radaufhängung auf den neuen Wert zu setzen, ist der Hilfsstoßdämpfer zu verkürzen oder zu verlängern. Eine Umdrehung des verstellbaren Endes verändert die Länge der Stange um 1,0 mm.

Hinterradgeometrie

Die Geometrie der Hinterräder wird in gleicher Weise vermessen, wie es bereits bei den Vorderrädern beschrieben wurde, jedoch wird eine optische Vermessung einer mechanischen vorgezogen. Liegen die Werte für Spureinstellung der Räder oder Sturz der Hinterräder außerhalb der Toleranz, kann man davon ausgehen, dass die Hinterradaufhängung verzogen ist. Hier hilft nur eine fachmännische Ausmessung in einer Werkstatt.
Sturz und Spureinstellung der Hinterräder lassen sich aufgrund der Konstruktion der Hinterachse nicht verstellen.

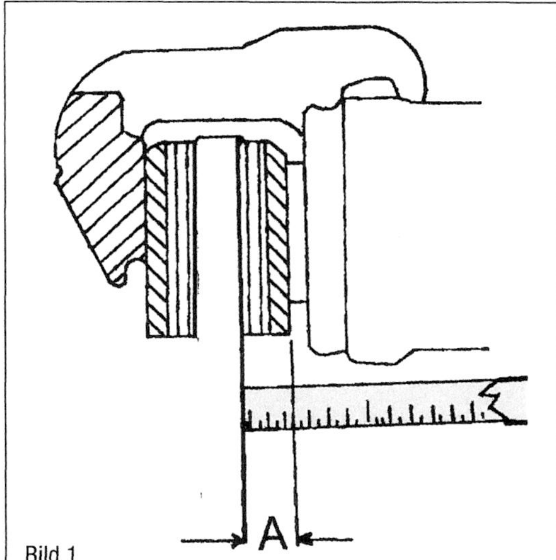

Bild 1

Bild 1
Kontrolle der Stärke des Bremsklotzmaterials bei eingebauten Bremssätteln. Das Maß »A« ist auszumessen.

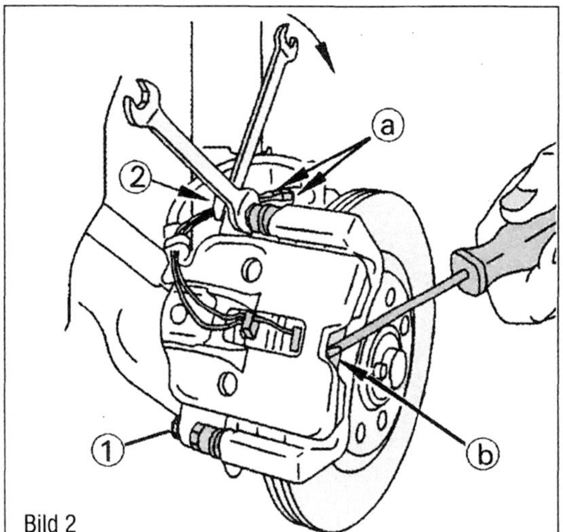

Bild 2

Bild 2
Zum Ausbau eines vorderen Bremssattels. Das Kabel der Verschleißanzeige ist an Stelle (a) befestigt. An Stelle (b) einen Schraubendreher ansetzen und den Bremssattel auf eine Seite drücken.

1 Unterer Gleitbolzen (ausschrauben)
2 Oberer Gleitbolzen (wie gezeigt lockern)

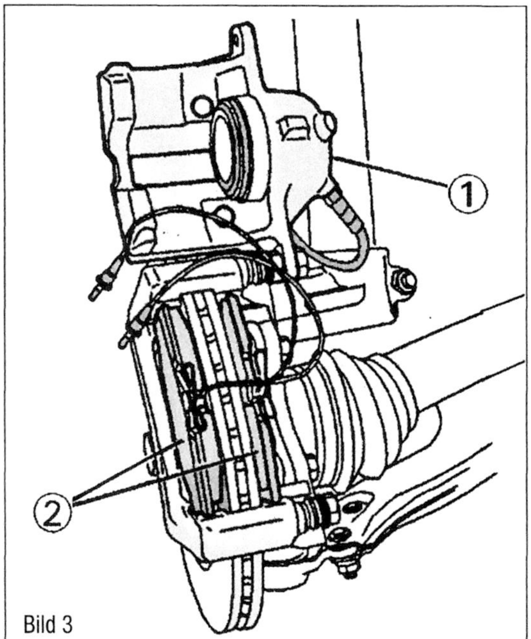

Bild 3

Bild 3
Ausbau eines Bremssattels. Der Bremssattel (1) wird nach oben geklappt. Die Bremsklötze (2) können jetzt von den beiden Seiten der Bremsscheibe abgehoben werden.

14 Bremsanlage

Kurze Beschreibung

Alle in dieser Ausgabe haben Scheibenbremsen an den Vorderrädern. Die Bremssättel werden von Lucas (Girling) hergestellt und als Typ C54 bezeichnet. Jeder Bremssattel hat einen Kolben. Bremsscheibendurchmesser und Bremsscheibenstärke sind bei allen Modellen vor und nach September 2002 gleich.
Der Hauptbremszylinder arbeitet auf dem Zweikreisprinzip. Der Bremskreis ohne ABS ist ähnlich wie ein Bremskreis mit ABS aufgebaut, mit dem Unterschied, dass beim letztgenannten zusätzliche Teile eingebaut sind.
Trommelbremsen mit einem Anlaufbacken und einem Ablaufbacken sind an der Hinterachse montiert. Ein Bremskraftverstärker ist eingebaut. Der zum Betrieb erforderliche Unterdruck wird von einer von der Nockenwelle angetriebenen Unterdruckpumpe geliefert. Ein Bremskraftregler reguliert den Bremsdruck auf die Hinterräder, ganz gleich ob ABS eingebaut ist oder nicht.
Die Handbremse wirkt auf die Hinterräder. Die Hinterräder müssen feststehen, wenn der Handbremshebel 4 bis 5 Rasten angezogen wurde.

Vorderradbremsen

Bremsklötze erneuern

Die Bremsklötze müssen erneuert werden, wenn die Gesamtstärke der Klötze, einschließlich der Metallplatte bis auf ca. 4 mm abgenutzt ist. Dieser Wert ist bei allen Fahrzeugmodellen gleich. Das Maß kann mit einem Messlineal ausgemessen werden, ohne dass man die Bremsklötze ausbaut (Bild 1). Die beiden Räder müssen dazu abgeschraubt werden, damit man die Bremsklötze sehen kann. Niemals nur eine Seite kontrollieren, da sich die Bremsklötze durchaus auf beiden Seiten unterschiedlich abnutzen können. Bremsklötze werden immer im Satz erneuert. Beim Ausbau der Bremsklötze folgendermaßen vorgehen:

- Radbolzen lockern, die Vorderseite des Fahrzeuges auf Böcke setzen und die Räder abschrauben.

Das Kabel vom Verschleißanzeiger der Bremsklötze lösen. Dies geschieht an der Seite des Federbeins/Bremssattels (Stelle »a«, Bild 2).

Den Bremssattel erfassen und mit einem kurzen Ruck nach außen bewegen. Dadurch wird der Kolben in die Bohrung zurückgestoßen.

Wenn der Vorratsbehälter ziemlich voll ist, kann Bremsflüssigkeit ausgedrückt werden. Kontrollieren und eventuell Flüssigkeit absaugen. Falls der Bremssattel festhängen sollte, kann man an Stelle (b) im Bild einen Schraubendreher in der gezeigten Weise ansetzen und den Kolben damit zurückdrücken.

Unter Bezug auf Bild 2 mithilfe eines Ringschlüssels und eines Gabelschlüssels zum Gegenhalten an der Innenseite, die obere Führungsschraube (2) lockern und die untere Schraube (1) vollkommen herausdrehen. Die Schrauben sind selbstsichernd und müssen erneuert werden. Außerdem sind sie beim Einschrauben an den Gewinden mit Gewindesicherungsmittel »Loctite« einschmieren.

Den Bremssattel nach oben klappen, wie es Bild 3 zeigt, und die Bremsklötze innen und außen herausziehen.

Das Bremspedal nicht betätigen, wenn Bremsklötze oder Bremssattel ausgebaut wurden.

Den Zustand der Staubschutzringe kontrollieren und ebenfalls überzeugen, dass die beiden Gummiabdichtungen für den Schutz der Gleitbolzen in gutem Zustand sind. Müssen sie erneuert werden, das Ende des Kolbens und die beiden Bolzen mit sauberer Bremsflüssigkeit reinigen und mit Bremsfett einschmieren. Die neuen Gummiteile montieren.

Beim Einbau folgendermaßen vorgehen:

Den Kolben in die Bohrung zurückstoßen. Dazu entweder eine Kolbenspannzwinge verwenden oder einen Holzblock ansetzen und den Kolben vorsichtig mit einem großen Schraubendreher in die Bohrung drücken.

Die neuen Bremsklötze einsetzen. Der Bremsklotz mit dem weißen Kabel für die Verschleißanzeige kommt an die Außenseite.

Den Bremssattel vorsichtig nach unten über die beiden Bremsklötze setzen (Bild 3) und den Bolzen an der Unterseite einsetzen (erneuern). Das Gewinde der Schraube mit »Loctite« einschmieren.

Die Schraube an der Oberseite des Bremssattels ausschrauben und durch eine neue Schraube ersetzen. Das Gewinde der Schraube ebenfalls mit »Loctite« einschmieren und den Bolzen wieder einschrauben.

Beide Schrauben jetzt mit einem Anziehdrehmoment von 27 Nm anziehen. Zuerst wird die untere Schraube angezogen, danach die obere. Dabei wieder die Innenseite des Gleitbolzens gegenhalten, wie es in Bild 2 zu sehen ist.

Das Kabel für den Verschleißanzeiger mit dem Stecker verbinden. Auf einwandfreie Führung des Kabels achten.

Das Bremspedal einige Male durchtreten, um die Bremsklötze an die Bremsscheibe zu bringen. Daran denken, dass sich neue Bremsklötze eine Weile »einbremsen« müssen.

Fahrzeug wieder auf den Boden ablassen und die Radschrauben anziehen (85 Nm oder 90 Nm, je nach Baujahr).

Bremssattel – Aus- und Einbau

Der Aus- und Einbau eines Bremssattels folgt im Allgemeinen den Anweisungen im letzten Abschnitt. Der Bremssattel kann nach Ausbau der Bremsklötze abgeschraubt werden. In diesem Fall die Schrauben in Bild 2 oben und unten entfernen. Der Bremsschlauch kann entweder vom Bremssattel abgeschraubt werden oder ist an der Verbindung an der Bremsleitung zu trennen. Im ersten Fall ist es besser, wenn man den Schlauch am Sechskant vom Bremssattel abschraubt (nur lockern), ehe die Gleitbolzen in Bild 2 gelöst werden, im letzteren Fall die Überwurfmutter lockern und danach die Federplatte aus dem Metallhalter ausschlagen.

Soll der Montagerahmen des Bremssattels ausgebaut werden, die beiden inneren Schrauben des Bremssattelrahmens lösen.

Hinweis in beiden Fällen: Um ein Auslaufen der Bremsflüssigkeit zu vermeiden, den Deckel des Vorratsbehälters abschrauben, den Behälter bis zur Oberkante füllen, ein Stück einer Kunststofftüte auf den Behälter legen und den Deckel wieder aufschrauben. Durch die luftdichte Verbindung wird die Bremsflüssigkeit nur austropfen.

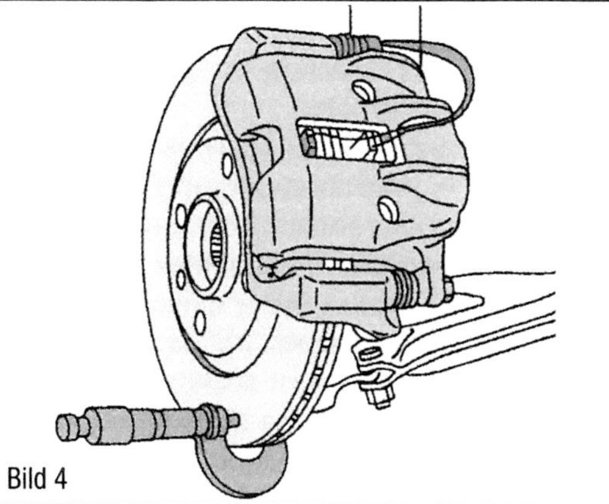
Bild 4

Bild 4
Ausmessen der Stärke einer Bremsscheibe mit einem Mikrometer.

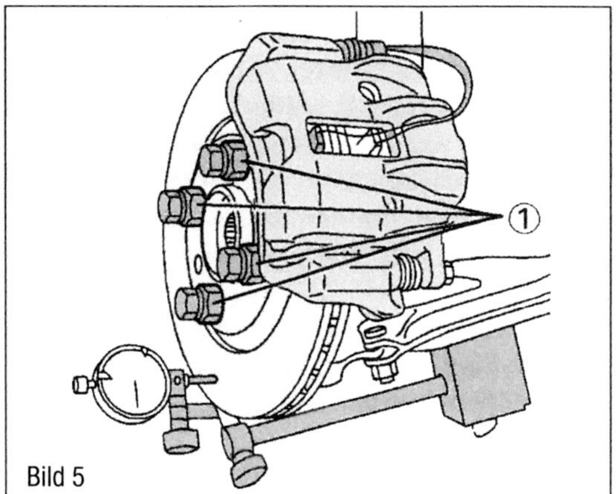

Bild 5

Bild 5
Kontrolle einer Bremsscheibe auf Schlag.

Beim Einbau Folgendes beachten:

- Beim Anschließen des Bremsschlauchs eine neue Kupferscheibe zwischen Schlauch und Bremssattel einsetzen. Wurde der Bremsschlauch am Bremssattel abgeschraubt, schraubt man den Bremssattel an den Schlauch an, bis er fast ansitzt. Dabei mit einem am Sechskant angesetzten Gabelschlüssel den Schlauch festziehen. Das endgültige Festziehen findet nach Einbau des Bremssattels statt (13 Nm).
- Die Befestigungsschrauben des Bremssattelmontagerahmens mit Federringen mit 105 Nm anziehen, falls der Bremssattelrahmen ausgebaut wurde. Die Führungsschrauben des Zylinders mit »Loctite« einschmieren und mit 27 Nm anziehen.
- Wurde der Schlauch von der Bremsleitung abgeschlossen, muss er ohne Verspannung oder Verdrehung wieder angeschlossen werden. Zur Kontrolle die Räder aus einem Einschlag in den anderen drehen lassen und beobachten, dass der Schlauch nirgends anstoßen kann. Die Überwurfmutter anziehen, während das Sechskant des Schlauchs gegengehalten wird.

Die Bremsanlage nach Einbau des Bremssattels entlüften. Wurde der Behälter luftdicht verschlossen, muss man die Flüssigkeit zuerst auf das vorschriftsmäßige Niveau bringen. Um das Entlüften zu beschleunigen, kann man bei ausgebautem Bremssattel etwas Bremsflüssigkeit durch die Anschlussöffnung für den Bremsschlauch füllen, ehe der Schlauch angeschlossen wird (falls diese Ausbauvariante befolgt wurde). Nach dem Einbau das Bremspedal einige Male betätigen, damit sich die Bremsklötze einwandfrei gegen die Bremsscheibe ansetzen können.

Bremssattel überholen
Falls der Bremssattel verschlissen ist, sollte man ein Neuteil einbauen. Möglicherweise kann man den Bremssattel in einer auf Bremsenteile spezialisierten Werkstatt überholen lassen oder es verbleibt die offizielle Vertretung, die jedoch in den meisten Fällen den Einbau eines Neuteils empfehlen wird.

Bremsscheiben
Bremsscheiben können nachgeschliffen werden, solange man die angegebene Mindeststärke beibehält. Andernfalls die Scheibe(n) bei übermäßigem Verschleiß erneuern. Die Werte in der Maß- und Einstelltabelle beachten.

Die Bremsscheibe mit einer Messuhr auf Schlag kontrollieren. Dazu die Messuhr mit einem Halter in der in Bild 4 gezeigten Weise an der Radaufhängung anbringen, sodass der Messstift ca. 2 mm von der Außenkante angesetzt wird. Beim Durchdrehen der Scheibe sollte die Nadel nicht um mehr als 0,15 mm ausschlagen.

Falls man annimmt, dass sich eine Bremsscheibe in der Stärke ihrem wirkungsvollen Ende nähert, kann man sie im eingebauten Zustand ausmessen, ehe sie ausgebaut wird.

Dazu mit einem Mikrometer die Scheibe entsprechend Bild 5 ausmessen. Da sich Bremsscheiben an verschiedenen Stellen nicht im gleichen Maße abnutzen, führt man die Messung an verschiedenen Stellen des Umfangs durch. Die Gesamtabweichung darf 0,025 mm nicht überschreiten. Die Sollwerte der Stärken sind der Maß- und Einstelltabelle zu entnehmen.

- Um die Scheibe auszubauen, die Bremsklötze ausbauen, wie es bereits beschrieben wurde, und die beiden Befestigungsschrauben des Bremssattels lösen, worauf der Bremssattel abgenommen werden kann. Den Montagerahmen des Bremssattels abschrauben. Den Bremssattel mit einem Stück Draht an der Vorderradaufhängung festbinden.

■ Die beiden Schrauben an gegenüberliegenden Stellen aus der Stirnfläche der Scheibe herausdrehen und die Bremsscheibe abnehmen. Die Scheibe mit einem Gummihammer abschlagen, falls sie festsitzen sollte.

Der Einbau der Bremsscheibe geschieht in umgekehrter Reihenfolge. Die beiden Schrauben des Bremssattelrahmens und des Bremssattels mit dem gültigen Anziehdrehmoment anziehen. Bremsklötze einbauen, wie es oben beschrieben wurde. Das Fahrzeug Probe fahren und die Bremsen überprüfen. Manchmal dauert es eine Weile bis die Bremsen ihre volle Leistungsfähigkeit erhalten haben – Vorsicht!

Hinterradbremsen

Bremstrommeln – Aus- und Einbau

Normalerweise kann eine Bremstrommel nach Ausschrauben der beiden in Bild 6 gezeigten Schrauben heruntergezogen werden. Falls eine Bremstrommel nicht sofort herunterkommt, die Handbremse lösen und einen Schraubendreher in die Bohrung (a) in Bild 6 einsetzen, um gegen den Handbremshebel zu stoßen. Der Schraubendreher drückt dabei gegen den Hebel und hebt eine Auflagewarze aus ihrer Verankerung. Die Bremstrommel wird jetzt herunterkommen. Die Hinterradnabe kann ausgebaut werden, jedoch ist dies nicht erforderlich. Daran denken, dass man eine ausgebaute Radnabe zusammen mit dem Radlager erneuern muss.

Erneuerung der Bremsbacken

Alle Modelle haben die gleichen Hinterradbremsen.

Nach Ausbau der Bremstrommeln eine Skizze der Anordnung der Rückzugfedern zeichnen, um das Einhängen zu erleichtern, wenn man nicht hundertprozentig sicher ist.

Bremsbacken nur in Sätzen erneuern. Niemals Bremsbacken von unterschiedlichen Herstellern oder mit unterschiedlichen Belägen einbauen. Wenn wir über Bremsen sprechen, meinen wir Original-Ersatzteile vom Hersteller.

Ausbau

■ Nach Ausbau der Bremstrommeln Bezug auf Bild 7 nehmen und die obere Rückzugfeder (1) mit einer Zange aushängen.

■ Die Ankerstifte und Federn in Bild 7 von den beiden Bremsbacken entfernen. Dazu von der Rückseite der Bremsträgerplatte einen Finger gegen den Kopf des Stiftes drü-

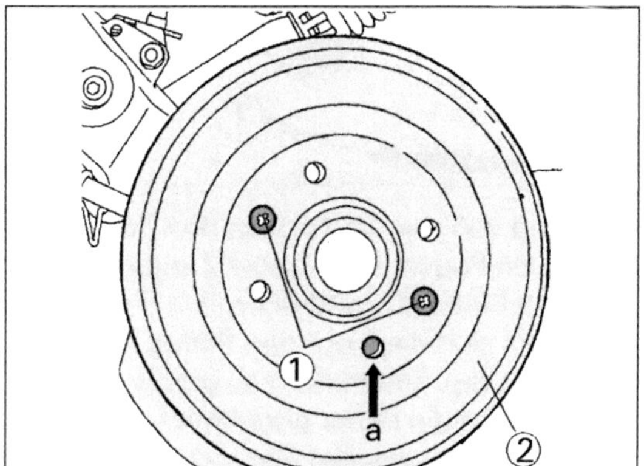

Bild 6

Bild 6
Bremstrommeln (2) werden durch die Schrauben (1) an den Radnaben gehalten. Eine Schraubendreherklinge in die Bohrung (a) einsetzen, um den automatischen Nachstellmechanismus zu entsperren.

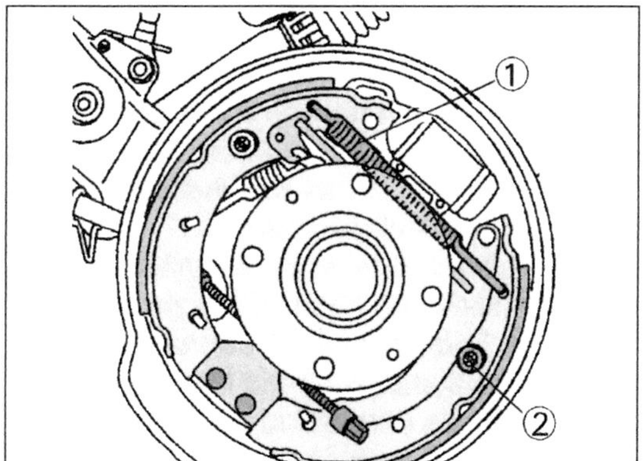

Bild 7

Bild 7
Ansicht einer Hinterradbremse nach Ausbau der Bremstrommel. Zuerst die obere Rückzugfeder (1) und danach den Backenankerstift (2) des Backens auf der gezeigten Seite ausbauen.

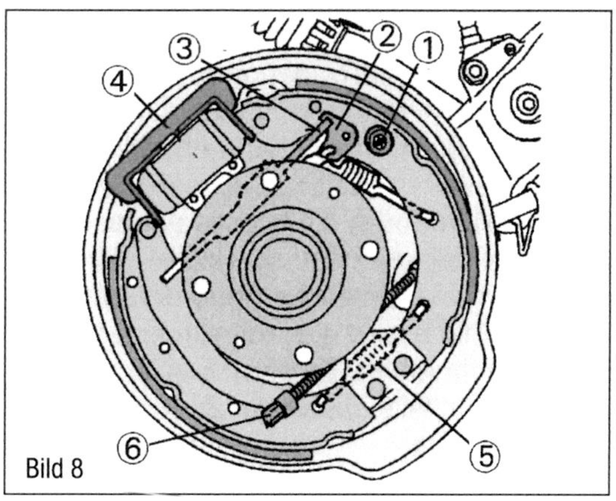

Bild 8

Bild 8
Einzelheiten zum verbleibenden Ausbau der Bremsbacken.

1. *Backenankerstift*
2. *Verstellhebel und Rückzugfeder*
3. *Druckstange mit Versteller*
4. *Spange zum Halten der Radbremszylinderkolben*
5. *Untere Rückzugfeder*
6. *Ende des Handbremsseils*

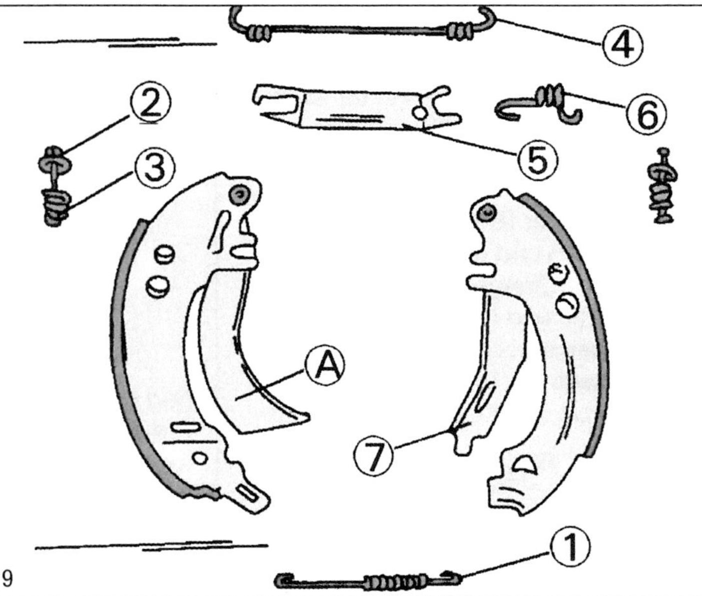

Bild 9

Bild 9
Die Einzelteile einer Hinterradbremse. An Stelle (A) ist eine Warze. Diese rastet aus, wenn man den Schraubendreher beim Lösen der Bremsbacken einschiebt (Bohrung (a) in Bild 6).

1. *Untere Rückzugfeder*
2. *Federsitz*
3. *Ankerbackenstift*
4. *Obere Rückzugfeder*
5. *Druckstange mit Einsteller*
6. *Rückzugfeder, Druck*
7. *Handbremshebel*

cken und von der Vorderseite des Bremsbackens den Federsitz mit einer Zange erfassen. Den Federsitz verdrehen (1/4 Umdrehung), bis sich der Kopf des Stiftes aus der Sicherung des Federsitzes aushängen lässt. Den Sitz und die Feder abnehmen und den Stift aus der Rückseite herausziehen. Die gleiche Arbeit am anderen Bremsbacken durchführen. Der Sitz des Backenankerstifts ist aus Bild 7 ersichtlich (mit »2« bezeichnet).

■ Das Ende des Handbremsseils (6) in Bild 8 mit einer Zange erfassen und nach außen ziehen, bis sich die Feder zusammengedrückt hat und man das Seil aus dem Handbremshebel aushängen kann.

■ Den äußeren Bremsbacken mit einer Hand erfassen und nach außen ziehen, bis das obere Ende aus dem Radbremszylinder und der Druckstange für die Handbremse frei ist, und das untere Ende aus der Verankerung herausheben. Die untere Rückzugfeder (5) in Bild 8 und die kleine Feder zwischen dem Ausgleichshebel und dem Bremsbacken an der Oberseite werden dabei frei und können abgenommen werden. Darauf achten, dass die Staubschutzkappen des Radbremszylinders beim Abheben der Bremsbacken nicht beschädigt werden. Um zu verhindern, dass die Kolben aus dem Radbremszylinder herausgedrückt werden, kann man ein elastisches Band darum wickeln. In Bild 8 wird dies mithilfe einer Spange (4) durchgeführt. Zu beachten ist die Anordnung der Teile, damit der Zusammenbau erleichtert wird.

Kontrollieren, dass sich die Hebel an den Bremsbacken einwandfrei bewegen lassen. Es könnte sein, dass neue Bremsbacken ohne Hebel geliefert werden. In diesem Fall die Hebel von den alten auf die neuen Bremsbacken übertragen. Bild 9 zeigt die Einzelteile der Hinterradbremse auf einer Seite.

Alle Teile, einschließlich der Bremsträgerplatte, einwandfrei reinigen. Falls Waschbenzin dazu verwendet wird, darf dieses nicht an die Gummikappen des Radbremszylinders kommen. Sind die Beläge bis auf eine Stärke von 1,0 mm abgenutzt, baut man neue Bremsbacken ein. Auch wenn nur noch eine Stärke von 2,0 mm verblieben ist, sollte man die Backen vielleicht erneuern. Zeigen die Radbremszylinder Zeichen von Leckstellen, müssen sie erneuert werden, da man sie nicht überholen kann.

⚠ Die Bremsanlagen nicht mit Pressluft ausblasen, damit man keinen schädlichen Bremsstaub einatmet.

Einbau

Die Bremsbacken und anderen Teile entsprechend Bild 9 auf einer Werkbank ablegen, ehe mit dem Einbau begonnen wird.

■ Falls die Radbremszylinder abgeschraubt wurden, müssen sie wieder montiert werden. Die Anlagestellen für die Bremsbacken an der Bremsträgerplatte (insgesamt 6) mit dem Zeigefinger mit Fett einschmieren.

■ Die beiden Bremsbacken an der Unterseite ansetzen und die untere Rückzugfeder (5) in Bild 8 in die beiden Backen einhängen. Die Feder hinter das Widerlager drücken, wie es durch die gestrichelten Linien gezeigt ist.

■ Die Verstelldruckstange in den Schlitz an der Oberseite des Bremsbackens einsetzen und die kleine Feder einhängen.

■ Hinteren Bremsbacken oben ansetzen. Zuerst die kleine Feder zwischen dem Bremsbacken und der Druckstange einhängen und den Federhaken in das Loch des Bremsbackens einhängen. Den Bremsbacken nach außen ziehen, um die beiden Federn auszudehnen, bis das obere Ende des Backens in den Schlitz des Radbremszylinders eingesetzt werden kann. Dabei nicht die Staubschutzkappe des Radbremszylinders beschädigen.

■ Das Handbremsseil am Hebel an der Unterseite des hinteren Bremsbackens anbringen. Die Feder des Handbremsseils zurücklassen und kontrollieren, dass das Seil einwandfrei sitzt.

- Die Bremsbacken auf der Bremsträgerplatte zentrieren.
- Ankerstifte von der Rückseite der Bremsträgerplatte einsetzen und von vorn die Feder und den Federsitz aufsetzen. Den Ankerstift mit einem Finger von hinten gegenhalten, den Federsitz mit einer Zange erfassen und über den Stift drücken. Wenn der Stift durch die Öffnung durchkommt, den Federsitz verdrehen, bis er mit dem Stift gesperrt ist. Die Backen nochmals auf der Bremsträgerplatte zentrieren.

Um die Bremsbacken in die Grundstellung zu bringen, muss man das Verstellrädchen an der Druckstange verdrehen, bis die Backen einen Durchmesser von 228 mm haben (Maß »X« in Bild 10). Bei dieser Gelegenheit ebenfalls den Durchmesser der Bremstrommel ausmessen. Er darf nicht mehr als 230 mm betragen.

- Bremstrommel montieren und mit den Schrauben befestigen (10 Nm).
- Die Handbremse und die Fußbremse einige Male betätigen, damit der Selbstnachstellmechanismus in die Grundstellung kommt und die Bremsbacken einwandfrei zentriert werden. Die Handbremse muss vielleicht nachgestellt werden.
- Falls ein Radbremszylinder ausgebaut wurde, d.h. die Leitung wurde abgeschlossen, muss man die Bremsanlage entlüften.
- Fahrzeug auf eine kurze Probefahrt nehmen. Die Bremsen am Anfang mit Gefühl behandeln, damit sich die Bremsbacken »einbremsen« können.

Radbremszylinder

Die Radbremszylinder können abgeschraubt werden, nachdem man die Bremsbacken ausgebaut hat, wie es im letzten Abschnitt beschrieben ist. Da man die Zylinder nicht zerlegen kann, müssen sie erneuert werden, falls man Schäden vermutet. Die Schrauben des Zylinders mit 14 Nm, Leitungsanschluss mit 17 Nm anziehen.

Ein Zylinder kann auch bei eingebauten Bremsbacken erneuert werden, nachdem man die oberen Rückzugfedern ausgehängt und die Bremsbacken an der Oberseite auseinander gedrückt hat. In diesem Fall beim Einbau des Zylinders nicht die Gummikappen an den Seiten beschädigen.

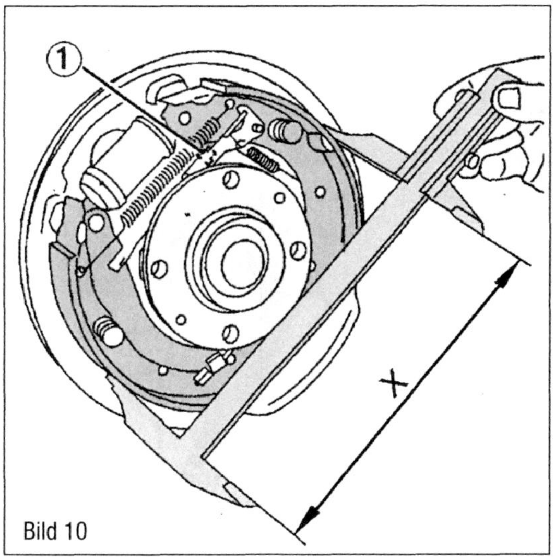

Bild 10

Bild 10
Das Maß »X« vor Aufsetzen der Bremstrommel durch Verstellen des Einstellrädchens (1) auf das angegebene Maß bringen.

Hauptbremszylinder

Hauptbremszylinder haben bei allen Fahrzeugen den gleichen Bohrungsdurchmessern von 23,8 mm, ganz gleich, ob ABS eingebaut ist oder nicht.

Aus- und Einbau

Der Aus- und Einbau des Zylinders ist eine einfache Angelegenheit. Bild 11 zeigt den Zylinder in eingebautem Zustand. Der Hauptbremszylinder ist an der Stirnfläche des Bremskraftverstärkers befestigt. Die Flüssigkeit vor Ausbau des Zylinders absaugen.

Beim Ausbau:

- Den Stecker von der Warneinrichtung (2) für den Bremsflüssigkeitsstand abziehen und das Kabel an Stelle (a) befreien.
- Die beiden Überwurfmuttern der Bremsflüssigkeitsleitungen (5) abschrauben und die Leitungen vorsichtig zur Seite biegen.
- Die beiden Muttern des Bremszylinders an der Stirnfläche des Bremsservos (4) abschrauben und den Zylinder vorsichtig herausheben. Um keine Bremsflüssigkeit auf die Lackflächen zu tropfen, kann man einen Lappen unter den Zylinder halten.

Der Einbau des Hauptbremszylinders geschieht in umgekehrter Reihenfolge. Die Befestigungsmuttern mit 20 Nm, die Überwurfmuttern der Bremsleitungen mit 15 Nm anziehen.

Den Vorratsbehälter mit frischer Bremsflüssigkeit auffüllen und die Bremsanlage entlüften, wie es später beschrieben ist. Vor Wegfahrt die Wirkungsweise der Bremsen kontrollieren.

Sichtprüfung Messen

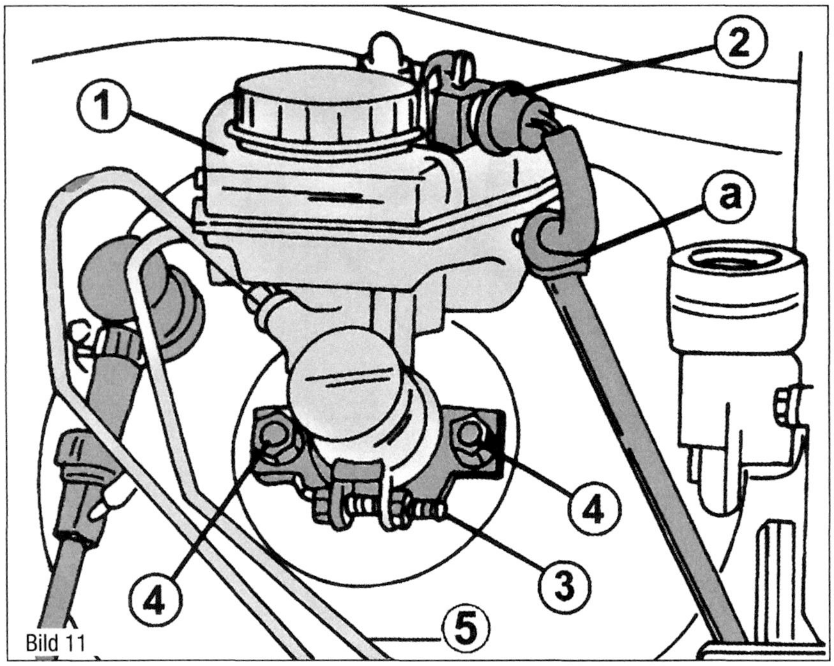

Bild 11
Ansicht des eingebauten Hauptbremszylinders. An Stelle (a) ist der Kabelstrang befestigt.

1 *Vorratsbehälter für Bremsflüssigkeit*
2 *Kabelstecker, Bremsflüssigkeitswarnanzeige*
3 *Klemmschraube*
4 *Befestigungsmuttern des Zylinders*
5 *Bremsleitungen*

Hauptbremszylinder überholen
Der Hauptbremszylinder sollte nicht überholt werden. Im Schadensfall einen neuen Zylinder einbauen. Beim Bestellen des Zylinders das Fahrzeugmodell sowie die Fahrgestellnummer und das Baujahr angeben, da Zylinder manchmal ohne vorherige Bekanntmachung geändert werden.
Der Vorratsbehälter kann ausgebaut werden (falls der Zylinder erneuert wird), indem man die Schraube (3) in Bild 11 löst und den Behälter aus den Gummitüllen im Zylinder herauszieht.

Bremskraftverstärker

Eine Überholung des Bremskraftverstärkers wird nicht vorgenommen. Ein Ausfall des Bremskraftverstärkers bedeutet keinen Verlust der Bremsleistung, lediglich ist der Kraftaufwand am Bremspedal größer, um den gleichen Bremsweg einzuhalten.

☞ Falls Sie das Fahrzeug ohne laufenden Motor eine Steigung herunterrollen lassen, sollten Sie daran denken, dass sich der Unterdruck nach einigen Betätigungen der Bremsen aufbraucht und die Bremsanlage danach ohne Servounterstützung arbeitet. Der Kraftaufwand wird entsprechend höher.

Der Hauptbremszylinder muss ausgebaut werden, ehe man an den Bremskraftverstärker heran kann. Da der Aus- und Einbau des Bremskraftverstärkers mit einigen Schwierigkeiten verbunden ist und das Gerät eine sehr hohe Betriebsdauer hat, sehen wir von einer Beschreibung der Arbeiten ab. Als Hinweis sei gesagt, dass man z. B. das Kupplungspedal ausbauen und die Verbindung zwischen der Stößelstange des Servogeräts und dem Bremspedal trennen muss, um das Servogerät auszubauen. Ebenfalls muss der Raum in der Fahrzeuginnenseite freigelegt werden.

Bremsen entlüften

Ein Entlüften der hydraulischen Anlage ist erforderlich, falls das Bremsleitungsnetz an irgendeiner Stelle geöffnet wurde, oder Luft auf andere Weise in die Anlage gekommen ist.
Vor der Entlüftung der Anlage sind Schmutz und Fremdkörper von den Entlüftungsstellen und dem Einfüllverschluss des Vorratsbehälters zu entfernen.
Falls nur ein Radbremszylinder oder ein Bremssattel abgeschlossen wurde, könnte es ausreichen, wenn man nur diesen betreffenden Bremskreis entlüftet, d.h. vorn links und hinten rechts oder vorn rechts und hinten links. Die Entlüftung kann entweder an den Hinterrädern oder an den Vorderrädern begonnen werden, jedoch ist die vom Hersteller empfohlene Reihenfolge hinten rechts, hinten links, vorn rechts und vorn links.

☞ Falls ABS eingebaut ist, wird in der Werkstatt ein Entlüftungsapparat benutzt. Die Anweisungen bei diesen Modellen sind deshalb unter Vorbehalt gegeben. Falls man bei einem solchen Fahrzeug die Bremsen entlüften will, muss man vorher die Batterie abklemmen. Dies ist wichtig.

☞ Das Innere des Hydrogeräts (die Regelventile, die Pumpe, usw.) kann nur in einer Werkstatt mit dem dafür zur Verfügung stehenden Entlüftungsapparat entlüftet werden. Nur falls das Gerät sich nicht entleeren konnte, können die folgenden Arbeitsschritte befolgt werden.

- Einen durchsichtigen Kunststoffschlauch nach Entfernen der Staubschutzkappe auf das betreffende Entlüftungsventil aufstecken.

Das andere Ende des Schlauches in ein mit etwas Bremsflüssigkeit gefülltes Glasgefäß einhängen. Wie dies vorn und hinten aussieht, kann man Bild 12 entnehmen.

- Bremspedal von einer zweiten Person auf den Boden durchtreten lassen. Die Entlüftungsschraube um eine halbe Umdrehung öffnen, wenn das Pedal auf dem Boden aufsitzt. Den aus dem Schlauch austretenden Flüssigkeitsstrom beobachten.
- Sobald keine Luftblasen mehr herauskommen, ist alle Luft aus der Anlage ausgeschieden. Bremspedal beim letzten Hub auf dem Boden halten und das Entlüftungsventil schließen. Pedal langsam zurückkehren lassen.
- Gleiche Arbeiten in der angegebenen Reihenfolge an den anderen Entlüftungsschrauben durchführen.

Es wird nochmals darauf hingewiesen, dass der Stand der Bremsflüssigkeit laufend kontrolliert werden muss, sodass keine Luft in die Anlage gesaugt wird. Niemals aus der Anlage ausgepumpte Flüssigkeit wieder in den Behälter einfüllen. Auch keine Flüssigkeit verwenden, welche längere Zeit ohne Verschluss gestanden hat. Obwohl sich alle Bremsflüssigkeiten eignen, sollten Sie die vom Hersteller empfohlene Flüssigkeit einfüllen.
Bremsflüssigkeit sollte alle zwei Jahre gewechselt werden.

Handbremse

Einstellen der Handbremse
Die Hinterräder sollten feststehen, wenn der Handbremshebel fünf Rasten angezogen wurde, nachdem man den Handbremshebel ca. viermal beträgt hat. Die Hinterräder müssen zur Kontrolle vom Boden abgehoben werden. Die Handbremse lösen und kontrollieren, ob sich die Räder frei drehen lassen.
Falls eine Einstellung erforderlich ist:

- Handbremshebel bis zur fünften Raste anziehen und das Fahrzeug auf Böcke setzen.
- An der Unterseite des Fahrzeuges dem Verlauf der Handbremsseile folgen und die Mutter in der Mitte des Handbremsausgleichshebel anziehen, bis man beim Durchdrehen der beiden Räder ein Schleifgeräusch vernehmen kann. Bild 13 zeigt die Verlegung der Handbremsseile mit der Lage der Einstellmutter (1).

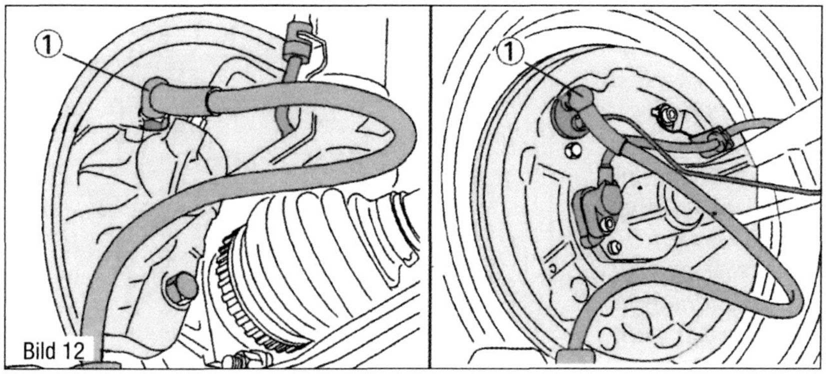

Bild 12

Bild 12
Entlüftungsschläuche werden auf die Entlüftungsventile (1) an den Vorderradbremsen (links) und den Hinterradbremsen (rechts) aufgeschoben.

- Die Wirkung der Handbremse kontrollieren. Dazu den Handbremshebel wieder fünf Rasten anziehen und kontrollieren, dass beide Hinterräder feststehen.
- Danach den Handbremshebel zurückstellen und kontrollieren, dass beide Räder sich frei durchdrehen lassen, ohne dass man Schleifgeräusche hören kann.
- Bei einer Einstellung der Handbremse die Gelegenheit wahrnehmen und die Gelenkstellen des Handbremsausgleichhebels mit etwas Mehrzweckfett einschmieren. Fahrzeug danach auf die Räder ablassen.

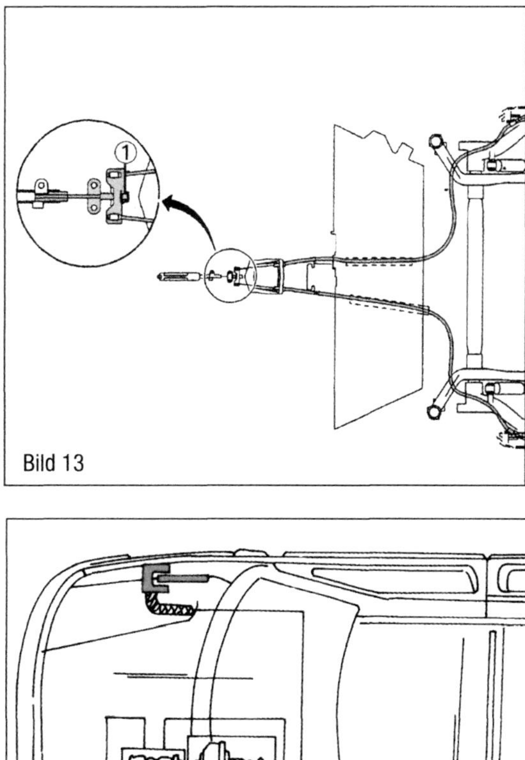

Bild 13

Bild 13
Die Handbremse wird an der Mutter (1) an der Innenseite des Handbremsausgleichhebels eingestellt.

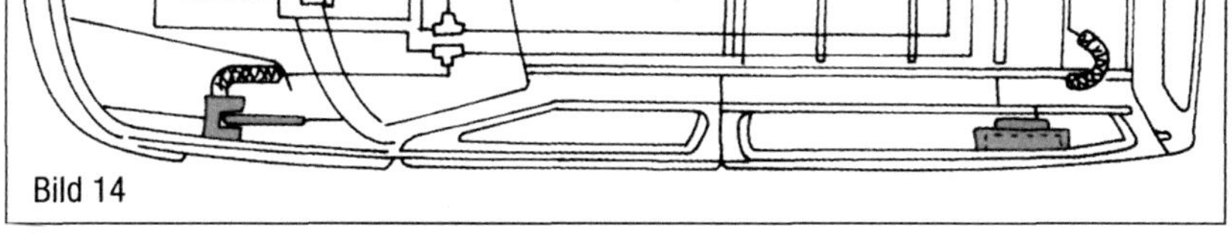

Bild 14

Bild 14
Die Lage des Bremsdruckreglers (1) im Verhältnis zu den anderen Teilen der Bremsanlage (Fahrzeug ohne ABS gezeigt).

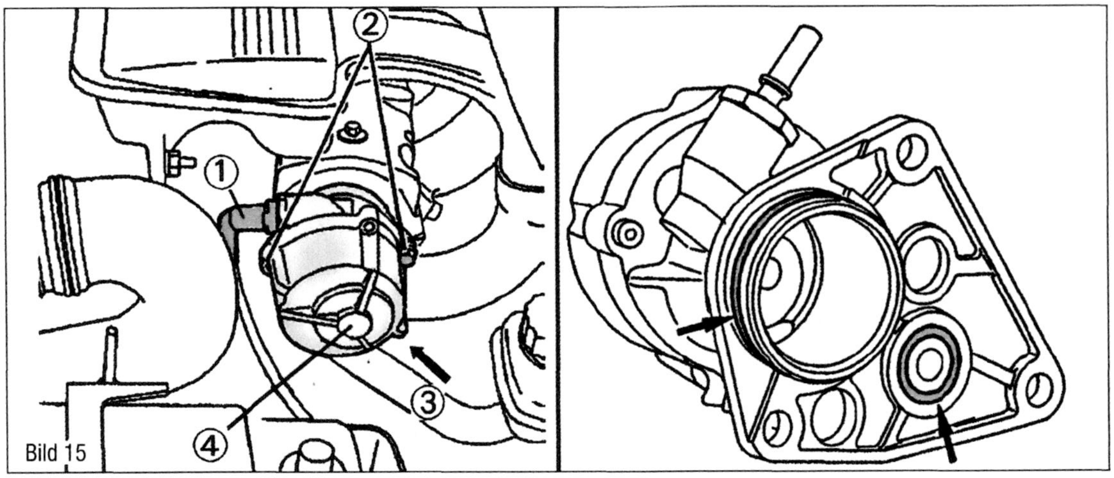

Bild 15
Ausbau der Unterdruckpumpe (4) auf der linken Seite. Schlauch (1), Schrauben (2) und Mutter (3) müssen gelöst werden. Rechts ist gezeigt, wo die Dichtringe anzubringen sind.

Handbremsseile erneuern
Die Bremsbacken müssen ausgebaut werden, um die Bremsseile zu erneuern. Handbremsseile vor dem Einbau mit Mehrzweckfett einschmieren.
Die Handbremse muss nach Auswechseln des Seils eingestellt werden, wie es oben beschrieben wurde.

Bremsdruckregler

Der Bremskraftregler ist an der in Bild 14 gezeigten Stelle an der Hinterachse eingebaut und in der gezeigten Weise mit den Leitungen der Bremsanlage verbunden. Diese Anordnung gilt bei Fahrzeugen mit oder ohne ABS. Zwei Druckmanometer sind zur Kontrolle des Bremsdrucks erforderlich, und die Rückseite des Fahrzeuges muss mit verschiedenen Gewichten belastet werden, um die Drücke an den Leitungsausgängen zu kontrollieren. Aus diesem Grund empfehlen wir, den Druck in einer Werkstatt kontrollieren zu lassen, falls ein Defekt im Druckregler vermutet wird.

Unterdruckpumpe – Aus- und Einbau

Die Pumpe ist an der Seite des Motors an der in Bild 15 gezeigten Stelle angeschraubt. Zum Ausbau den Schlauch (1) abschließen, die Schrauben (2) und die Mutter (3) entfernen und die Pumpe abziehen.
Der Einbau findet in umgekehrter Reihenfolge statt. Die Pumpenfläche und die Anlagefläche am Motor einwandfrei reinigen. An der Anlagefläche sind zwei Dichtringe an den in Bild 15 gezeigten Stellen eingesetzt. Diese müssen immer erneuert werden. Die Schrauben (2) und die Mutter (3) mit 25 Nm anziehen. Nicht den Unterdruckschlauch vergessen.

15 Elektrische Anlage

Batterie

Die eingebaute 12-Volt-Batterie besitzt sechs Zellen, die aus positiven und negativen Platten bestehen, welche in eine Schwefelsäurelösung eingetaucht sind. Die Batterie hat die Aufgabe, den Strom zum Anlassen des Fahrzeugs, zur Beleuchtung des Fahrzeugs sowie für andere Stromverbraucher zu liefern. Im modernen Automobilbau werden häufig vollkommen wartungsfreie Batterien eingebaut. In diesem Fall können Sie viele der unten angegebenen Hinweise übersehen.
Die folgenden Arbeiten sind von Zeit zu Zeit durchzuführen, um der Batterie eine lange Lebensdauer zu geben und deren Leistung immer auf dem Höhepunkt zu halten. Die Batterie kann man als wartungsfrei bezeichnen. Unter normalen Betriebsbedingungen sollte es also nicht notwendig sein sie nachzufüllen. Manchmal passiert es jedoch, dass der Flüssigkeitsspiegel durch bestimmte Umstände absinkt.

- Batterie und die sie umgebenden Teile immer sauber halten. Die Oberfläche der Batterie muss immer gut trocken sein, da sich sonst zwischen den einzelnen Zellen Kriechströme entwickeln können, wovon sich die Batterie von selbst entladen kann.
- Die Batteriesäure muss jederzeit bis zur Höhe des unteren Striches an der Außenseite des Batteriegehäuses stehen (falls eine Batterie mit durchsichtigem Gehäuse eingebaut ist) oder man entfernt die Batterieabdeckung mit der Hand oder einem spachtelähnlichen Werkzeug und kontrolliert, dass die Batteriesäure oberhalb der Trennplatten in der Innenseite der Batterie steht. Bestimmte Batterien sind mit einem Ladezustandanzeiger versehen. Falls ein grüner Punkt sichtbar ist, erfordert die Batterie keine weitere Aufmerksamkeit.

⚠ Zum Nachfüllen destilliertes Wasser verwenden – niemals Batteriesäure nachfüllen.

- Bei kaltem Wetter die Batterie nicht in ungeladenem Zustand stehen lassen, da sie sonst einfriert. Schwach geladene Batterien frieren eher ein als geladene.

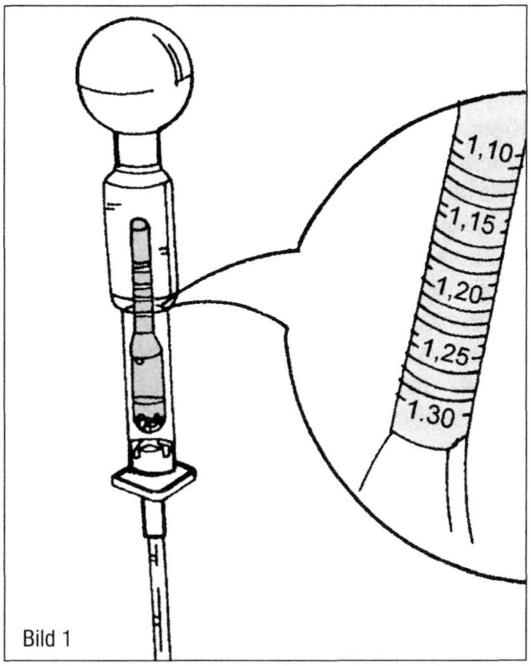

Bild 1

Bild 1
Ansicht eines Säurehebers zur Kontrolle des spez. Gewichts der Batteriesäure. Die Säuredichte kann direkt an der Seite der Skala abgelesen werden. Säureheber anderer Konstruktion können natürlich ebenfalls benutzt werden.

Säurestand: Wie bereits erwähnt, ist die Batterie entweder mit einem Deckel verschlossen oder durchsichtig (siehe oben). Die Batterie ist mit Schwefelsäure gefüllt, die mit destilliertem Wasser verdünnt wurde. Da die Wasseranteile verdunsten können, muss man gelegentlich den Säurestand überprüfen und ggf. destilliertes Wasser nachfüllen. Die Batteriesäure muss zwischen den Markierungen am Batteriegehäuse oder oberhalb der Trennplatten in der Batterie liegen. Zum Nachfüllen die Abdeckung abnehmen und destilliertes Wasser einfüllen, bis der Säurestand stimmt.

Ladezustand: Zur Kontrolle des Ladezustandes ist ein Säureheber erforderlich. Die Abdeckung abhebeln und die Spitze des Säurehebers in die sichtbare Batteriesäure eintauchen. Mithilfe des Gummiballs genügend Säure ansaugen, dass der Schwimmer frei schwimmen kann. Je nach Ladezustand besitzt die Säure ein unterschiedliches spezifisches Gewicht, welches durch das Eintauchen des Schwimmers in die Säure angezeigt wird. Bei einer Anzeige von 1,28 ist die Batterie voll geladen; bei 1,12 ist die Batterie vollkommen entladen. Dazwischen liegende Werte weisen auf die entsprechende Ladestärke hin. Die Anzeigen am Säureheber sind in kg/l angegeben. Bild 1 zeigt, wie ein solcher Säureheber aussieht. Andere Ausführungen können jedoch ebenfalls benutzt werden.

Aus- und Einbau
Vor dem Ausbau die beiden Batteriekabel von den Polen abschrauben. Die positive Klemme liegt unter der Abdeckklappe. Immer zuerst das Minuskabel abklemmen. Beim Einbau der Original-Batterie zuerst die Polköpfe reinigen und mit einem guten Polfett einschmieren. Zuerst das Pluskabel anschließen und festschrauben. Unbedingt kontrollieren, dass die Klemmen fest angezogen sind, da eine schlechte Strom- oder Masseverbindung zu Störungen führen kann. Abgesehen davon kann es zur Funkenbildung und in schlimmen Fällen dabei zu Feuer kommen.

Bei einem Autoradio mit Diebstahlcode muss die Eingabenummer zur Hand sein, um das Radio wieder in Gang zu setzen. Ebenfalls die Zeituhr stellen. Nach Anschließen der Batterie das Fahrzeug eine Strecke fahren, damit das Steuergerät der Einspritzanlage »neu lernen« kann.

Drehstromlichtmaschine

Allgemeine Vorsichtsmaßnahmen
Die in dieser Ausgabe behandelten Fahrzeuge haben eine Drehstromlichtmaschine mit einer Leistung von 50 oder 70 A (700 oder 900 Watt), je nach eingebauten elektrischen Stromabnehmern. Die Lichtmaschine kann von Bosch oder Valeo hergestellt sein. Die Lichtmaschine wird von einem Riemen an der Vorderseite des Motors angetrieben.

Ehe irgendwelche Arbeiten an der Ladestromanlage durchgeführt werden, müssen die folgenden Vorsichtsmaßnahmen unbedingt eingeprägt werden:
- Niemals die Batterie oder den Spannungsregler abklemmen, während der Motor und somit die Lichtmaschine laufen. Ansonsten entstehen Spannungsspitzen, die den elektronischen Geräten schaden können.
- Niemals die Erregerklemme (Feldklemme) der Lichtmaschine oder das daran befestigte Kabel in Berührung mit Masse kommen lassen.
- Niemals die beiden Leitungen des Spannungsreglers verwechseln.
- Niemals den Spannungsregler in Betrieb bringen, wenn er mit Masse verbunden ist (sofortige Beschädigung).
- Niemals die Lichtmaschine ausbauen, wenn die Batterie nicht vorher aus dem Stromkreis genommen wurde (mindestens Minusklemme abschrauben). Andernfalls können irreparable Schäden auftreten.
- Beim Einbau der Batterie darauf achten, dass die Minusklemme an Masse angeschlossen wird.
- Niemals eine Prüflampe verwenden, die direkt an das Hauptstromnetz (110 oder 220 V) angeschlossen ist. Nur eine Prüflampe mit einer Spannungsstärke von 12 V benutzen.
- Falls eine Batterie im eingebauten Zustand mit einem Batterieladegerät aufgeladen wird, müssen die beiden Batteriekabel abgeklemmt werden. Die positive Klemme des Ladegerätes an den positiven Pol der Batterie und die negative Klemme des Ladegerätes an den negativen Pol der Batterie anschließen. Verwechseln kann man die Klemmen kaum, da sie einen unterschiedlichen Innendurchmesser haben.
- Falsches Anschließen der Leitungen führt zur Zerstörung der Gleichrichter und des Spannungsreglers sowie anderer elektrischer/elektronischer Bauteile.

Drehstromlichtmaschine reparieren
Die Drehstromlichtmaschine und der damit verbundene Regler sollten nicht eingestellt oder repariert werden, wenn man nicht die notwendigen Erfahrungen damit hat. Eine nicht mehr aufladende Drehstromlichtmaschine ist im Austausch gegen Rückgabe des alten Aggregates erhältlich und sollte immer eingebaut werden. Kleinere Reparaturen, wie z. B. das Erneuern der Schleifbürsten, kann man in einer Elektro-Werkstatt durchführen lassen.
Die Drehstromlichtmaschine ist mit Lagern versehen, welche auf Lebenszeit geschmiert sind und keine regelmäßige Wartung verlangen. Die Außenseite der Lichtmaschine sauber halten und kein Wasser oder andere Lösungsmittel darüber laufen lassen.
Die Bürsten der Drehstromlichtmaschine laufen auf glatten Schleifringen und haben aus diesem Grund eine sehr lange Lebensdauer. Falls man ein Nachlassen der Lichtmaschinenleistung auf die Bürsten zurückführen kann, sollte man auch hier eine Elektro-Werkstatt aufsuchen.

Aus- und Einbau
Beim Ausbau der Drehstromlichtmaschine gelten im Allgemeinen die gleichen Arbeitsanweisungen, wie sie zum Abmontieren des Antriebsriemens angeführt wurden. Erwähnen müssen wir, dass das Spannen des Antriebsriemens bei einigen Ausführungen in der Werkstatt mit einem Spezialmessgerät durchgeführt wird. Im entsprechenden Abschnitt im Kapitel »Motoren« kann man jedoch einige Allgemeinanweisungen finden, nach deren Befolgung Sie den Riemen auf die ungefähre Spannung bringen können.
Beim Ausbau der Lichtmaschine folgendermaßen vorgehen:

- Batteriekabel abklemmen.
- Die elektrischen Kabel an der Rückseite der Drehstromlichtmaschine abklemmen.
- Den Antriebsriemen ausbauen, wie es für den betreffenden Motor beschrieben wird.
- Die Befestigungsschrauben der Lichtmaschine herausdrehen und die Lichtmaschine herausnehmen. Eine Schraube sitzt oben, die andere unten.

Der Einbau geschieht in umgekehrter Reihenfolge wie der Ausbau. Der Antriebsriemen sollte am besten immer erneuert werden, da er bestimmt eine lange Betriebszeit hinter sich hat, wenn man die Lichtmaschine ausbauen musste. Den Antriebsriemen auflegen und einstellen, wie es für den entsprechenden Motor beschrieben ist (Kapitel 2).

Anlasser

Aus- und Einbau
Der Anlasser kann ausgebaut werden, nachdem die Batteriekabel und die Kabel am Einrückmagnetschalter abgeschlossen wurden. Das Fahrzeug dabei vorn auf Unterstellböcke setzen, um besseren Zugang zum Anlasser zu erhalten.

Anlasserreparaturen
Falls der Anlasser Schaden erlitten hat, ist es am besten, wenn man einen Austauschanlasser gegen Rückgabe des alten Aggregats bezieht. Dieser unterliegt der gleichen Garantie wie ein Neuteil und gibt Ihnen die erforderliche Betriebszuverlässigkeit. Außerdem wird die Stillstandszeit des Fahrzeuges weitgehend verringert. Folgend sind jedoch einige Arbeiten angeführt, die Sie vielleicht selbst durchführen können:

- **Magnetschalter** ersetzen: Kabel zum Startermotor vom unteren Anschlussbolzen losschrauben. Den Magnetschalter vorne vom Anlassergehäuse abschrauben (Schlitzschrauben) und vom Einrückhebel aushängen. Neuen Magnetschalter in umgekehrter Arbeitsfolge einbauen.
- **Kohlebürsten** ersetzen: Den hinteren Deckel mit dem Kollektorlager abschrauben. Die Bürstenfedern abheben und die Kohlebürsten losschrauben oder ablöten. Neue Kohlen in umgekehrter Reihenfolge einbauen.

Wenn der Anlasser schon einige Jahre in Betrieb ist, sollte man von Reparaturversuchen absehen und besser gleich einen Tausch-Anlasser einbauen. Diesen können Sie auch beim Bosch-Dienst erhalten oder in den entsprechenden Werkstätten, die sich auf Valeo-Anlasser spezialisiert haben.

Störungshinweis: Falls es beim Betätigen des Anlassers einmal nur »klicken« sollte, ist es möglich, dass der elektrische Kontakt am Massepol der Batterie keine einwandfreie Verbindung herstellt. Ebenfalls Anschlüsse des Massekabels an anderen Stellen kontrollieren.

Sicherungen

Die Sicherungen sind in einem Sicherungskasten untergebracht, welcher mit einem Deckel verschlossen ist. Je nach Modell ist die Sicherungsbestückung unterschiedlich. Da immer auch die Möglichkeit besteht, dass die Anordnung der Sicherungen innerhalb der behandelten Baujahre geändert wird, ist es nicht möglich, auf die einzelnen Sicherungen einzugehen.
Eine Sicherungsdose (mit verschiedenen Relais) befindet sich neben der Batterie im Motorraum, eine weitere ohne Relais im Motorraum und eine weitere im Beifahrerraum. Auf der Innenseite der Abdeckung finden Sie die Sicherungstabelle, in Symbolen ausgedrückt. Die Stärke der Sicherungen ist unterschiedlich und liegt zwischen 5 A und 30 A. Sicherungen sind mit Farbe gezeichnet. Auch hier raten wir Ihnen, sich in der Werkstatt zu erkundigen, wenn eine Sicherung erneuert werden soll. Zu beachten ist jedoch, dass bestimmte Sicherungen außer

dem gut erkennbaren und übersetzbaren Symbol auch andere Stromabnehmer schützen.
Eine Sicherung brennt selten wegen Überlastung durch. Entweder wird bei Basteleien ein Kurzschluss verursacht oder ein Gerät ist schadhaft. Meist ist irgendwo eine Verbindung zur Fahrzeugmasse entstanden. Wird der Fehler nicht gefunden, nützt der Austausch einer durchgebrannten Sicherung nichts.

- Mit dem Schaltplan klären, wann die Sicherung Strom erhält. Dies kann entweder ständig sein oder erst bei entsprechender Zündschlüsselstellung. Klären Sie, welche Verbraucher an die Sicherung angeschlossen sind.
- Statt einer neuen Sicherung verwendet man nun ein Drahtstück und überbrückt die beiden Halteklemmen der Sicherung ganz kurz (ca. 1 Sekunde). Funkt es kräftig, besteht im entsprechenden Zweig der Fahrzeugelektrik irgendwo ein Kurzschluss. Nacheinander versuchsweise die Leitungsverbindungen zu den angeschlossenen Verbrauchern auftrennen. Verschwindet das starke Funken, am gerade abgeklemmten Verbraucher den Fehler weiter suchen.
- Funkt es beim Überbrücken nicht gleich, den Zündschlüssel so weit drehen, bis an die Sicherung Strom gelangt – Nachweis mit einer Prüflampe. Entsteht beim Überbrücken nun der starke Funke, wie beschrieben die Verbraucher durchprüfen.
- Bisweilen entsteht der Kurzschluss erst dann, wenn der defekte Verbraucher eingeschaltet wird (z. B. Heckscheibenheizung, Scheibenwischer, Blinklichter, Bremslichter usw.). Die »Funkenprobe« wird dann schwieriger und es ist mehr Erfahrung nötig – vielleicht sollte hier ein Autoelektriker hinzugezogen werden. Leichteres Funken ist jetzt normal, weil ja ein Strom zum eingeschalteten Verbraucher fließt. Starkes Funken deutet hingegen weiter auf einen Kurzschluss hin. Verwendet man statt der Drahtbrücke ein Amperemeter im etwa 30-Ampere-Bereich, kann man dies besser klären. Schlagartiger Vollausschlag des Zeigers zeigt den Kurzschluss an (Messkabel sofort wieder wegziehen).

☞ Wenn ein Stromverbraucher ausfällt, liegt es bisweilen auch daran, dass die Haltezungen der betreffenden Sicherung lose oder oxidiert sind, sodass der Strom nicht hindurchfließen kann. Sicherungen herausnehmen, Haltezungen sauber kratzen und neue Sicherung einsetzen.

Scheinwerfer und Leuchten

Scheinwerfer aus- und einbauen
Da die Erneuerung der Scheinwerfer auch immer ihre Einstellung zur Folge hat, und diese in einer Elektrowerkstatt oder in einer Vertragswerkstatt durchgeführt werden muss, sehen wir im Allgemeinen von einer Beschreibung der Arbeiten ab.
Falls Sie jedoch die Absicht haben den Scheinwerfer selbst zu erneuern, können Sie die Arbeit durchaus durchführen, vorausgesetzt, dass Sie die Scheinwerfereinstellung anschließend in einer Werkstatt kontrollieren lassen. Zu sagen wäre noch, dass vor Durchführung irgendwelcher Arbeiten am Scheinwerfer die Batterie abgeklemmt werden muss. Die Leuchteinheit und die Standleuchten bilden eine Einheit.

☞ Bei Arbeiten an den Scheinwerfern sind außerdem folgende Hinweise zu beachten:

- Bei Erneuerung der Scheinwerferbirnen für Abblend- und Fernlicht dürfen nur zugelassene Glühlampen eingebaut werden (H4).
- Zum Reinigen der Streuscheiben nur einen in Seifenwasser getauchten weichen Lappen oder Watte benutzen. Auf Alkohol aufgebaute Mittel dürfen nicht verwendet werden.

Bei der Erneuerung eines Scheinwerfers folgendermaßen vorgehen:

- Die Blinkleuchte ausbauen, wie es untenstehend beschrieben wird.
- Von der Innenseite des Motorraums die Abdeckkappe über dem Scheinwerfereinsatz entfernen. Dabei werden die Kabelstecker sichtbar, die man der Reihe nach abzieht.
- Das Kühlergitter ausbauen (siehe Beschreibung beim Ausbau des Motors).
- Die Befestigungsschrauben an der Außenseite herausdrehen und den Scheinwerfer herausziehen, sobald er frei ist.
- Den neuen Scheinwerfer in umgekehrter Reihenfolge einbauen.

Erneuerung der Glühbirnen

Die folgenden Anweisungen müssen immer beachtet werden, ganz gleich, welche Glühbirne oder Glühlampe man erneuert:

- Immer die Batterie abklemmen.
- Falls man eine durchgebrannte Glühbirne unmittelbar nach einer Fahrt ersetzt, daran denken, dass sie und die Birnenfassung sehr heiß sind.
- Falls die Birne schon sehr lange in Betrieb war, ist es möglich, dass sich an der Birnenfassung Korrosion gebildet hat. Vor Einsetzen der neuen Birne entfernen.
- Birnen mit Renkverschluss nach innen drücken und verdrehen.
- Den Glaskörper der Glühbirne nicht mit den bloßen Fingern anfassen. Ein Papiertaschentuch eignet sich am besten zum Einsetzen der Glühbirne.
- Und schließlich: Immer die Glühbirne mit der richtigen Wattstärke einsetzen.

Scheinwerferglühlampe erneuern

- Motorhaube öffnen und an der Rückseite des Scheinwerfers die Federspange zurückklappen. Die freigewordene Abdeckung abnehmen.
- Den Kabelstecker von der Rückseite des Reflektors abziehen.
- Die beiden Enden der Federspange für die Birnenhalterung aus dem Eingriff bringen und die Glühlampe herausziehen.
- Die neue Glühlampe (H4) einsetzen, sodass die Führungsnasen in die Ausschnitte im Scheinwerfer kommen. Birne vollkommen eindrücken und mit der Haltefeder befestigen. Den Mehrfachstecker wieder aufstecken.
- Scheinwerferabdeckung anbringen und mit der Federspange befestigen.
- Die Scheinwerfereinstellung sollte stimmen, wenn man nur die Glühlampe ersetzt hat.

Glühlampe der Standleuchte erneuern

- In der oben beschriebenen Weise vorgehen, bis der Mehrfachstecker vom Scheinwerfer abgezogen wurde.
- Die kleine Birnenfassung erfassen und um eine Viertelumdrehung verdrehen, bis sie frei ist und herausgezogen werden kann. Die Glühlampe kann jetzt aus der Fassung gezogen werden.
- Neue Lampe in umgekehrter Reihenfolge einsetzten. Der Dichtring der Birnenfassung muss noch in gutem Zustand sein.

Glühlampe der vorderen Blinkleuchte erneuern

Die gesamte Blinkleuchte muss nach vorn herausgezogen, jedoch in der Innenseite gelöst werden.

- Bei geöffneter Motorhaube am Kotflügel über der Blinkleuchte mit einem kleinen Schraubendreher von oben auf die Rastsperre zwischen dem Scheinwerfer und dem Kotflügel drücken und die Leuchte von der Außenseite herausziehen, bis man den Kabelstecker abziehen kann.
- Die Birnenfassung nach links verdrehen und aus der Blinkleuchte herausziehen. Die Glühlampe nach innen drücken, nach links verdrehen und herausziehen.
- Der Einbau findet in umgekehrter Reihenfolge statt. Die Blinkleuchte in das Gehäuse einsetzen und fest aufdrücken, bis sie einschnappt.

Glühlampen in der Heckleuchtengruppe erneuern

Die Leuchte muss zur Erneuerung ausgebaut werden.

- Die Klappe öffnen und eine Mutter herausdrehen.
- Die Leuchte herausziehen und den Kabelstecker von der Rückseite der Leuchte abziehen.
- Die Glühbirnen können jetzt wie erforderlich erneuert werden. Die Stifte der Birne für Brems/Schlussleuchte sind versetzt und können nur in einer Stellung eingeschoben werden.
- Der Einbau der Leuchte findet in umgekehrter Reihenfolge statt.

Glühlampe der Kennzeichenleuchte erneuern

Die Streuscheibe ist in die Leuchte eingedrückt und muss mit einem kleinen Schraubendreher herausgedrückt werden. Die Glühlampe ist einfach in die Leuchte eingeschoben. Beim Einbau die Streuscheibe wieder eindrücken.

Glühbirnentabelle

Scheinwerfer:	H4, 55/60 Watt
Nebelleuchten:	H3, 55 Watt
Brems/Schlussleuchten:	21/5 Watt
Nebelschlussleuchten:	21 Watt
Rückfahrleuchten:	21 Watt
Blinkleuchten:	5 Watt
Kennzeichenleuchten:	5 Watt
Vordere Standleuchten:	5 Watt

16 Wartung und Pflege

Motorölstand kontrollieren
Der Stand des Motoröls sollte etwa alle 600 km kontrolliert werden. Die diesbezüglichen Anweisungen wurden bereits in im Haupttext gegeben und sollen nicht noch einmal wiederholt werden.

Bremsflüssigkeitsstand kontrollieren
Von vorn gesehen sitzt der Behälter für die Bremsflüssigkeit an der Stirnwand über dem Hauptbremszylinder. Der Behälter ist durchsichtig, sodass die Bremsflüssigkeit von der Außenseite gesehen werden kann. Den Flüssigkeitsstand immer soeben an der »Max«-Markierung halten. Falls erforderlich die Verschraubung abdrehen und frische Bremsflüssigkeit nachfüllen.
Sollte man öfters ein Abfallen des Bremsflüssigkeitsspiegels feststellen oder die Warnleuchte des Bremsflüssigkeitsstands leuchtet plötzlich auf, obwohl Sie regelmäßige Kontrollen durchgeführt haben, kann man davon ausgehen, dass sich die Bremsklotzbeläge oder Bremsbackenbeläge abgenutzt haben. Meistens ist es die Vorderradbremse.

Es wird meistens nicht durchgeführt! Die Bremsflüssigkeit sollte mindestens alle zwei Jahre oder alle 60 000 km gewechselt werden.

Bremsleuchten überprüfen
Die Arbeitsweise der Bremsleuchten kann mithilfe einer zweiten Person oder auch allein kontrolliert werden. Bei der ersten Methode auf die Bremse treten, während die zweite Person das Aufleuchten der Lampen kontrolliert. Sind Sie allein, rückwärts vor die Garagentür fahren und auf die Bremse treten. Die Lampen scheinen rot gegen die Garagentür. Falls eine Lampe nicht aufleuchtet, die Glühbirne ersetzen; leuchten beide Lampen nicht auf, könnte der Bremslichtschalter defekt sein.

Beleuchtung kontrollieren
Alle Beleuchtungskörper (einschließlich Hupe und Warnblinkanlage) der Reihe nach durchschalten und deren Funktion kontrollieren. Rücklichter und Rückfahrscheinwerfer können am besten im Dunkeln vor der Garagentür kontrolliert werden, ohne dass man aus dem Fahrzeug aussteigt.

Reifendruck kontrollieren
Der Druck sollte mindestens einmal in der Woche kontrolliert werden (wir wissen, dass dies normalerweise nicht durchgeführt wird). Den Reifendruck an einer Tankstelle kontrollieren. Der Reifendruck ist auf dem Aufkleber angegeben und ist außerdem in der Betriebsanleitung angeführt. Drücke können je nach aufmontierten Reifen unterschiedlich sein. Falls man größere Reisen mit höheren Geschwindigkeiten vorhat, kann man den Reifendruck etwas erhöhen. Bei aufgezogenen Winterreifen gelten ebenfalls unterschiedliche Reifendrücke. Abgesehen davon gibt Ihnen der am Fahrzeug angebrachte Aufkleber den Druck der produktionsseitig montierten Reifen an. Die Betriebsanleitung wird Ihnen ebenfalls dabei behilflich sein.

Kühlmittelstand kontrollieren
Das kalte Kühlmittel muss zwischen den »Min«- und »Max«-Markierungen am Ausgleichsbehälter stehen oder wird im Kühler kontrolliert. Falls der Motor heiß ist, abwarten (mindestens 15 Minuten), bis das Kühlmittel abgekühlt ist. Auch dann ist ein dicker Lappen zum Öffnen des Deckels empfohlen. Den Lappen über den Deckel legen und den Deckel bis zur ersten Raste lösen und warten, bis der Druck abgefallen ist. Danach den Deckel vollkommen abschrauben. Alle 120’000 km sollte das Kühlmittel gewechselt werden.

⚠ Frostschutzmittel nur bei kaltem Motor nachfüllen.

Ölstand im Schaltgetriebe prüfen
Die Kontrolle wurde bereits im Abschnitt »Getriebe« beschrieben. Der Ölstand sollte alle 60’000 km kontrolliert werden.

Spannung der Keilriemen (Antriebsriemen) kontrollieren
Je nach eingebauten Aggregaten ist die Anordnung der einzelnen Keilriemen nicht bei allen Motoren gleich. Im Kapitel »Motoren« wird in Einzelheiten auf das Spannen der Antriebsriemen eingegangen. Die Kontrolle der Riemen sollte alle 60’000 km erfolgen. Falls der Riemen bis zum Boden der Riemenscheiben aufliegt, muss er erneuert

werden. Die Spannung der Riemen wird in der Werkstatt mit einem Spannungsmesser kontrolliert (nicht bei allen Ausführungen).

Die Spannung eines Keilriemens nur bei kaltem Motor überprüfen. Ist der Motor heiß, muss man ihn mindestens 30 Minuten lang stehen lassen, ehe man die Riemenspannung kontrolliert.

Handbremse einstellen
Durch die Abnutzung der Bremsbeläge wird der zum Anziehen der Handbremse benutzte Weg des Handbremshebels nach einer gewissen Zeit länger. Falls die Hinterräder nicht feststehen, nachdem man den Handbremshebel 3 bis 5 Zähne angezogen hat (die Hinterräder müssen angehoben sein), ist eine Nachstellung durchzuführen. Die Einstellung erfolgt an der Unterseite des Fahrzeuges und ist im Kapitel »Bremsanlage« beschrieben. Nach der Einstellung die Handbremse lösen und kontrollieren, dass die Räder frei drehbar sind.

Nicht genannte Wartungsarbeiten
Viele als Wartungsarbeiten zu betrachtende Arbeiten, wie z. B. Wechsel des Motoröls und Ölfilters (10'000 km) oder Luftfiltereinsatzes (60'000 km), Austausch des Kraftstofffilters, Kontrolle des Verschleißes der Bremsklotz- und Bremsbackenbeläge (60'000 km), Kontrolle der Teile der Radaufhängungen, Antriebswellen, Radlagern und Gelenken, usw., Erneuerung des Zahnriemens der Steuerung (alle 120'000 km) sind in den dafür zuständigen Kapiteln beschrieben. Dazu gehört ebenfalls die Kontrolle des Flüssigkeitsstands im Vorratsbehälter der Servolenkung.

17 Maß- und Einstelldaten

Abmessungen

Radstand	2690 oder 2693 mm
Spurweite, vorn	1422 mm
Spurweite, hinten	1440 mm
Länge über alles	4108 mm (Peugeot 4137 mm)
Höhe über alles	1719 mm(Peugeot 1796 – 1819 mm)
Breite über alles (mit Außenspiegel)	1900 mm (Peugeot 1960 mm)
Bodenfreiheit (Betriebsgewicht)	140 mm

Füllmengen

Kraftstofftank	55 Liter
Motor:	
– XUD-Motor ohne Ölfilter	6.3 Liter
– XUD-Motor mit Ölfilter	6.6 Liter
– DW8/DW8B-Motor mit Ölfilter	4.75 Liter
– DW10-Motor ohne Ölfilter	5.0 Liter
– DW10-Motor mit Ölfilter	5.3 Liter
Kühlanlage:	
– XUD-Motoren	8.0 Liter
– DW8-Motor	10.5 Liter
– DW10-Motor	8.8 Liter
Getriebe:	
– BE3-Getriebe	2.0 Liter
Servolenkung	1.7 Liter

Motoren

Motortyp:	
– 1.8-Liter-Motor (1769 ccm)	XUD7 (A9A)
– 1.9-Liter-Motor (1905 ccm)	XUD9A (D9B), XUD9Y (DJY)
– 1.9-Liter-Motor (1868 ccm)	DW8 (WJZ) oder DW8B (WJY)
– 2.0-Liter-Motor (1997 ccm)	DW10 (RHY)
Bauweise:	
– XUD– und DW8-Motoren	Vierzylinder-Diesel motor mit indirekter Einspritzung, quer zum Fahrzeug eingebaut, hängende Ventile (2 pro Zylinder) und Nockenwelle im Zylinderkopf, durch Zahnriemen angetrieben. Zylinderkopf aus Leichtmetalllegierung.
– DW 10-Motor (HDi)	Vierzylinder-Dieselmotor mit direkter Einspritzung (Hochdruckeinspritzung), quer zum Fahrzeug eingebaut, hängende Ventile (2 pro Zylinder) und Nockenwelle im Zylinderkopf, durch Zahnriemenangetrieben. Zylinderkopf aus Leichtmetalllegierung.
Anzahl der Zylinder	4

Hubraum:	
– XUD7-Motor	1769 ccm
– XUD9-Motor	1905 ccm
– DW8-Motor	1868 ccm
– DW10-Motor	1997 ccm
Zylinderbohrung:	
– XUD7-Motor	80.00 mm
– XUD9-Motor	83.00 mm
– DW8-Motor	82.02 mm
– DW10-Motor	85.00 mm
Kolbenhub:	
– XUD7-Motor	88.00 mm
– XUD9-Motor	88.00 mm
– DW8-Motor	88.00 mm
– DW10-Motor	88.00 mm
Verdichtungsverhältnis:	
– Außer HDi-Motor	23 : 1
– HDi-Motor	17.6 : 1
Max. Leistung:	
– XUD7-Motor	60 PS (44 kW) bei 4600 U/min
– XUD9-Motor (D9B)	69 PS (51 kW) bei 4600 U/min
– XUD9-Motor (DJY)	68 PS (50 kW) bei 4600 U/min
– DW8- und DW8B-Motoren	69 PS (51 kW) bei 4600 U/min
– DW10-Motor (HDi)	90 PS (66 kW) bei 4000 U/min
Max. Drehmoment:	
– XUD7-Motor	110 Nm bei 2000 U/min
– XUD9-Motor (D9B)	120 Nm bei 2000 U/min
– XUD9-Motor (DJY)	120 Nm bei 2000 U/min
– DW8-Motor	125 Nm bei 2000 U/min
– DW8B-Motor	105 Nm bei 2500 U/min
– DW10-Motor	205 Nm bei 1900 U/min
Öldruck	Siehe Abschnitt »Motorschmierung«
Kraftstoffeinspritzung	Siehe betreffenden Abschnitt

Ventilsteuerung	**Außer HDi-Motor**	**HDi-Motor**
Einlassventil öffnet	4° vor OT	9° vor OT
Einlassventil schließt	35° nach UT	23° nach UT
Auslassventil öffnet	43° vor UT	40° 6' vor UT
Auslassventil schließt	0° (OT)	6° 6' nach OT

Zylinderkopf, Ventile und Nockenwellen

Zylinderkopf

Zylinderkopfhöhe, Fläche zu Fläche:	
– XUD-Motor	152.0 mm ± 0.05 mm
– DW8-Motor	140.0 mm ± 0.05 mm
– DW10-Motor	133 mm ± 0.05 mm
– Max. Verzug der Kopffläche	0,03 mm

– Nachschleifen der Kopffläche	Nicht gestattet
– Ventiltellerflächen unter Kopffläche	Siehe unter »Ventile«

Länge der Zylinderkopfschrauben

Länge zwischen Unterseite Kopf und Schraubenende:	
– Schrauben ohne Führungszapfen –	
XUD-Motoren	120.0 mm/121.50 mm
– Schrauben mit Führungszapfen –	
XUD/DW8	123.0 mm/125.5 mm
– DW10-Motor	133.5 mm/133.5 mm
Schrauben länger als angegeben	Erneuern

Nockenwellenlagerbohrungen im Zylinderkopf (alle Motoren):	
– Nr. 1, Schwungradseite	27.500 – 27.533 mm
– Nr. 2	28.000 – 28.033 mm
– Nr. 3	28.500 – 28.533 mm

Nockenwellenlagerbohrungen im Zylinderkopf, Reparaturgröße, alle Motoren:	
– Nr. 1, Schwungradende	28.000 (+0,033 mm)
– Nr. 2	28.500 (+0,033 mm)
– Nr. 3	29.000 (+0,033 mm)

Zylinderkopfdichtung	Siehe Beschreibung beim Zusammenbau des Motors/Einbau des Zylinderkopfes. Verschiedene Dichtungsstärken, je nach Motor.

Ventilführungen

Nenndurchmesser:	
– XUD/DW8-Motoren	13.981 – 14.013 mm
– DW10-Motor	14.020 – 14.030 mm
Reparaturgröße 1 – 1 Rille (XUD)	14.211 – 14.083 mm
Reparaturgröße 2 – 2 Rillen (XUD)	14.511 – 14.543 mm
Reparaturgröße – 1 Rille (DW8/DW10)	14.281 mm

Aufnahmebohrung im Zylinderkopf:	
– Mit Nenndurchmesser (XUD)	14.009 – 14.020 mm
– Reparaturgröße 1 (XUD)	14.279 – 14.290 mm
– Reparaturgröße 2 (XUD)	14.579 – 14.590 mm
– Reparaturgröße 1 (DW8/DW10)	14.320 mm
Innendurchmesser der Führungen:	
– XUD-Motoren	8.020 mm
– DW8/DW10-Motoren	7.50 mm
Einbauhöhe, Führung zu Kopffläche (alle Motoren)	36.5 ± 0.5 mm
Laufspiel der Ventilschäfte in Führungen (alle Motoren):	
– Einlassventile	0.015 – 0.230 mm
– Auslassventile	0.035 – 0.250 mm

Ventilsitze

Sitzwinkel, Einlass- und Auslassventile	90°
Breite der Ventilsitze – Einlass/Auslass	2.45/3.00 mm

Ventilsitzdurchmesser – Einlassventile (XUD9):
– Nenndurchmesser 40.136 mm
– Reparaturgröße 1 40.461 mm
– Reparaturgröße 2 40.661 mm

Ventilsitzdurchmesser – Einlassventile (XUD7):
– Nenndurchmesser 40.000 mm (auch 39.7 mm ab 1998)
– Reparaturgröße 1 40.300 mm
– Reparaturgröße 2 40.500 mm

Ventilsitzdurchmesser – Auslassventile (XUD9):
– Nenndurchmesser 34.120 mm
– Reparaturgröße 1 34.437 mm
– Reparaturgröße 2 34.637 mm

Ventilsitzdurchmesser – Auslassventile (XUD7):
– Nenndurchmesser 34.000 mm (auch 33.7 mm ab 1998)
– Reparaturgröße 1 34.300 mm
– Reparaturgröße 2 34.500 mm

Ventilsitzdurchmesser – Einlassventile (DW8/DW10):
– Nenndurchmesser 39.837 mm
– Reparaturgröße 40.337 mm

Ventilsitzdurchmesser – Auslassventile (DW8/DW10):
– Nenndurchmesser 33.820 mm
– Reparaturgröße 34.320 mm

Aufnahmebohrung im Zylinderkopf – Einlassventile (XUD9):
– Nenndurchmesser 40.000 mm
– Reparaturgröße 1 40.300 mm
– Reparaturgröße 2 40.500 mm

Aufnahmebohrung im Zylinderkopf – Auslassventile (XUD9):
– Nenndurchmesser 34.000 mm
– Reparaturgröße 1 34.300 mm
– Reparaturgröße 2 34.500 mm

Aufnahmebohrung im Zylinderkopf – Einlassventile (XUD7):
– Nenndurchmesser 40.000 mm (auch 39.7 ab 1998)
– Reparaturgröße 1 40.300 mm
– Reparaturgröße 2 40.500 mm

Aufnahmebohrung im Zylinderkopf – Auslassventile (XUD7):
– Nenndurchmesser 34.000 mm
– Reparaturgröße 1 34.300 mm
– Reparaturgröße 2 34.500 mm

Aufnahmebohrung im Zylinderkopf – Einlassventile (DW8):
– Nenndurchmesser 39.700 mm
– Reparaturgröße 40.200 mm

Aufnahmebohrung im Zylinderkopf – Auslassventile (DW8):
– Nenndurchmesser 40.337 mm
– Reparaturgröße 40.200 mm

Aufnahmebohrung im Zylinderkopf – Einlassventile (DW10):

– Nenndurchmesser	39.700 mm
– Reparaturgröße	40.200 mm

Aufnahmebohrung im Zylinderkopf – Auslassventile (DW10):

– Nenndurchmesser	33.700 mm
– Reparaturgröße	34.200 mm

Ventile

Ventilschaftdurchmesser:	
– Einlassventile	7.985 mm
– Auslassventile	7.985 mm
Ventilsitzwinkel	90°
Ventiltellerdurchmesser – alle Motoren:	
– Einlassventile	38.50 ± 0.20 mm
– Auslassventile	33.00 ± 0.20 mm
Min. Ventillänge – Alle Motoren:	
– Einlassventile	112.4 mm
– Auslassventile	111.85 mm
Ventilschaftende, max. Abschleifung	0.20 mm
Ventilschaftspiel in Führungen:	
– Einlassventile	0.015 – 0.230 mm
– Auslassventile	0.035 – 0.250 mm

Ventilfedern

Drahtdurchmesser	3.80 mm (DW10 3.7 mm)

Ventilsteuerzeiten	**XUD/DW8**	**DW10**
Einlassventil öffnet	4° vor OT	9° vor OT
Einlassventil schließt	35° nach UT	23° nach UT
Auslassventil öffnet	43° vor UT	40° 6' vor UT
Auslassventil schließt	0° (O.T.)	6° 6'

Nockenwelle

Axialspiel der Nockenwelle	0.025 – 0.114 mm
Laufspiel der Nockenwellenlager	0.04 – 0.082 mm
Durchmesser der Lagerzapfen (Nenndurchmesser):	
– Nr. 1	27.50 mm
– Nr. 2	28.00 mm
– Nr. 3	28.50 mm
Durchmesser der Lagerzapfen (Reparaturdurchmesser):	
– Nr. 1	28.00 mm
– Nr. 2	28.50 mm
– Nr. 3	29.00 mm
Kennzeichnung der Nockenwelle	Farbring am ersten Nocken

Kolben und Pleuelstangen

Ausführung	Aluminiumlegierung mit drei Kolbenringen. Mit Ölspritzdüsen zur Kolbenkühlung (DW10). Schwimmend in Kolben und Pleuelstangenauge. Mit Sicherungsringen auf beiden Seiten gehalten. Einbaurichtung der Kolben Mit »Dist« gezeichnete Seite weist zum Zahnriemen.

Überstehmaß der Kolben über Zylinderblock	Siehe unter »Zylinderkopf«
Kolbendurchmesser – XUD 7-Motor – Toleranz ± 0,000 mm:	
– Nenndurchmesser	79.929 mm
– Reparaturdurchmesser	80.729 mm
Kolbendurchmesser – XUD 9-Motor (Typ DB9):	
– Nenndurchmesser	82.930 mm
– Reparaturgröße 1	83.130 mm
– Reparaturgröße 2	83.430 mm
– Reparaturgröße 3	83.730 mm
Kolbendurchmesser – XUD 9-Motor (Typ DHY):	
– Nenndurchmesser	82.920 mm
– Reparaturgröße 1	83.420 mm
– Reparaturgröße 2	83.720 mm
Kolbendurchmesser – DW8/DW8B-Motor:	
– Nenndurchmesser	82.121 mm
– Reparaturgröße	80.721 mm
Kolbendurchmesser – DW10-Motor:	
– Nenndurchmesser	84.931 mm
– Reparaturgröße	85.531 mm
Kolbenlaufspiel – alle Motoren	0.062 – 0.078 mm
Kolbenringe:	
– Anzahl der Ringe	2 Verdichtungsringe, 1 Ölabstreifring
– Einbaurichtung	»Top« von oben lesbar
Stärke der Kolbenringe:	
– Obere Ringe	2.0 mm/DW10 = 3,5 mm
– Mittlere Ringe	2.00 mm
– Ölabstreifringe	3.00 oder 3.50 mm
Kolbenringstoßspiele:	
– Obere und mittlere Ringe	0.20 – 0.40 mm (XUD9/D9B)
– Obere und mittlere Ringe	0.20 – 0.35 mm (XUD7)
	0.20 – 0.35 mm (DW8, 1. Ring)
	0.20 – 0.60 mm DW8, 2. Ring)
	0.15 – 0.35 mm(XUD9/DJY)
	0.20 – 0.35 mm (DW10)
Ölabstreifringe:	
– XUD7-Motor	0,10 – 0,80 mm
– Alle anderen Motoren	0,25 – 0,50 mm
Verteilung am Kolbenumfang	Jeweils in Abständen von 120°
Kolbenbolzen	
Außendurchmesser:	
– XUD7, XUD9,DW8	25.000 mm – 0.006 mm
– DW10	24.994 – 25.000 mm
Länge:	
– XUD7-Motor	69.80 mm
– XUD9-Motor	72.00 mm

– DW8- und DW10-Motoren	66.00 mm

Pleuelstangen und Pleuellager

Bauweise	Geschmiedeter Stahl, »I«-Querschnitt
Material der Lagerschalen	Aluminium-Zinn
Länge, Mitte Bohrung zu Mitte:	
– XUD- und DW8-Motoren	145.0 mm
– DW10-Motor	152.0 mm
Pleuellagerbohrung – alle Motoren	53.695 mm
Pleuelaugenbohrung – alle Motoren	25.00 mm
Stärke der Pleuellagerschalen – alle Motoren:	
– Nennstärke	1.828 mm
– Reparaturstärke	1.978 mm

Kurbelwelle und Schwungrad

Anzahl der Lager	5
Hauptlager, Material	Aluminium-Zinn
Hauptlagerdurchmesser (alle Motoren):	
– Nenndurchmesser	60.000 mm
– Reparaturdurchmesser	57.700 mm
Kurbelzapfendurchmesser (alle Motoren):	
– Nenndurchmesser	50.000 mm
– Reparaturdurchmesser	49.700 mm
Axialspiel der Kurbelwelle (alle Motoren)	0.07 – 0.32 mm
Stärke der Anlaufscheiben	2.300 mm, 3 Übergrößen (2.40, 2.45 und 2.50 mm). Schmiernut muss gegen die Kurbelwellenfläche weisen.
Stärke der Hauptlagerschalen:	
– Nennstärke – XUD/DW8	1.842 mm DW10 1.853 mm)
– Reparaturstärke	1.992 mm (DW10 2.003 mm)

Motorschmierung

Füllmenge der Ölwanne	Siehe unter »Füllmengen«
Empfohlenes Öl	SAE 10W/40 oder 15W40 für Diesel- und Turbodieselmotoren
Öldruck – XUD-Motoren:	
– Min. Öldruck bei 1000/min	2.5 bar
– Öldruck bei 80 °C und 4000/min	3.5 bar
Öldruck – DW8-Motoren:	
– Min. Öldruck bei 1000/min	1.8 bar
– Öldruck bei 80 °C und 4000/min	4.5 bar
Öldruck – DW10-Motor:	
– Min. Öldruck bei 1000/min	2.0 bar
– Öldruck bei 80 °C und 4000/min	4.0 bar

Ölfilter:
- Bauweise — Austauschbarer Filtereinsatz (Purflux)
- Wechselzeiten — Zusammen mit Motorölwechsel oder einmal im Jahr (alle 10'000 km)

Kühlanlage

Bauart	Verschlossene Anlage mit Pumpenumlaufunterstützung. Ölkühler mit der Kühlanlage verbunden. Anlage bestehend aus Kühler, Ausgleichsbehälter, Wasserpumpe, Kühlmittelregler und elektrischer Ventilator (oder 2), geschaltet durch Thermoschalter in der Unterseite des Kühlers.
Füllmenge der Anlage	Siehe unter »Füllmengen«
Wasserpumpe:	
- Bauart und Antrieb	An rechter Seite des Zylinderblocks montiert. Durch Zahnriemen der Steuerung von der Kurbelwelle angetrieben. Keine Reparaturen möglich.
Kühler	Aluminiumkühler, vor dem Motor montiert.
Ausgleichsbehälter	Kunststoffbehälter, auf rechter Seite im Motorraum montiert. Öffnungsdruck des Verschlussdeckels 1.0 bar.
Frostschutzmittel:	
- Schutz bis –15 °C	28% Frostschutzmittel
- Schutz bis –30 °C	50% Frostschutzmittel
- Frostschutzmittel, Sorte	Wie vom Hersteller empfohlen
Wechselzeiten	Alle 60'000 km oder 2 Jahre
Thermostat	Wachselement in eigenem Gehäuse an der Vorderseite des Zylinderkopfes. Öffnungstemperatur ca. 88 °C, vollkommen geöffnet bei 100 bis 102 °C.
Kühlungsventilator:	
- Einschalttemperatur – Erste Stufe	88 °C
- Einschalttemperatur – Zweite Stufe	100 – 102 °C

Kraftstoffeinspritzanlage

Einspritzpumpe:	
- XUD9, Abgasnorm L3	Bosch VE 48F
- XUD7, Abgasnorm K und L	Lucas X052 8443B 930A
- XUD9A, Abgasnorm K und L	Lucas XUD 101 – 8445B 010A
- XUD9, Abgasnorm L3	Lucas XUD LP 05
- DW8, Bosch-Anlage	VE 4/9 F 2425 R 806 VE 4/9 F 2405 R 804 (mit Diebstahlwarnanlage)
- DW8, Lucas-Anlage	DWLP 11
- DW8B	DWLP 12, 844B 391B

Spezifische Angaben für XUD9-Motor, Abgasnorm (EMC) L3 (Bosch)

Leerlauf, ohne Klimaanlage	750 – 800 U/min
Leerlauf, mit Klimaanlage	800 – 850 U/min
Max. Drehzahl unter Belastung	5100 U/min
Schnellleerlaufdrehzahl	950 ± U/min
Abwürgdrehzahl	1500 ± 100 U/min

Einspritzdüsenkörper	KCA 17S42
Einspritzdruck	130 bar

Spezifische Angaben für XUD7, EMC K und L	Lucas X052 8443B 930A
Spezifische Angaben für XUD9A, EMC K und L	Lucas XUD 191 – 8445 B 010A
Spezifische Angaben für XUD9, EMC L	Lucas XUD LP 05
Leerlauf, ohne Klimaanlage	750 – 800 U/min
Leerlauf, mit Klimaanlage	800 – 850 U/min
Max. Drehzahl unter Belastung	5100 U/min
Schnellleerlaufdrehzahl	950 ± 50 U/min
Abwürgdrehzahl	1500 ± 100 U/min
Einspritzdüsenkörper	6730 705D (XUD7), 6335 291D (XUD9)
Einspritzdruck	140 bar

Spezifische Angaben für DW8-Motor (Bosch)

Leerlauf, ohne Klimaanlage	800 ± 25 U/min
Leerlauf, mit Klimaanlage	875 ± 25 U/min
Max. Drehzahl unter Belastung	5350 ± U/min
Schnellleerlaufdrehzahl	950 ± 25 U/min
Abwürgdrehzahl	Leerlauf + 20 bis 50 U/min
Einspritzdüsenkörper	KCA 20S106
Einspritzdruck	120 bar

Spezifische Angaben für DW8-Motor (Lucas)

Leerlauf, ohne Klimaanlage	825 ± 25 U/min
Leerlauf, mit Klimaanlage	875 ± 25 U/min
Max. Drehzahl unter Belastung	5350 ± 125 U/min
Schnellleerlaufdrehzahl	950 ± 25 U/min
Abwürgdrehzahl	1500 U/min
Einspritzdüsenkörper	LCR 6736001
Einspritzdruck	142 – 149 bar

Spezifische Angaben für DW8B-Motor (Lucas, Delphi)

Leerlauf, ohne Klimaanlage	825 ± 25 U/min
Leerlauf, mit Klimaanlage	850 ± 25 U/min
Max. Drehzahl unter Belastung	5350 ± 125 U/min
Schnellleerlaufdrehzahl	1150 ± 25 U/min
Abwürgdrehzahl	1500 ± 50 U/min
Einspritzdüsenkörper:	
– Zylinder Nr. 2, 3 und 4	LCR 6736001
– Zylinder Nr. 1	LDCR02601AA1
Einspritzdüsen	RDNOSDC 6903
Einspritzdruck	(neu) 142 – 149 bar

Kupplung

Bauart	Einscheibentrockenkupplung mit Tellerfeder. Von Valeo oder LUK.
Kupplungsbetätigung.	Durch Kupplungsseil mit automatischer Nachstellung
Kupplungsdrucklager	Verkapseltes Kugellager, in ständiger Verbindung mit dem Kupplungskörper.
Clutch Diameter	200.0 mm Valeo oder LUK

Getriebe

Bauart	Fünfganggetriebe zusammen mit Achsantrieb in einem Gehäuse. Getriebetyp »BE 3/5« (mit XUD/DW8- Motor) oder »BE 4/5« (Berlingo 2 mitDW8B/10-Motor) ist eingebaut.
Kennzeichnung	Alle Getriebe haben eine Nummer, beginnend mit »20CH« (BE 3/5) oder »20DM« (BE 4/5). Die beiden Endnummern sind unterschiedlich und weisen auf den Motor und die Nutzlast des Fahrzeuges hin.

Getriebeübersetzungsverhältnisse:	**BE 3/5**	**BE 4/5**
– Erster Gang	3.455 : 1	3.454 : 1
– Zweiter Gang	1.870 : 1	1.870 : 1
– Dritter Gang	1.280 : 1	1.148 : 1
– Vierter Gang	0.951 : 1	0.822 : 1
– Fünfter Gang	0.745 : 1	0.660 : 1
– Rückwärtsgang	3.583 : 1	3.333 : 1

Hinweis: *Die angegebenen Übersetzungsverhältnisse beziehen sich auf die meisten Getriebe. Bestimmte Variationen sind für bestimmte Motoren/Getriebe möglich.*

Achsantrieb – BE 3/5-Getriebe	4.93 : 1, 4.529 : 1 oder 4.158 : 1
Achsantrieb – BE 4/5-Getriebe:	
– 20 DM 47 mit DW8B-Motor	4.529 : 1
– 20 DM 48 mit DW8B-Motor	4.158 : 1
– 20 DM 50 mit DW10-Motor	3.684 : 1
– 20 DM 52 mit DW10-Motor	3.789 : 1

Schmieröl

Füllmenge	1.85 Liter
Ölwechselzeiten	Alle 60’000 km
Empfohlene Ölsorte	Total Getriebeöl

Vorderradaufhängung

Bauart	Einzelradabfederung mit Federbeinen, unteren Dreiecksquerlenkern, Schraubenfedern und Kurvenstabilisator. Federbeine und Stoßdämpferformen die Aufhängungselemente. Befestigung des Kurvenstabilisators mithilfe von Koppelstangen zwischen Querlenker und Federbein. Kurvenstabilisator mit Schellen und Gummilagern am Nebenrahmenbefestigt.
Schraubenfedern	Mit Farbkennzeichnungen. Nur Federn mit ursprünglicher Kennzeichnung einbauen. Erster Farbring gibt das

	Fahrzeugmodell an, zweiter Farbring weist auf die Nutzlast hin. Fahrzeugmodell und Nutzlast müssen beim Kauf von neuen Federn angegeben werden. Berlingo 2 und Partner ab 2002 haben unterschiedliche Federn.
Kurvenstabilisator	21 oder 22 mm, je nach Modell. Ab 2002 ebenfalls 19 mm.

Radeinstellung

Nachlauf, Berlingo/Partner vor 2002 (nicht verstellbar):	
– mit mechanischer Lenkung	1.5° ± 0.5°
– mit Servolenkung	3° ± 0.5 °
Nachlauf, Berlingo 2/Partner ab 2002 (nicht verstellbar):	
– Alle Modelle	2° 59' ± 0.5°
Sturzwinkel, nicht verstellbar, alle Modelle	0° ± 0.5°
Spureinstellung, verstellbar:	
– Berlingo 1/Partner – mechanische Lenkung	–1 bis –3 mm (Nachspur)
– Berlingo 1/Partner – Servolenkung	+1 bis +3 mm (Vorspur)
– Berlingo 2/Partner ab 2002:	
– Grundausführung	+1 ± 1 mm (Vorspur)
– Grundausführung, erhöhte Aufhängung	–2 ± 1 mm (Vorspur)
– Van, erhöhte Aufhängung	+1 ± 1 mm (Vorspur)
– »Schlechtweg«-Radaufhängung	+1 ± 1 mm (Vorspur)
Prüfbedingungen	Reifendruck stimmt, Fahrzeug leer

Vorderradlager

Bauart	Radnaben mit zwei Schrägrollenlagern, in Achsschenkel eingepresst

Lenkung

Typ	Zahnstangenlenkung, mit oder ohne Servounterstützung. Hauptsächlich mit Servolenkung.
Wendekreis:	
– Zwischen Bordsteinen	10.5 m/10.7 m mit Servolenkung
– Zwischen Wänden	11.55 m/11.75 m mit Servolenkung
Lenkhilfspumpe:	
– Antrieb	Riemenantrieb
Lenkungsflüssigkeit:	
– Füllmenge	1.7 Liter
– Flüssigkeitssorte	ATF-Flüssigkeit, wie in Getriebeautomatik
– Flüssigkeitsstandkontrolle	Alle 10'000 km
Vorderradeinstellung	Siehe unter »Vorderradaufhängung«

Bremsanlage

Bauart	Zweikreisbremsanlage, System diagonal geteilt. Mit Bremsdruckregler (lastenempfindlich) für hinteren Bremskreis, Bremskraftverstärker. Handbremse wirkt auf Hinterräder. Mit oder ohne Bosch-ABS.
Vorderradbremsen	
Bauart	Lucas C54 (Girling)-Scheibenbremsen mit Gleitbremssätteln. 1 Kolben pro Zylinder.
Bremsscheibe	Entlüftete Scheiben
Scheibendurchmesser	266.0 mm
Bremszylinderdurchmesser	54.0 mm
Bremsscheibenstärke	20.4 mm
Min. Bremsscheibenstärke	18.4 mm
Min. Bremsklotzstärke (ohne Metallplatte)	2.0 mm
Max. Seitenschlage der Bremsscheiben	0.07 mm (0.003 in.), gemessen ca. 2.0 mm von der Außenkante
Hinterradbremsen	
Bauart	Lucas, mit Anlauf- und Ablaufbacken, automatische Nachstellung
Radbremszylinderdurchmesser	22.2 mm
Bremstrommeldurchmesser, alle Modelle	228.0 mm
Max. Trommeldurchmesser, alle Modelle	230.0 mm
Min. Stärke der Bremsbeläge	1.0 mm – 1.5 mm bei Kontrolle
Hauptbremszylinder:	
– Kolbendurchmesser	23.8 mm
Bremsflüssigkeit:	
– Norm	SAE J1703 DOT 4
– Regelmäßige Erneuerung	Alle 40'000 km oder 2 Jahre

Elektrische Anlage

Batterie	
Spannung	12 Volt
Polarität	Negative Masse
Kapazität	Je nach Modell
Einbauort	Motorraum
Ladezustand:	
– Vollkommen entladen	1.125
– Vollkommen geladen	1.285
Anlasser	
Hersteller	Bosch oder Valeo
Min. Bürstenlänge	13.0 mm

18 Anziehdrehmomente

Motor

XUD-Motoren

Zylinderkopfschrauben:	
– Erste Stufe	20 Nm
– Zweite Stufe	60 Nm
– Dritte Stufe	Winkelanzug 180° (± 5°)
Hauptlagerdeckel	70 Nm
Pleuellagerdeckel:	
– Erste Stufe	20 Nm
– Zweite Stufe	70° Winkelanzug
Schwungradschrauben	50 Nm
Kupplungsschrauben	20 Nm
Kurbelwellenriemenscheibe (innere Schraube):	
– Erste Stufe	40 Nm
– Zweite Stufe	60° Winkelanzug
Zahnriemenspanner/ Führungsrolle	18 Nm
Ölkühler an Zylinderblock	65 Nm
Antriebsrad der Einspritzpumpe	50 Nm
Steuerrad an Nockenwelle	45 Nm
Lagerdeckel der Nockenwelle	20 Nm
Öldruckschalter	30 Nm
Ölablassstopfen (Ölwanne)	30 Nm
Wasserablassstopfen (Block)	25 Nm
Wasserpumpe	15 Nm
Zylinderkopfhaube	8 Nm
Ölpumpenschrauben	18 Nm
Einspritzpumpe, vorn	18 Nm
Einspritzpumpe, hinten	20 Nm
Einspritzleitungen, Überwurfmuttern	25 Nm
Motoraufhängungen	Siehe Haupttext
Wassereinlassstutzen	5 Nm, dann 18 Nm
Glühkerzen	25 Nm
Schraube, Innenseite Kraftstofffiltergehäuse	15 Nm
Thermoschalter	18 Nm
Auspuffkrümmer	30 Nm
Ansaugkrümmer	20 Nm
Ölwanne	16 Nm
Zahnriemenschutzdeckel	10 Nm

DW8/DW8B-Motoren

Zylinderkopfschrauben	Wie XUD-Motoren
Hauptlagerdeckel	Wie XUD-Motoren
Pleuellagerdeckel	Wie XUD-Motoren
Schwungradschrauben	Wie XUD-Motoren
Kupplungsschrauben	20 Nm
Kurbelwellenriemenscheibe:	
– Erste Stufe	40 Nm
– Zweite Stufe	55° Winkelanzug
Spannrolle des Zahnriemens	21 Nm
Führungsrolle des Zahnriemens	43 Nm
Ölkühler an Zylinderblock	70 Nm
Antriebsrad der Einspritzpumpe	23 Nm
Steuerrad der Nockenwelle	23 Nm
Lagerdeckel der Nockenwelle	20 Nm
Öldruckschalter	30 Nm
Ölablassstopfen (Ölwanne)	30 Nm
Wasserablassstopfen (Block)	25 Nm
Wasserpumpe	15 Nm
Zylinderkopfdeckel	5 Nm
Ölpumpenschrauben	23 Nm
Einspritzpumpe	20 Nm
Einspritzleitungen, Überwurfmutter	25 Nm
Motoraufhängungen	Siehe Haupttext
Wassereinlassstutzen	5 Nm, dann 18 Nm
Glühkerzen	25 Nm
Thermoschalter	18 Nm
Auspuffkrümmer	30 Nm
Ansaugkrümmer	20 Nm
Ölwanne	16 Nm
Zahnriemenschutzdeckel	10 Nm

DW10-Motor

Zylinderkopfschrauben:	
– Erste Stufe	22 Nm
– Zweite Stufe	60 Nm
– Dritte Stufe	Alle Schrauben 1 Umdrehung in Reihenfolge lockern
– Vierte Stufe	60 Nm
– Fünfte Stufe	Winkelanzug 220° (± 5°)
Zylinderkopfhaube	10 Nm
Lagerdeckel der Nockenwelle	10 Nm
Nockenwellenrad, mittlere Schraube	43 Nm
Nockenwellenrad an Nabe (3 Stück)	20 Nm
Nabe für Nockenwellenrad	20 Nm
Zahnriemenschutzdeckel	10 Nm
Auspuffkrümmer	20 Nm
Hauptlagerdeckel:	
– Erste Stufe	25 Nm
– Zweite Stufe	Winkelanzug 60°
Pleuellagerdeckel:	
– Erste Stufe	20 Nm
– Zweite Stufe	Winkelanzug 70°
Schwungradschrauben	50 Nm

Kupplungsschrauben	20 Nm
Kurbelwellenriemenscheibe:	
– Erste Stufe	40 Nm
– Zweite Stufe	Winkelanzug 51°
Ölspritzdüsen an Zylinderblock	10 Nm
Spannrolle/Führungsrolle für Zahnriemen	25 Nm
Öldruckschalter	30 Nm
Ölablassstopfen	30 Nm
Wasserablassstopfen	25 Nm
Wasserpumpe	15 Nm
Wassereinlassstutzen	20 Nm
Ölpumpenschrauben	13 Nm
Ölkühler	58 Nm
Schmierölleitungen für Turbolader:	
– Motorseitig	30 Nm
– Turboladerseitig	20 Nm
Rechte Motoraufhängung	27 Nm
Kraftstoffeinspritzanlage:	
– Einspritzdüsenbefestigung (Flanschmutter)	30 Nm
– Überwurfmuttern an Kraftstoffverteilerrohr	20 Nm
Hochdruckpumpe an Befestigung	22,5 Nm
Anschluss an Einspritzdüse	22 Nm
Riemenscheibe der Hochdruckpumpe	50 Nm
Anschluss an Hochdruckpumpe	22 Nm

Kupplung

Schwungrad an Kurbelwelle	50 Nm
Getriebe an Motor	60 Nm
Kupplung an Schwungrad	20 Nm

Getriebe

Antriebswellenmuttern	320 Nm
Radschrauben	85 Nm
Getriebeölablassstopfen	30 Nm
Getriebeöleinfüllstopfen	20 Nm
Entlüftungsstopfen (3 in Bild 3, Kapitel 9)	15 Nm
Schalter der Rückfahrleuchten	25 Nm

Antriebswellen

Muttern der Antriebswellen	320 Nm
Radbolzen	85 Nm (90 Nm Berlingo 2)
Mutter des unteren Kugelgelenks	55 Nm
Spurstangenkugelbolzen an Lenkhebel	35 Nm
Muttern des Zwischenlagers	17,5 Nm
Bremssattel an Achsschenkel	105 Nm
Führungsbolzen der Bremssättel	27 Nm

Vorderradaufhängung

Kugelgelenk an Querlenker (Klemmschraube)	40 Nm
Kugelgelenkanbauplatte an Achsschenkel	50 Nm
Muttern, Koppelstangen des Stabilisators	40 Nm
Stabilisatorstange an Querträger	65 Nm
Querlenker an Fahrgestell – vor Sept. 2002 :	
– Vordere Befestigung des Lenkerarms	85 Nm
– Hintere Befestigung des Lenkerarms	65 Nm
– Hintere Befestigung, untere Schraube (schließt Kurvenstabilisator ein)	30 Nm
Querlenker an Fahrgestell – nach Sept. 2002 (Berlingo 2):	
– Vordere Befestigung des Lenkerarms	76 Nm
– Hintere Befestigung des Lenkerarms	68 Nm
– Hintere Befestigung, untere Schraube (schließt Kurvenstabilisator ein)	30 Nm
Muttern der Spurstangengelenke	35 Nm
Federbein an Karosserie	25 Nm
Kolbenstangenmutter	45 Nm
Antriebswellenmuttern	320 Nm
Bremssattel an Federbein	Siehe Abschnitt »Bremsanlage«
Bremssattel, Führungsbolzen	27 Nm
Radbolzen:	
– vor Sept. 2002 (Berlingo 1)	85 Nm
– nach Sept. 2002 (Berlingo 2)	90 Nm
Nebenrahmen an Karosserie	Siehe Haupttext
ABS-Drehzahlgeber	10 Nm

Lenkung

Lenkungsschraube	50 Nm
Kontermutter der Spurstangenrohre	45 Nm
Spurstangengelenke an Zahnstange	60 Nm
Spurstangengelenke an Lenkhebel	35 Nm
Kontermutter, Innenseite der Spurstangen	40 Nm
Radschrauben:	
– vor September 2002	85 Nm
– ab September 2002 (Berlingo 2)	90 Nm
Klemmschraube/mutter des Lenkungskreuzgelenks	25 Nm
Stabilisatorkoppelstangen, Muttern	40 Nm
Hydraulische Leitungsanschlüsse	25 Nm
Lenkradmutter	33 Nm

Hinterachse und Radaufhängung

Muttern der Hinterradnaben:	
– vor Sept. 2002	275 Nm
– ab Sept. 2002 (Berlingo 2)	250 Nm ± 25 Nm
Radschrauben:	
– vor Sept. 2002	85 Nm
– ab Sept. 2002	90 Nm ± 10 Nm
Stoßdämpfer, oben und unten	110 Nm
Schraube, Drehstabbefestigung	20 Nm
Kurvenstabilisatorhebel an Lenkerarm	35 Nm
Achsträger an Karosserie	85 Nm
Vorderes Aufhängungslager an Achse:	
– vor Sept. 2002	80 Nm
– ab Sept. 2002	95 Nm ± 10 Nm
Vorderes Aufhängungslager an Karosserie	40 Nm
Hinteres Aufhängungslager an Achse	55 Nm
Hinteres Aufhängungslager an Karosserie:	
– vor Sept. 2002	60 Nm
– ab Sept. 2002	62 Nm
Schrauben der Kurvenstabilisatorstäbe	55 Nm
Bremsträgerplatte an Achse	35 Nm

Bremsanlage

Entlüftungsschrauben	8 Nm
Überwurfmuttern, Bremsleitungen	17 Nm
Schrauben, Bremsscheiben	10 Nm
Schrauben, Bremssattelmontagerahmen	105 Nm
Gleitbolzen, Bremssattel	27 Nm
Muttern, Hinterradnaben:	
– Fahrzeuge vor Sept. 2002	275 Nm
– Fahrzeuge nach Sept. 2002	250 Nm ± 25 Nm
Muttern, vordere Antriebswellen	Siehe »Antriebswellen«
Radbolzen:	
– Fahrzeuge vor Sept. 2002	85 Nm
– Fahrzeuge nach Sept. 2002	90 Nm
Bremsleitungen, Radbremszylinder	17 Nm
Bremsleitungen, Hauptbremszylinder	13 Nm
Muttern, Hauptbremszylinder	14 Nm
Muttern, Bremskraftverstärker	15 Nm
ABS-Drehzahlsensor an Achsschenkel	10 Nm

19 Schaltpläne

Schaltplanverzeichnis

Schaltpläne – Bezeichnung der Stromabnehmer

Nicht alle Stromabnehmer sind bei den behandelten Modellen eingebaut. Mit »XX« bezeichnete Stromabnehmer bedeuten, dass mehrere Funktionen damit bedient werden. Zum Beispiel »C004« (Diagnoseanschluss für Armaturenbrett) wird als »CXXX« angegeben, da andere mit »C«bezeichnete Anschlüsse den gleichen Zweck aber für unterschiedliche Stromabnehmer verrichten.

Alle Stromabnehmer sind mit Symbolen versehen. Einige sind selbsterklärend, bei anderen muss man jedoch scharf nachdenken.

Legende zu den Schaltplänen

B001	Verbindung 1
B002	Verbindung 2
B003	Verbindung 3
BB00	Batterie
BB10	Stromlieferungskasten
BB11	Stromlieferungskasten 4x4
BF00	Sicherungsdose, Innenraum
BF01	Sicherungsdose, Motorraum
BF02	Sicherungsdose, Kofferraum
BH12	Sicherungsdose, 12 Sicherungen
BH28	Sicherungsdose, 28 Sicherungen
BMF1	Hauptsicherungsdose
BMF2	Hauptsicherungsdose
BMF3	Hauptsicherungsdose
BMF4	Hauptsicherungsdose
CA00	Zündschalter
C001	Diagnoseanschluss
CXX	Testanschlüsse
DRA0	Abgeschirmter Masseanschluss
DRA1	Abgeschirmter Masseanschluss
MF175	Sicherung, 175 A
PS00	Anschlussleiste
V004	Warnleuchte
V1000	Ladekontrollleuchte
V1150	Warnleuchte, Vorglühanlage
V1300	Warnleuchte, Motordiagnose
V1700	Warnleuchte, momentaner Fehler
V2000	Warnleuchte, Nebelschlussleuchte
V2010	Warnleuchte, vordere Nebelleuchte
V2300	Warnleuchte, Rundumblinanlage
V2310	Warnleuchte, Blinkleuchten
V2320	Warnleuchte, inke Blinkleuchte
V2330	Warnleuchte, rechte Blinkleuchte
V2600	Warnleuchte, Standlicht
V2610	Warnleuchte, Abblendlicht
V2620	Fernlichtkontrollleuchte
V2660	Warnleuchte, vordere Nebeleuchten
V4010	Warnleuchte, Kühlmittelmangel
V4020	Warnleuchte, Kühlmitteltemperatur
V4040	Warnleuchte, Wasserstand der Scheibenwaschanlage
V4050	Warnleuchte, Wasser im Kraftstofffilter
V4110	Öldruckkontrollleuchte
V4130	Warnleuchte, Öltemperatur
V4300	Warnleuchte,
V4400	Warnleuchte, Handbremse
V4410	Warnleuchte, Bremsflüssigkeitsstand
V4420	Warnleuchte, Handbremse und Bremsflüssigkeit
V4430	Warnleuchte, Bremsklotzverschleiß
V4700	Warnleuchte, Tür geöffnet
V4730	Warnleuchte, Sitzgurte
V6560	Warnleuchte, Airbag
V6235	Warnleuchte, Diebstahlwarnanlage
V6561	Warnleuchte, Seitenairbag
V7000	Warnleuchte, ABS
V8110	Warnleuchte, beheizte Heckscheibe
VXXX	Andere Warnleuchten, dem System zugeteilt
1005	Anlasssperrrelais
1010	Anlasser
1020	Drehstromlichtmaschine
1030	Signalrelais, Motor läuft
1040	Allgemeines Relais
1041	Notabstellschalter
1042	Allgemeines Stromrelais
1043	Rückstellknopf, Notabstellschalter
1044	Diodengerät
1104	Elektrisches Schaltventil, Einspritzverstellung
1150	Steuerrelais, Vorglühanlage
1155	Vorglührelais
1156	Nachglührelais
1157	Thermoschalter, Nachglühung
1160	Vorglühkerzen
1161	Vorglühkerzen (bis 1164)
1201	Einspritzpumpenrelais
1203	Notabstellschalter
1204	Sicherheitsrelais, Notabstellschalter
1208	Dieseleinspritzpumpe
1210	Kraftstoffpumpe
1220	Geber, Kühlmitteltemperatur
1255	Kraftstoffabsperrventil, Diesel
1304	Doppelrelais, Motorelektronik
1312	Druckgeber, Ansaugluft
1313	Geber, Motordrehzahl
1316	Geber, Drosselklappenstellung
1320	Elektronisches Steuergerät
1400	OT-Geber
1500	Relais, Kühlungslüfter
1501	Sicherung, Kühlungslüfter
1502	Stromrelais, linker Lüfter
1503	Stromrelais, rechter Lüfter
1504	Stromrelais, linker und rechter Lüfter
1505	Thermalschalter, Kühlungslüfter
1506	Widerstand, Kühlungslüfter
1508	Stromrelais, Lüfter, Langsamstufe
1509	Stromrelais, Lüfter, Schnellstufe
1510	Kühlungslüfter
1511	Lüfter rechts
1512	Lüfter links
1526	Zeitschalter, Kühlungslüfter
1620	Geber, Fahrzeuggeschwindigkeit
1621	Geber, Fahrzeuggeschwindigkeit, Automatik
1630	Steuergerät, Automatik, Fahrerseite
16XX	Elemente der Getriebeautomatik
0002	Schalter, Licht und Blinker
0004	Instrumententafel
0005	Scheibenwischer/ wascher-Schalter
2000	Schalter, Nebelschlussleuchte
2001	Schalter, Licht und Scheibenwischer
2005	Relais, Nebelschlussleuchte
2010	Bremslichtschalter
2110	Zusätzliche Bremsleuchte (bis 2015)

2200	Schalter der Rückfahrleuchte
2300	Schalter, Rundumblinkanlage
2305	Blinkgeber
2320	Blinkleuchte, vorne links
2325	Blinkleuchte, vorne rechts
2340	Seitenblinkleuchte, links
2345	Seitenblinkleuchte, rechts
2410	Relais, Abblendlicht
2500	Hupendruckknopf
2520	Signalhupe (bis 2522)
2605	Relais, Abblendlicht
2606	Relais, Fernlicht
2610	Scheinwerfer, links
2615	Scheinwerfer, rechts
2620	Vordere Seitenleuchte, links
2625	Vordere Seitenleuchte, rechts
2630	Schlussleuchtengruppe, links
2633	Kennzeichenleuchte, rechts
2635	Schlussleuchtengruppe, rechts
2636	Kennzeichenleuchte, links
2665	Relais, Nebelleuchten
2670	Nebelleuchte, links
2675	Nebelleuchte, rechts
3000	Türkontaktschalter, vorne links
3001	Türkontaktschalter, vorne rechts
3002	Türkontaktschalter, hinten links
3003	Türkontaktschalter, hinten rechts
3004	Innenleuchte (bis 3013)
3019	Schalter, Innenleuchte, hinten
3020	Innenleuchte, hinten
3029	Schalter, mittlere Innenleuchte
3030	Mittlere Innenleuchte
3031	Kartenleselampe, vorne rechts
3033	Kartenleselampe, vorne links
3050	Widerstandsschalter, Beleuchtung
3051	Leuchte, Betätigung der Klimaanlage
3053	Beleuchtung, Aschenbecher
3060	Leuchten (bis 3086)
3065	Kartenleseleuchte, Beifahrerseite
3086	Schalter, Innenleuchte(blau)
3087	Schalter, Parkleuchten
3088	Relais, Parkleuchten
31XX	Verschiedene Leuchten
4010	Schalter, Kühlmittelstand
4020	Thermalschalter, Kühlmittel
4025	Thermoschalter und Temperaturgeber für Motorkühlmittel
4026	Fernthermometer in Instrumententafel
4050	Geber, Wasser im Kraftstoff
4060	Anzeige, Batterieladezustand
4100	Elemente für Öldruckanzeige (bis 4106)
4110	Öldruckschalter
4120	Geber Motorölstand
4310	Kraftstoffuhr
4311	Spannungsregler, Kraftstoffuhr
4315	Tankgeber, Kraftstoffuhr
4400	Schalter an der Handbremse
4410	Kontaktschalter, Bremsflüssigkeit
4420	Relais, ABS-Warnleuchte
4430	Kontakt,Bremsklotzverschleißanzeige, vorne links
4440	Kontakt, Bremsklotzverschleiß-anzeige, vorne rechts
5010	Zeitschalter, Windschutz-scheibenwischermotor
5015	Windschutz scheibenwischermotor
5100	Pumpe der Windschutzscheiben-waschanlage
5210	Zeitschalter, Heckwischer
5211	Wischermotor, hinten links
5212	Wischermotor, hinten rechts
5405	Pumpe der Scheinwerfer-reinigungsanlage
5406	Schalter der Scheinwerferreinigungs-anlage
5410	Wischermotor, Scheinwerfer links
5415	Wischermotor, Scheinwerfer rechts
6004	Schalter, elektrische Fensterbetätigung, Fahrerseite
6005	Schalter, elektrische Fensterbetätigung, Beifahrerseite
6021	Relais, elektrische Fensterbetätigung
6040	Fensterhebemotor, elektrische Fensterbe-tätigung, Fahrerseite
6235	Betriebsgerät, Türverriegelung
6240	Schließmotor, linke Tür
6245	Schließmotor, rechte Tür
6255	Schließmotor, rechte Seitentür
6260	Schließmotor, Hintertüren
6406	Schalter, Elektrischer Rückspiegel
6410	Elektrischer Außenspiegel
6415	Elektrischer Außenspiegel
6540	Betriebsgerät, Gurtstraffer
6575	Vorspanner, Sitzgurt, Fahrerseite
6576	Vorspanner, Sitzgurt, Beifahrerseite
7000	Raddrehzahlfühler, ABS, vorne links
7001	Druckschalter,Servolenkung
7005	Raddrehzahlfühler, ABS, vorne rechts
7010	Raddrehzahlfühler, ABS, hinten links
7015	Raddrehzahlfühler, ABS, hinten rechts
7020	Elektronisches Steuergerät, ABS
7025	ABS-Hydrogerät
7029	Sicherung, ABS-Pumpe
7030	Pumpe, ABS
7220	Zeituhr
8000	Schalter, Klimaanlage
8005	Relais, Luftgebläse, Langsamstufe
8007	Druckschalter, Klimaanlage
8008	Geber, Temperatur, mit Klimaanlage
8010	Temperatursteuereinheit, mit Klimaanlage
8020	Luftkompressor,

	Klimaanlage
8040	Regler, Luftgebläse-regulierung
8041	Schalter, Zusatzheizung
8046	Widerstand, Luftgebläsedrehzahl
8048	Relais, Zusatzheizung
8050	Luftgebläsemotor
8060	Luftgebläsemotor, Zusatzheizung
8061	Relais, Klimaanlage
8065	Betriebsventil, Zusatzheizung
8100	Zigarrenanzünder, vorn
8110	Schalter, beheizte Heckscheibe
8115	Relais, beheizte Heckscheibe
8116	Zeitschalter, Beheizung der Scheibe
8118	Beheizte Heckscheibe, links
8119	Beheizte Heckscheibe, rechts
8120	Element, beheizte Heckscheibe
8310	Beheizter Sitz, Fahrerseite
8410	Radio
8420	Lautsprecher, links
8425	Lautsprecher, rechts

Verzeichnis der Kabelstränge – Abkürzungen

AVID	Kabelstrang, vorne rechts
AVIG	Kabelstrang, vorne links
ABR	ABS-Kabelstrang
F/AV	Kabelstrang, Frontblech
GMV	Kabelstrang, Kühlungslüfter
ES/P	Kabelstrang, Scheinwerferreinigungs-anlage
EV/AV	Scheibenwischerkabel-strang
MOT	Kabelstrang, Motor
ABR	Kabelstrang, ABS
ABR/AV	Kabelstrang, ABS, vorn
ABR/PB	Kabelstrang, ABS, Armaturenbrett
S/CH	Kabelstrang, Sitzheizung
PLAF/C	Kabelstrang, zusätzliche Innenleuchte
P/B/C	Kabelstrang, zusätzlich für Armaturenbrett
P/B	Kabelstrang, Armaturenbrett
PLAF	Kabelstrang, Innen leuchten
PLAF/AR	Kabelstrang, hintere Innenleuchten
CLM	Kabelstrang, Klimaanlage
CL/AD	Kabelstrang, Zusatzheizung
PR AV/G	Kabelstrang, linke Vordertür
PR AR/G	Kabelstrang, linke Hintertür
PR AR	Kabelstrang, Hintertür
PR AV/I/D	Kabelstrang, zweite Vordertür
PR AV/D	Kabelstrang, rechte Vordertür
PR AR/D	Kabelstrang, rechte Hintertür
LI PR	Kabelstrang, Türverbindung
AG/G	Kabelstrang, hinten links
AR/D	Kabelstrang, hinten rechts
AR/SP	Kabelstrang, hinten, unter Fahrzeugboden
INT/F/ AVG	Kabelstrang, Türkontaktschalter, vorne links
INT/F/ AV D	Kabelstrang, Türkontaktschalter, vorne rechts

Kabelfarbenerklärung

BA	=	weiß
BE	=	blau
BG	=	beige
GR	=	grau
JN	=	gelb
MR	=	braun
MV	=	lila
NR	=	schwarz
OR	=	orangefarben
RG	=	rot
RS	=	rosa
VE	=	grün
VJ	=	grün/gelb

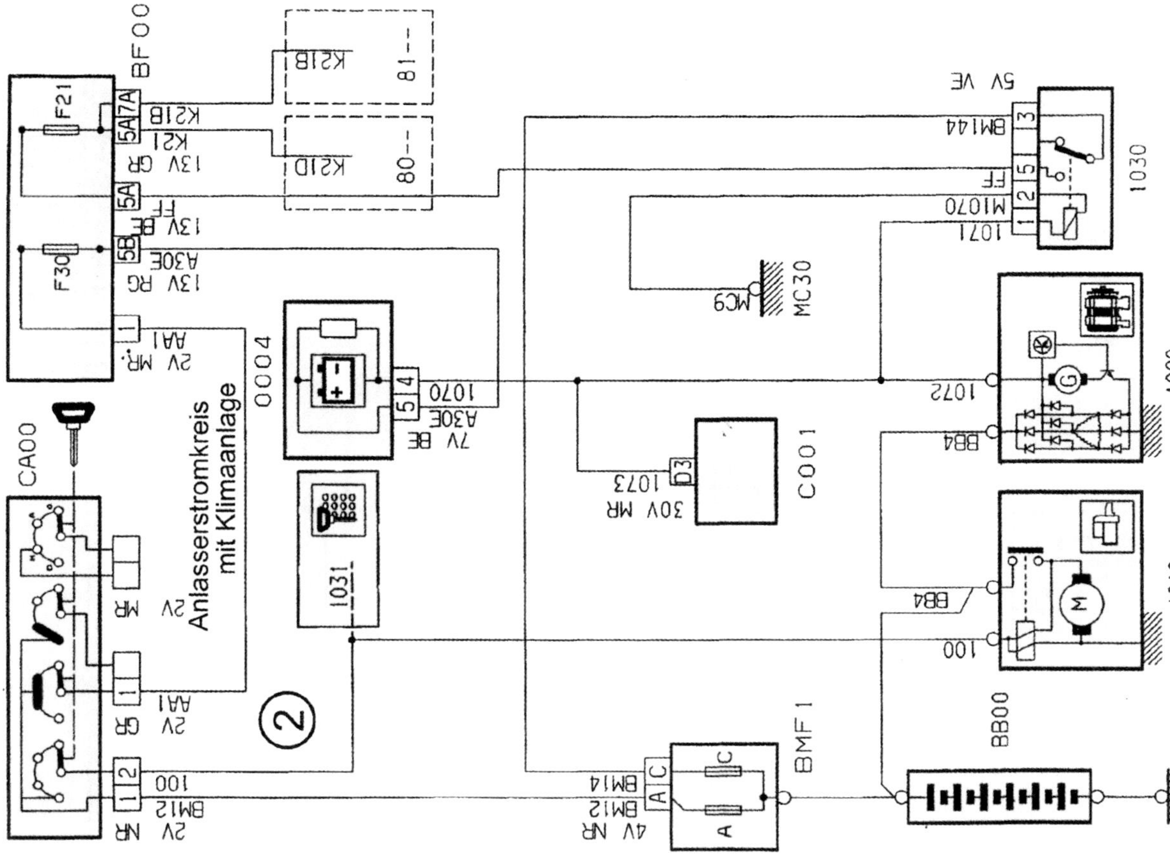

Anlasserstromkreis mit Klimaanlage

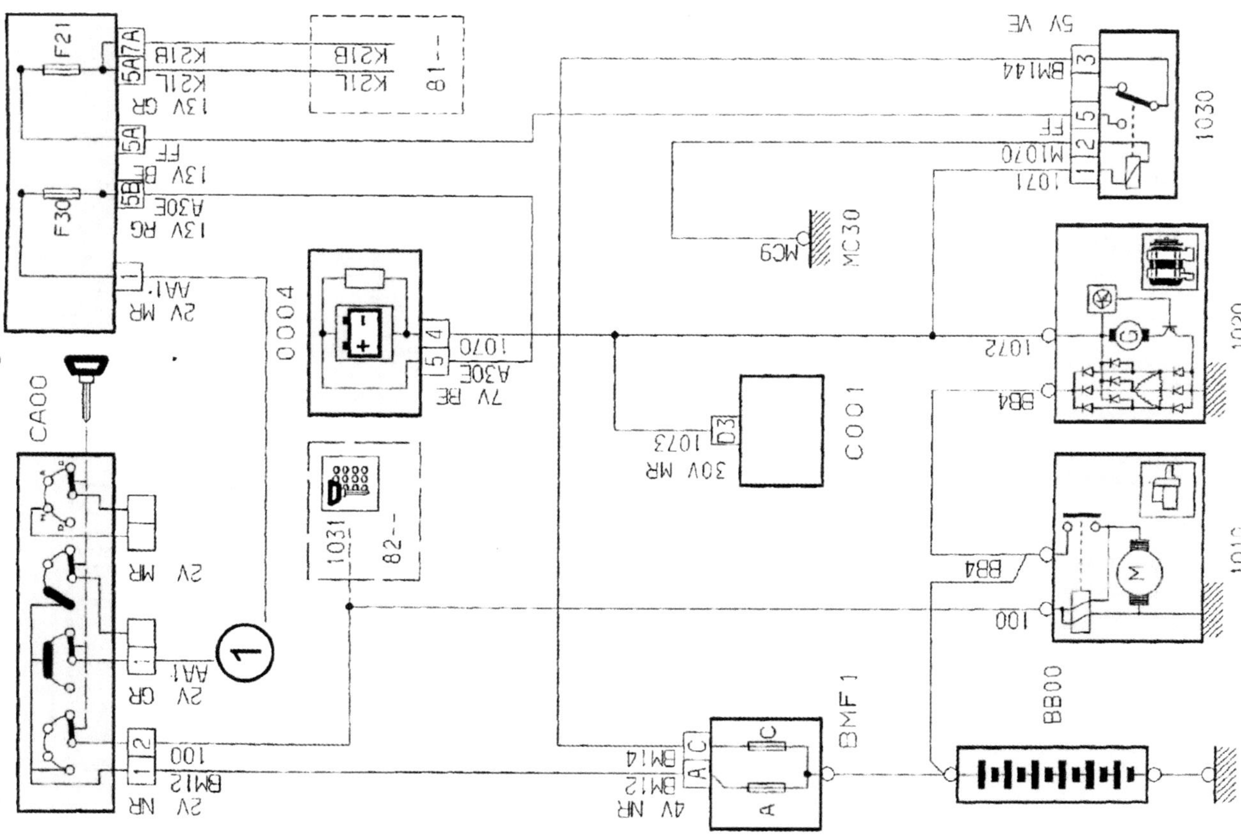

Anlasserstromkreis, ohne Klimaanlage

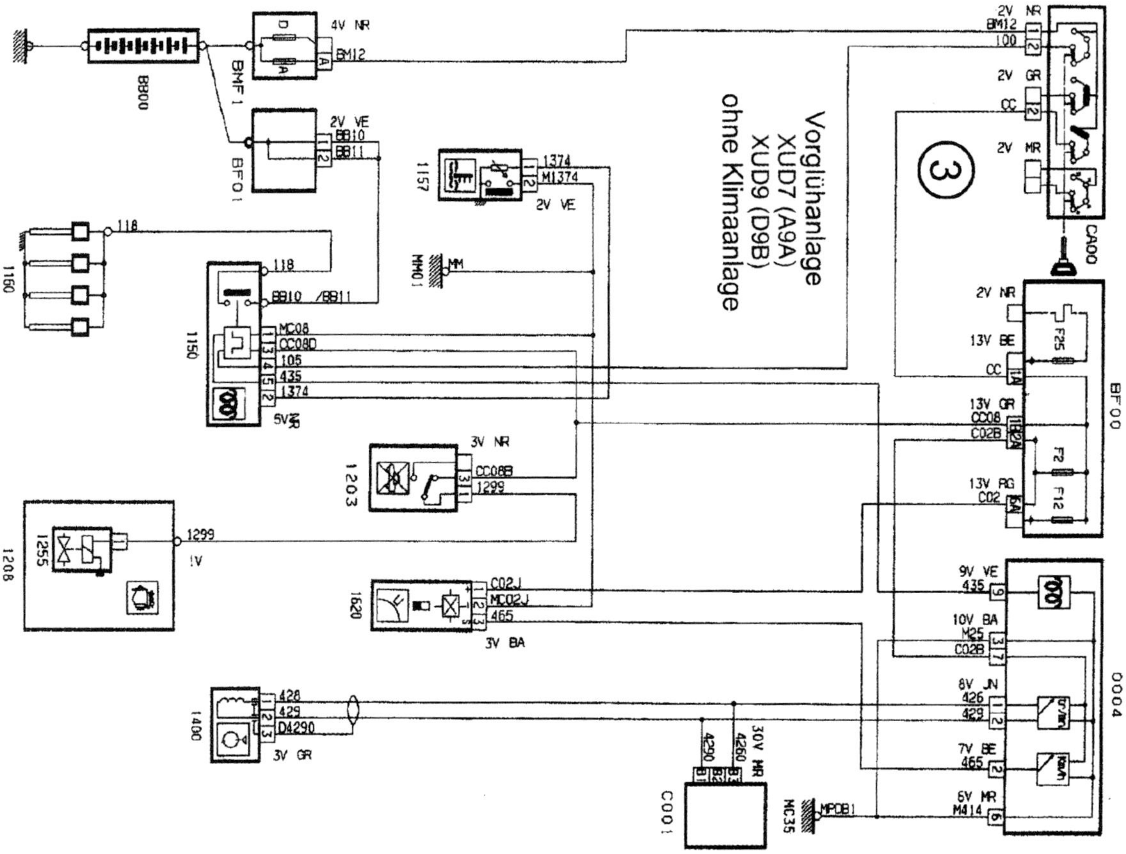
Vorglühanlage
XUD7 (A9A)
XUD9 (D9B)
ohne Klimaanlage
3

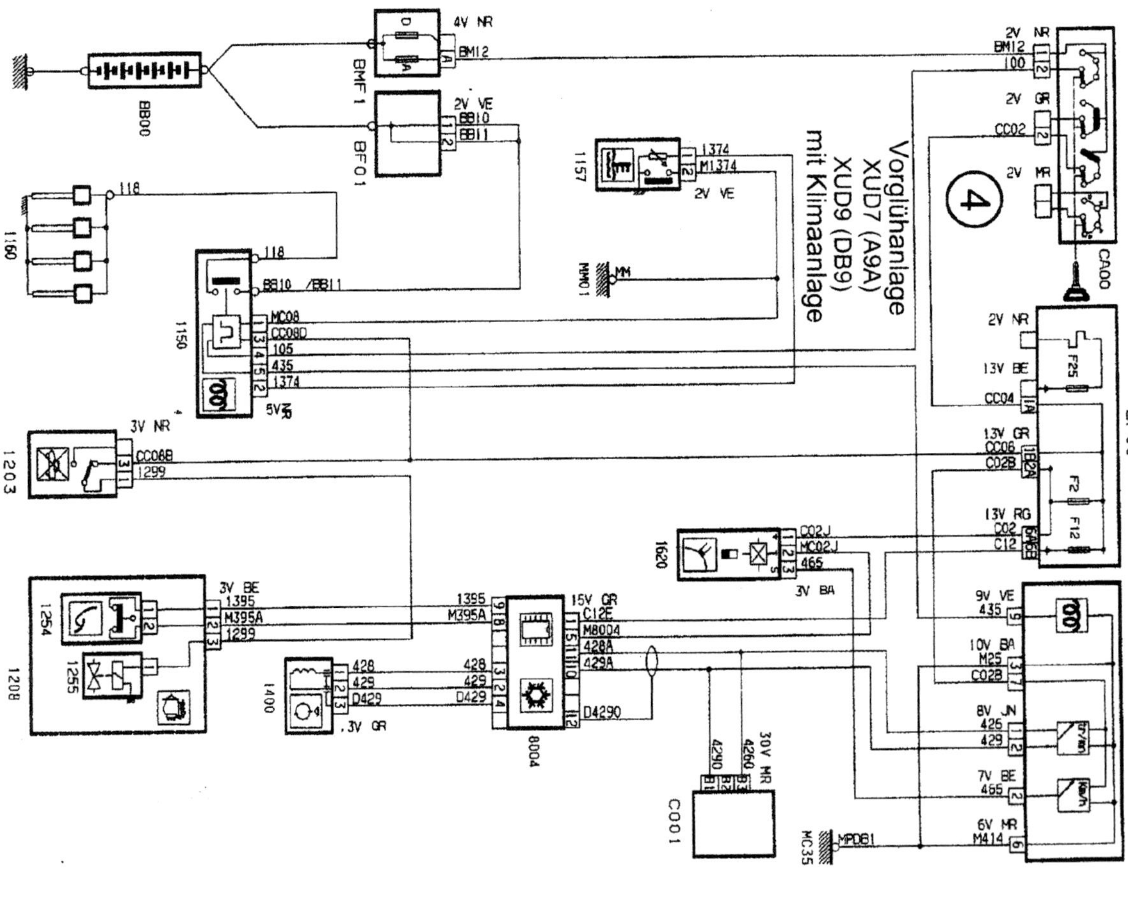
Vorglühanlage
XUD7 (A9A)
XUD9 (DB9)
mit Klimaanlage
4

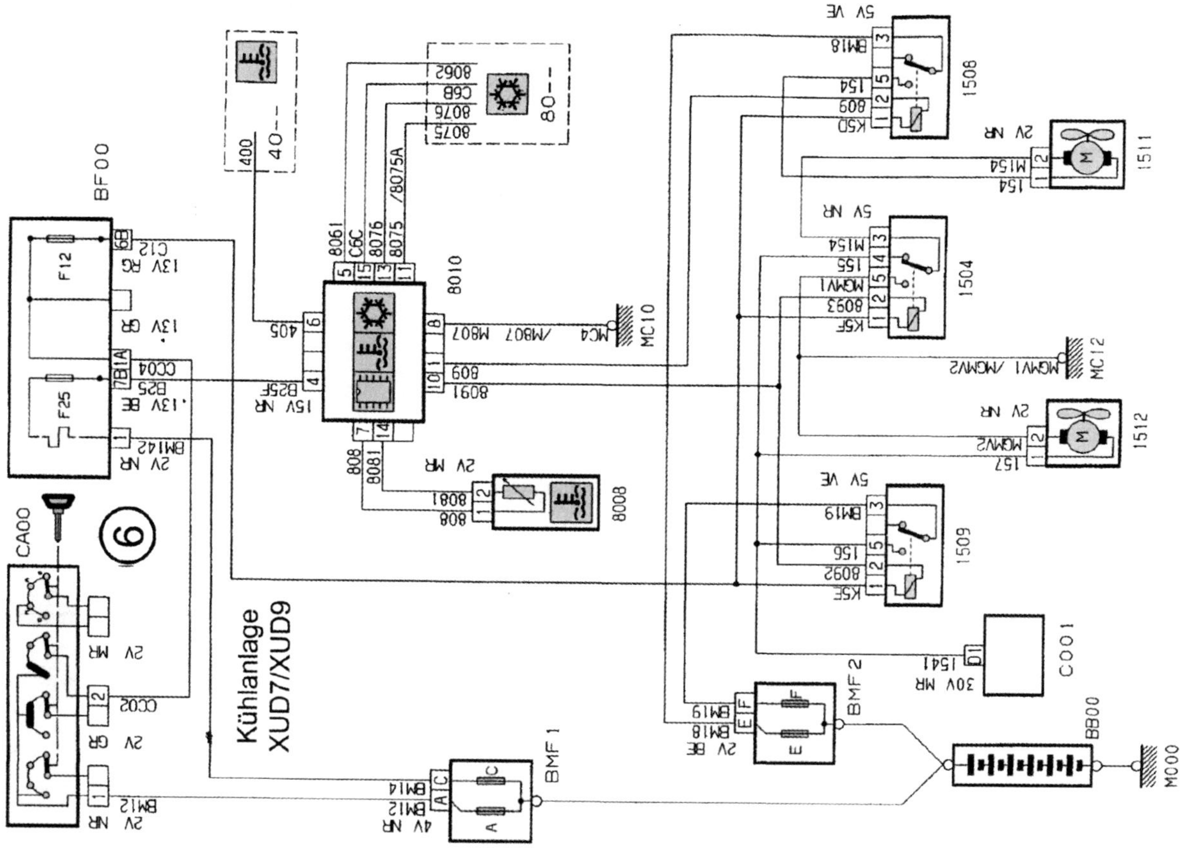
Kühlanlage
XUD7/XUD9

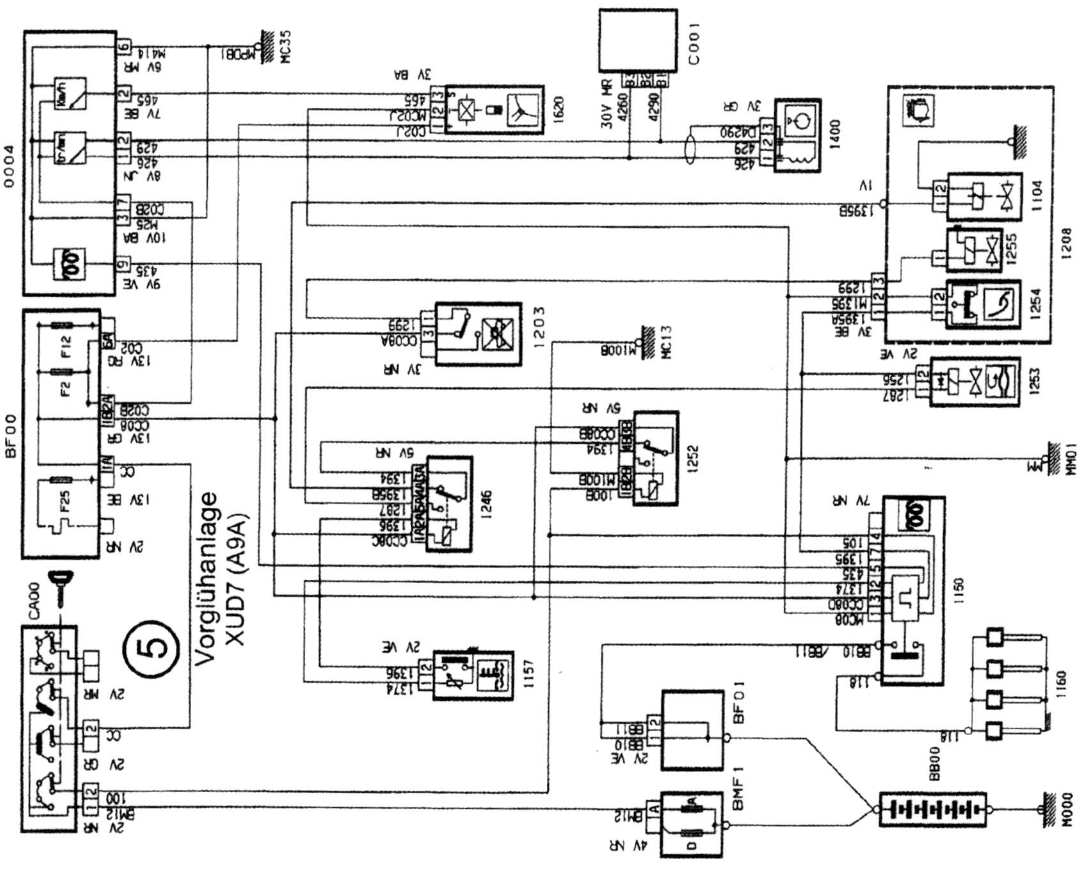
Vorglühanlage
XUD7 (A9A)

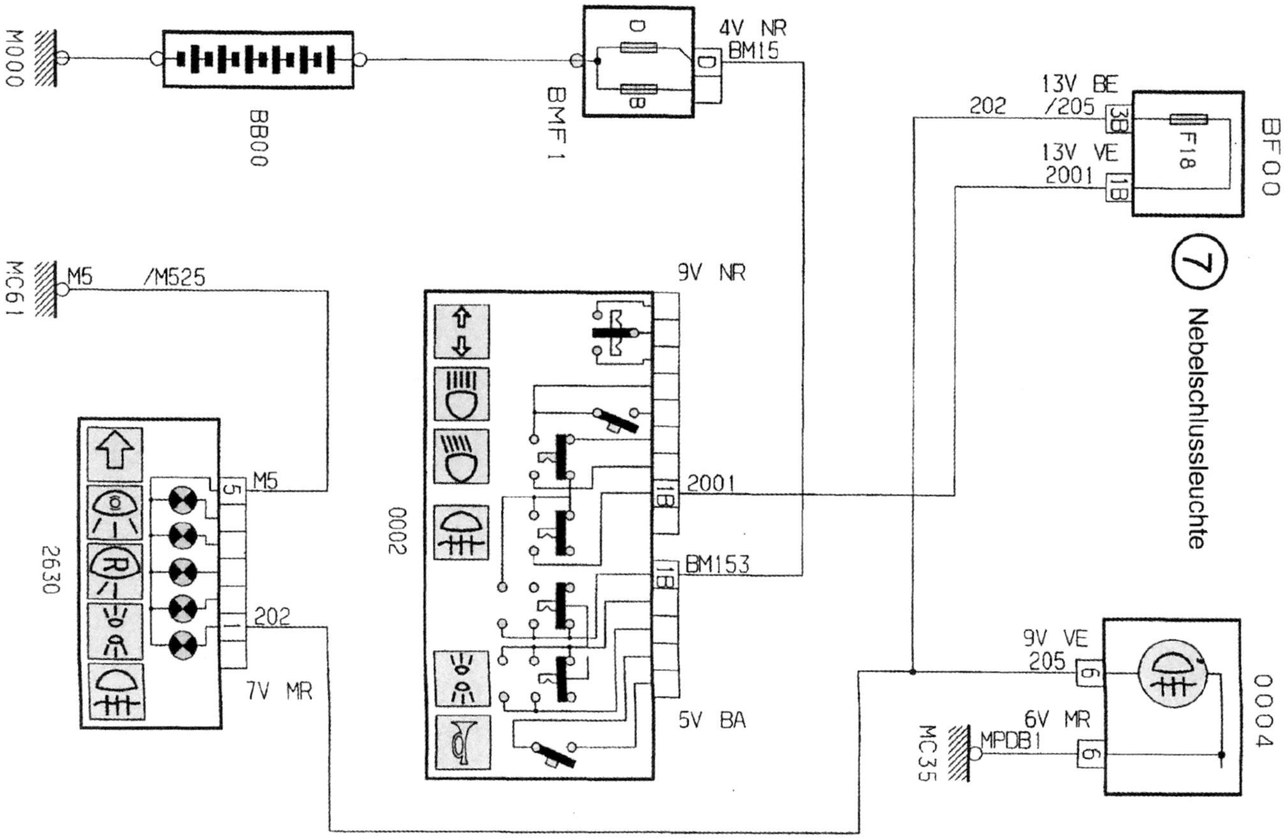
M000
BB00
BMF1
4V NR
BM15
13V BE
202
/205
13V VE
2001
F18
BF00
7
Nebelschlussleuchte
MC61
M5
/M525
9V NR
2630
0002
BM153
7V MR
5V BA
9V VE
205
6V MR
MPDB1
MC35
0004

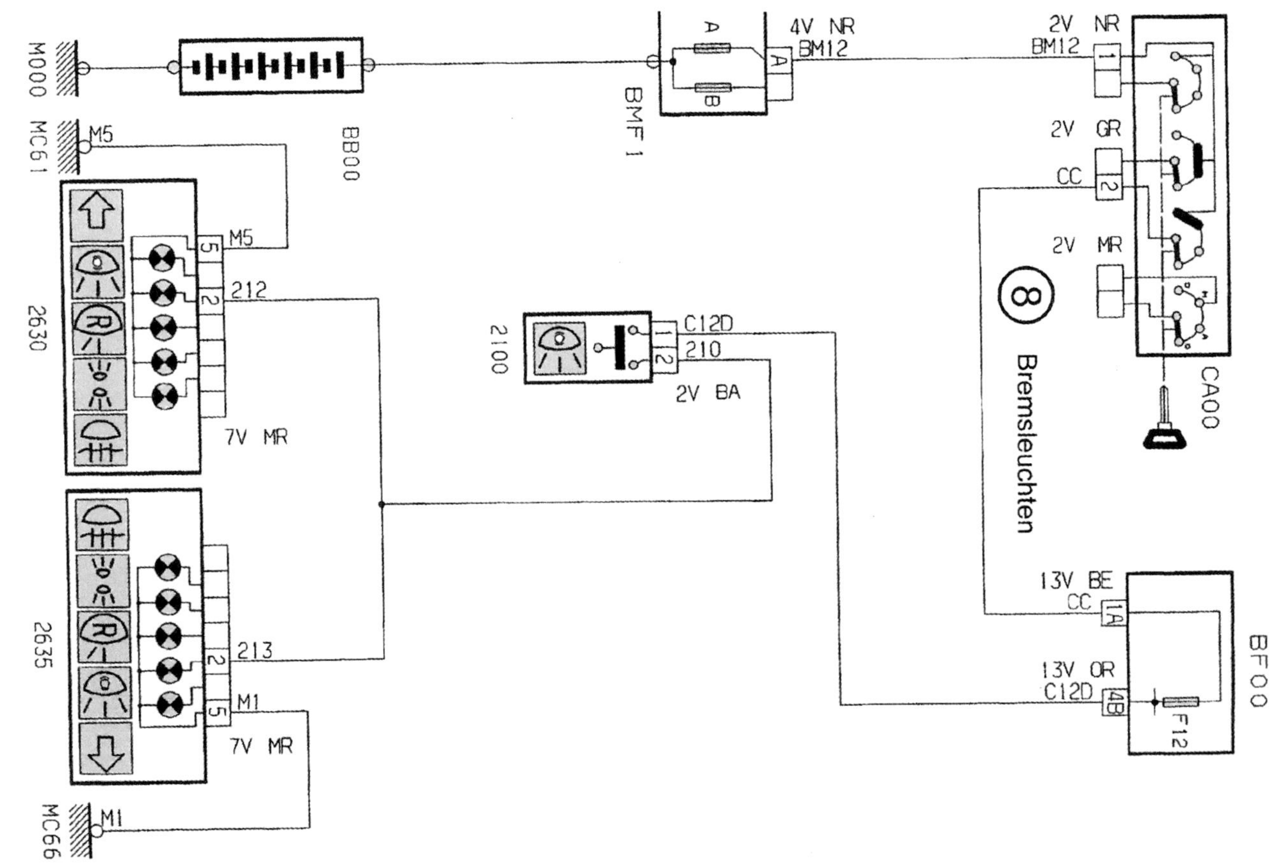
M000
BB00
BMF1
4V NR
BM12
2V NR
2V GR
CC
2V MR
MC61
M5
2630
212
7V MR
2100
C12D
210
2V BA
8
Bremsleuchten
CA00
2635
213
M1
MC66
13V BE
13V OR
BF00
F12

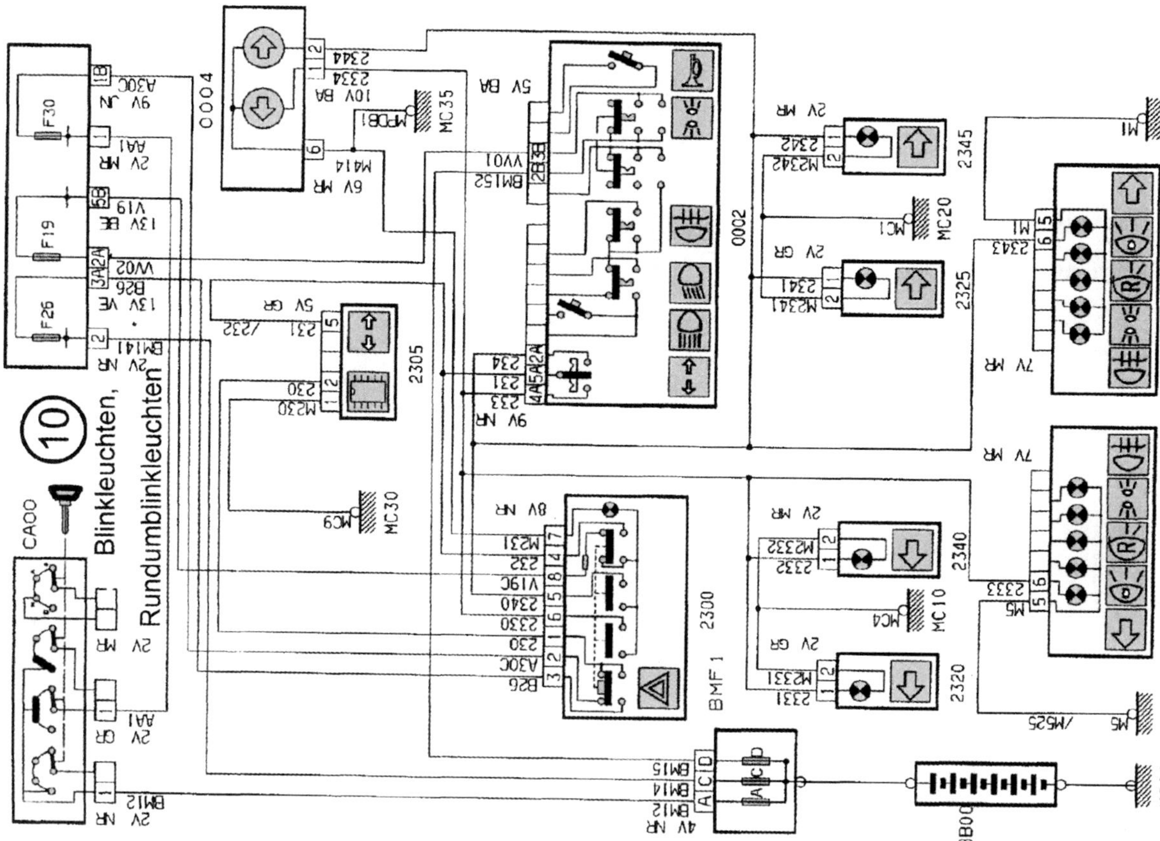
10
Blinkleuchten,
Rundumblinkleuchten

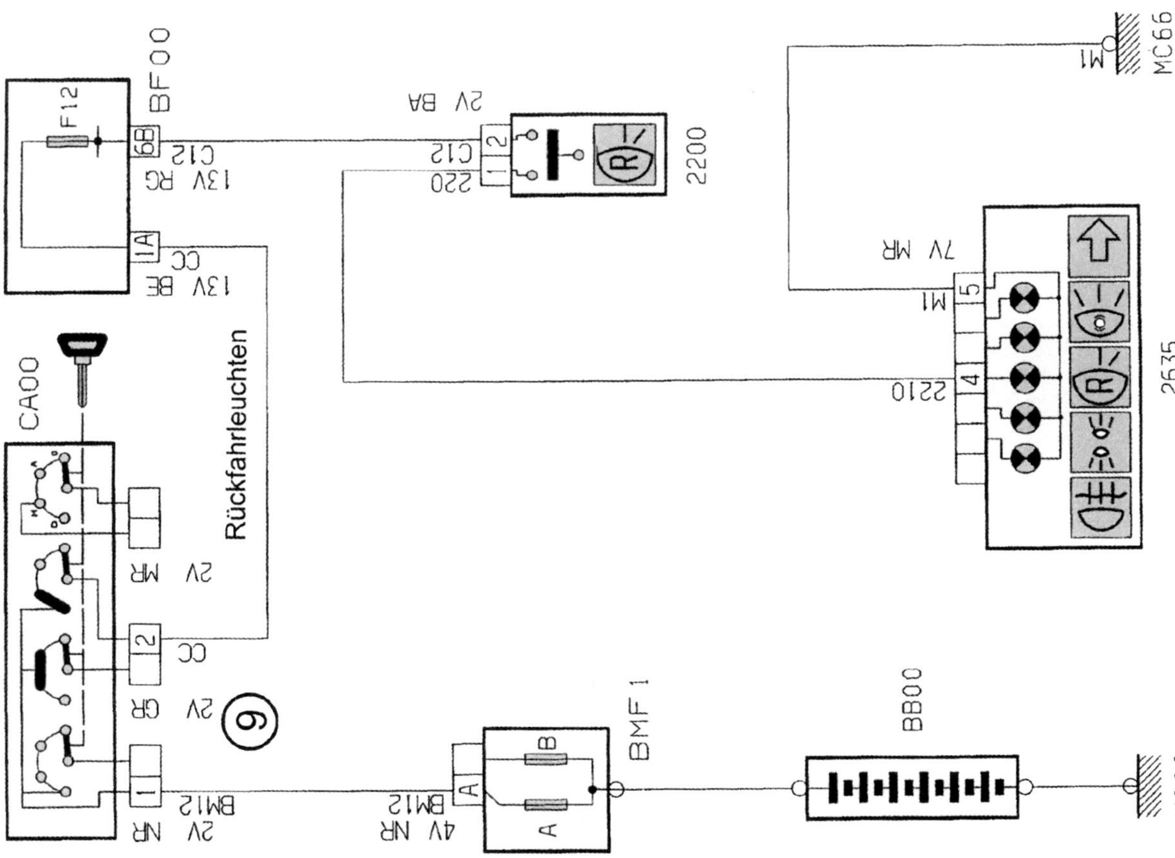
9
Rückfahrleuchten

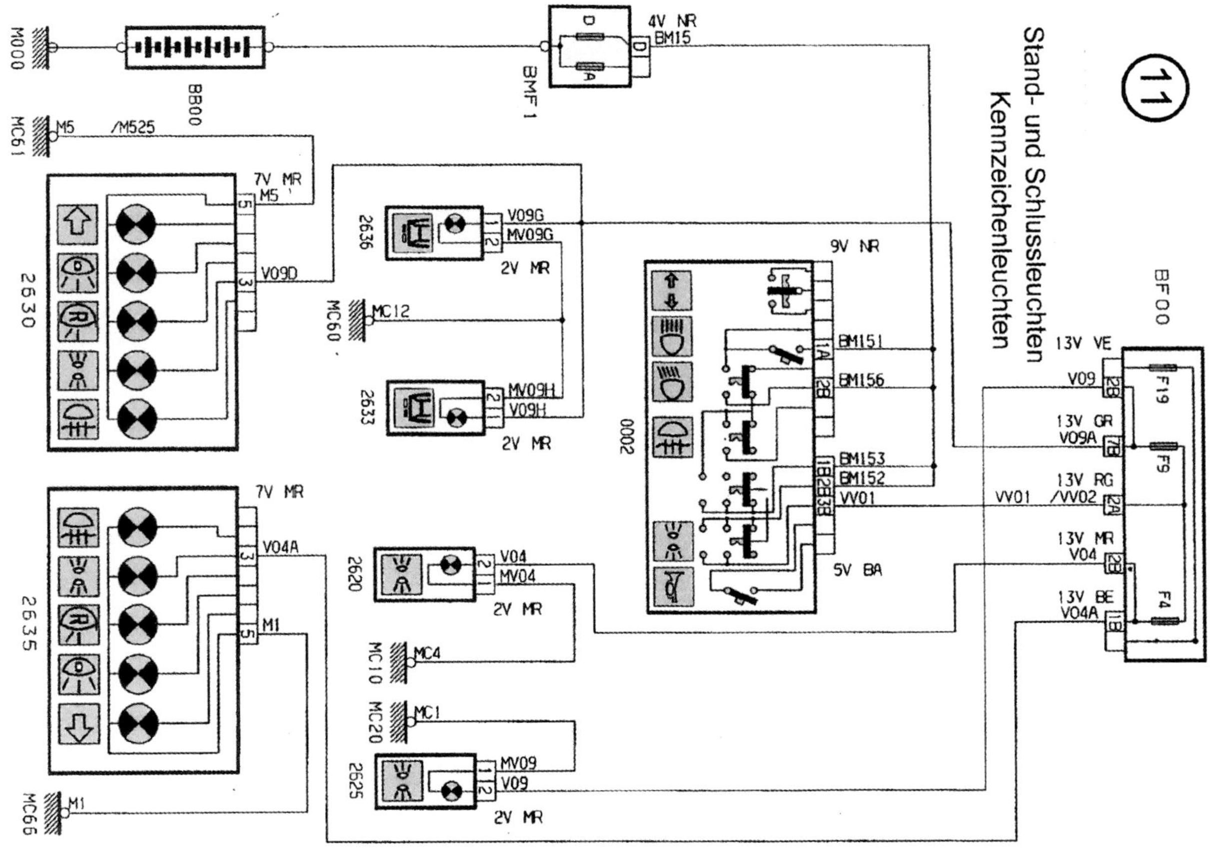
11
Stand- und Schlussleuchten
Kennzeichenleuchten

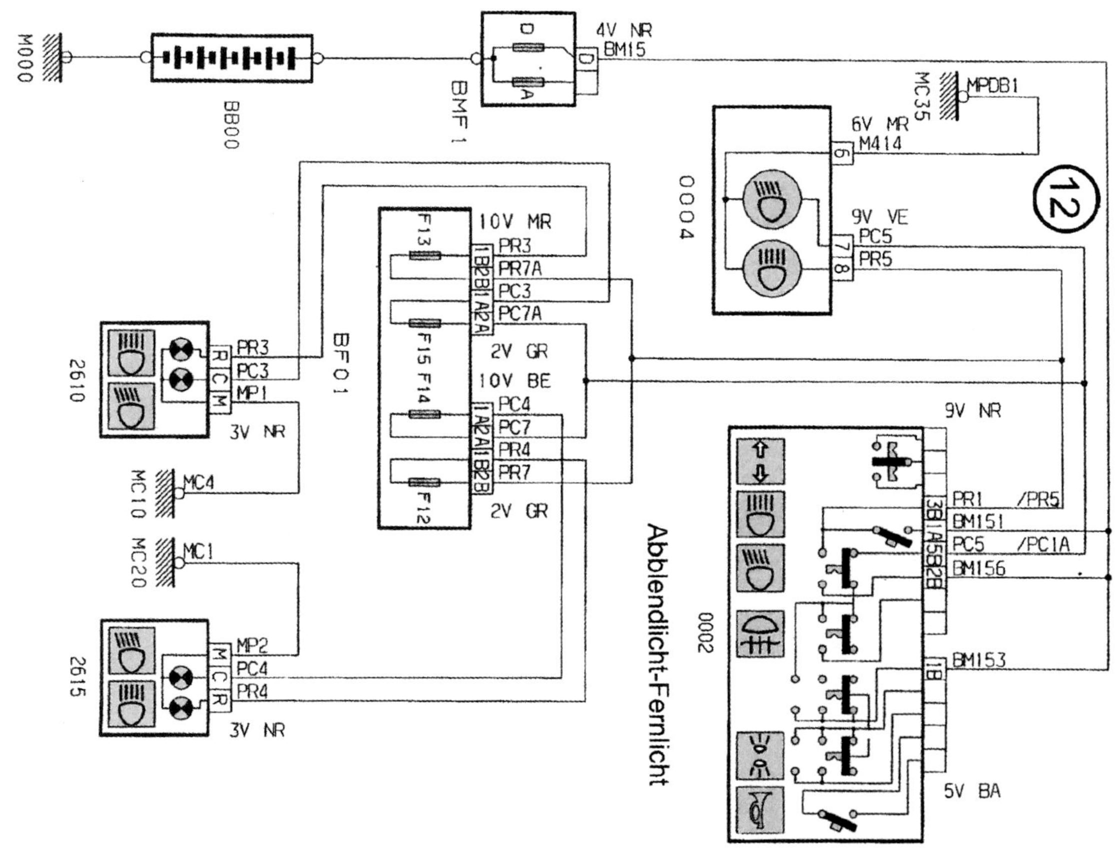
12
Abblendlicht-Fernlicht

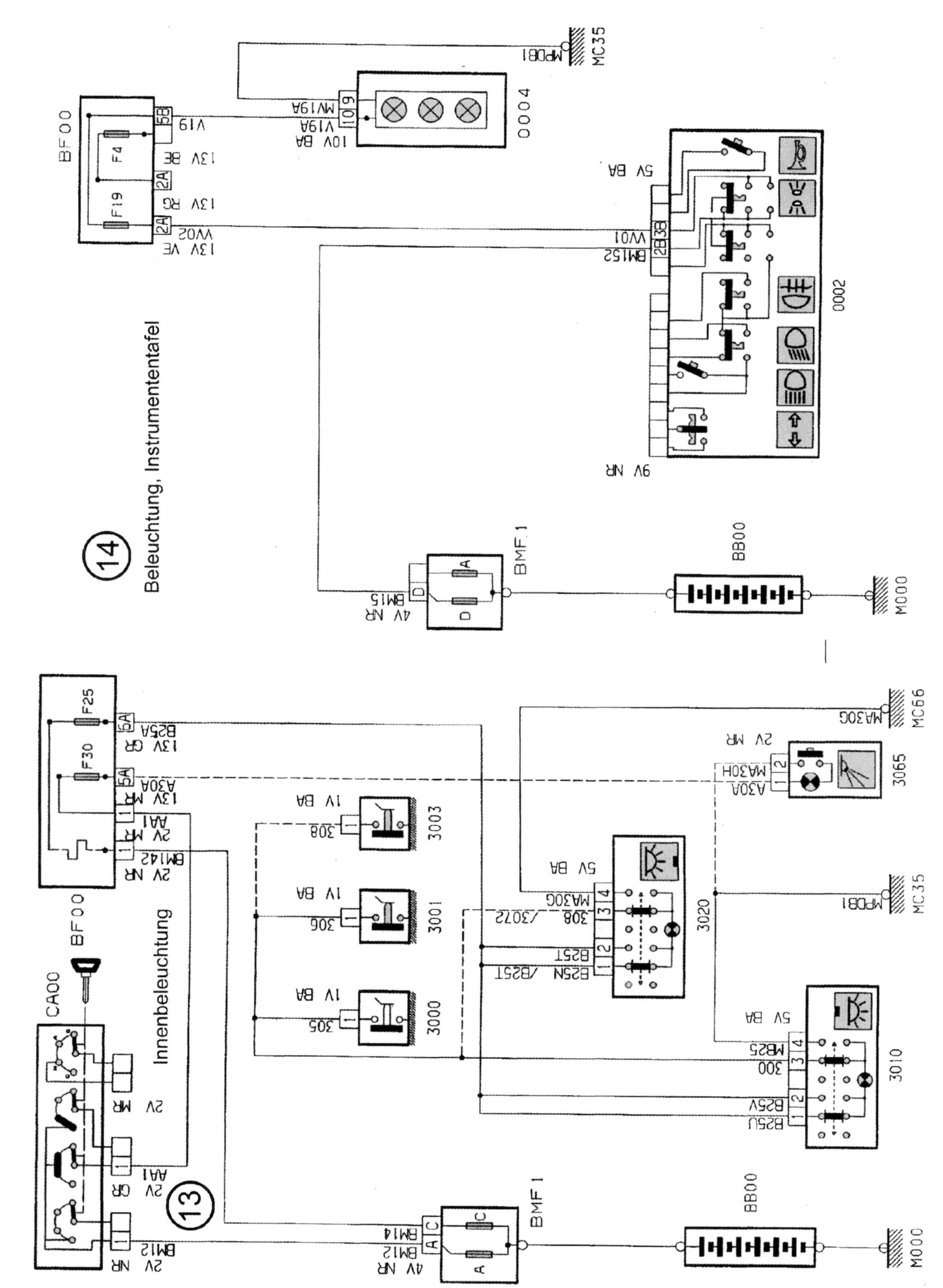
14
Beleuchtung, Instrumententafel
BF00
F4
F19
0004
MC35
0002
BMF 1
BB00
M000
13
Innenbeleuchtung
CA00
F25
F30
3003
3001
3000
3020
3010
3065
MC66

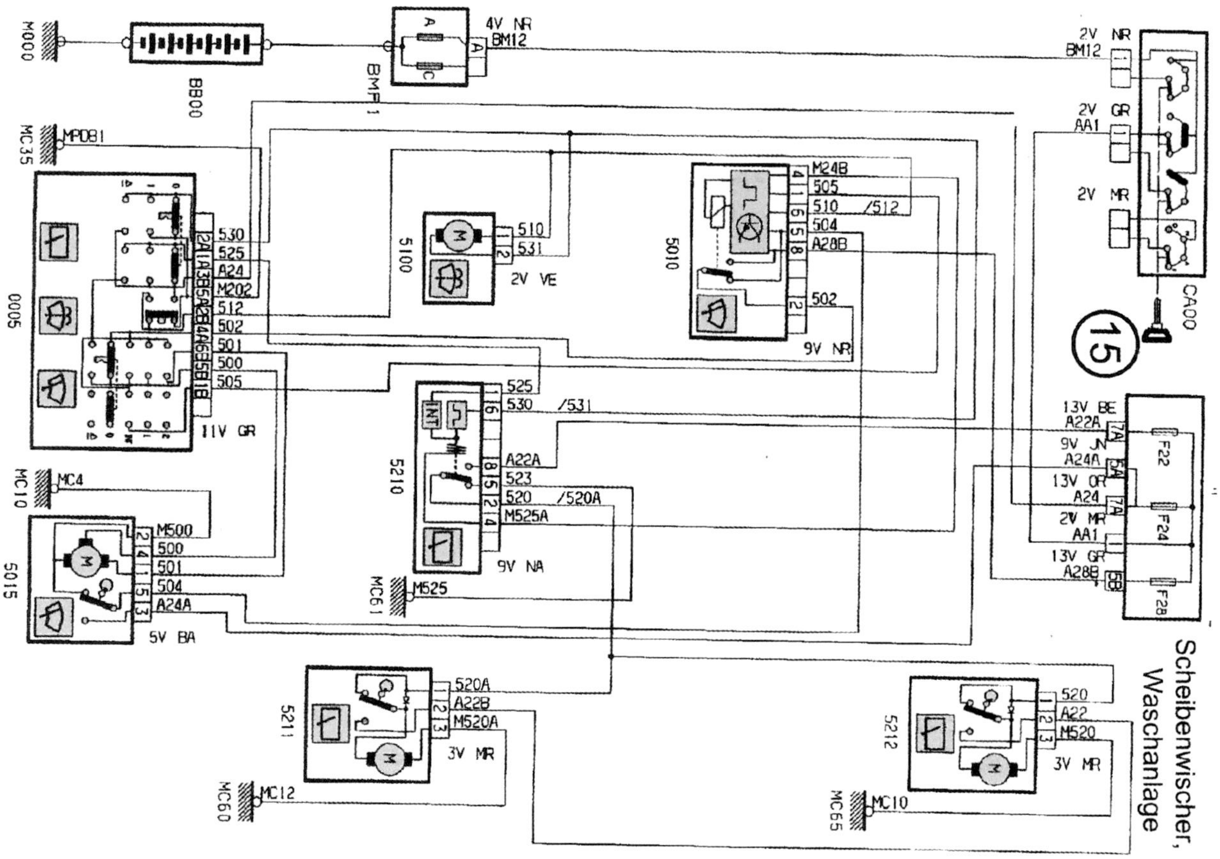

Scheibenwischer, Waschanlage

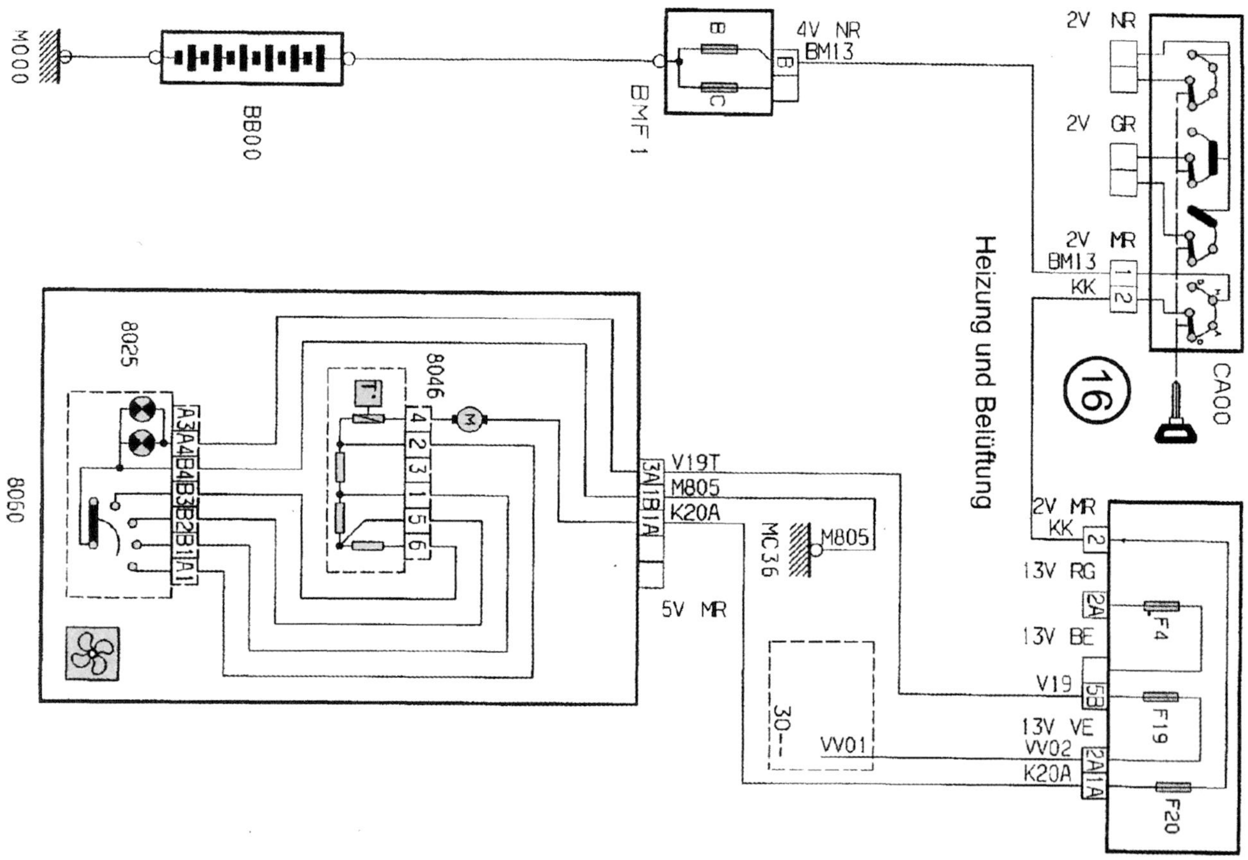

Heizung und Belüftung

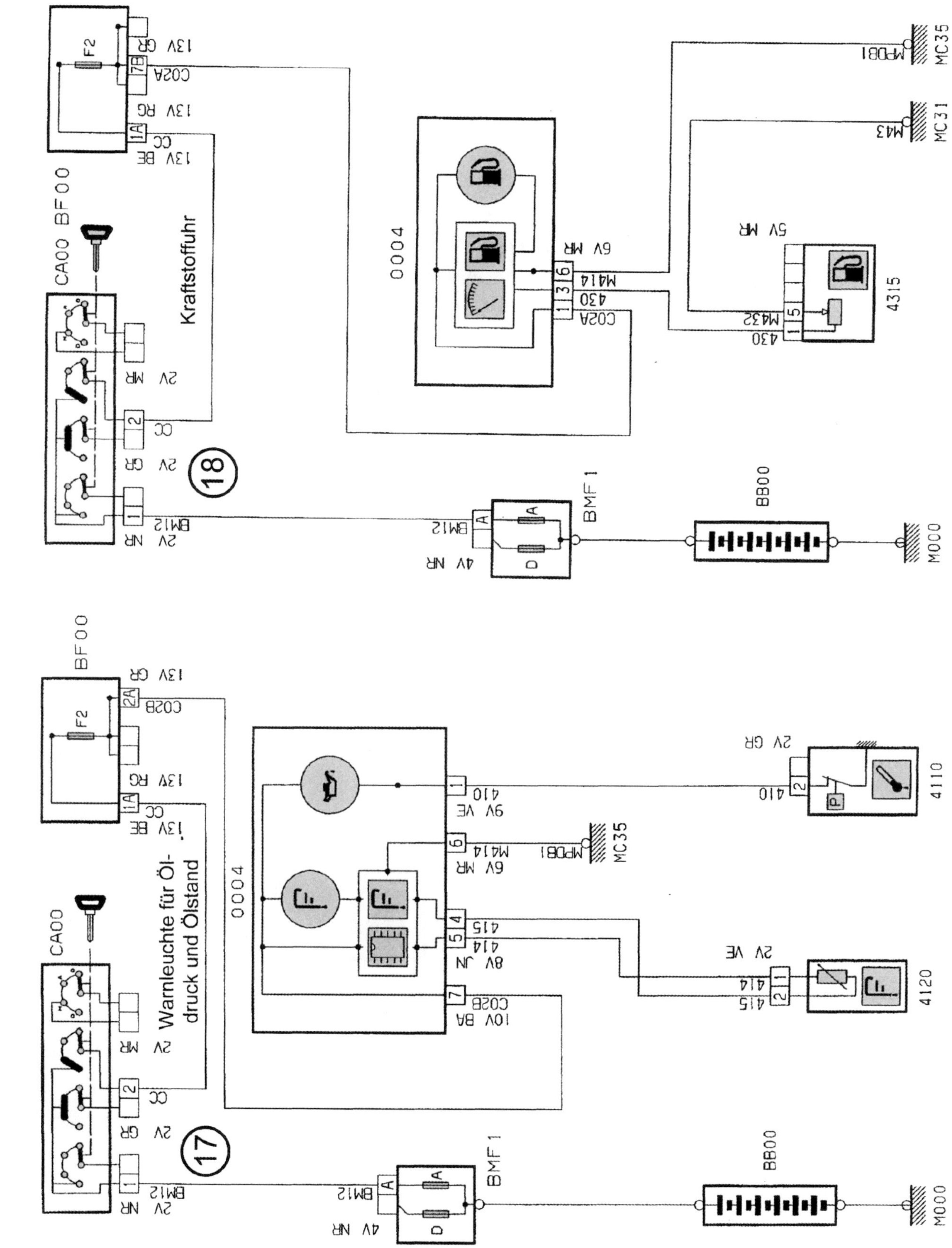
18
Kraftstoffuhr
CA00
BF00
F2
0004
4315
BMF 1
BB00
M000
MC35
MC31
17
Warnleuchte für Öl-
druck und Ölstand
CA00
BF00
F2
0004
4110
4120
BMF 1
BB00
M000
MC35

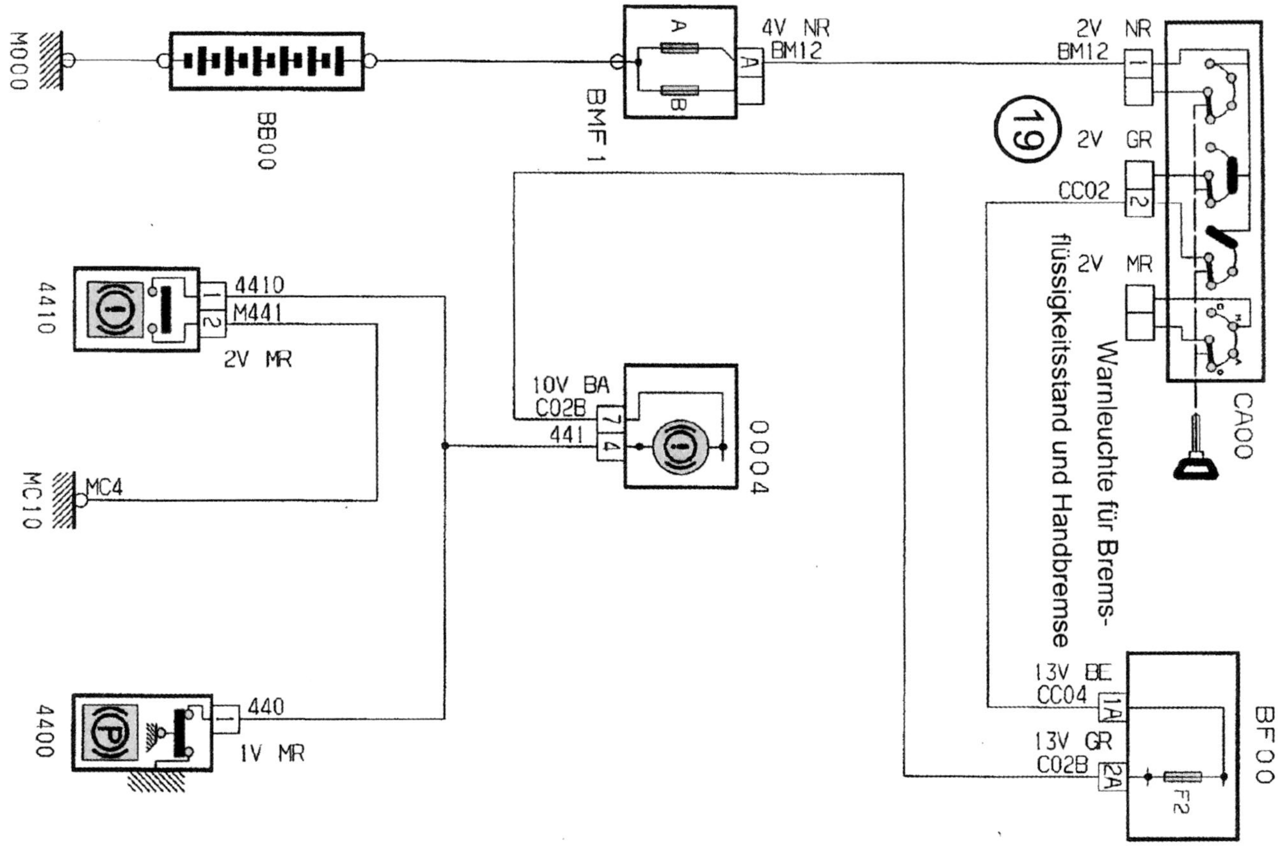
M000
BB00
BMF 1
4V NR
BM12
2V NR
19
2V GR
CC02
2V MR
CA00
Warnleuchte für Brems-
flüssigkeitsstand und Handbremse
4410
M441
2V MR
MC10
MC4
10V BA
C02B
441
0004
4400
440
1V MR
13V BE
CC04
13V GR
C02B
F2
BF00

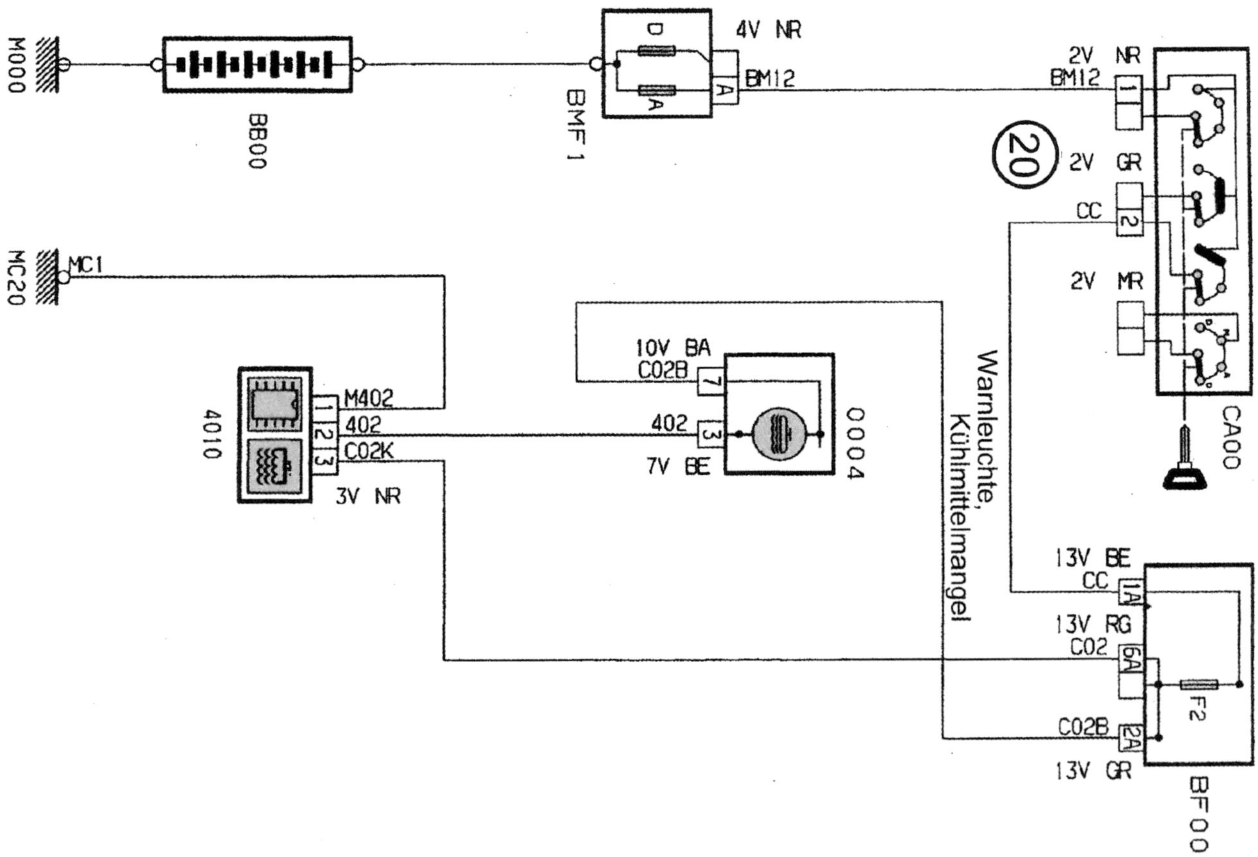
M000
BB00
BMF 1
4V NR
BM12
2V NR
20
2V GR
CC
2V MR
CA00
MC20
MC1
4010
M402
402
C02K
3V NR
10V BA
C02B
7V BE
0004
Warnleuchte,
Kühlmittelmangel
13V BE
CC
13V RG
C02
C02B
13V GR
F2
BF00

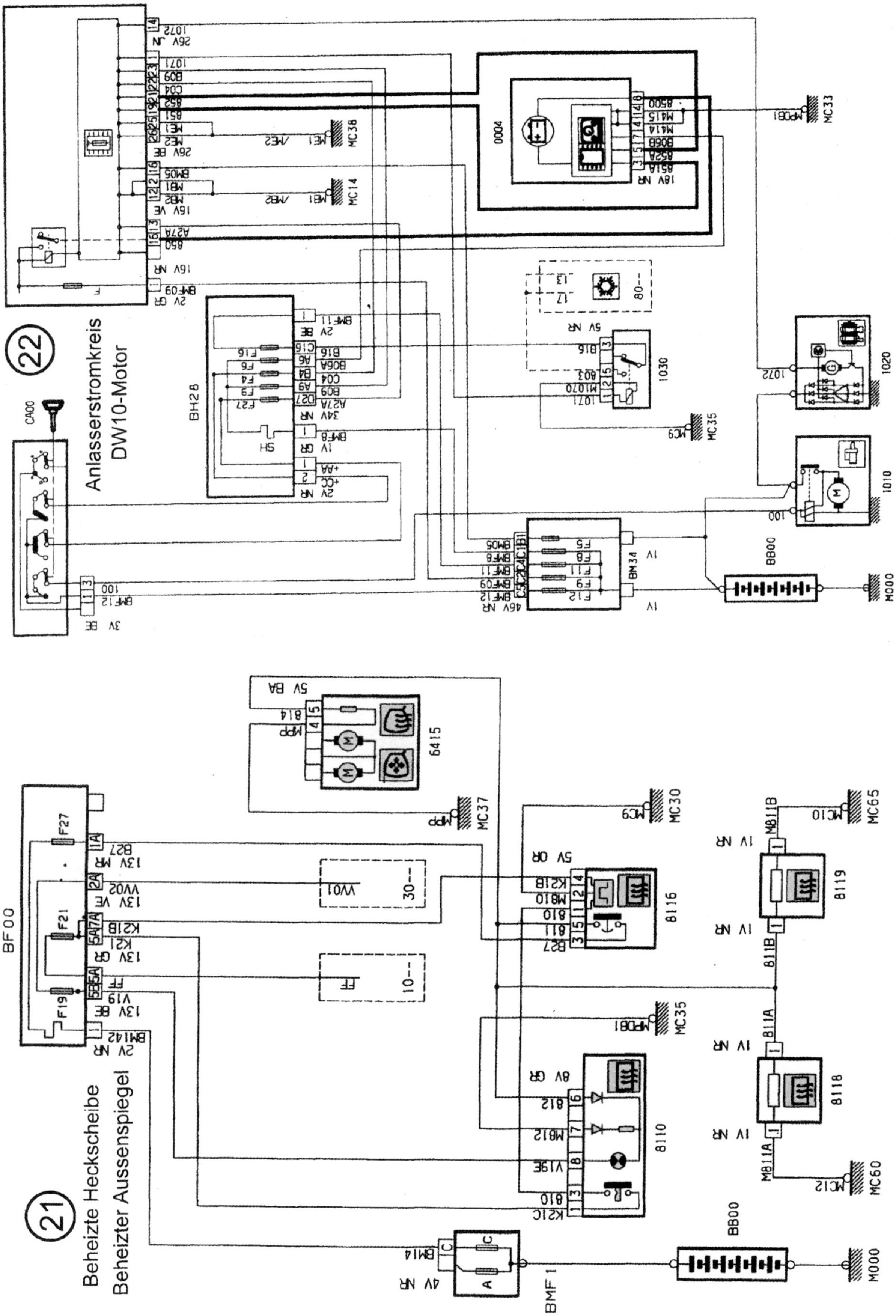
22
Anlasserstromkreis
DW10-Motor
21
Beheizte Heckscheibe
Beheizter Aussenspiegel

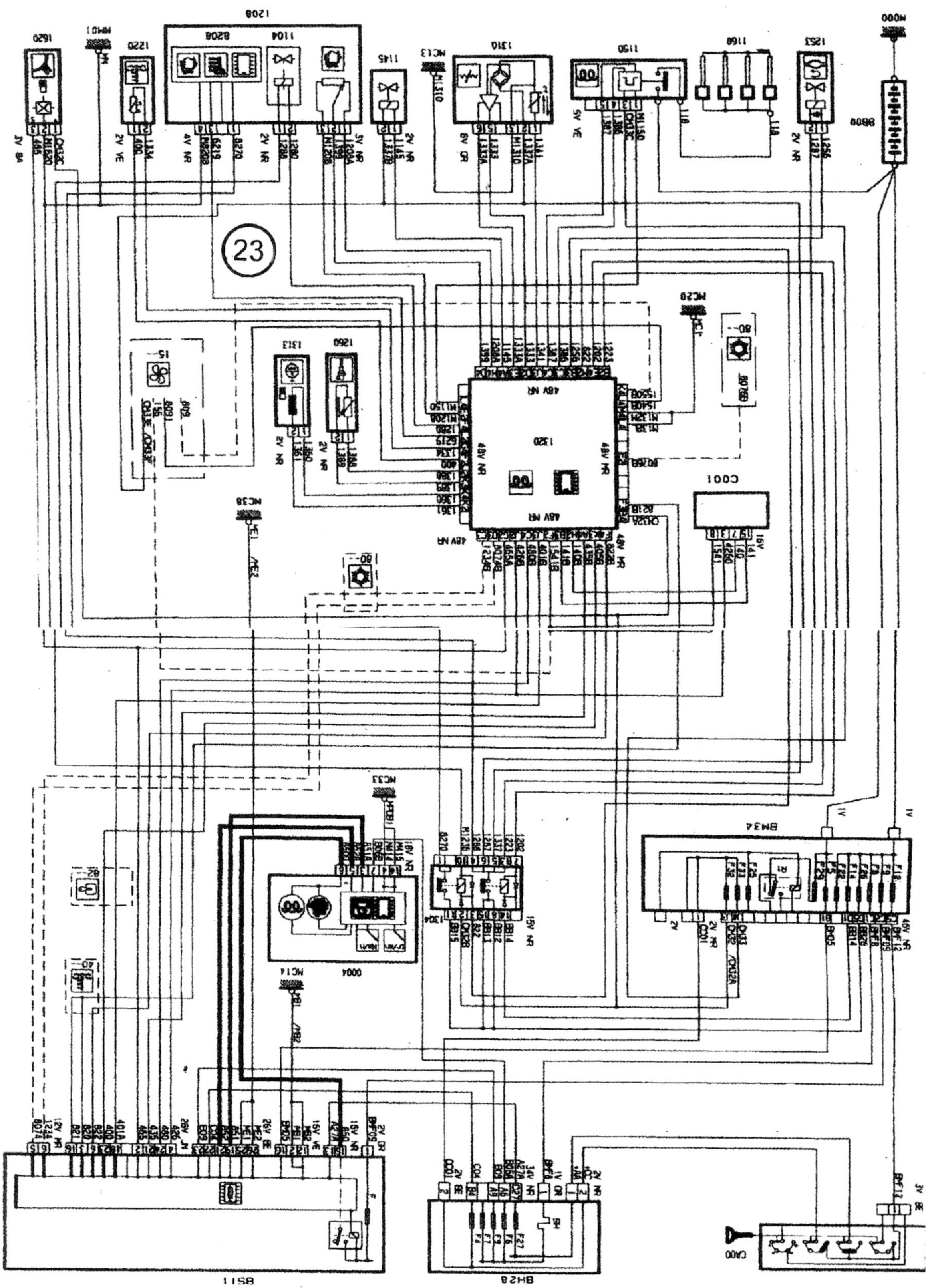
23

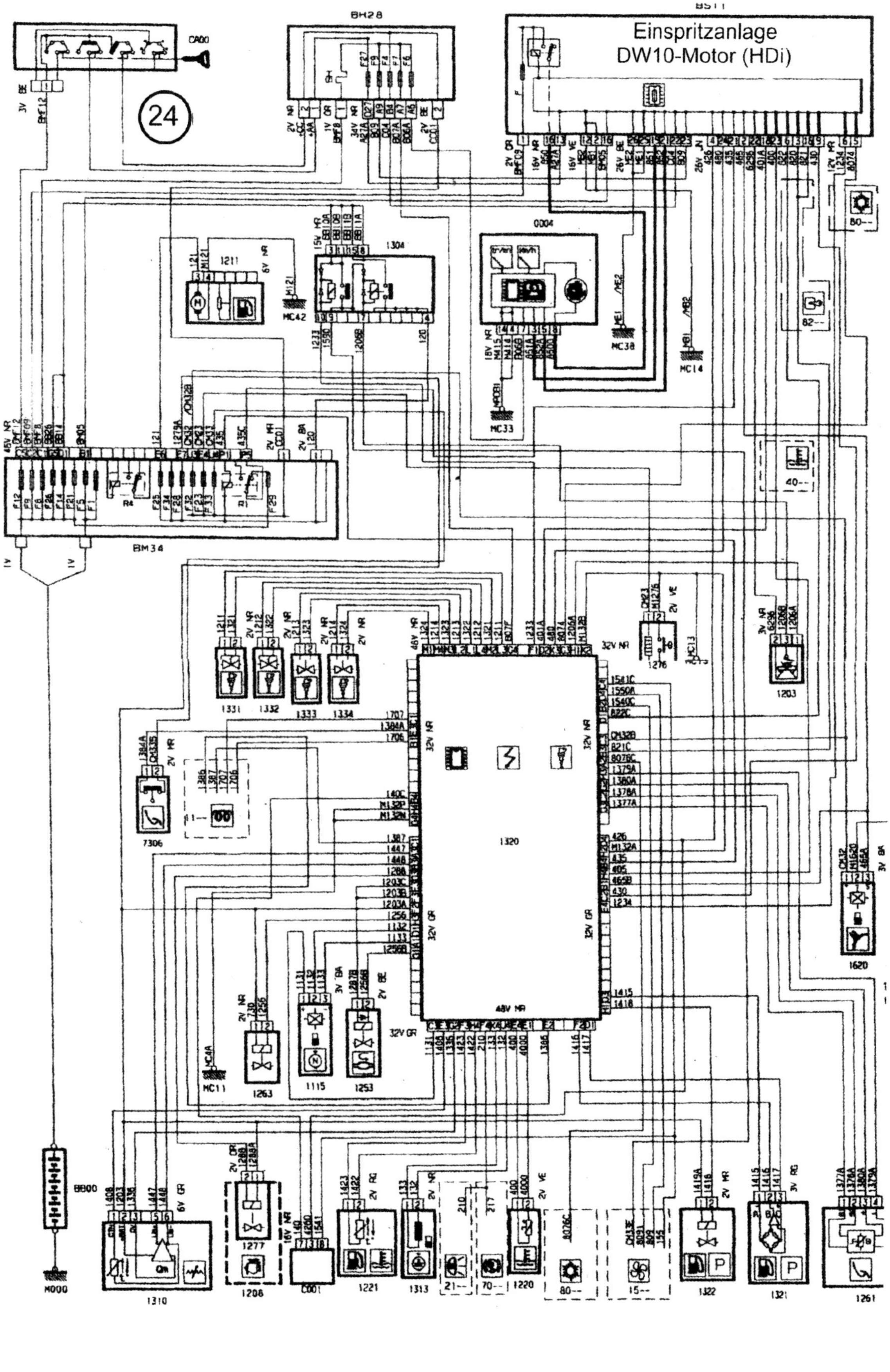
Einspritzanlage
DW10-Motor (HDi)
24
BH28
BM34
CA00
0004
1304
1211
1320
1310
1208
C001
1221
1313
1220
1322
1321
1261
1263
1115
1253
1331
1332
1333
1334
7306
1276
1203
1620
BB00
M000
MC11
MC33
MC38
MC14
MC42

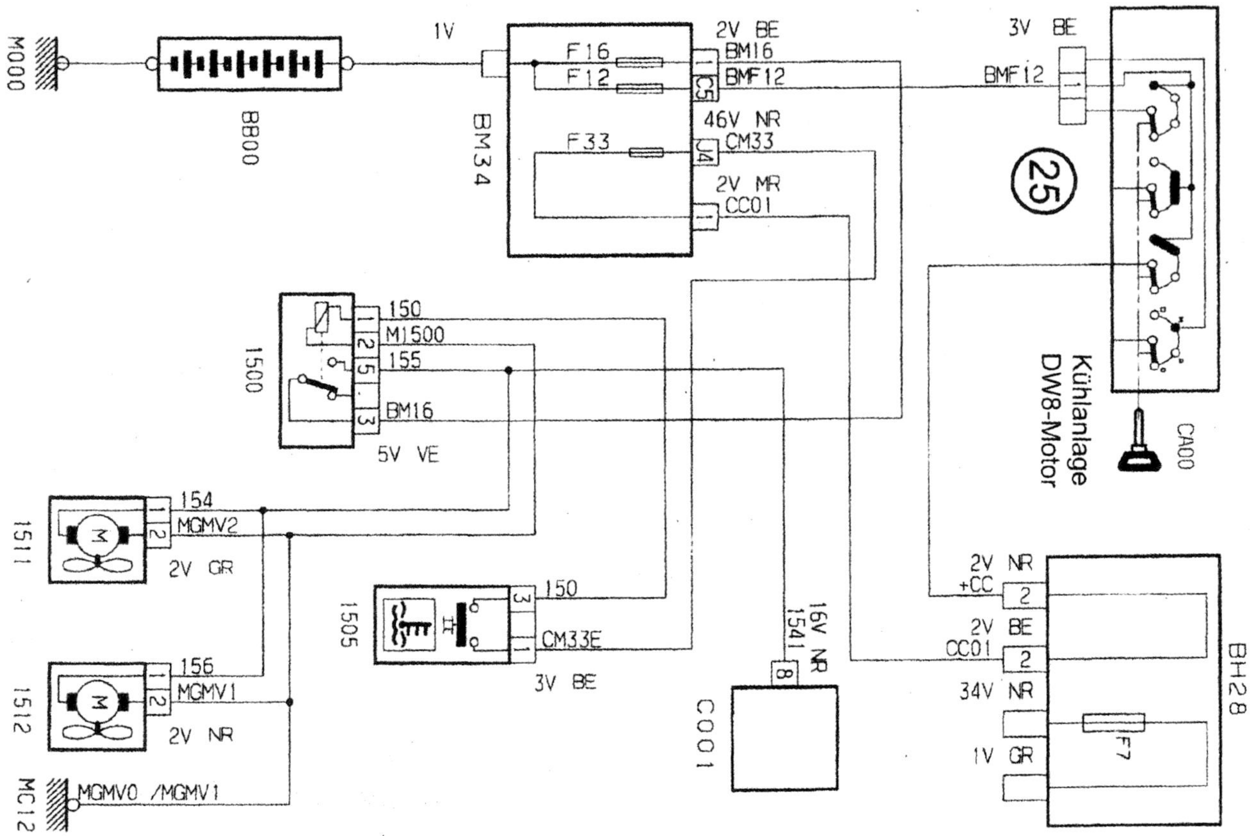
M000
BB00
1V
BM34
F16
F12
F33
2V BE
BM16
BMF12
C5
46V NR
CM33
J4
2V MR
CC01
3V BE
BMF12
25
Kühlanlage
DW8-Motor
CA00
1500
150
M1500
155
BM16
5V VE
1511
154
MGMV2
2V GR
1505
150
CM33E
3V BE
16V NR
1541
C001
2V NR
+CC
2V BE
CC01
34V NR
1V GR
F7
BH28
1512
156
MGMV1
2V NR
MC12
MGMV0 /MGMV1

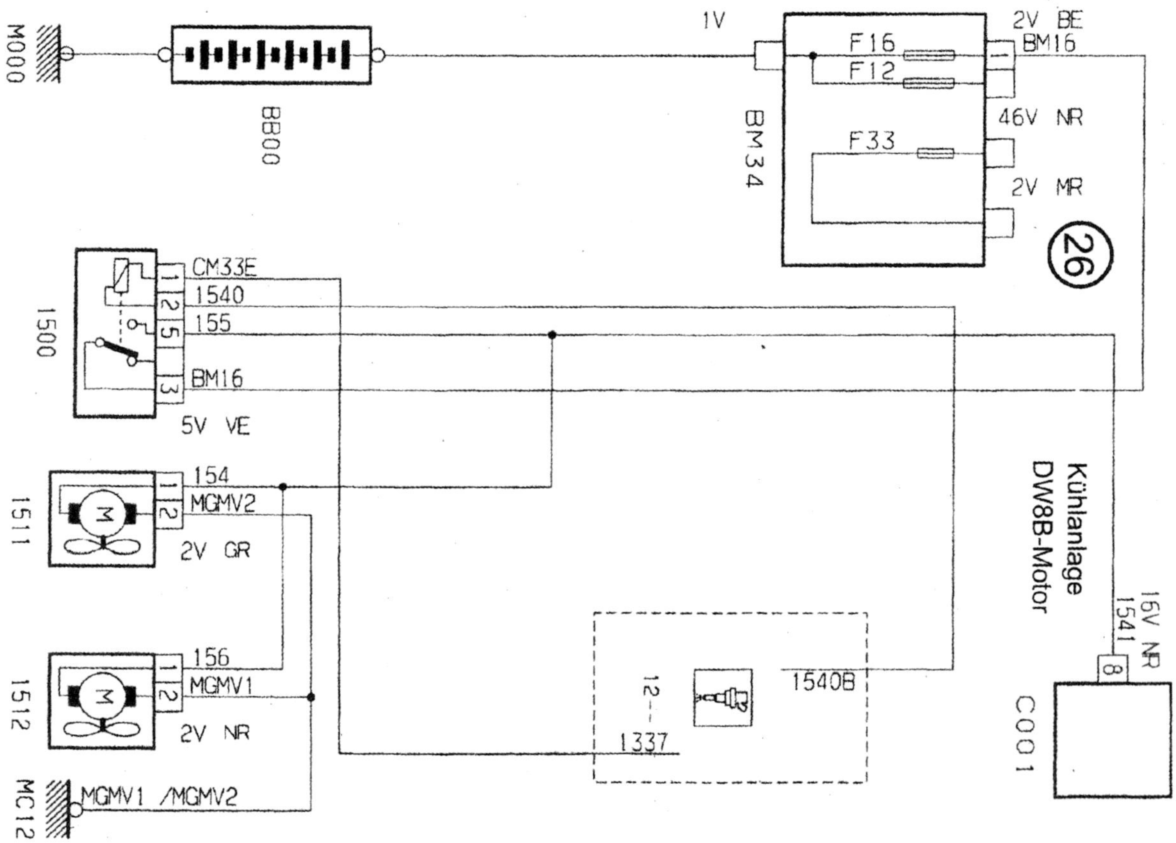
M000
BB00
1V
BM34
F16
F12
F33
2V BE
BM16
46V NR
2V MR
26
1500
CM33E
1540
155
BM16
5V VE
Kühlanlage
DW8B-Motor
1511
154
MGMV2
2V GR
16V NR
1541
C001
1512
156
MGMV1
2V NR
12
1337
1540B
MC12
MGMV1 /MGMV2

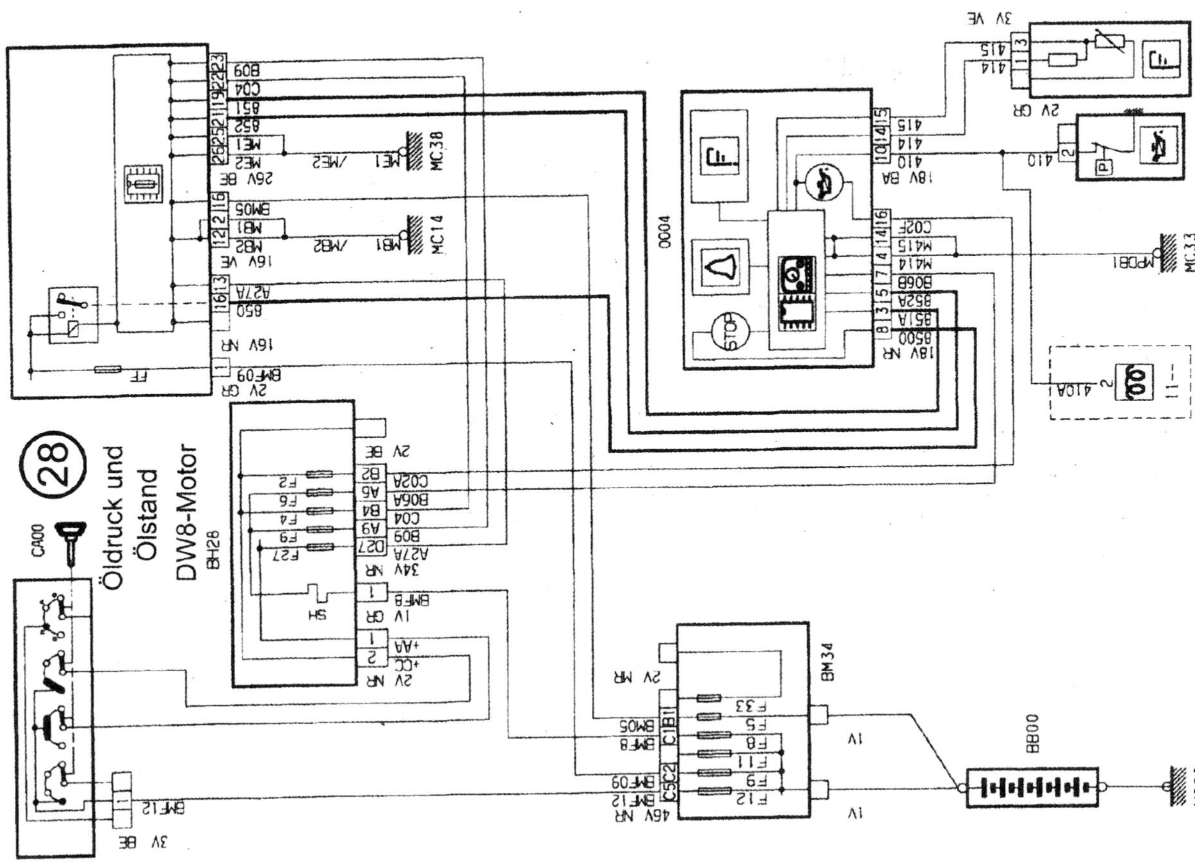

28 Öldruck und Ölstand DW8-Motor

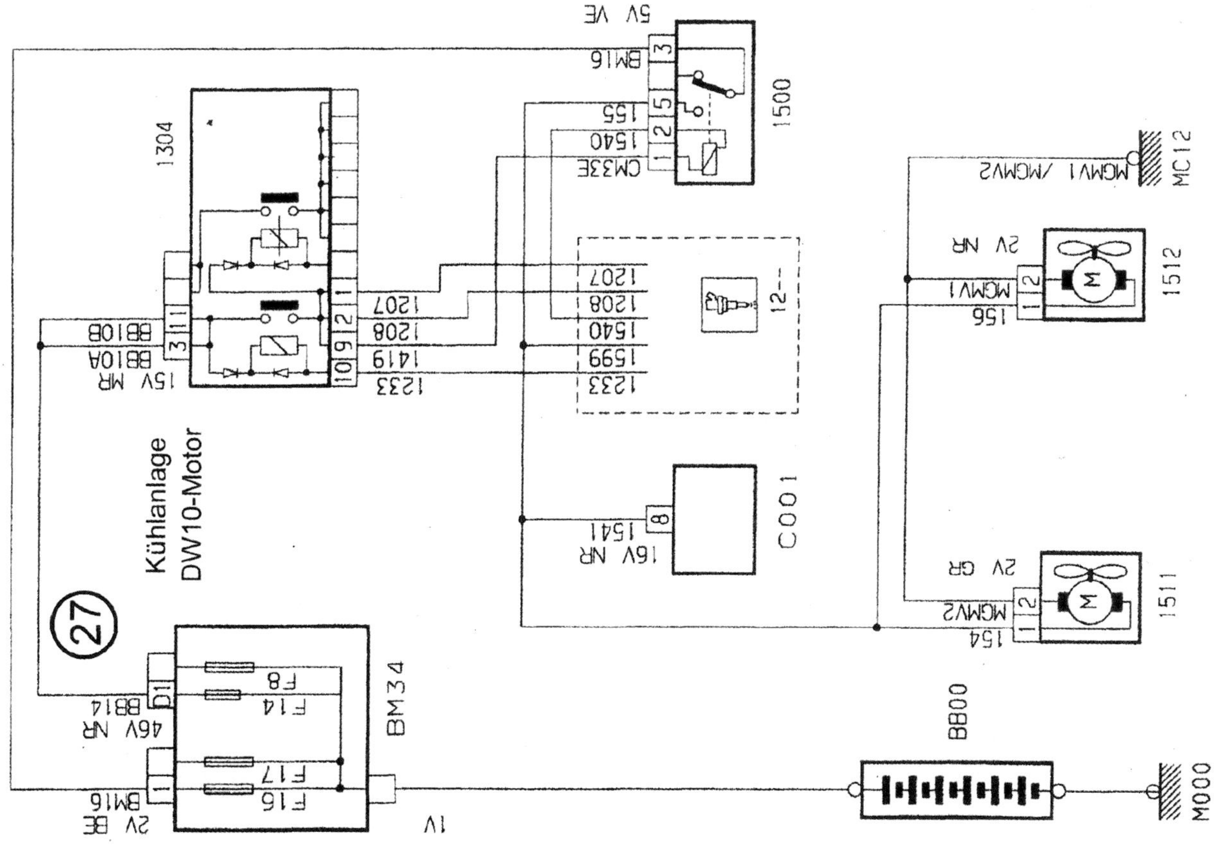

27 Kühlanlage DW10-Motor

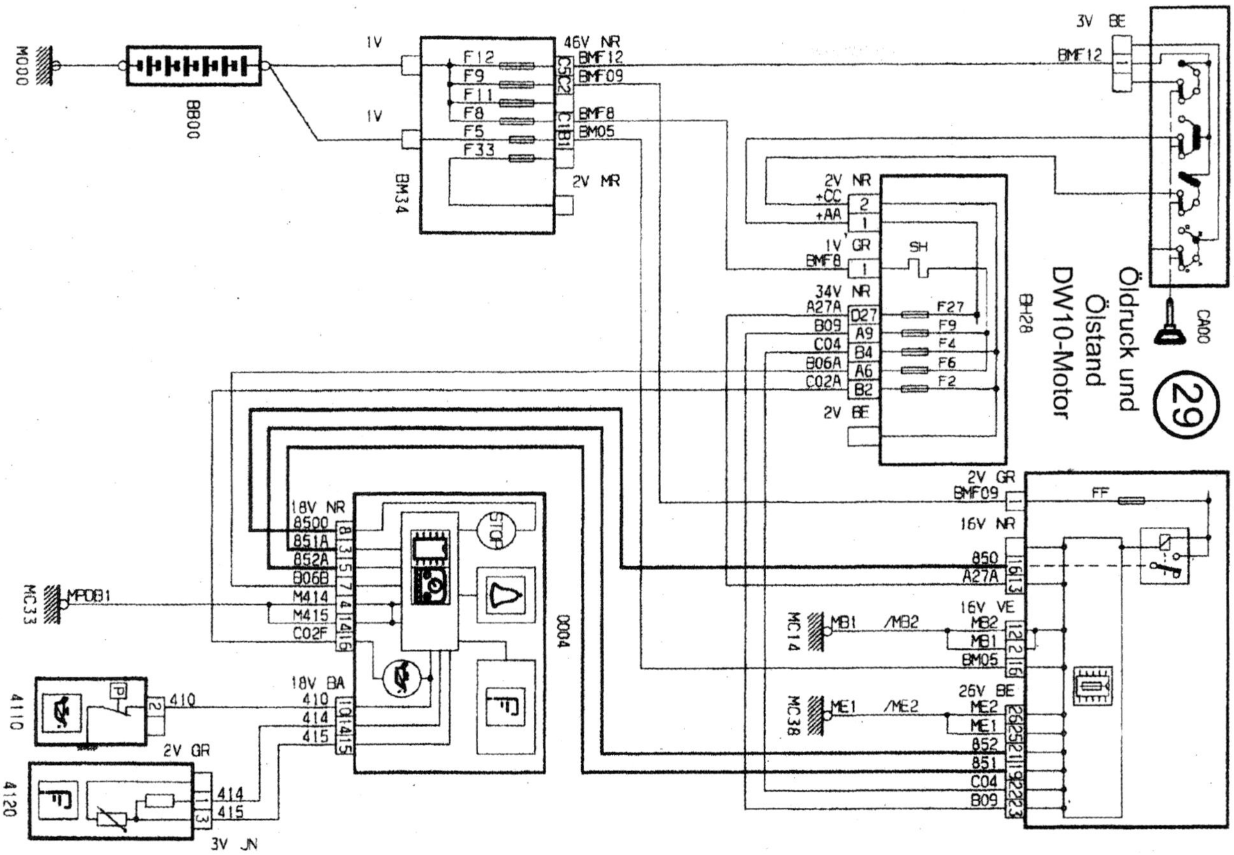

29 Öldruck und Ölstand DW10-Motor

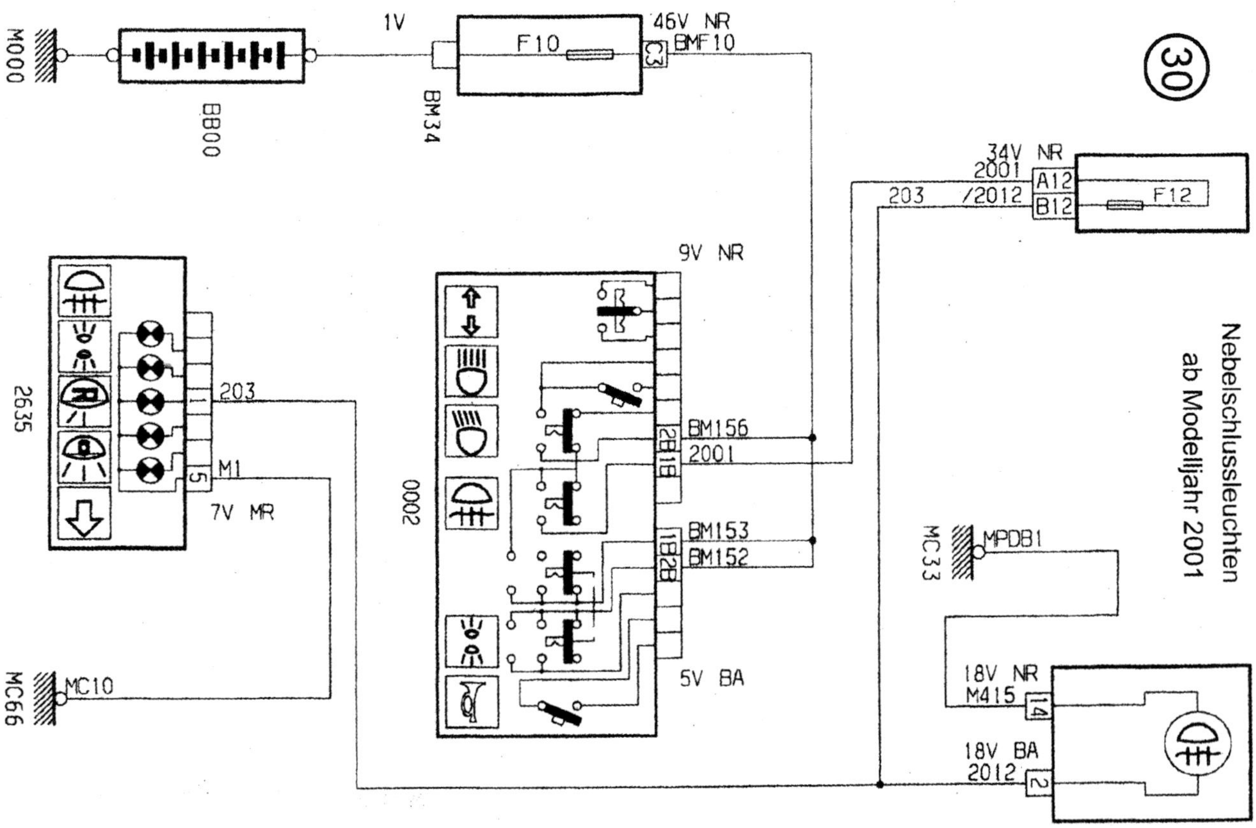

30 Nebelschlussleuchten ab Modelljahr 2001

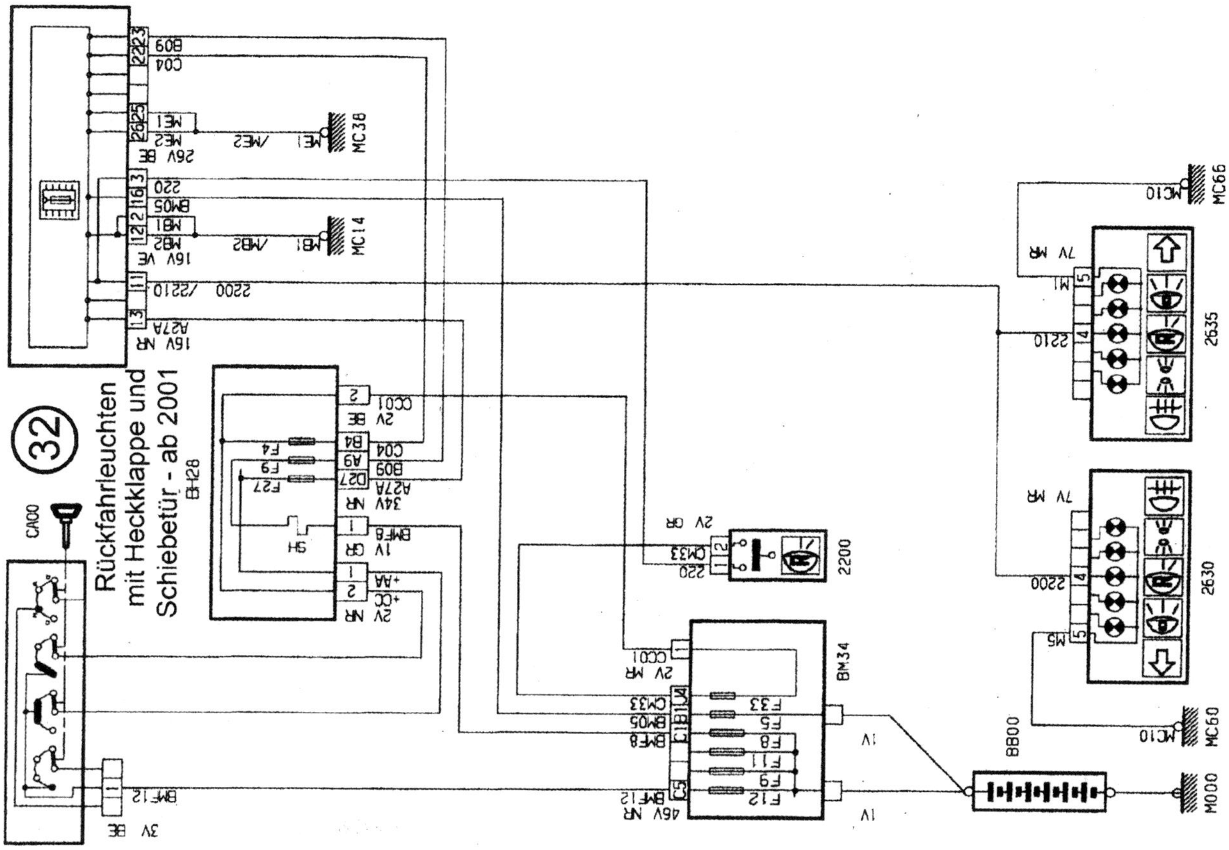

32 Rückfahrleuchten mit Heckklappe und Schiebetür - ab 2001

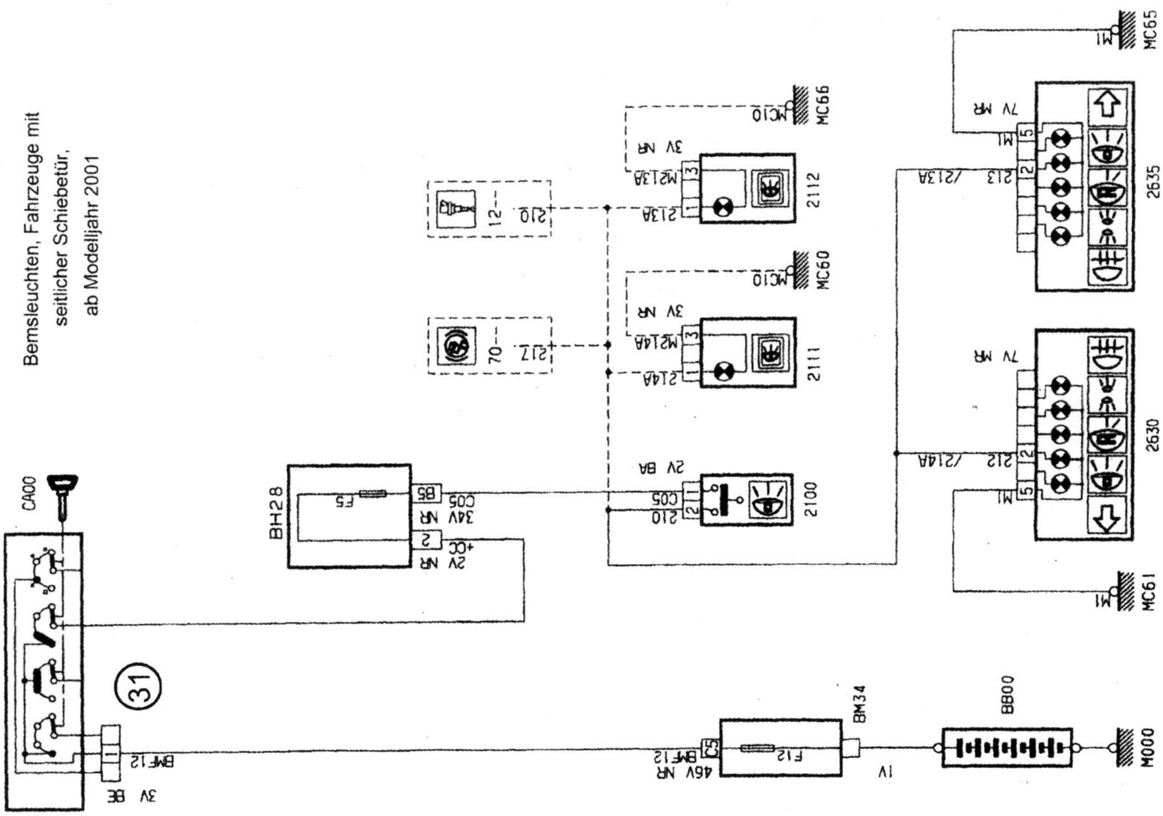

31 Bemsleuchten, Fahrzeuge mit seitlicher Schiebetür, ab Modelljahr 2001

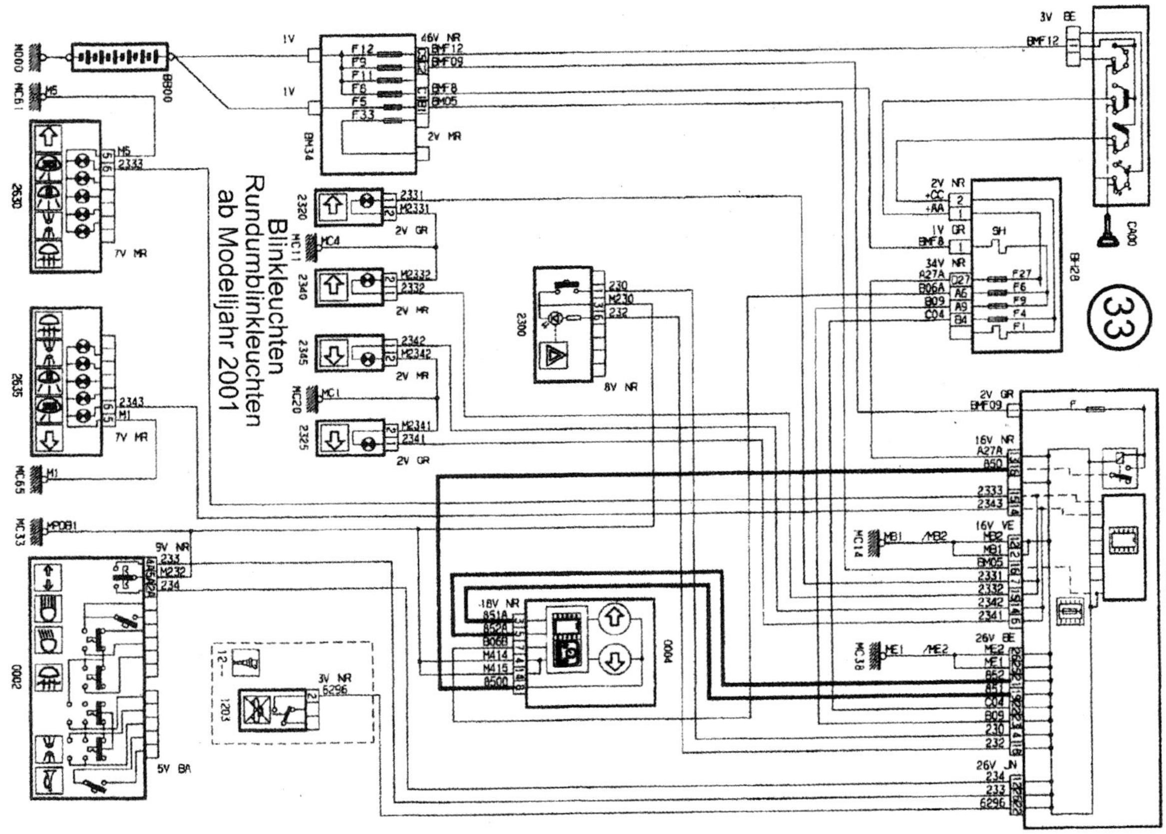
Blinkleuchten
Rundumblinkleuchten
ab Modelljahr 2001

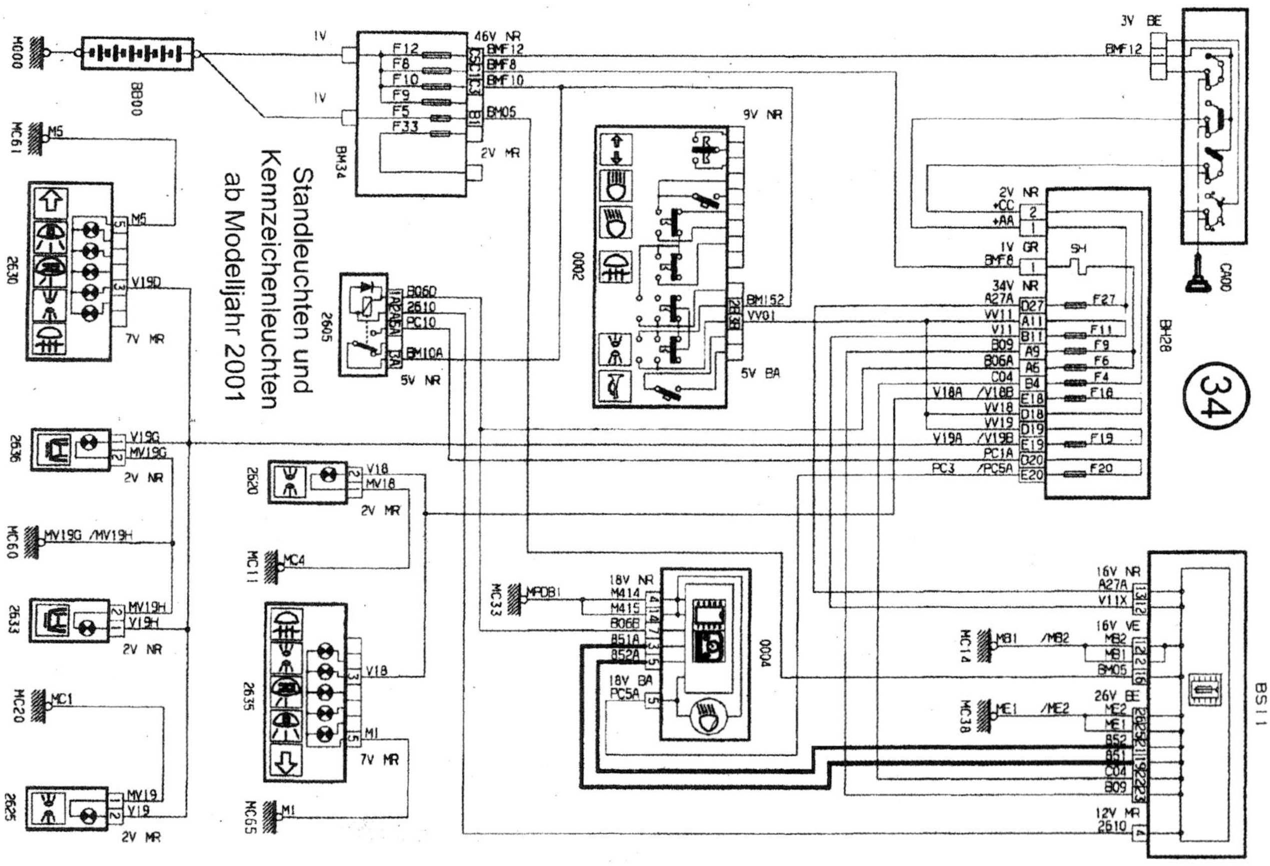
Standleuchten und
Kennzeichenleuchten
ab Modelljahr 2001

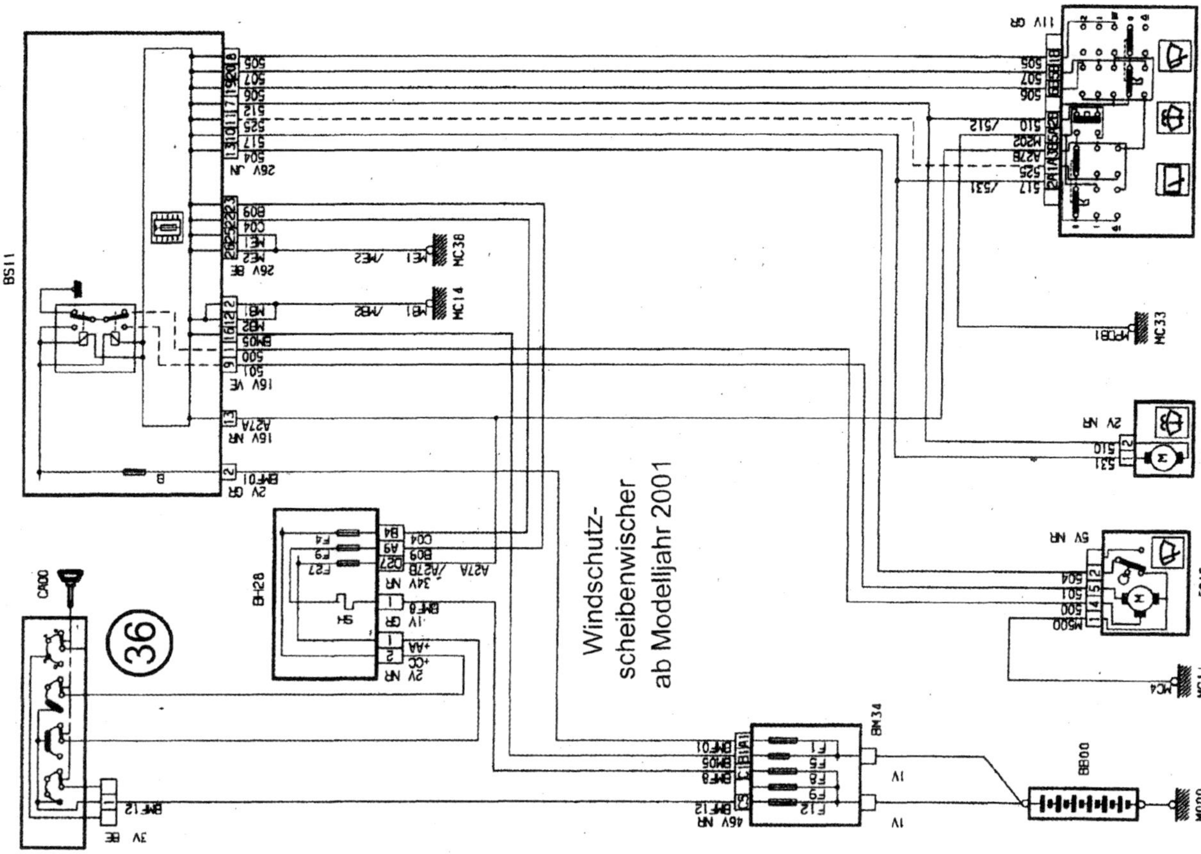
36
Windschutz-
scheibenwischer
ab Modelljahr 2001

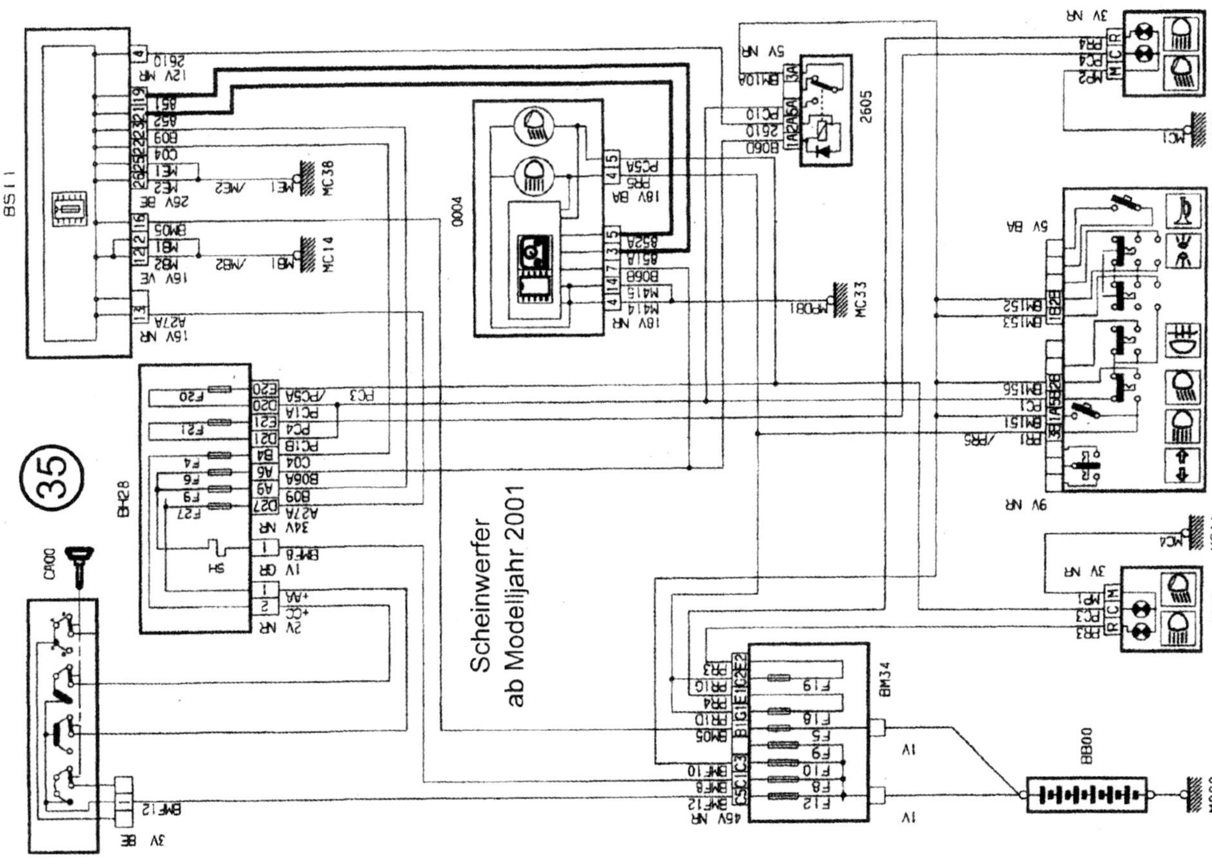
35
Scheinwerfer
ab Modelljahr 2001

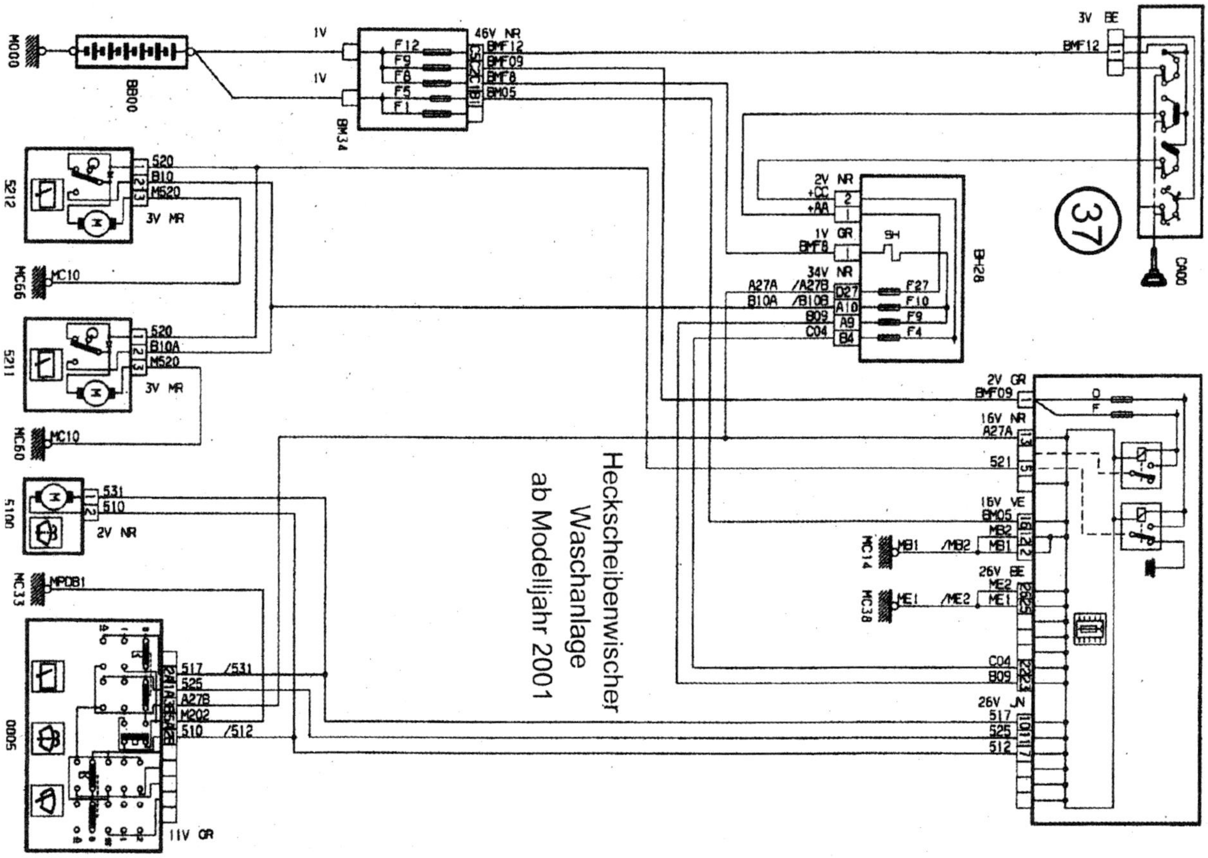
37
Heckscheibenwischer
Waschanlage
ab Modelljahr 2001

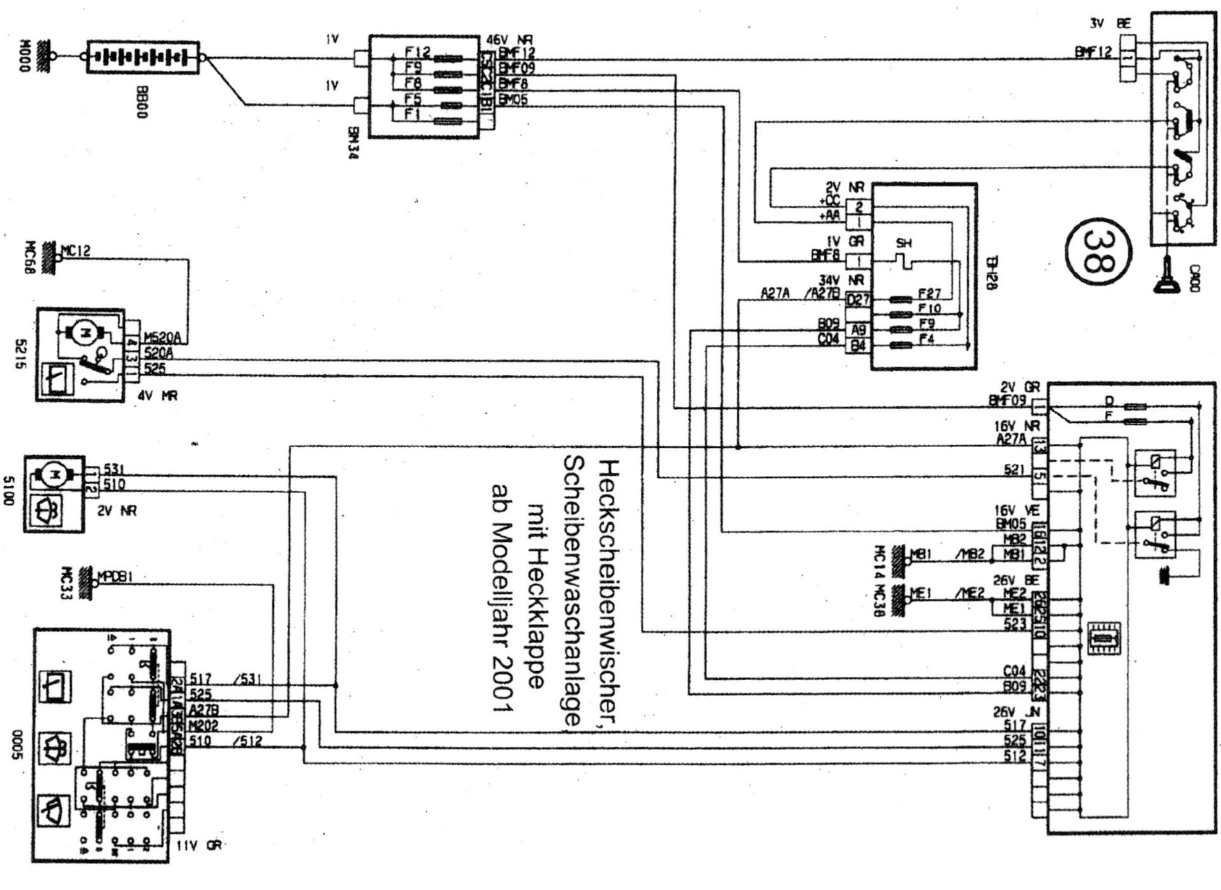
38
Heckscheibenwischer,
Scheibenwaschanlage
mit Heckklappe
ab Modelljahr 2001

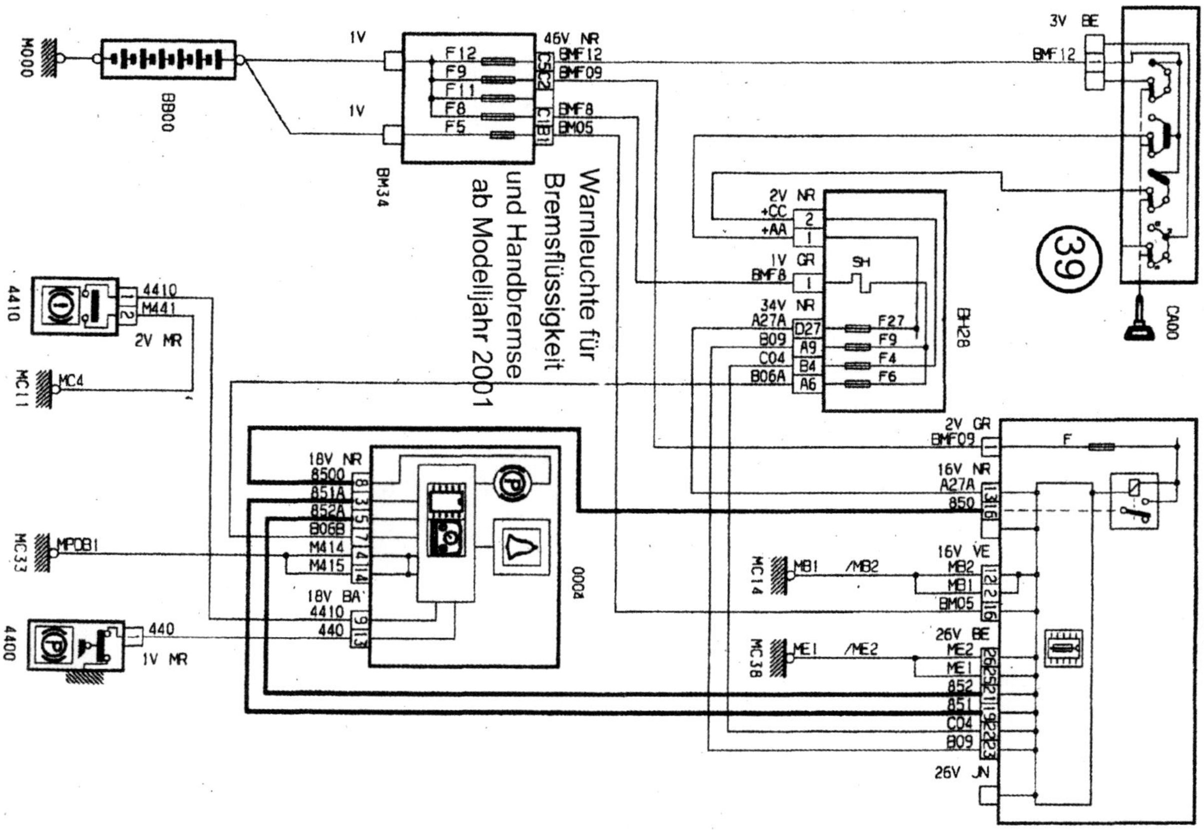

Warnleuchte für Bremsflüssigkeit und Handbremse ab Modelljahr 2001